塾講師が公開！中学入試

塾技
ジュクワザ

100 算数

森 圭示 著

文英堂

はじめに

Ｚ会進学教室講師　森 圭示

　よく，「中学入試は算数で決まる！」と言われることがあります。
実際に，塾でも多くの生徒が勉強の中心を算数に置き，算数の成績に一喜一憂しています。そしてまた，我々教える側にとっても算数ほど難しい教科はありません。塾によっては，中学部はアルバイト講師を中心に，小学部は専任講師を中心に教えているところもあります。これも，中学入試，特に算数の「特殊性」の表れではないでしょうか。

　算数を教えていて頭を悩ませることの一つに，カリキュラムがある程度進んでしまってから入塾する，いわゆる途中入会者の対応があります。中学部であれば，抜けた分野に対応する「教科書」を用いて抜けた穴を補充することもできますが，中学入試は小学校の教科書というわけにはいきません。では，市販されている分野別教材を活用してはどうか。実はこれもまた大きな問題があります。

　塾のカリキュラムを見るとわかりますが，中学入試の算数は縦のつながりが重要です。例えば，「速さ」の分野であれば，速さの３公式からはじまり，旅人算や流水算といった特殊算，動点，ダイヤグラム，速さと比，ダイヤグラムと相似の利用といった具合に学習が進んでいきます。市販されている分野別教材の多くは，これらを単に並列的に並べているため，どこが抜けているか，つまずきがどこなのか等を探ることが難しく，補強に多大な時間を要してしまいます。同様に，体系的に一冊にまとめられている教材も，例えば速さの最初の項目の中にいきなり比を利用した問題が出てくるなど，縦の流れが学べないものがほとんどです。

　『塾技100』は入試必須事項を100の項目に分け，塾のカリキュラム同様，縦の流れを大切にしながらそれら全てをつなげ一冊にまとめました。途中入会者はもちろんのこと，塾の補習教材に，弱点の補強に，中堅校入試対策に，難関校入試の基礎作りにと，あらゆる場面で活用できます。

　中学入試は，それを乗り越えなければいけない本人はもちろん周りのご家族をも含めた人生における大きな試練の一つです。その大切な場面で本書が活用され，一人でも多くの生徒さんが合格を勝ち取ることができるよう願っております。

もくじ

はじめに ……………………… 3
本書の特長 …………………… 6
本書の使用法 ………………… 7

| 塾技 1 計算の工夫 …………… 式と計算 8 |
| 塾技 2 逆算 …………………… 式と計算 10 |
| 塾技 3 既約分数・単位分数 …… 式と計算 12 |
| 塾技 4 線分図の利用 ………… 文章題 14 |
| 塾技 5 差集め算 ……………… 文章題 16 |
| 塾技 6 過不足算 ……………… 文章題 18 |
| 塾技 7 つるかめ算① …………… 文章題 20 |
| 塾技 8 つるかめ算② …………… 文章題 22 |
| 塾技 9 消去算 ………………… 文章題 24 |
| 塾技 10 仕事算 ………………… 文章題 26 |
| 塾技 11 ニュートン算 ………… 文章題 28 |
| 塾技 12 ベン図の利用 ………… 文章題 30 |
| 塾技 13 平均算 ………………… 文章題 32 |
| 塾技 14 相当算 ………………… 割合 34 |
| 塾技 15 割合の表し方 ………… 割合 36 |
| 塾技 16 売買の問題 …………… 割合 38 |
| 塾技 17 食塩水① ……………… 割合 40 |
| 塾技 18 食塩水② ……………… 割合 42 |
| 塾技 19 速さ …………………… 速さ 44 |
| 塾技 20 旅人算① ……………… 速さ 46 |
| 塾技 21 旅人算② ……………… 速さ 48 |
| 塾技 22 ダイヤグラム ………… 速さ 50 |

| 塾技 23 時計算 ………………… 速さ 52 |
| 塾技 24 通過算 ………………… 速さ 54 |
| 塾技 25 流水算 ………………… 速さ 56 |
| 塾技 26 図形上の点の運動 …… 速さ 58 |
| 塾技 27 角度① ………………… 平面図形 60 |
| 塾技 28 角度② ………………… 平面図形 62 |
| 塾技 29 角度③ ………………… 平面図形 64 |
| 塾技 30 三角形・四角形 ……… 平面図形 66 |
| 塾技 31 円と正方形 …………… 平面図形 68 |
| 塾技 32 円とおうぎ形 ………… 平面図形 70 |
| 塾技 33 求積の工夫① ………… 平面図形 72 |
| 塾技 34 求積の工夫② ………… 平面図形 74 |
| 塾技 35 ひもの長さと巻きつけ … 平面図形 76 |
| 塾技 36 図形の移動① ………… 平面図形 78 |
| 塾技 37 図形の移動② ………… 平面図形 80 |
| 塾技 38 転がる図形① ………… 平面図形 82 |
| 塾技 39 転がる図形② ………… 平面図形 84 |
| 塾技 40 転がる図形③ ………… 平面図形 86 |
| 塾技 41 柱 体 ………………… 立体図形 88 |
| 塾技 42 すい体 ………………… 立体図形 90 |
| 塾技 43 直方体・立方体の展開図 … 立体図形 92 |
| 塾技 44 積み重ねられた立体① … 立体図形 94 |
| 塾技 45 積み重ねられた立体② … 立体図形 96 |
| 塾技 46 積み重ねられた立体③ … 立体図形 98 |
| 塾技 47 くり抜かれた立方体 …… 立体図形 100 |
| 塾技 48 回転体 ………………… 立体図形 102 |

塾技	タイトル	分野	ページ
塾技49	切断①	立体図形	104
塾技50	切断②	立体図形	106
塾技51	切断③	立体図形	108
塾技52	割合と比	比	110
塾技53	連比の利用と比例配分	比	112
塾技54	倍数算①	比	114
塾技55	倍数算②	比	116
塾技56	年令算	比	118
塾技57	逆比の利用	比	120
塾技58	速さと比①	比	122
塾技59	速さと比②	比	124
塾技60	面積図とてんびん図	比	126
塾技61	容器に入った水①	比	128
塾技62	容器に入った水②	比	130
塾技63	水位変化とグラフ	比	132
塾技64	三角定規の辺の比	比	134
塾技65	面積比①	比	136
塾技66	面積比②	比	138
塾技67	面積比③	比	140
塾技68	相似な図形	相似	142
塾技69	平行線と相似	相似	144
塾技70	辺の比と相似	相似	146
塾技71	辺の比と連比	相似	148
塾技72	直角三角形の相似	相似	150
塾技73	折り返しと相似	相似	152
塾技74	面積比と相似	相似	154
塾技75	体積比と相似	相似	156
塾技76	影と相似	相似	158
塾技77	最短距離・反射	相似	160
塾技78	ダイヤグラムと相似	相似	162
塾技79	約数	数の性質	164
塾技80	倍数	数の性質	166
塾技81	最大公約数・最小公倍数①	数の性質	168
塾技82	最大公約数・最小公倍数②	数の性質	170
塾技83	商と余り①	数の性質	172
塾技84	商と余り②	数の性質	174
塾技85	数列	規則性	176
塾技86	周期算	規則性	178
塾技87	日歴算	規則性	180
塾技88	植木算	規則性	182
塾技89	三角数	規則性	184
塾技90	四角数	規則性	186
塾技91	方陣算	規則性	188
塾技92	パスカルの三角形	規則性	190
塾技93	N進法	規則性	192
塾技94	樹形図の利用	場合の数	194
塾技95	表の利用	場合の数	196
塾技96	順列	場合の数	198
塾技97	組み合わせ	場合の数	200
塾技98	整数の並び	場合の数	202
塾技99	道順	場合の数	204
塾技100	図形と場合の数	場合の数	206

本書の特長

1 入試頻出の解法パターンが1冊で学べる！

- 入試頻出の解法パターンを100の「塾技」に分け1冊にまとめました。**たった1冊で中学入試に合格するための力を無理なく身につける**ことができます。

2 塾で教えるカリキュラムに沿って構成！

- 塾で実際に行われているカリキュラムに沿って内容を展開しているため，非常に効率よく内容を身につけることができます。
- **4年生から受験を意識した学習ができます。**
- 例えば数量関係であれば，線分図による大きさの比較，割合，比と**段階的に学習できるため，抜けている分野や弱点分野が見つけやすい**構成になっています。

3 厳選した入試問題を通したパターン学習で得点力を養成！

- 「入試問題で塾技をチェック！」「チャレンジ！入試問題」では，入試頻出の問題を厳選して取り上げました。**良問によるパターン化学習で，入試の際に問題を解く時間も劇的に短縮**することができます。
- 厳選された良問を解くことにより，中堅校受験合格に求められる力を確実につけることができます。

4 難関中学受験の基礎固めに！

- 1つ1つの解法を「塾技」としてマスターすることで，難関中学受験に求められる**複合的な応用力を身につけるための基礎作り**ができます。

5 短期間での巻き返しを可能に！

- 1冊で網羅的に学習できるため，**短期間で成績を向上させることも可能**となります。

6 わかりやすさはもちろん使いやすさも追求！

- 見開きページで1つの塾技が完結。「塾技解説」は会話調で，**実際に授業を受けているかのように学べます。**別冊解答は問題も掲載し，**単独での持ち運びも可能**にしました。

本書の使用法

1 塾技要点
入試で必要な塾技の要点はここ！塾の黒板をイメージし，わかりやすく簡けつに要点を整理。

3 入試問題で塾技をチェック！
実際の入試問題で塾技がどのように使われているかを確認。

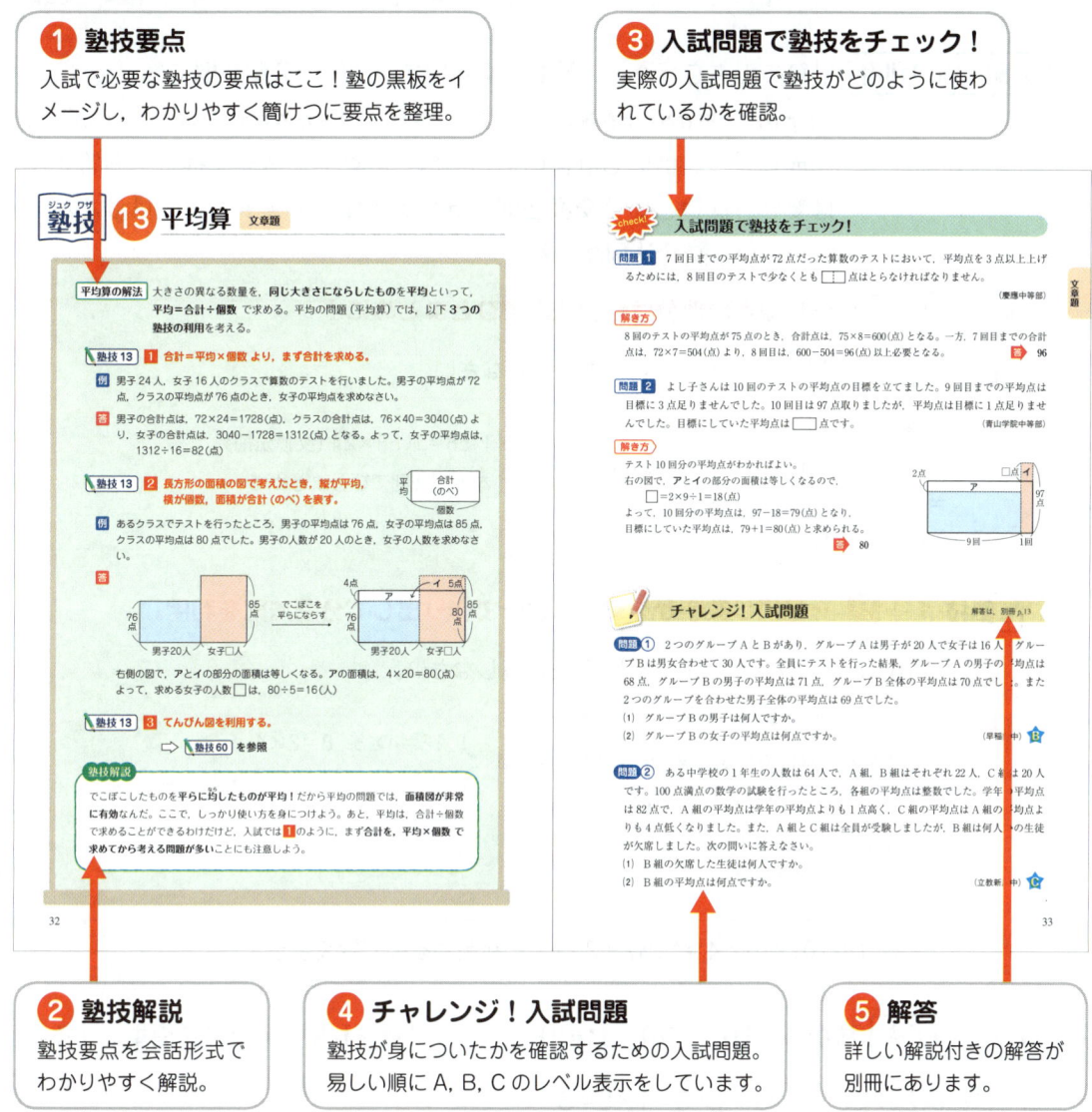

2 塾技解説
塾技要点を会話形式でわかりやすく解説。

4 チャレンジ！入試問題
塾技が身についたかを確認するための入試問題。易しい順にA，B，Cのレベル表示をしています。

5 解答
詳しい解説付きの解答が別冊にあります。

塾技使用法の流れ

1. 各塾技要点を読み，例を通して塾技の使い方を確認する。
2. 塾技解説を読み，塾技要点についての理解を深める。
3. 「入試問題で塾技をチェック！」で，塾技を使用した入試問題の解法を確かめる。
4. 「チャレンジ！入試問題」で，実際の入試問題を解き，塾技を使いこなす力をつける。
5. 別冊解答で「チャレンジ！入試問題」の答え合わせをする。このとき，単に答えの正誤だけではなく，答えを導き出す過程の確認も必ず行う。

以上の流れを最低2回は繰り返す。反復することで解法の流れが完全に身につきます。

塾技 1 計算の工夫 　式と計算

分配法則の利用　計算の工夫を行うとき**最もよく利用**する法則が**分配法則**で，
$(a+b) \times c = a \times c + b \times c$ または，$a \times (b+c) = a \times b + a \times c$
が成り立つ。他にも計算の法則には，計算の前後を交換しても答えは変わらないという**交換法則**，計算の順序を変えても答えは変わらないという**結合法則**がある。

塾技 1 ① 同じ数字の部分は分配法則でひとまとめに！

例　$8.42 \times 24 + 24 \times 1.58 - 5 \times 24$ を計算しなさい。

答
$8.42 \times 24 + 24 \times 1.58 - 5 \times 24$
$= 8.42 \times 24 + 1.58 \times 24 - 5 \times 24$　　$24 \times 1.58 = 1.58 \times 24$（交換法則）
$= (8.42 + 1.58 - 5) \times 24$　　$\times 24$ を分配法則でひとまとめに
$= 5 \times 24 = 120$

塾技 1 ② 一見同じ数字がなくても自分で作り出して分配法則を利用。

例　$3.14 \times 5 - 0.785 \times 12 + 1.57 \times 8$ を計算しなさい。

答
$3.14 \times 5 - 0.785 \times 12 + 1.57 \times 8$
$= 3.14 \times 5 - 0.785 \times 4 \times 3 + 1.57 \times 2 \times 4$　　$12 = 4 \times 3,\ 8 = 2 \times 4$
$= 3.14 \times 5 - 3.14 \times 3 + 3.14 \times 4$　　$0.785 \times 4 = 3.14,\ 1.57 \times 2 = 3.14$
$= 3.14 \times (5 - 3 + 4)$　　$3.14 \times$ を分配法則でひとまとめに
$= 3.14 \times 6 = 18.84$

> $3.14 = 0.785 \times 4 = 1.57 \times 2$ はよく利用するので覚えよう！

その他の工夫　積が 1，10，100，1000 となるかけ算を利用して計算を簡単にする。

例　$0.25 \times 32 = 0.25 \times 4 \times 8 = 1 \times 8 = 8$

> $0.125 \times 8 = 0.25 \times 4 = 1,\ 25 \times 4 = 100,\ 125 \times 8 = 1000$ は暗記！

塾技解説

さあ，これから**中学入試の算数の攻略**だ！分配法則は小学校でも習う有名な法則だけど，これを使いこなせないと計算問題で得点できないばかりか，**3.14 の計算**でも**大きなスピードの差**がついてしまう。ここでしっかり練習しよう。あと，**交換法則・結合法則は足し算とかけ算のみでしか成り立たない**ということにも注意が必要だぞ。

 **入試問題で塾技をチェック！**

問題 次の計算をしなさい。

(1) $670 \times 1.8 + 12 \times 67$　（筑波大附中）

(2) $1.57 \times 28 - 3.14 \times 4$　（東海大付浦安高中等部）

(3) $4 \times 4 \times 5.14 - 51.4 \times 0.75 + 0.257 \times 30$　（ラ・サール中）

解き方

(1) $670 \times 1.8 + 12 \times 67$
$= 67 \times 10 \times 1.8 + 12 \times 67$　　$670 = 67 \times 10$
$= 67 \times 18 + 67 \times 12$
$= 67 \times (18 + 12)$　　$67 \times$ を ひとまとめに
$= 67 \times 30 = \mathbf{2010}$　答

(2) $1.57 \times 28 - 3.14 \times 4$
$= 1.57 \times 2 \times 14 - 3.14 \times 4$　　$28 = 2 \times 14$
$= 3.14 \times 14 - 3.14 \times 4$
$= 3.14 \times (14 - 4)$　　$3.14 \times$ を ひとまとめに
$= 3.14 \times 10 = \mathbf{31.4}$　答

(3) $4 \times 4 \times 5.14 - 51.4 \times 0.75 + 0.257 \times 30$
$= 16 \times 5.14 - 5.14 \times 10 \times 0.75 + 0.257 \times 20 \times 1.5$　　$51.4 = 5.14 \times 10$, $30 = 20 \times 1.5$
$= 5.14 \times 16 - 5.14 \times 7.5 + 5.14 \times 1.5$
$= 5.14 \times (16 - 7.5 + 1.5)$　　$5.14 \times$ をひとまとめに
$= 5.14 \times 10 = \mathbf{51.4}$　答

 **チャレンジ！入試問題**

解答は，別冊 p.1

問題 次の計算をしなさい。

(1) $6.28 \times 1.4 - 2.4 \times 3.14 + 6.28 \times 0.3$　（筑波大附中）**A**

(2) $3 \times 4 \times 5 \times 6 \times 7 - 2 \times 3 \times 4 \times 5 \times 6 + 5 \times 6 \times 7$　（豊島岡女子学園中）**A**

(3) $256 \times 29 - 91 \times 32 + 24 \times 13 - 13 \times 11$　（学習院中）**B**

(4) $25 \times 2630 + 125 \times 215 + 375 \times 49$　（ラ・サール中）**B**

(5) $2 \times 4 \times 3.14 + 6 \times 1.57 \times 8 - 0.785 \times 16 \times 3$　（城北中）**B**

(6) $22.36 \times 4 + 2.236 \times 11.5 + 2.236 \div 0.5 - 0.2236 \times 35$　（攻玉社中）**C**

塾技 2 逆算　式と計算

計算の順序
(1) ( )，{ }，〔 〕のある計算では，( )→{ }→〔 〕の順に計算する。
(2) **かけ算・割り算をしてから，足し算・引き算をする。**

例 8−〔6−{4−(5−3)}〕 を計算しなさい。

答 8−〔6−{4−(5−3)}〕　　( )の中を計算し，{ }は( )に，
　　=8−〔6−{4−2}〕　　　　〔 〕は{ }にする
　　=8−〔6−2〕
　　=8−4
　　=4

逆算　□を使った式で，答えがわかっているときにその□を求める計算を逆算（還元算と呼ぶこともある）という。

塾技2 ① 逆算は，①計算できる部分はまず計算する　②ふつうの計算とは逆の順序・逆の計算をする　ことで□に入る数を求める。

例　(□+5)÷4=8
　　　　□+5=8×4
　　　　□=32−5
　　　　□=27

　ふつうの計算
　　　　　5を足す　　　　　4で割る
　　□　─────→　(□+5)　─────→　8になる
　逆算
　　　　　5を引く　　　　　4をかける
　　27　←─────　32　←─────　8

塾技2 ② 分子に□がある逆算は，分数の部分を÷の式に直して考える。

例　10−(20−□)/3=6　　　分数を÷の式に直す。このとき分子に( )を
　　10−(20−□)÷3=6　　　つけることを忘れないこと！
　　(20−□)÷3=10−6
　　20−□=4×3　　　　　　塾技解説を参照
　　□=20−12
　　□=8

塾技解説

逆算は，基本的にふつうの計算と逆の順序・逆の計算をすればいいわけだけど，**例外が2つ**。それは「−□」と「÷□」。この2つの場合は，「A−□=B → □=A−B」，「A÷□=B → □=A÷B」を用いる。わからなくなったら**簡単な例を考える**といい。例えば，10÷2=5 だよね。そしてもし2の部分が□のとき，□は 10÷5 で求められるよね！

 ## 入試問題で塾技をチェック！

問題 次の□にあてはまる数を求めなさい。

(1) $\left(2\frac{13}{40}+\square\right)\div 1.25-\frac{11}{12}=1\frac{22}{75}$　(桜蔭中)

(2) $\frac{2011+\square}{23}=69+3\div 0.0625$　(灘中)

解き方

(1) $\left(2\frac{13}{40}+\square\right)\div 1.25-\frac{11}{12}=1\frac{22}{75}$

$\left(\frac{93}{40}+\square\right)\div 1\frac{1}{4}=\frac{97}{75}+\frac{11}{12}$

$\frac{93}{40}+\square=\frac{221}{100}\times\frac{5}{4}$

$\square=\frac{221}{80}-\frac{93}{40}$

$\square=\frac{7}{16}$　**答**

(2) $\frac{2011+\square}{23}=69+3\div 0.0625$　）$0.0625=\frac{5}{80}$

$\frac{2011+\square}{23}=69+3\div\frac{5}{80}$　）計算できる部分は計算する

$\frac{2011+\square}{23}=117$　）分数を÷の式に直す

$(2011+\square)\div 23=117$

$2011+\square=117\times 23$

$\square=2691-2011=\mathbf{680}$　**答**

覚えよう!!

$0.125=\frac{1}{8}$, $0.25=\frac{1}{4}$, $0.375=\frac{3}{8}$, $0.625=\frac{5}{8}$, $0.75=\frac{3}{4}$, $0.875=\frac{7}{8}$

 ## チャレンジ！入試問題

解答は，別冊 p.2

問題 次の□にあてはまる数を求めなさい。

(1) $1\frac{1}{5}\times(\square-1.75)\div 2\frac{1}{3}+\frac{1}{4}=0.55$　(開成中) B

(2) $\left(6.3-2\frac{1}{4}\right)\div(1+0.875\div\square)=3$　(ラ・サール中) B

(3) $\left\{14+\left(2\times\square-\frac{3}{4}\right)\div\frac{3}{7}\right\}\times 0.8=21$　(芝中) B

(4) $3-\left\{4-(\square-2)\times\frac{1}{2}\right\}\times\frac{2}{3}=1\frac{1}{3}$　(明治大付明治中) B

(5) $\left(3\frac{3}{4}-\square\times 0.125\right)\div 2\frac{1}{2}-\frac{27}{55}=\frac{19}{22}$　(桜蔭中) B

(6) $2\div 0.3125\times\left(\square-\frac{19}{21}\right)\div 0.05=5\frac{5}{7}\div 0.625$　(慶應普通部) C

塾技 3 既約分数・単位分数　式と計算

既約分数 分母と分子の最大公約数が1で、**それ以上約分できない分数を既約分数**という。分数と分数の間にある既約分数を求める問題は、次の塾技を利用して解けばよい。

塾技 3 ① 倍分（分母と分子に同じ数をかけること）し、分母または分子の大きさを条件で与えられた数にそろえ、約分できる分数は消していく。

例　$\dfrac{1}{6}$ より大きく $\dfrac{5}{8}$ より小さい分母が12の既約分数は何個ありますか。

答　$\dfrac{1}{6}=\dfrac{2}{12}$, $\dfrac{5}{8}=\dfrac{5\times 1.5}{8\times 1.5}=\dfrac{7.5}{12}$ より、$\dfrac{2}{12}<\dfrac{\cancel{3}^{\,1}}{\cancel{12}_{\,4}}, \dfrac{\cancel{4}^{\,1}}{\cancel{12}_{\,3}}, \dfrac{5}{12}, \dfrac{\cancel{6}^{\,1}}{\cancel{12}_{\,2}}, \dfrac{7}{12}<\dfrac{7.5}{12}$

よって、求める既約分数は2個とわかる。

単位分数 $\dfrac{1}{2}$, $\dfrac{1}{3}$, $\dfrac{1}{4}$ など、**分子が1の真分数を単位分数**という。単位分数を利用した計算には、以下2つの塾技がある。

塾技 3 ② 分母が2つの連続する整数の積で表すことができる単位分数は、その連続する整数を分母とする単位分数の差で表すことができる。

例　$\dfrac{1}{6}+\dfrac{1}{12}+\dfrac{1}{20}+\dfrac{1}{30}+\dfrac{1}{42}$ を計算しなさい。

答　$\dfrac{1}{6}+\dfrac{1}{12}+\dfrac{1}{20}+\dfrac{1}{30}+\dfrac{1}{42}$

$=\dfrac{1}{2\times 3}+\dfrac{1}{3\times 4}+\dfrac{1}{4\times 5}+\dfrac{1}{5\times 6}+\dfrac{1}{6\times 7}$

$=\left(\dfrac{1}{2}-\dfrac{1}{3}\right)+\left(\dfrac{1}{3}-\dfrac{1}{4}\right)+\left(\dfrac{1}{4}-\dfrac{1}{5}\right)+\left(\dfrac{1}{5}-\dfrac{1}{6}\right)+\left(\dfrac{1}{6}-\dfrac{1}{7}\right)=\dfrac{1}{2}-\dfrac{1}{7}=\dfrac{5}{14}$

塾技 3 ③ 分母を2つの整数の積で表したとき、**分子＝分母の差**となる分数は、その2つの整数を分母とする単位分数の差で表すことができる。

例　$\dfrac{\boxed{2}}{3\times 5}=\dfrac{1}{3}-\dfrac{1}{5}$　　$\dfrac{3}{10}=\dfrac{\boxed{3}}{2\times 5}=\dfrac{1}{2}-\dfrac{1}{5}$
　　　　差2　　　　　　　　　　差3

塾技解説

中学入試の算数では分数に関する問題が数多く出題されているんだ。中でも既約分数と単位分数に関する問題は、ある程度**解法パターンに慣れて**おかないとなかなか得点できない。特に**単位分数の計算**は、**塾技を知らなければまったく手が出ない**問題も多い。ここでしっかりと解法パターンを身につけよう。

check! 入試問題で塾技をチェック！

問題 1 分母が60の分数で，約分できないもののうち，$\frac{3}{5}$ と $\frac{13}{18}$ の間にあるものを全て求めなさい。 （ラ・サール中）

解き方

$\frac{3}{5}$ と $\frac{13}{18}$ を倍分し，分母を60にそろえる。$\frac{3}{5}$ の分母を60にすると，$\frac{3}{5}=\frac{3\times12}{5\times12}=\frac{36}{60}$

一方，$60\div18=\frac{10}{3}$ より，$\frac{13}{18}$ の分母を60にするためには，それぞれ分母と分子を $\frac{10}{3}$ 倍すればよい。

よって，$\frac{13}{18}$ の分母を60にすると，分子は，$13\times\frac{10}{3}=\frac{130}{3}=43\frac{1}{3}$ となる。

以上より，$\frac{3}{5}$ と $\frac{13}{18}$ のあいだにある分母が60の分数のうち約分できないものは，

$\frac{37}{60}$，$\frac{\overset{19}{\cancel{38}}}{\underset{30}{\cancel{60}}}$，$\frac{\overset{13}{\cancel{39}}}{\underset{20}{\cancel{60}}}$，$\frac{\overset{2}{\cancel{40}}}{\underset{3}{\cancel{60}}}$，$\frac{41}{60}$，$\frac{\overset{7}{\cancel{42}}}{\underset{10}{\cancel{60}}}$，$\frac{43}{60}$

答 $\frac{37}{60}$，$\frac{41}{60}$，$\frac{43}{60}$

問題 2 次の計算をしなさい。

(1) $\frac{1}{2\times3}+\frac{1}{3\times4}+\frac{1}{4\times5}$ （桐蔭学園中）

(2) $\frac{1}{42}+\frac{1}{56}+\frac{1}{72}+\frac{1}{90}$ （東邦大附東邦中）

解き方

(1)

$$\frac{1}{2\times3}+\frac{1}{3\times4}+\frac{1}{4\times5}$$
$$=\left(\frac{1}{2}-\cancel{\frac{1}{3}}\right)+\left(\cancel{\frac{1}{3}}-\cancel{\frac{1}{4}}\right)+\left(\cancel{\frac{1}{4}}-\frac{1}{5}\right)$$
$$=\frac{1}{2}-\frac{1}{5}=\frac{3}{10}$$ 答

(2)

$$\frac{1}{42}+\frac{1}{56}+\frac{1}{72}+\frac{1}{90}$$
$$=\left(\frac{1}{6}-\cancel{\frac{1}{7}}\right)+\left(\cancel{\frac{1}{7}}-\cancel{\frac{1}{8}}\right)+\left(\cancel{\frac{1}{8}}-\cancel{\frac{1}{9}}\right)+\left(\cancel{\frac{1}{9}}-\frac{1}{10}\right)$$
$$=\frac{1}{6}-\frac{1}{10}$$
$$=\frac{2}{30}=\frac{1}{15}$$ 答

チャレンジ！入試問題

解答は，別冊 *p.*3

問題① □の“**あ～か**”は，それぞれ1～9までのいずれかの数を表しています。□をうめなさい。

$\frac{2}{15}=\frac{1}{\boxed{\text{あ}}}-\frac{1}{\boxed{\text{い}}}$　$\frac{2}{35}=\frac{1}{\boxed{\text{う}}}-\frac{1}{\boxed{\text{え}}}$　$\frac{2}{63}=\frac{1}{\boxed{\text{お}}}-\frac{1}{\boxed{\text{か}}}$ となるので，

$\frac{2}{3}+\frac{2}{15}+\frac{2}{35}+\frac{2}{63}+\frac{2}{99}+\frac{2}{143}+\frac{2}{195}=$□です。 （芝中） A

問題② 59個の分数 $\frac{1}{60}$，$\frac{2}{60}$，$\frac{3}{60}$，……，$\frac{58}{60}$，$\frac{59}{60}$ について，次の問いに答えなさい。

(1) 約分できない分数は何個ありますか。

(2) 約分できない分数を全て加えると，いくつになりますか。 （立教新座中） B

塾技 ④ 線分図の利用 文章題

線分図のかき方 線の長さで数量の関係を表した図を**線分図**という。線分図を利用する代表的な問題として，和差算，分配算などがある。線分図のかき方には，**全体（合計）の量がわかっている場合とわかっていない場合**とで以下のような塾技がある。

(1) **全体（合計）の量がわかっている場合**

塾技 4 ① 一番小さな数量を①として，線分図をかく。

例 和が127の3つの数 A，B，C があります。B は A の3倍より3大きく，C は A の4倍より4大きいとき，B はいくつですか。

答

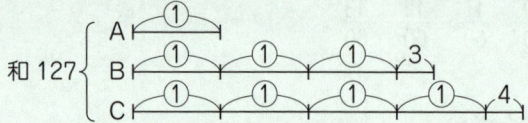

線分図より，A 8個分（①×8＝⑧）が，127－3－4＝120 にあたるので，①は，120÷8＝15 とわかり，B＝①×3＋3＝15×3＋3＝48 と求められる。

塾技 4 ② もとにする量を分母の最小公倍数でおき線分図をかく。

➡ 「入試問題で塾技をチェック！」を参照

(2) **全体（合計）の量がわかっていない場合**

塾技 4 ③ 全体の量を①または分母の最小公倍数でおき線分図をかく。

例 A君とB君であめを分けました。A君は全体の $\frac{1}{3}$，B君は全体の $\frac{3}{5}$ と2個とりました。A君のあめは何個ですか。

答 あめ全体の個数を，3と5の最小公倍数⑮とおく。

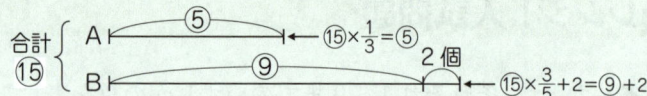

図より，⑮－（⑤＋⑨）＝① が2個とわかるので，A君は，2×5＝10(個)

塾技解説
さあ，ここからは**文章題に関する塾技**を身につけよう！まず最初に線分図。中学入試では**線分図を使って解く問題が非常に多い**！線分図は上手くかけさえすればそれがすぐ答えにつながるすぐれもの。でも，問題を読んでどうかいてよいのか手が止まってしまう生徒がとても多い。ここで**かき方のコツをしっかりマスター**しよう。

 **入試問題で塾技をチェック！**

問題 A君，B君，C君の3人が100個のりんごを分けたところ，B君はA君の2倍を受け取り，C君はA君の$\frac{3}{4}$倍よりも10個多く受け取りました。このとき，C君の受け取ったりんごは何個ですか。

(浅野中)

解き方
B君とC君の受け取ったりんごの個数は，A君をもとにして表されている。 塾技4 ②より，A君の受け取ったりんごの個数を，$2=\frac{2}{1}$と$\frac{3}{4}$の分母の最小公倍数④として線分図をかいて考える。

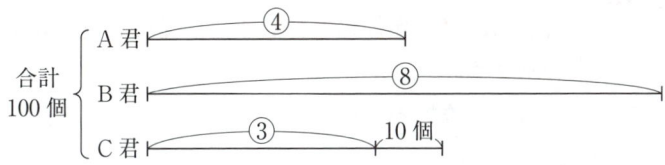

④+⑧+③=⑮ が，100-10=90(個)にあたるので，①は，90÷15=6(個)
よって，C君の受け取ったりんごは，
　6×3+10=28(個)

答 28個

 **チャレンジ！入試問題**

解答は，別冊 p.4

問題① 2, 3, 4のような3つの連続する整数があります。3つの数の和が42のとき，一番小さい数はいくつですか。

(国士舘中) A

問題② 150枚のカードをA君，B君，C君の3人で分けたところ，B君はA君の$\frac{3}{5}$より12枚多く，C君はB君の$\frac{5}{6}$より2枚多くなりました。C君はカードを何枚持っていますか。

(早稲田実業中等部)

問題③ おはじきを3人で分けました。A君は全体の$\frac{1}{2}$，B君は全体の$\frac{1}{6}$と3個を取りました。すると，C君のおはじきはB君より2個多くなりました。C君のおはじきは何個ですか。

(慶應普通部)

塾技 5 差集め算　文章題

差集め算の解法　「1個あたりの差」と「全体の差」から個数を求める問題を差集め算という。差集め算の解法には，**面積図を用いる解法**や**図表を用いる解法**などがある。

例　何個かのケーキを4個ずつ箱につめると，6個ずつ箱につめるときと比べて3箱多くなるという。ケーキは何個ありますか。

塾技 5 ① 面積図による解法
長方形の面積が全体の個数を表し，その大きさは変わらないことを利用する。

答

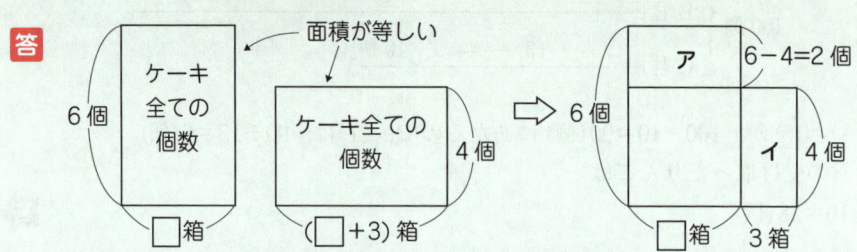

上の図で，アとイの面積は等しくなる。イの面積は，4×3＝12 より，アの面積も12となり，□＝12÷2＝6（箱）と求められる。よって，ケーキは，6×6＝36（個）

塾技 5 ② 図表による解法
全体の差 ÷ 1個あたりの差 ＝ 個数　となることを利用する。

答　6個ずつ箱につめたときできる箱を□箱として，図表で整理する。

	□箱				3箱多い		
4個ずつ	4	4	……	4	4	4	4
6個ずつ	6	6	……	6			
1箱あたりの差	2個	2個	……	2個	全体の差 4×3＝12（個）		

1箱あたりの差の2個が集まって，12個の差になったので，6個入りの箱は，□＝12÷2＝6（箱）と求められる。よって，ケーキは，6×6＝36（個）

塾技解説

差集め算のポイントは，**1個あたりの差と全体の差を考える**こと。このときよく面積図を利用するけど，面積図は意外とかくのが難しい。そこで面積図にかわるものとして，上のような**図表**があるんだ。注意点は，**1個あたりの差と全体の差は同じ単位で表す**ということだ。「面積図が苦手！」という生徒はぜひ**図表をマスター**しよう！

 **入試問題で塾技をチェック！**

問題 サッカー部の合宿で生徒をいくつかの部屋に1部屋4人ずつ入れると，各部屋ちょうど1人の空きもなく入りました。1部屋7人ずつにすると，使わない部屋が2部屋でき，最後の1部屋は4人未満となりました。

(1) 部屋は全部で何部屋ありますか。
(2) 生徒の人数は何人ですか。

(江戸川学園取手中)

解き方

(1) 1部屋に7人ずつ入ったとき，7人全て入っている部屋を□部屋とすると，4人未満の部屋と使わない2部屋を合わせ，部屋は全部で(□+3)部屋となる。

	□部屋	3部屋	
4人ずつ	4 …… 4	4 4 4	→ 12人
7人ずつ	7 …… 7	1〜3 0 0	→ 1〜3人
1部屋あたりの差	3人 …… 3人	全体の差	11〜9人

1部屋に7人ずつ入ったとき，最後の1部屋は4人未満ということから，最後の1部屋の人数は，1人から3人となる。このとき，図表のように3部屋分の差を考えると，全体の差は11人から9人のうちどれかとなるが，これは1部屋あたりの差の3人が集まってできた差なので，3の倍数の9人となるはずである。

よって，7人全て入っている部屋数□は，9÷3=3(部屋)とわかり，
　求める部屋数=□+3=3+3=6(部屋)

 6部屋

(2) 4×6=24(人)

 24人

 **チャレンジ！入試問題**

解答は，別冊 p.5

問題① カラー写真を毎分6枚，白黒写真を毎分15枚印刷することができるプリンターがあります。予定の枚数をカラー写真で印刷し始めましたが，途中でプリンターの調子が悪くなり，10分間止まってしまいました。残りを白黒写真で印刷したところ，予定の枚数を全てカラー写真にするよりも2分42秒多く時間がかかってしまいました。白黒写真を何枚印刷しましたか。

(世田谷学園中) **B**

問題② 1個100円のりんごと1個60円のみかんがたくさん売られています。豊子さんが，りんごとみかんを何個かずつ買うと，合計金額が1240円となりました。また花子さんが，りんごとみかんの個数を豊子さんと逆にして買うと，合計金額が1000円となりました。このとき，豊子さんが買ったみかんは何個ですか。

(豊島岡女子学園中) **C**

塾技 6 過不足算 文章題

過不足算の解法　「余り」や「不足」から**全体の差**を考え，差集め算と同様にして**個数や人数を求める**問題を**過不足算**という。全体の差は，次のようにして求める。

塾技 6　全体の差の求め方（以下，Aの方がBより大きいとする）

> A個余り，B個余る　　⎫
> A個不足，B個不足　　⎬ ⇒ 全体の差＝（A－B）個
> A個余り，B個不足　　⇒ 全体の差＝（A＋B）個

例　何人かの子どもにあめを配ります。
次のそれぞれの場合において，子どもの人数およびあめの個数を求めなさい。
(1) 1人に8個ずつ配ると22個不足し，6個ずつ配ると4個不足する。
(2) 1人に5個ずつ配ると10個余り，7個ずつ配ると4個不足する。

答 (1)

	□人				
8個ずつ	8	8	………	8	22個不足
6個ずつ	6	6	………	6	4個不足
1人あたりの差	2個	2個	………	2個	全体の差 22－4＝18（個）

1人あたりの差の2個が集まって18個の差になったので，子どもの人数□は，18÷2＝9（人）。あめの個数は，8×9－22＝50（個）

(2)

	□人				
5個ずつ	5	5	………	5	10個余り
7個ずつ	7	7	………	7	4個不足
1人あたりの差	2個	2個	………	2個	全体の差 10＋4＝14（個）

1人あたりの差の2個が集まって14個の差になったので，子どもの人数□は，14÷2＝7（人）。あめの個数は，5×7＋10＝45（個）

塾技解説

過不足算のポイントは，**全体の差の考え方**。例えば，A君とB君の2人が同じものを買うとき，A君は100円余ってB君は300円余ったとしたら2人のもっているお金の差は，300－100＝200（円）だよね。ではもしA君は**100円余って**，B君は**300円足りない**といわれたら？2人の**お金の差**は，100＋300＝400（円）になるよね！

 **入試問題で塾技をチェック！**

問題 1 何人かの子どもに1人16枚ずつカードを配ったところ8枚足りませんでした。10人の子どもが加わったので，今度は1人12枚ずつ配ったところ24枚余りました。カードは全部で何枚ありますか。

(明治大付明治中)

解き方

もし10人の子どもが加わらなかったとしたら，カードは $12 \times 10 + 24 = 144$(枚)余る。

	□人		
16枚ずつ	16 ……… 16	8枚不足
12枚ずつ	12 ……… 12	144枚余り
1人あたりの差	4枚 ……… 4枚	全体の差 $8+144=152$(枚)

10人加わる前の子どもの人数□は，$152 \div 4 = 38$(人)
　求めるカードの枚数 $= 16 \times 38 - 8 = 600$(枚)

 600枚

問題 2 りんごを箱につめるのに，1箱に5個ずつつめると4個余り，1箱に12個ずつつめると7個しか入らない箱が1箱と空の箱が8箱できる。りんごの個数を求めなさい。

(慶應湘南藤沢中等部)

解き方

	□箱	
5個ずつ	5 ……… 5　5	4個余り
12個ずつ	12 ……… 12　7	空の箱8箱→$12 \times 8 = 96$(個)不足
1箱あたりの差	7個 ……… 7個　2個	全体の差 $4+96=100$(個)

図表より，最後の1箱の差は2個なので，あらかじめ全体の差100個から引くと，全体の差は98個となる。これは，1箱あたりの差の7個分が，(□-1)箱集まってできたものなので，
　　□$-1 = 98 \div 7 = 14$　　□$= 14 + 1 = 15$(箱)
よって，求めるりんごの個数は，$5 \times 15 + 4 = 79$(個)

 79個

 **チャレンジ！入試問題**

解答は，別冊 p.6

問題 ① 生徒の宿泊で，1室の定員を5人ずつにすると全部の部屋を使っても4人分足りなくなり，1室の定員を6人ずつにすると5人の部屋が1室でき，1室が余ります。このときの生徒の人数を求めなさい。

(浅野中) **B**

問題 ② 何人かの中学生と何人かの小学生に鉛筆を配ることにしました。中学生に2本ずつ，小学生に4本ずつ配ると36本余ります。中学生に3本ずつ，小学生に6本ずつ配ると3本足りません。また，中学生は小学生より3人多くいます。

(1) 小学生の人数は何人ですか。
(2) 鉛筆の本数は何本ですか。

(桐朋中) **C**

塾技 7 つるかめ算① 文章題

つるかめ算の解法　異なる数量のものが**合わせていくつあるかはわかっている**とき，それぞれがいくつあるかを求める問題を**つるかめ算**という。つるかめ算は，**どちらか一方が全てだと仮定し**，差集め算と同様にして解けばよい。

塾技 7-① 問題で聞かれていない方を全てと仮定し図表で考える。

例 1本60円の鉛筆と1本100円のボールペンを合わせて9本買ったら代金は740円でした。鉛筆は何本買いましたか。

答

	9本	
実際	60 ‥‥ 60　100 ‥‥ 100	740円
全てボールペンと仮定	100 ‥‥ 100　100 ‥‥ 100	100×9＝900(円)
1本あたりの差	40円 ‥‥ 40円　0円 ‥‥ 0円	全体の差 900－740＝160(円)

1本あたりの差の40円が60円の鉛筆の本数分だけ集まり160円の差となったので，60円の鉛筆は，160÷40＝4(本)

塾技 7-② 弁償算（収入と支出がある問題）では，1個あたりのもらえる金額の差は，収入と支出の和となることを利用する。

例 皿を1枚洗うと10円もらえ，わると10円もらえないばかりか5円引かれます。300枚の皿を洗い2775円もらったとき，何枚の皿をわったことになりますか。

答 10円もらえることを⑩，5円引かれることを▼5と表すことにする。

	300枚	
実際のA君	⑩ ‥‥ ⑩　▼5 ‥‥ ▼5	2775円の収入
全てわらないと仮定	⑩ ‥‥ ⑩　⑩ ‥‥ ⑩	10×300＝3000(円)の収入
1枚あたりの差	0円 ‥‥ 0円　15円 ‥‥ 15円	全体の差 3000－2775＝225(円)

わったときとわらないときの1枚あたりにもらえる金額の差の15円が，わった皿の枚数分だけ集まり225円の差となったので，わった皿は，225÷15＝15(枚)

塾技解説

つるかめ算は，中国の数学書にあるキジとウサギの数を求める問題が始まりとされ，日本ではおめでたい動物のつるとかめになってこの名がついたんだ。ここではまず**2量のつるかめ算**を学び，塾技8で3量のものを学ぼう。とにかくポイントは1つ！"**全て～だったら**"と仮定し，差集め算と同様に**図表で整理**することだ。

 入試問題で塾技をチェック！

問題 まっすぐな道に，スタート地点から1mごとに印がつけてあります。コインを1回投げて，表が出れば3m進み，裏が出れば同じ方向に4m進むゲームを何回かくり返します。

(1) コインを30回投げて，スタート地点から102mの地点に止まりました。表は何回出ましたか。

(2) コインを何回投げても，止まらない地点があります。それはスタート地点から何mの地点か全て答えなさい。

(桐蔭学園中)

解き方

(1) 求めるのは表の回数なので，塾技7 １ より，もし全て裏が出たらと仮定して考える。

	30回		
実際	3 …… 3	4 …… 4	102m
全て裏と仮定	4 …… 4	4 …… 4	4×30=120(m)
1回あたりの差	1m …… 1m	0m …… 0m	全体の差 120−102=18(m)

1回あたりの差の1mが，表の出た回数分だけ集まって18mの差となったので，
　表の出た回数=18÷1=18(回)

答 18回

(2) まず，1m，2m，5mは止まらないことがわかる。次に6m以降を考える。6mは3の倍数なので止まる。7mは，3+4より止まる。また，7に3を加えていった，10，13，16，…，すなわち3の倍数より1大きい地点は全て止まる。同様に8mは，4+4より止まり，8に3を加えていった，11，14，17，…，すなわち3の倍数より2大きい地点は全て止まる。
以上より，6m以降の地点は全て止まることがわかるので，止まらない地点は，1m，2m，5mとなる。

答 1m，2m，5m

 **チャレンジ！入試問題**

解答は，別冊 p.7

問題① 1個150円のりんごと1個130円のかきを合わせて12個買いました。260円のかごに入れたらちょうど2000円になりました。このとき，りんごはかきより ☐ 個多く買いました。

(慶應中等部) **A**

問題② 太郎君と花子さんはじゃんけん遊びをしました。
初め2人は右の図の点Oにいます。じゃんけんに勝つと右に2目盛り，負けると左に1目盛り進みます。あいこは回数に入れないものとします。

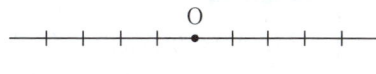

(1) 2人でじゃんけんを9回したところ，太郎君は右へ3目盛りのところにいました。花子さんはどちらの方向へ何目盛りのところにいますか。

(2) 何回かじゃんけんをしたところ，花子さんは点Oより左へ3目盛り，太郎君は花子さんより右に18目盛りのところにいました。太郎君は何勝何敗ですか。 (世田谷学園中) **B**

塾技 8 つるかめ算② 文章題

つるかめとんぼ算の解法

塾技7 で学んだ2量のものについてのつるかめ算の応用で，異なる3量のものについての数量を考える問題を，**つるかめとんぼ算**といい，解法には以下2つの代表的な塾技がある。

塾技8 ① **3量のうち，数量の関係がわかっている2量を平均化することで新たなものを作り，残りのものとで2量のつるかめ算を行う。**

例 5円玉と10円玉と50円玉が合わせて46枚あり，合計金額は1230円です。10円玉と50円玉の枚数が同じ枚数あるとき，10円玉は何枚ありますか。

答 数量の関係がわかっている10円玉と50円玉を平均化すると，ともに同じ枚数ずつあるので，(10×1+50×1)÷(1+1)=30(円) と平均化することができる。
この新たに作った30円玉と5円玉との2量のつるかめ算として考える。

	46枚	
実際	5 …… 5　30 …… 30	1230円
全て5円玉と仮定	5 …… 5　5 …… 5	5×46=230(円)
1枚あたりの差	0円 …… 0円　25円 …… 25円	全体の差 1230−230=1000(円)

1枚あたりの差の25円が30円玉の枚数分だけ集まり1000円の差となったので，30円玉は，1000÷25=40(枚)。よって，10円玉と50円玉の枚数の合計は40枚とわかるので，10円玉は，40÷2=20(枚)

> **注意！** もし50円玉の枚数が，10円玉の枚数の3倍といわれたら，平均化した値は30円ではなく，(10×1+50×3)÷(1+3)=40(円) となる。

塾技8 ② **与えられた問題条件より，まず3量のうちの1つの数量を決定し，残りの2量でつるかめ算を行う。**

⇨「入試問題で塾技をチェック！」を参照

塾技解説

3量のつるかめ算のポイントは，**何とかして通常の2量のつるかめ算にすること！**その代表的な方法が上の2つというわけだ。①を使うか②を使うかの判断は，3量のうち**2量についての数量の関係**が与えられていたら①を，数量の関係が全くわからないときは②を使う。そして最終手段は問題に合う適当な数を考えることだ！

 **入試問題で塾技をチェック!**

問題 3つの品物 A，B，C の1つあたりの値段はそれぞれ 194 円，85 円，70 円です。このとき次の問いに答えなさい。

(1) A，B，C をあわせて 16 個買ったところ，代金が 1676 円でした。A，B，C をそれぞれいくつずつ買ったか求めなさい。ただし，どの品物も必ず1個は買うものとします。

(2) A，B，C をあわせていくつか買ったところ，代金が 2000 円でした。A，B，C をそれぞれいくつずつ買ったか求めなさい。ただし，どの品物も必ず1個は買うものとします。

(学習院中)

解き方

(1) まず A の個数を考える。B と C の代金の合計の一の位は必ず 0 または 5 となるので，3つの代金の合計の一の位が 6 ということは，A の代金の一の位は 6 または 1 となる。一方，A は 1 個 194 円であり，一の位が 1 となる 194 の倍数はない。一の位が 6 となり，1676 より小さい 194 の倍数を考えると，194×4＝776 より A の個数は 4 個。よって，B と C は合わせて 12 個とわかる。

	12個				
実際	85 … 85	70 … 70	1676－776＝900(円)
全てCと仮定	70 … 70	70 … 70	840(円)
1個あたりの差	15円 … 15円	0円 … 0円	全体の差 900－840＝60(円)

1個 85 円の品物 B の個数は，60÷15＝4(個)。よって，C は，12－4＝8(個)

答 A：4個，B：4個，C：8個

(2) (1)と同様に考えると，A の代金の一の位は 0 または 5 となり，A の個数は 5 の倍数となる。どの品物も必ず 1 個は買うことより，A は 10 個以上にはならないので，A の個数は 5 個。よって，B と C の合計代金は，2000－194×5＝1030(円) と求められる。次に B と C の個数を考える。もし B が 1 個だとした場合，C の代金は，1030－85＝945(円) となり，C 1 個の値段 70 円の倍数とはならない。同様に B が 2 個のとき，3 個のとき，…，と 1 つずつ調べていくと，B が 8 個のとき，C の代金は，1030－85×8＝350(円) と 70 の倍数となり，C は，350÷70＝5(個) と求められる。

答 A：5個，B：8個，C：5個

 **チャレンジ! 入試問題**

解答は，別冊 p.8

問題① 1個の値段が 40 円，50 円，77 円の品物を合わせて 11 個買ったところ，代金が 601 円になりました。50 円の品物は何個買いましたか。

(早稲田実業中等部) B

問題② 1箱 6 本入りの色鉛筆と，1箱 12 本入りの色鉛筆と，1箱 24 本入りの色鉛筆があります。いま，箱は全部で 40 箱，色鉛筆は全部で 390 本あって，6 本入りの箱の個数は 24 本入りの箱の個数の 5 倍です。6 本入りの色鉛筆は何箱ありますか。

(四天王寺中⑰) B

23

塾技 9 消去算 　文章題

消去算の解法　2種類以上の異なるものがあるとき，それらの**関係を表す式からそれぞれの数量を求める問題**を**消去算**という。消去算には**消去する方法**により，以下**3つの塾技**がある。

塾技9 ①　一方の数量を最小公倍数でそろえ，差を考えることで消去する。

例　ノート3冊と鉛筆2本買うと500円，ノート5冊と鉛筆3本買うと810円になります。ノートは1冊いくらですか。

答　ノートを□，鉛筆を○とし，鉛筆の本数を最小公倍数でそろえる。

□3冊 + ○2本 = 500円　→3倍→　□ 9冊 + ○6本 = 1500円
□5冊 + ○3本 = 810円　→2倍→　□10冊 + ○6本 = 1620円
　　　　　　　　　　　　　　　　差□ 1冊　　　　 = 120円

塾技9 ②　等しい部分をおきかえることにより消去する（代入法という）。

例　りんご3個とみかん4個を買うと690円です。りんご1個の値段がみかん1個の値段より90円高いとき，りんごは1個いくらですか。

答　りんごを□，みかんを○とすると，りんご3個とみかん4個で690円より，
　　□□□○○○○ = 690　…①
ここで，りんご1個はみかん1個より90円高いので，□1個は○+90と表すことができる。①の□を○を用いて表すと，

□=○+90, □=○+90, □=○+90　○○○○ = 690　⇒　○7個 + 270 = 690　…②

②より，○7個分は，690 − 270 = 420(円) とわかるので，○1個 = 420 ÷ 7 = 60(円)
よって，□1個 = 60 + 90 = 150(円)

塾技9 ③　関係式を全て加えることで新たな関係式を作り出す。

⇒「入試問題で塾技をチェック！」 問題 2 を参照

塾技解説

消去算の3つの解法におけるそれぞれのポイントは，① では**答えを求めなくてもよい方を最小公倍数でそろえて消去**すること。上の 例 では，ノートを求めたいので鉛筆を消去したというわけだね。② は2種類の**数量の関係が与えられている**ときに用いること，③ は加えることで**異なる数量の個数が全てそろう**ということがポイントだ！

 ## 入試問題で塾技をチェック！

問題 1 2種類の商品 A，B があります。A を 2 個，B を 5 個買うと 9500 円，A を 3 個，B を 2 個買うと 7100 円になります。このとき，A と B のそれぞれ 1 個の値段を求めなさい。

（浅野中）

解き方

```
A 2 個 ＋ B 5 個 ＝ 9500 円   2倍→   A  4 個 ＋ B 10 個 ＝ 19000 円  …①
A 3 個 ＋ B 2 個 ＝ 7100 円   5倍→   A 15 個 ＋ B 10 個 ＝ 35500 円  …②
                                 差 A 11 個        ＝ 16500 円
```

B の個数を最小公倍数でそろえ，①と②の差をとり B を消去すると，A 11 個分が 16500 円とわかる。
よって，A 1 個分は，16500 ÷ 11 ＝ 1500（円）と求められる。一方，B 10 個分の値段は①より，
　　B 10 個分 ＝ 19000 － A 4 個分 ＝ 19000 － 1500 × 4 ＝ 19000 － 6000 ＝ 13000
よって，B 1 個分は，13000 ÷ 10 ＝ 1300（円）　**答** A 1 個：1500 円，B 1 個：1300 円

問題 2 4 種類の本 A，B，C，D があります。A と B と C を 1 冊ずつ買うと 1620 円，A と B と D を 1 冊ずつ買うと 1930 円，A と C と D を 1 冊ずつ買うと 1320 円，B と C と D を 1 冊ずつ買うと 1640 円になります。このとき，A，B，C，D はそれぞれいくらになりますか。

（浅野中改）

解き方

問題の条件から，右の①から④の 4 つの式が成り立つ。
ここで，①から④までの式を全て加えると，A，B，C，D
を 3 回ずつ加えることになるので，⑤の式が成り立つ。
⑤より，A，B，C，D 1 冊ずつの和は，6510 ÷ 3 ＝ 2170（円）
と求められる。一方，A，B，C 1 冊ずつの和は①より
1620 円とわかるので，D の代金は，2170 － 1620 ＝ 550（円）
同様に②より，C の代金は，2170 － 1930 ＝ 240（円）
③より，B の代金は，2170 － 1320 ＝ 850（円）
④より，A の代金は，2170 － 1640 ＝ 530（円）　**答** A：530 円，B：850 円，C：240 円，D：550 円

```
A ＋ B ＋ C         ＝ 1620 円  …①
A ＋ B     ＋ D     ＝ 1930 円  …②
A     ＋ C ＋ D     ＝ 1320 円  …③
    B ＋ C ＋ D     ＝ 1640 円  …④
和 (A ＋ B ＋ C ＋ D) × 3 ＝ 6510 円  …⑤
```

 ## チャレンジ！入試問題

解答は，別冊 p.9

問題 ① 一郎君は千円札 1 枚を持って八百屋に果物を買いに出かけました。この八百屋ではリンゴ 1 個の値段はミカン 4 個の値段より 5 円安いです。リンゴ 6 個とミカン 5 個を買ったらおつりは 15 円でした。リンゴ 1 個の値段は何円ですか。

（関東学院中）Ⓐ

問題 ② ある果物屋で，みかん 1 つ，りんご 2 つ，なし 3 つを買うと合計の値段は 660 円で，みかん 3 つ，りんご 2 つ，なし 1 つを買うと合計の値段は 540 円でした。みかん 2 つ，りんご 1 つを買うと合計の値段は ☐ 円です。

（芝中）Ⓑ

塾技 10 仕事算 文章題

仕事算の解法 ある仕事を何人かでするとき，**仕事を終えるのにどれだけの時間がかかるか求める問題**を仕事算という。仕事算は，まず**仕事全体の量**を決め，**単位時間（1分，1時間，1日など）あたりの仕事量**を考える。仕事全体の量の決め方として，以下3つの塾技がある。

塾技10 ① 仕事全体の量をそれぞれの人が仕事にかかる時間の最小公倍数でおく。

例 Aが1人ですると12日，Bが1人ですると20日かかる仕事があります。この仕事を，Aが1人で9日したあと，Bが1人で残りの仕事をしました。仕事は残り何日かかるでしょうか。

答 仕事全体の量を12と20の最小公倍数⑥⓪とおく。
Aは1日あたり，⑥⓪÷12＝⑤，Bは1日あたり，⑥⓪÷20＝③の仕事ができる。
Aは9日で，⑤×9＝㊺の仕事をするので，残りの仕事量は，⑥⓪－㊺＝⑮
Bは1日あたり，③の仕事をするので，残り，⑮÷③＝5（日）かかる。

塾技10 ② 最小公倍数で表せない時は，仕事全体の量を①とおく。

⇨「入試問題で塾技をチェック！」 **問題 2** を参照

塾技10 ③ 1人が単位時間あたりにできる仕事の量を①とおき，仕事全体の量を決める。

例 6人ですると8時間かかる仕事があります。この仕事を4人で5時間したあと残りの仕事を5人でしました。仕事は残り何時間で終わりますか。ただし，どの人も同じ量の仕事をするものとします。

答 1人が1時間あたりにする仕事の量を①とおくと，6人で8時間すると終わるので，仕事全体の量は，①×6×8＝㊽とおける。4人で5時間したときの仕事量は，①×4×5＝⑳より，残りの仕事量は，㊽－⑳＝㉘となり，これを5人で行うので，求める時間は，㉘÷（①×5）＝㉘÷⑤＝5.6（時間）

塾技解説
仕事算は**中学入試最頻出の1つ**。その名のとおり，人が仕事をする問題はもちろん，水そうに水を入れる問題など様々なパターンがある。さらに，**仕事算＋つるかめ算**，**仕事算＋消去算**といった応用問題も多く見られる。とにかく，まず考えるべきことは，**仕事全体の量をどのようにおくかだ！**

 ## 入試問題で塾技をチェック！

問題 1 あるパンフレットの印刷を行うのに，Aの印刷機では24時間，Bの印刷機では36時間，Cの印刷機では18時間で完成します。この印刷を3つ全ての印刷機で行うと□時間かかります。

(法政大中)

解き方

仕事全体の量を，24と36と18の最小公倍数⑰とする。Aは1時間あたり，⑰÷24＝③，Bは1時間あたり，⑰÷36＝②，Cは1時間あたり，⑰÷18＝④の仕事をそれぞれするので，AとBとCでは1時間あたり，③＋②＋④＝⑨の仕事をすることになる。よって，求める時間は，⑰÷⑨＝8(時間)

答 8

問題 2 ある仕事をするのに，AとBの2人では$5\frac{5}{11}$日，BとCの2人では$6\frac{2}{3}$日，CとAの2人では6日，またD1人では10日かかります。この仕事をAとDの2人ですると何日かかりますか。

(早稲田中)

解き方

仕事全体の量を①とする。1日あたりAとBでは①÷$5\frac{5}{11}$＝$\frac{11}{60}$，BとCでは①÷$6\frac{2}{3}$＝$\frac{3}{20}$，CとAでは①÷6＝$\frac{1}{6}$，D1人では①÷10＝$\frac{1}{10}$の仕事をそれぞれ行う。右の図より，AとBとCの3人で1日あたり，$\frac{1}{2}$÷2＝$\frac{1}{4}$の仕事をすることがわかるので，Aは1日あたり，$\frac{1}{4}$－$\frac{3}{20}$＝$\frac{1}{10}$の仕事をする。よって，AとDの2人では，①÷($\frac{1}{10}$＋$\frac{1}{10}$)＝5(日)

答 5日

A＋B	＝$\frac{11}{60}$
B＋C	＝$\frac{3}{20}$
A　＋C	＝$\frac{1}{6}$
和 (A＋B＋C)×2	＝$\frac{1}{2}$

 ## チャレンジ！入試問題

解答は，別冊 p.10

問題 1 ある水そうには2つの注水管A，Bがあり，A管では45分で，B管では1時間3分でそれぞれ空の水そうをいっぱいにすることができます。空の水そうに，初めの10分はA管とB管の両方を用いて水を入れました。その後，A管だけを用いて□分水を入れ，次にB管だけを用いて何分か水を入れたところ水そうがいっぱいになりました。空の水そうに水を入れ始めてから，水そうがいっぱいになるまでに43分かかりました。

(芝中)

問題 2 ある仕事を完成させるのに，A君が1人ですると150分，B君が1人ですると60分，C君が1人ですると100分かかります。この仕事を最初は3人で始めましたが，途中でA君が抜けて，その10分後にB君も抜けて，さらにその30分後にC君が仕事を完成させました。最初から最後まで3人全員でした場合に比べて，完成までに必要な時間は□分長くなりました。

(灘中)

塾技 11 ニュートン算 文章題

ニュートン算 最初に決まった量があり，その量が一方では増え，他方では減っていくような状況で数量を考える問題をニュートン算という。

塾技11 ニュートン算の解法手順

例 一定量の水がわき出ている井戸の水をポンプで全てくみ出すのに，ポンプ4台では8時間かかり，6台では4時間かかります。ポンプ10台では何時間かかりますか。

手順(1) 1つのものが単位時間あたりに減少させる量を①とおき，最初からあった量・増加する量・全体の量の線分図をかく。

> ポンプ1台が1時間あたりにくみ出す水の量を①とおくと，ポンプ4台で8時間では，①×4×8＝㉜，ポンプ6台で4時間では，①×6×4＝㉔の水をそれぞれくみ出す。線分図は次のようになる。
>
>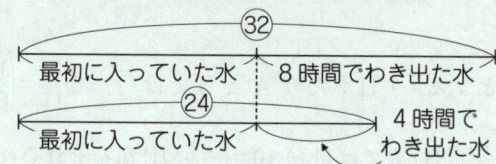

手順(2) 2本の線分図の差から，単位時間あたりの増加量を考え，最初からあった量を求める。

> 2つの線分図の差から，8－4＝4(時間)で，㉜－㉔＝⑧の水がわき出ることがわかる。1時間あたりの水の増加量は，⑧÷4＝②より，井戸に最初に入っていた水の量は，㉜－②×8＝⑯と求められる。

手順(3) 単位時間あたりの実際の減少量を考え，答えを求める。

> ポンプ10台では1時間あたりに⑩の水をくみ出せる。ところが1時間に②の水がわき出るため，実際の水の減少量を考えると，1時間あたり，⑩－②＝⑧となる。井戸に最初に入っていた水の量は⑯なので，求める時間は，⑯÷⑧＝2(時間)

塾技解説

ニュートン算は仕事算の応用ともいえる問題で，かの有名な万有引力を発見したアイザック・ニュートンが考えた問題と言われているんだ。"ニュートン算は苦手"という生徒がとても多いけど，**線分図を2本きちんとかき，その差から実際の減少量を考える**という手順さえ覚えれば大丈夫！ここでしっかりと身につけよう。

 ## 入試問題で塾技をチェック！

問題 ある牧場で，牛を 15 頭放牧すると，14 日間で食べつくす草が生えています。もし，9 頭を放牧すると 35 日間で食べつくします。ただし，草は毎日一定の割合で生えるものとし，またどの牛も 1 日で食べる草の量は同じであるとします。

(1) 1 日に草が生える量は，牛 1 頭が 1 日に食べる草の量の何倍ですか。

(2) もし，牛 25 頭を放牧すると何日間で草を食べつくしますか。

(3) 初めに牛を 7 頭放牧して，7 日目から何頭か増やしたところ，それから 16 日間で草を食べつくしました。何頭増やしたでしょうか。　　　　　　　　　　　(渋谷教育学園渋谷中)

解き方

(1) 牛 1 頭が 1 日で食べる草の量を①として 2 本の線分図をかく。

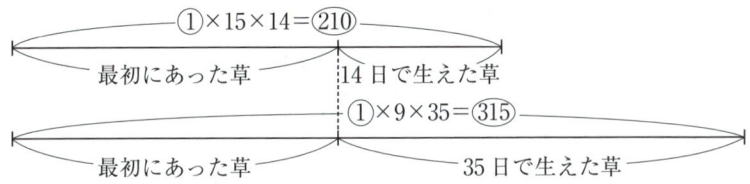

2 つの線分図の差を考えると，35－14＝21(日)で，㉛⑤－㉒⑩＝⑩⑤ の草が生えることがわかる。1 日では，⑩⑤÷21＝⑤ の草が生えるので，牛 1 頭が 1 日に食べる量の 5 倍となる。 **答 5 倍**

(2) 牛 25 頭は 1 日あたり㉕の草を食べるが，1 日に⑤の草が生えるので，実際には 1 日に⑳の草が減少する。最初にあった草は，㉒⑩－⑤×14＝⑭⓪ より，⑭⓪÷⑳＝7(日) **答 7 日間**

(3) 草を 22 日間で食べつくしているので，草の量は全部で，⑭⓪＋⑤×22＝㉕⓪ とわかる。7 頭が 6 日で①×7×6＝㊷ の草を食べ，残り 16 日で ㉕⓪－㊷＝㉒⓪⑧，1 日あたりでは ㉒⓪⑧÷16＝⑬ の草を食べたことになるので牛は 13 頭とわかる。よって，6 頭増やしたことになる。 **答 6 頭**

 ## チャレンジ！入試問題

解答は，別冊 p.11

問題① 水そうに水が入っています。この水そうに毎分 24L ずつ水を入れながら，同じ太さの排水管を何本か使って排水します。排水管を 2 本使用したときは 49 分 30 秒で水がなくなりました。排水管を 3 本使用したときは 11 分で水がなくなりました。排水管 1 本で 1 分間に排水する水の量は何 L ですか。
(早稲田中) **B**

問題② ある量の水が入った水そうに，水道から一定の割合で水を入れると同時にポンプを使って水をくみ出します。水そうを空にするには，6 台のポンプでは 65 分かかり，8 台のポンプでは 45 分かかります。使用する全てのポンプは同じ割合で水をくみ出すとします。

(1) 9 台のポンプで水そうを空にするには何分かかりますか。

(2) 25 分以内に水そうを空にするには，最も少ない場合で何台のポンプが必要ですか。

(明治大付明治中)

塾技 12 ベン図の利用 〔文章題〕

ベン図 複数の集まり（集合）の関係を視覚的に表した図を**ベン図**という。よく利用するベン図には次の2つがある。

塾技12 ① 2種類の集合（AとBの集まりがあり，一部が重なっている）。

右のベン図で，**ア**はAのみの集まり，**イ**はBのみの集まりを表す。一方，**ウ**はAとBの両方に入る集まり，**エ**はAにもBにも入らない集まりを表す。全体の数は，**ア**と**イ**と**ウ**と**エ**のそれぞれの集まりの数の和となる。

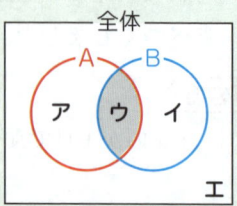

例 40人のクラスで，A, B2問のテストをしました。正解者は，Aが25人，Bが21人，A, B両方とも正解した人は13人でした。両方とも不正解の人は何人だったでしょうか。

答 右のベン図で，Aのみ正解した**ア**の人数は，
25－13＝12（人）で，Bのみ正解した**イ**の人数は，
21－13＝8（人）とわかる。よって，両方とも不正解の**ウ**の人数は，全体から，**ア**の人数と**イ**の人数と13人との和を引いて，
　　40－（12＋8＋13）＝40－33＝7（人）

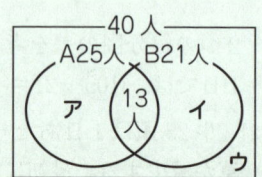

塾技12 ② 3種類の集合（A, B, Cの集まりがあり，一部が重なっている）。

右のベン図で，**ア**，**イ**，**ウ**はそれぞれ，Aのみ，Bのみ，Cのみの集まり，**エ**はAとBには入るがCには入らない集まり，**オ**はBとCには入るがAには入らない集まり，**カ**はAとCには入るがBには入らない集まりを表す。一方，**キ**はAとBとC全てに入る集まり，**ク**はAにもBにもCにも入らない集まりを表す。

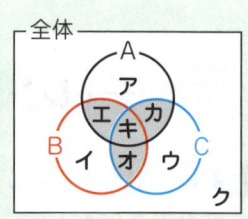

⇒「チャレンジ！入試問題」問題②を参照

塾技解説

ベン図は，イギリスの数学者ジョン・ベンが考え出したことがその名の由来。**重なりのある集合の問題ではとても大きな武器**となる。ベン図はいろいろな別解があり，例えば上の**例**で，**ア**の人数と**イ**の人数と13人との和の33人は，**Aの正解者とBの正解者の和から重なりの13人を引き**，25＋21－13＝33（人）と求めることもできるぞ！

 **入試問題で塾技をチェック!**

問題 ある中学校で，通学に利用する交通機関を調べました。電車を利用している生徒は全体の $\frac{1}{2}$，バスを利用している生徒は全体の $\frac{2}{7}$ でした。また，電車とバスの両方を利用している生徒は全体の $\frac{1}{14}$，電車もバスも利用していない生徒は212人でした。このとき，次の問いに答えなさい。

(1) この中学校の全体の生徒は何人ですか。
(2) バスを利用しないで，電車だけを利用している生徒は何人ですか。

(明治大付中野中)

解き方

(1) 中学校の生徒全体の人数を，2と7と14の最小公倍数⑭とすると，電車を利用している生徒は⑦，バスを利用している生徒は，⑭×$\frac{2}{7}$＝④，電車とバス両方を利用している生徒は①となる。

右のベン図より，電車もバスも利用していない生徒は，
⑭−(⑦＋④−①)＝④
この④が212人にあたるので，①は，212÷4＝53(人)
よって，全体の生徒は，53×14＝742(人)

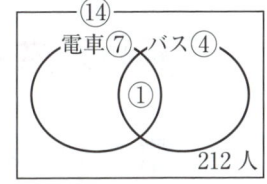

 **742人**

(2) 上のベン図より，電車だけを利用している生徒は，⑦−①＝⑥ とわかる。よって，
電車だけを利用している生徒＝53×6＝318(人)

 **318人**

 **チャレンジ! 入試問題**

解答は，別冊 *p.12*

問題① 1から2011までの整数の中で，6でも8でも割り切れない整数は□個あります。

(渋谷教育学園渋谷中) **A**

問題② K中学の1年生がA検定とB検定を受けました。A検定に合格した人は全体の $\frac{6}{7}$，B検定に合格した人は全体の $\frac{10}{13}$，両方とも不合格だった人は全体の $\frac{5}{91}$，両方とも合格した人は186人でした。

(1) 1年生は全部で何人ですか。

(2) さらに，C検定を受けました。C検定に合格した人は全体の $\frac{7}{13}$ でした。A検定，B検定，C検定の3つとも合格した人の数は，A検定，B検定の2つだけに合格した人の数の2倍で，3つとも不合格だった人は9人でした。A検定，B検定，C検定の3つのうち，どれか2つだけに合格した人は全部で何人ですか。

(海城中) **C**

塾技 13 平均算 文章題

平均算の解法 大きさの異なる数量を，**同じ大きさにならしたものを平均**といって，**平均＝合計÷個数** で求める。平均の問題（平均算）では，以下 **3 つの塾技の利用**を考える。

塾技 13 ① 合計＝平均×個数 より，まず合計を求める。

例 男子 24 人，女子 16 人のクラスで算数のテストを行いました。男子の平均点が 72 点，クラスの平均点が 76 点のとき，女子の平均点を求めなさい。

答 男子の合計点は，72×24＝1728（点），クラスの合計点は，76×40＝3040（点）より，女子の合計点は，3040－1728＝1312（点）となる。よって，女子の平均点は，1312÷16＝82（点）

塾技 13 ② 長方形の面積の図で考えたとき，縦が平均，横が個数，面積が合計（のべ）を表す。

例 あるクラスでテストを行ったところ，男子の平均点は 76 点，女子の平均点は 85 点，クラスの平均点は 80 点でした。男子の人数が 20 人のとき，女子の人数を求めなさい。

答

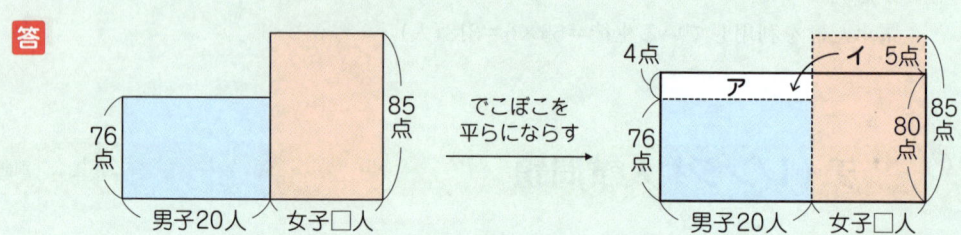

右側の図で，アとイの部分の面積は等しくなる。アの面積は，4×20＝80（点）よって，求める女子の人数□は，80÷5＝16（人）

塾技 13 ③ てんびん図を利用する。

⇒ 塾技 60 を参照

塾技解説

でこぼこしたものを**平らに均した**ものが平均！だから平均の問題では，**面積図が非常に有効**なんだ。ここで，しっかり使い方を身につけよう。あと，平均は，合計÷個数で求めることができるわけだけど，入試では ① のように，まず**合計を，平均×個数**で求めてから考える問題が多いことにも注意しよう。

 ## 入試問題で塾技をチェック！

問題 1　7回目までの平均点が72点だった算数のテストにおいて，平均点を3点以上上げるためには，8回目のテストで少なくとも □ 点はとらなければなりません。

(慶應中等部)

解き方

8回のテストの平均点が75点のとき，合計点は，75×8＝600(点)となる。一方，7回目までの合計点は，72×7＝504(点)より，8回目は，600－504＝96(点)以上必要となる。

答 96

問題 2　よし子さんは10回のテストの平均点の目標を立てました。9回目までの平均点は目標に3点足りませんでした。10回目は97点取りましたが，平均点は目標に1点足りませんでした。目標にしていた平均点は □ 点です。

(青山学院中等部)

解き方

テスト10回分の平均点がわかればよい。
右の図で，**ア**と**イ**の部分の面積は等しくなるので，
　□＝2×9÷1＝18(点)
よって，10回分の平均点は，97－18＝79(点)となり，
目標にしていた平均点は，79＋1＝80(点)と求められる。

答 80

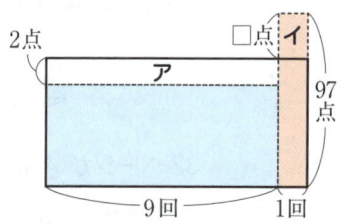

 ## チャレンジ！入試問題

解答は，別冊 p.13

問題 ①　2つのグループAとBがあり，グループAは男子が20人で女子は16人，グループBは男女合わせて30人です。全員にテストを行った結果，グループAの男子の平均点は68点，グループBの男子の平均点は71点，グループB全体の平均点は70点でした。また2つのグループを合わせた男子全体の平均点は69点でした。

(1)　グループBの男子は何人ですか。
(2)　グループBの女子の平均点は何点ですか。

(早稲田中)

問題 ②　ある中学校の1年生の人数は64人で，A組，B組はそれぞれ22人，C組は20人です。100点満点の数学の試験を行ったところ，各組の平均点は整数でした。学年の平均点は82点で，A組の平均点は学年の平均点よりも1点高く，C組の平均点はA組の平均点よりも4点低くなりました。また，A組とC組は全員が受験しましたが，B組は何人かの生徒が欠席しました。次の問いに答えなさい。

(1)　B組の欠席した生徒は何人ですか。
(2)　B組の平均点は何点ですか。

(立教新座中)

塾技 14 相当算 　割合

割合　割合とは，2つのものの大きさを「～倍」を用いて表した数量のことで，
割合＝比べられる量÷もとにする量　で求める。

相当算　ある数と，それに相当する割合がわかっているとき，もとにする量を求める問題を相当算という。相当算では次の3つの塾技を利用する。

塾技14 ① もとにする量（基準となる量）を①または分母の最小公倍数でおき，線分図をかいてもとにする量を求める。

例　ある本を，1日目に全体の $\frac{1}{3}$，2日目に残りの $\frac{3}{5}$ を読んだところ，32ページ残りました。この本は全部で何ページありますか。

答　本全体のページを分母の3と5の最小公倍数⑮として線分図をかく。

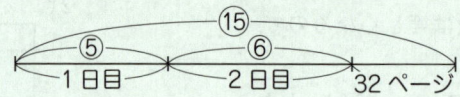

32ページが④にあたるので，⑮は，32÷4×15＝120（ページ）

塾技14 ② もとにする量＝割合にあたる量÷割合 の利用。

例　□個の0.32が120個のとき，□＝120÷0.32＝375（個）

塾技14 ③ もとにする量（基準となる量）が同じ割合どうしの大きさは，直接比べることができることを利用。

例　A君とB君とC君の3人の身長を比べると，B君はA君の $\frac{5}{6}$ 倍，C君はA君の $\frac{13}{15}$ 倍，B君とC君の身長の差は5cmでした。A君の身長は何cmですか。

答　B君とC君の身長は，ともにA君をもとにして何倍かがわかっているので，A君の身長を①とすると，B君とC君の身長の差は，$\frac{13}{15} - \frac{5}{6} = \frac{1}{30}$ と表すことができる。

これが5cmにあたるので，A君の身長①は，$5 \div \frac{1}{30} = 150$（cm）

塾技解説

割合で押さえるべきことは，**割合とは基準（もとにする量）を1としたとき，それに対してもう一方が「何倍」かを表す数値である**ということ。もし「AのBに対する割合を求めなさい」といわれたら，「AはBの何倍か求めなさい」ということだから，A÷Bを考えればいいというわけ。②の式は，この逆算を考えているわけだね！

 **入試問題で塾技をチェック！**

問題1 落ちた高さの $\frac{2}{7}$ だけはね上がるボールがあります。ある高さから落としたとき，3回目にはね上がった高さを測ったら，16cmでした。このとき，初めにボールを落とした高さは □ m となります。 (日本大二中)

解き方 初めにボールを落とした高さを①とすると，3回目にはね上がった高さは，

$$①×\frac{2}{7}×\frac{2}{7}×\frac{2}{7}=\frac{8}{343}$$ となる。これが16cmにあたるので，塾技14 ②より，

$$①=16÷\frac{8}{343}=16×\frac{343}{8}=686(cm)=6.86(m)$$

答 6.86

問題2 □ ページの本を，1日目は全体の $\frac{1}{3}$ を読み，2日目は残りの $\frac{2}{5}$ より10ページ多く読み，3日目は2日目の残りの $\frac{1}{4}$ を読んだところ，24ページ残りました。 (慶應中等部)

解き方 最後に残った24ページは，2日目の残りの $\frac{3}{4}$ にあたるので，2日目に残ったページ数は，塾技14 ②より，$24÷\frac{3}{4}=24×\frac{4}{3}=32$(ページ)。本全体のページを3と5の最小公倍数⑮とおくと，1日目は，$⑮×\frac{1}{3}=⑤$ 読み，2日目は，$⑩×\frac{2}{5}=④$ よりも10ページ多く読んだことになる。線分図より，$⑮-⑨=⑥$ が42ページにあたるので，求めるページ⑮は，

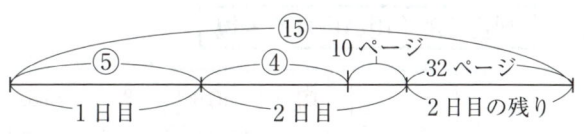

$42÷6×15=105$(ページ)

答 105

 **チャレンジ！入試問題** 解答は，別冊 p.14

問題① ある商品を何個か仕入れました。初日は全体の36%が売れ，2日目は残りの $\frac{3}{8}$ が売れたので，商品は130個残りました。仕入れた商品は何個ですか。 (桐朋中) **A**

問題② A君は本を読むことにしました。1日目に24ページ読み，2日目は残りの $\frac{2}{5}$ を読み，3日目には，2日目までに読み終わった残りの $\frac{3}{4}$ を読みました。すると12ページ残りました。この本は何ページですか。 (ラ・サール中) **B**

問題③ 赤玉と青玉があります。赤玉の個数は，赤玉と青玉の個数の合計の $\frac{5}{8}$ より7個多く，青玉の個数は，赤玉の個数の $\frac{3}{7}$ より2個多くあります。青玉は何個ありますか。

(早稲田実業中等部) **B**

塾技 15 割合の表し方　割合

百分率　割合の表し方の1つで，**もとにする量を100としたとき，それに対していくつになるか％を用いて表したもの**。ラテン語の "*per centum*" が語源で，*per* は「毎に」，*centum* は「百」を意味する世界共通の割合の表し方である。

歩合　割合の表し方の1つで，**もとにする量の0.1を1割，0.01を1分，0.001を1厘**と表す。「割」は鎌倉時代から室町時代にかけて，「分・厘」は江戸時代にとり入れられた日本における割合の表し方である。

```
□.割分厘
0.125
＝1割2分5厘
```

割合						
	小　数	0.001	0.01	0.1	1.0	1.25
	分　数	$\frac{1}{1000}$	$\frac{1}{100}$	$\frac{1}{10}$	1	$1\frac{1}{4}$
	百分率	0.1%	1%	10%	100%	125%
	歩　合	1厘	1分	1割	10割	12割5分

割合でよく用いられる表現

〜の □ ％増 →（100＋□）％　　〜の □ ％減 →（100－□）％
〜の □ 割増 →（10＋□）割　　〜の □ 割減 →（10－□）割

塾技 15　百分率・歩合は小数に直してから「倍」をつけて考える。

例　A町の昨年の人口は，おととしより5％減って，13300人になりました。一方，今年の人口は，昨年の人口より2割増加しました。おととしの人口および今年の人口はそれぞれ何人ですか。

答　昨年の人口の13300人は，おととしの，100－5＝95（％）＝0.95（倍）にあたるので，
　　おととしの人口＝13300÷0.95＝14000（人）
　一方，今年の人口は，昨年の人口の，10＋2＝12（割）＝1.2（倍）となるので，
　　今年の人口＝13300×1.2＝15960（人）

塾技解説

塾技 14 でも話したように，割合は「何倍」かを表す数値。だから百分率でも歩合でも**大切なことは「何倍」かを考えること**なんだ。方法は簡単！とにかく**小数に直してから「倍」をつける**だけ。入試ではよく "〜％増" や "〜割減" といった表現も出るけど，これも同じように**小数に直して「倍」をつければいいだけだぞ！**

check! 入試問題で塾技をチェック！

問題 1 A，B，Cの3つの山があり，BはAより30％高く，CはBより40％高いとき，CはAより□％高いことになります。 （武蔵中）

解き方

BはAより30％高いので，BはAの，100＋30＝130(％)＝1.3(倍)となる。

一方，CはBより40％高いので，CはBの，100＋40＝140(％)＝1.4(倍)となる。

以上より，C＝B×1.4＝1.3×A×1.4＝A×1.82となるので，CはAの1.82倍，すなわち182％となり，82％高いことになる。

答 82

問題 2 A町からB町まで行くのにかかる電車とバスの料金の合計は，昨年までは1050円でした。今年は電車料金が20％，バス料金が10％それぞれ値上がりしたので，同じコースで行くと，全部で1220円かかりました。今年の電車料金は□円，バス料金は□円です。 （慶應中等部）

解き方

もし今年，電車料金もバス料金と同様に10％の値上がりだったとすると，今年の電車とバスの合計料金は，昨年の合計料金の，100＋10＝110(％)＝1.1(倍)となり，1050×1.1＝1155(円)となる。しかし，実際には合計1220円だったので，この差の1220−1155＝65(円)が，昨年までの電車料金の，20−10＝10(％)＝0.1(倍)にあたる。よって昨年の電車料金は，65÷0.1＝650(円)とわかる。今年の電車料金は，昨年の電車料金の20％増より，100＋20＝120(％)＝1.2(倍)となるので，

　　今年の電車料金＝650×1.2＝780(円)　　今年のバス料金＝1220−780＝440(円)

答 780，440

チャレンジ！入試問題

解答は，別冊 p.15

問題① ある商品の売上個数は，6月・7月の2ヶ月続けて前の月の売上個数の5％増しになりました。6月の売上個数が420個のとき，7月の売上個数は5月の売上個数より□個多いことになります。 （青山学院中等部）Ⓐ

問題② あるダムの今年の貯水量は昨年と比べると17.5％減り，おととしと比べると34％減りました。昨年の貯水量はおととしと比べると何％減りましたか。 （早稲田中）Ⓑ

問題③ ある遊園地で，昨日と今日の2日間，ジェットコースターと観覧車に乗った人数を調べました。今日の人数はジェットコースターに乗った人が昨日より6％減り，観覧車に乗った人が昨日より8％増え，両方合わせると昨日より2人多い552人でした。

(1) もしも今日，ジェットコースターに乗った人が，観覧車と同じく昨日より8％増えたとしたら，今日のジェットコースターと観覧車に乗った人は合わせて何人になりますか。

(2) 今日実際にジェットコースターに乗った人は何人ですか。 （東邦大附東邦中）Ⓑ

塾技 16 売買の問題 〔割合〕

売買の問題に関する用語

[原価] 仕入れにかかる値段で仕入れ値ともいう。

[定価] 原価をもとに商品に最初につけた値段。
　　　　定価＝原価＋見込んだ利益
　　　　　　＝原価×(1＋利益率※)

[売り値] 実際に商品を売った値段。
　　　　売り値＝原価＋実際の利益
　　　　　　　＝定価×(1－値引き率※)
　　　　※利益率・値引き率は割合を小数で表した数値

[利益] 原価をもとにしたときの実際のもうけのことで、**売り値－原価** の値。

原価・定価・売り値・利益の問題における解法のポイント

塾技16 ① 何をもとに割合が表されているか考え、もとにする量が具体的な数値で表されていない場合、もとにする量を①または⑩⑩とおく。

例 ある品物に原価の3割の利益を見込んで定価をつけましたが、売れなかったため、定価の1割引きで売ったところ、3400円の利益がありました。このとき、原価はいくらか求めなさい。

答 原価をもとに定価の割合が表されているため、原価を⑩⑩とおくと、定価は原価の3割増しなので、⑩⑩×(1＋0.3)＝⑬⑩ となる。一方、売り値は定価の1割引きなので、⑬⑩×(1－0.1)＝⑪⑰ となる。よって利益は、⑪⑰－⑩⑩＝⑰ となり、これが3400円にあたるので、求める原価⑩⑩は、
　　原価＝3400÷17×100＝20000(円)

塾技16 ② 途中で売り値が変わる問題では次の点に注意する。
　(1) 売り値の差が利益の差となる。
　(2) つるかめ算を利用することがある。

⇒「入試問題で塾技をチェック！」を参照

塾技解説

売買の問題は私たちの生活に関連深いだけに入試でもよく出題される。まずは**用語をしっかり覚える**ことが大切。よく「～割の利益を見込んで」という表現が出てくるけど、これは「～割増し」と同じことだぞ。あと、①の例のもとにする量を⑩⑩とおくのは、その方が他の数値も**整数になりやすくなる**からなんだね。

入試問題で塾技をチェック！

問題 ある商店で，同じ品物を 230 個仕入れて，仕入れ値の 25% の利益を見込んだ定価で売ったところ，売れ残ってしまいました。そこで，売れ残った品物については，定価の 10% 引きにして売ったところ売り切ることができました。この結果，利益は予定していた利益の 70% にあたる 32200 円でした。このとき，(1)，(2)の問いに答えなさい。

(1) この品物 1 個の定価を求めなさい。

(2) 10% 引きにして売った品物の個数を求めなさい。 （東邦大附東邦中）

解き方

(1) 品物 1 個の仕入れ値を⑩⓪とする。定価は仕入れ値の 25% 増しなので，(100)×(1+0.25)=(125) となる。一方，予定していた利益の 70(%)=0.7(倍) が 32200 円にあたるので，塾技 14 **2** より，予定していた利益は，32200÷0.7=46000(円) とわかる。よって，1 個あたりの予定していた利益は，46000÷230=200(円) となり，これが，(125)−(100)=(25) にあたるので，求める品物 1 個の定価は，

200÷25×125=1000(円)

答 1000 円

(2) 途中で売り値を変えているので，塾技 16 **2**(2)より，つるかめ算の利用を考える。
売れ残った品物 1 個あたりの売り値は，定価の 10% 引きなので，

1000×(1−0.1)=1000×0.9=900(円)

もし全て定価で売ると，利益は(1)より 46000 円となるが，実際には 32200 円だった。この差は，1 個あたりの定価と 1 個あたりの売り値の差，1000−900=100(円) が，値引きした品物の個数分だけ集まってできたものなので，求める個数は，

(46000−32200)÷100=13800÷100=138(個)

答 138 個

チャレンジ！入試問題

解答は，別冊 p.16

問題① A さんは 1 個の仕入れ値が 3000 円の商品を 150 個仕入れた。仕入れ値の 6 割の利益を見込んで定価をつけて売ったところ，50 個しか売れなかった。そこで，残りの商品を定価の 2 割引きにして売ることにした。A さんが損をしないためには，少なくともあと何個商品を売る必要がありますか。 （慶應湘南藤沢中等部） A

問題② ある品物を定価の 1 割 5 分引きで売ると 300 円得をします。また定価の 2 割引きで売ると 100 円得をします。このとき，この品物の原価は □ 円です。 （学習院中） B

問題③ 仕入れ値が 1 個 300 円の品物を 60 個仕入れ，仕入れ値の □ % 増しの定価をつけました。この品物を，60 個のうち 10 個は定価の 3 割引で，20 個は定価の 2 割引で，25 個は定価のままで売り，5 個は売れ残りました。その結果 4320 円の利益となりました。 （芝中） B

塾技 17 食塩水① 割合

食塩水の問題における公式および解法

[食塩水の濃度の公式]

食塩水の量に対する食塩の量の割合を％で表したもので，次の式により求める。

　　濃度（％）＝食塩の量÷食塩水の量×100

[食塩の量の公式]

食塩水の中にとけている食塩の量は，次の式により求める。

　　食塩の量＝食塩水の量×濃度※　　※濃度は％を小数で表した値

[食塩水の問題の解法]

食塩水の問題の解法には，以下3つの塾技がある。

塾技17 ① 次の手順でビーカーの図をかいて考える。

例　15％の食塩水200gに9％の食塩水400gを混ぜると何％の食塩水になりますか。

手順(1)　わからないところを □ などにし，濃度および食塩水の量をかく。

```
  15%        9%         □%
  200g   +   400g   =   600g
```

手順(2)　食塩の公式を用いて，各ビーカーの食塩の量を求める。

```
  15%        9%         □%
  200g   +   400g   =   600g
```
食塩　200×0.15＝30(g)　　400×0.09＝36(g)　　30＋36＝66(g)

手順(3)　濃度の公式や相当算の考え方などを用いて □ を求める。

　　□＝66÷600×100＝11　より，11％の食塩水となる。

塾技17 ② 面積図の利用　⇒　塾技18 を参照

塾技17 ③ てんびん図の利用　⇒　塾技60 を参照

塾技解説

食塩水の濃度とは，**食塩水全体の量を⑩⑩としたときに，食塩が丸（○）いくつとけているかを表す数値**なんだ。食塩水の問題を解くときは，**まずビーカーの図をかき，各ビーカーに入っている食塩水および食塩の量を考える**こと。なかには水の量を考える問題もあるけど，いずれにせよ目に見えないだけに図で表すことが大切だ！

入試問題で塾技をチェック！

問題 1 5％の食塩水が400gある。この食塩水から水を蒸発させて，16％の食塩水にしたい。何g蒸発させればよいですか。
(慶應湘南藤沢中等部)

解き方

5%		水		16%
400g	−	□g	=	(400−□)g

食塩　400×0.05＝20(g)　　　　0g　　　　20−0＝20(g)

図より，16％の食塩水には20gの食塩がとけていることがわかる。16％の食塩水の量を⑩⑩とすると，食塩は⑯となり，これが20gにあたるので，⑩⑩にあたる量は，20÷16×100＝125(g)
よって，400−125＝275(g)の水を蒸発させればよい。

答 275g

問題 2 10％の食塩水1000gから100gを捨て，かわりに水を100g加えます。よくかき混ぜてから，今度は200gを捨て，かわりに水を200g加えます。このとき，食塩水の濃度はア.イ％になります。
(慶應中等部)

解き方

10%		10%		水		90÷1000×100 =9(%)
1000g	−	100g	+	100g	=	1000g

食塩　1000×0.1＝100(g)　　100×0.1＝10(g)　　0g　　100−10＝90(g)

9%		9%		水		ア.イ%
1000g	−	200g	+	200g	=	1000g

食塩　90g　　200×0.09＝18(g)　　0g　　90−18＝72(g)

図より，求める濃度は，72÷1000×100＝7.2(%)

答 ア：7，イ：2

チャレンジ！入試問題
解答は，別冊p.17

問題① 5％の食塩水360gに□gの食塩を加えると，10％の食塩水になります。□にあてはまる数を求めなさい。
(市川中) A

問題② 容器Aには15％の濃さの食塩水100gが，容器Bには3％の濃さの食塩水200gが入っています。このとき，次の問いに答えなさい。

(1) 容器Aから10g，容器Bから10gの食塩水を同時に取り出しました。その後，容器Aから取り出した10gの食塩水を容器Bに，容器Bから取り出した10gの食塩水を容器Aに入れました。このとき容器Bの食塩水に含まれる食塩の量は何gですか。

(2) 次に容器Aの食塩水に水を100g加えました。容器Aの食塩水の濃さは何％になりましたか。

(3) 次に容器Aの食塩水に含まれる食塩の量が容器Bの食塩水に含まれる食塩の量の2倍になるようにしたいと思います。どちらの容器からどちらの容器に食塩水を何g移したらよいですか。
(桜蔭中) C

塾技 18 食塩水② 割合

食塩水と面積図 2種類の食塩水を混ぜ合わせるということは、濃度の高いものと低いものをならして平均化するということであり、**面積図を利用できる**。

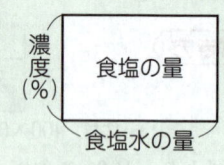

塾技18 ① 食塩の量が求められない問題では面積図を利用する。

例 濃度8％の食塩水200gに濃度20％の食塩水を何gか混ぜ、濃度12％の食塩水を作りました。20％の食塩水は何g混ぜましたか。

答 8％の食塩水に含まれる食塩の量は求めることができるが、20％の食塩水に含まれる食塩の量は求めることができないので、面積図をかいて考えればよい。右の図で、**ア**と**イ**の部分の面積は等しくなるので、20％の食塩水□gは、
200×4÷8＝100（g）

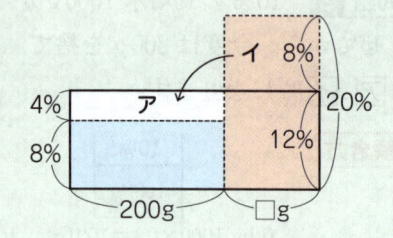

（注）**ア**と**イ**の実際の食塩の量は、食塩水の量に百分率を小数に直したものをかける必要があるが、面積を比べるだけなので、ともに百分率のままでよい。

塾技18 ② 食塩を加えるという問題では、食塩を100％の食塩水と考える。

例 濃度10％の食塩水400gがあります。この中に食塩を加えて、濃度20％の食塩水を作りたい。何gの食塩を加えればよいですか。

答 10％の食塩水に含まれる食塩の量は求めることはできるが、加えた食塩の量はわからないので、100％の食塩水を□g加えたと考えて面積図をかけばよい。右の図で、**ア**と**イ**の部分の面積は等しくなるので、加えた食塩□gは、
400×10÷80＝50（g）

塾技解説

食塩水の問題は、塾技17 で学んだように食塩の量を考えることが基本。でも、問題によっては、**食塩の量を求めることができないものもあるんだ。そういう問題で登場するのが面積図！** 食塩水を混ぜ合わせるということは、2種類の違う味のものをならして（平均化して）、新たな味を作り出すということだからね。

入試問題で塾技をチェック!

問題 1 25%の食塩水100gと□%の食塩水200gを混ぜると，17%の食塩水ができました。このとき，□にあてはまる数を答えなさい。
(芝浦工大柏中)

解き方 □%の食塩水に含まれる食塩の量はわからないので，塾技18 1 より，面積図をかいて考える。右の図で，アとイの部分の面積は等しくなるので，ウ＝8×100÷200＝4(%)
よって，□＝17－4＝13(%)

答 13

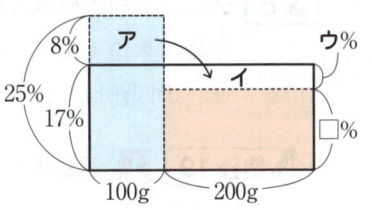

問題 2 3%の食塩水200g，6%の食塩水100g，8%の食塩水□gを混ぜると，5%の食塩水になります。
(世田谷学園中)

解き方 まず，3%の食塩水200gと6%の食塩水100gを混ぜ合わせた状態を考える。

塾技17 1 より，ビーカーの図をかき，それぞれの食塩の量を求める。

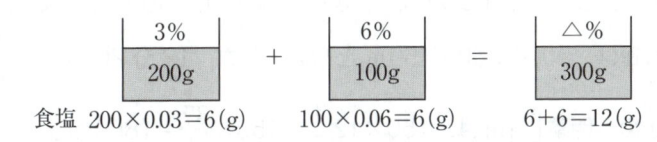

食塩　200×0.03＝6(g)　　100×0.06＝6(g)　　6＋6＝12(g)

図より，できた食塩水の濃度は，12÷300×100＝4(%)とわかる。よってこの問題は，4%の食塩水300gに8%の食塩水を混ぜ合わせ，5%の食塩水を作ったと考えればよい。ここで，8%の食塩水に含まれる食塩の量は求めることができないため，

塾技18 1 より，面積図をかいて考える。
右の図で，アとイの部分の面積は等しくなるので，
□＝300×1÷3＝100(g)

答 100

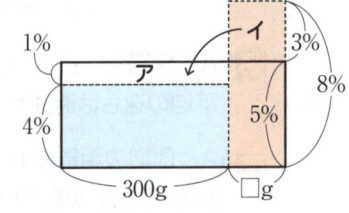

チャレンジ! 入試問題

解答は，別冊 p.18

問題 ① 5%の食塩水250gに，8%の食塩水を混ぜて，6.8%の食塩水を作りました。できた食塩水は何gですか。
(駒場東邦中) A

問題 ② 濃度がそれぞれ3%，5%，8%の食塩水があります。これらの食塩水を2種類以上混ぜて，6%の食塩水300gを作ります。ただし，初めの3種類の食塩水は6%の食塩水を作るには十分な量があるものとします。
(1) この操作に必要な8%の食塩水の量は，何g以上何g以下になりますか。
(2) 濃度がそれぞれ5%と8%の食塩水を同じ量混ぜるとき，何gずつ混ぜることになりますか。
(海城中) C

塾技 19 速さ　速さ

> **速さ**　速さは、**単位時間（1秒，1分，1時間）あたりに進む距離**を表し、その単位は距離の単位（cm・m・km）および時間の単位（秒・分・時）によって決まる。速さの問題は、以下 3 つの**塾技**に注意して解く。

塾技 19 ① 速さの問題では必ず単位をそろえる。

```
秒  ⇄(÷60/×60)  分  ⇄(÷60/×60)  時間
秒速 ⇄(×60/÷60)  分速 ⇄(×60/÷60)  時速
```

例　家から駅まで □ m を、時速 9km で走ると 12 分 20 秒かかります。

答　時速 9km とは、1 時間に 9km、すなわち 60 分で 9000m 進むことのできる速さなので、分速は、9000÷60＝150m となる。一方、12 分 20 秒＝$12\frac{20}{60}$ 分＝$12\frac{1}{3}$ 分より、求める距離 □ m は、$150×12\frac{1}{3}＝150×\frac{37}{3}＝1850$（m）

塾技 19 ② 平均の速さは単に速さの和を 2 で割ってはいけない。
⇨ **平均の速さ＝進んだ距離の合計÷かかった時間の合計**

例　A，B 間を、行きは時速 40km、帰りは時速 60km で走ります。このとき、往復の平均の速さは時速何 km になりますか。

答　A，B 間の距離がわからないので、40 と 60 の最小公倍数 120km として考える。行きにかかる時間は、120÷40＝3（時間）、帰りの時間は、120÷60＝2（時間）となるので、かかる時間の合計は、3＋2＝5（時間）となる。一方、進んだ距離の合計は、120×2＝240（km）となるので、求める時速は、240÷5＝48（km）

塾技 19 ③ 速さが途中で変わる問題では、つるかめ算の利用を考える。
⇨ 「入試問題で塾技をチェック！」 問題 2 を参照

> **塾技解説**
> さあ、ここからは速さの問題の攻略だ。よく速さの 3 公式を「は・じ・き図」で単に**丸暗記**しているだけの生徒がいるけど、**大切なのは速さが表す意味**。例えば**時速**とは、**1 時間あたりに進む距離**のこと。だからもし 3 時間で 90km 走ったといったら、1 時間あたり、90÷3 で 30km 進むので、時速 30km になるんだ！

入試問題で塾技をチェック！

問題 1 ある選手は毎秒 9.9m で走り，ある騎手は馬に乗って毎分 0.58km で走り，ある中学生は自転車に乗って毎時 35km で走ります。今，この 3 人がいっしょに走っていて，同時に同じ位置を通過したとするとき，6 秒後の先頭と最後の人の差は □.□ m です。

(慶應中等部)

解き方 騎手の速さは毎分 0.58km なので，1 分間に 0.58km，すなわち，60 秒で 580m 進む。

よって秒速は，$580 \div 60 = \frac{580}{60} = 9\frac{2}{3}$ (m) となる。一方，中学生は毎時 35km なので，1 時間に 35km，すなわち，3600 秒で 35000m 進むので，秒速は，$35000 \div 3600 = \frac{35000}{3600} = 9\frac{13}{18}$ (m) となる。

$9\frac{2}{3} < 9\frac{13}{18} < 9.9$ より，最も速い人と最も遅い人との秒速の差は，

$9.9 - 9\frac{2}{3} = 9\frac{9}{10} - 9\frac{2}{3} = \frac{9}{10} - \frac{2}{3} = \frac{7}{30}$ (m)

1 秒間に $\frac{7}{30}$ m の差がつくので，6 秒後の差は，$\frac{7}{30} \times 6 = \frac{7}{5} = 1.4$ (m)

答 1，4

問題 2 A 地点から B 地点までの道のりは 3.6km です。健太君は A 地点を 9 時に出発し，毎分 240m の速さの自転車で B 地点に向かいましたが，途中の C 地点で自転車がパンクしたため，C 地点からは毎分 80m の速さで歩いていき，B 地点に 9 時 25 分に到着しました。このとき，A 地点から C 地点までの道のりは □ km です。

(栄東中)

解き方 パンクした後，速さを変えているので，**塾技 19** **3** より，つるかめ算の利用を考える。

	25分				
実際	240 … 240	80 … 80	3.6km＝3600m
全て分速80mと仮定	80 … 80	80 … 80	80×25＝2000(m)
1分あたりの差	160m … 160m	0m … 0m	全体の差 1600m

上の図より，分速 240m で走る時間，すなわち A 地点から C 地点までには，1600÷160＝10(分) かかるので，A 地点から C 地点までの道のり＝240×10＝2400(m)＝2.4(km)

答 2.4

チャレンジ！入試問題

解答は，別冊 p.19

問題 最初が平らな道，中間が山道，最後が平らな道である全長 10km の徒歩コースがあります。このとき次の問いに答えなさい。

(1) このコースを，平らな道は毎時 6km，山道は毎時 4km で進むとあわせて 1 時間 52 分かかります。コース中間の山道は何 km ですか。

(2) 最初(1)の速さで進み，ある地点からその後ずっと速さを(1)の半分にして進むと，2 時間 10 分かかります。ただし，速さを変える地点は平らな道の上とします。速さを変える地点は，コースの出発地点から何 km のところですか。

(桜蔭中)

塾技 20 旅人算① 速さ

> 旅人算　移動する2つのものがあり，それらが**出会ったり追いついたりするときの時間**などを考える問題を旅人算という。旅人算はその**進行方向により，出会い算と追いつき算**がある。

塾技20 ① 2人の進行方向が反対（出会い算）
⇨ **出会う時間＝2人の間の距離÷2人の速さの和**

例 2.6km離れた2地点間を，A君とB君が同時に向かい合って出発します。A君が分速90m，B君が分速40mで進むとき，次の問いに答えなさい。
(1) 2人は出発してから何分後に出会いますか。
(2) 2人が出会うまでに進んだ道のりの差を求めなさい。

答 (1) 2人の間の距離は，2.6km＝2600m
2人の分速の和は，90＋40＝130(m)
よって，2人が出会うのは，
2600÷130＝20(分後)
(2) A君は20分で，90×20＝1800(m)，
B君は20分で，40×20＝800(m)進むので，
1800－800＝1000(m)

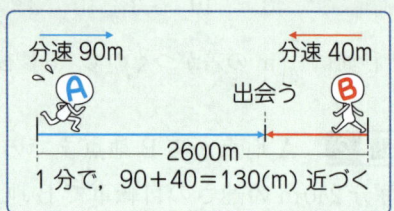

（図：分速90m A →　← B 分速40m　出会う　2600m　1分で，90＋40＝130(m) 近づく）

塾技20 ② 2人の進行方向が同じ（追いつき算）
⇨ **追いつく時間＝2人の間の距離÷2人の速さの差**

例 同じ地点にA君とB君がいます。B君が出発してから10分後にA君がB君を追いかけます。A君が分速90m，B君が分速40mのとき，A君は出発してから何分後にB君に追いつきますか。

答 B君は10分で，40×10＝400(m)進む。
10分後の2人の間の距離は400m
2人の分速の差は，90－40＝50(m)
よって，A君がB君に追いつくのは，
400÷50＝8(分後)

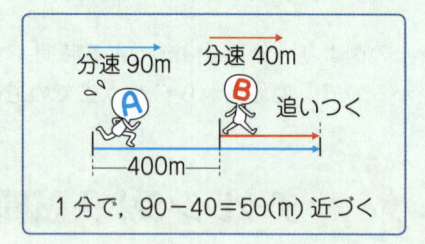

（図：分速90m A → 分速40m B → 追いつく　400m　1分で，90－40＝50(m) 近づく）

塾技解説

旅人算は，(1)**2人の間の距離を考える** (2)**速さの和または差のどちらになるのか考える** ことが大切。(2)は，2人の近づき方から考える。例えば出会い算の**例**では，**2人が互いに近づこうとする**ため2人の**速さの和**の分だけ距離は縮むけど，追いつき算の**例**では**片方が遠ざかろうとする**ため，**2人の速さの差**の分だけ距離が縮むよね！

入試問題で塾技をチェック！

問題 山の両側にA町とB町があります。A町から頂上までの道のりは4km，B町から頂上までの道のりは6kmです。太郎君はA町から山を上り，頂上で10分休んでからB町まで下ります。次郎君もB町から山を上り，頂上で10分休んでからA町まで下ります。2人ともA町から頂上まで上る速さは毎分50m，頂上からB町まで下りる速さは毎分90m，B町から頂上まで上る速さは毎分60m，頂上からA町まで下りる速さは毎分100mです。このとき，次の問いに答えなさい。

(1) 太郎君と次郎君が10時に同時に出発すると，2人は何時何分に出会いますか。

(2) 太郎君は10時に出発し，頂上に次郎君より先に着き，頂上で休む10分のうち5分だけ次郎君といっしょに休みます。次郎君はB町を何時何分に出発すればよいですか。

(東邦大附東邦中)

解き方

(1) 太郎君はA町から頂上まで，4000÷50＝80(分)かかり，次郎君はB町から頂上まで，6000÷60＝100(分)かかる。頂上で10分休むことを考えると，太郎君は10時に出発してから，80＋10＝90(分後)に頂上からB町へ向かう。一方，次郎君は90分で，60×90＝5400(m)進むので，2人の間の距離は，90分後に，6000－5400＝600(m)離れている。塾技20 ①より，2人が出会うのは，90分後からさらに，600÷(90＋60)＝4(分後)となるので，
　　10時＋90分＋4分＝11時34分
答 11時34分

(2) 太郎君は頂上に，10時＋80分＝11時20分に到着することがわかる。よって，次郎君は頂上に，11時25分に到着したことになるので，B町を，11時25分－100分＝9時45分に出発すればよい。
答 9時45分

チャレンジ！入試問題

解答は，別冊 p.20

問題① あき子さんと兄が家から同じ道をポストに向かってそれぞれ一定の速さで歩いています。8時にあき子さんはポストまで357mの地点にいて，兄の63m前方にいました。兄は8時3分にあき子さんを追い越し，8時5分にポストに着いて，すぐに同じ道を引き返しました。兄があき子さんと出会うのはポストから□mの地点です。 (青山学院中等部) B

問題② 次の問いに答えなさい。

(1) A君は，初めの3kmは時速4kmで，それ以降は時速3kmで歩き続けます。2時間後には何km進みますか。

(2) A君が出発してから2時間後に，B君が同じ地点からA君を追いかけます。B君は自転車で，初めの4kmは時速15kmで，それ以降は時速12kmで進みます。B君が出発してから何分後に追いつきますか。分数で答えなさい。

(麻布中) B

47

塾技21 旅人算② 速さ

周回運動 池のまわりを回るような運動を**周回運動**という。**回る方向により出会い算と追いつき算の考えが利用でき，以下2つの塾技が成り立つ。**

塾技21 ① **出会い算の場合，2人の進んだ距離の和が池1周分となる。**
⇨ **2人の速さの和×出会うのにかかる時間＝池1周**

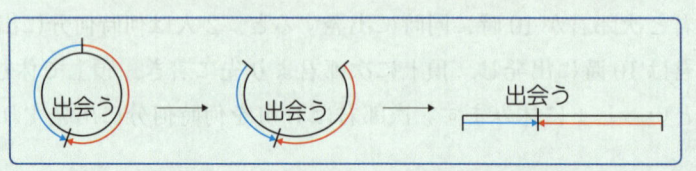

例 ある池のまわりを，A君，B君，C君が同時に同じ地点を出発して回ります。A君は分速60m，B君は分速□mで同じ向きに，C君は分速40mで逆向きに進み始めたところ，C君はB君と10分後に出会い，さらにその7分後にA君と出会いました。

答 C君は出発してから17分後にA君と出会うことになる。池1周分は，A君とC君が17分で進んだ距離の和と等しくなるので，(60＋40)×17＝1700(m)とわかる。一方，C君は出発してから10分後にB君と出会うので，B君とC君の2人の分速の和は，1700÷10＝170(m)。よって，□＝170－40＝130(m)

塾技21 ② **追いつき算の場合，2人の進んだ距離の差が池1周分となる。**
⇨ **2人の速さの差×追いつくのにかかる時間＝池1周**

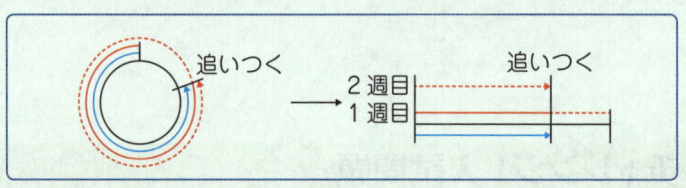

例 ある池のまわりを，A君，B君が同じ場所から同じ方向に回ります。A君は分速90m，B君は分速60mで歩いたところ，A君は12分ごとにB君を追い越しました。池のまわりは何mですか。

答 池のまわり＝(90－60)×12＝360(m)

塾技解説

池のまわりを回る問題は，**池を直線状にして考えると** 塾技20 で学んだことが応用できる。上の図を見てもわかるように，**進行方向が逆のときは池1周分の出会い算**として考え，**進行方向が同じときは追いつき算**として考えればいいんだ。②は，要は速い方が遅い方より池1周分よぶんに走るということだね。

入試問題で塾技をチェック!

問題 ある池のまわりを太郎と次郎は左回りに,花子は右回りに同じ地点から同時に回り始めたところ,花子は太郎と出会ってから3分45秒後に次郎と出会いました。太郎,次郎,花子の歩く速さがそれぞれ毎分100m,55m,80mのとき,この池のまわりは何mですか。

(早稲田中)

解き方

右の図のように,池を直線状にして考える。
図2のように,花子は太郎と出会ってから3分45秒後に次郎と出会うので,図1の**ア**の距離は,

$$(80+55) \times 3\frac{45}{60} = 135 \times \frac{15}{4} = \frac{2025}{4} \text{(m)}$$

よって,出発してから□分後に太郎と次郎は $\frac{2025}{4}$ m 離れたことになるので,塾技20 **2**より,

$$\square = \frac{2025}{4} \div (100-55) = \frac{2025}{4} \times \frac{1}{45} = \frac{45}{4} \text{(分後)}$$

以上より,太郎と花子は出発してから $\frac{45}{4}$ 分後に出会ったことがわかるので,求める池のまわりの長さは,

$$(100+80) \times \frac{45}{4} = 180 \times \frac{45}{4} = 2025 \text{(m)}$$

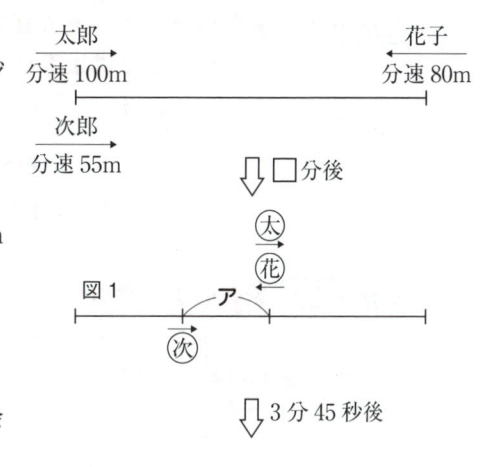

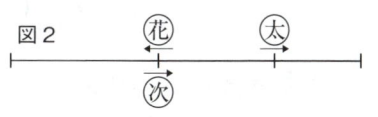

答 2025 m

チャレンジ! 入試問題

解答は,別冊 p.21

問題① 1周1500mのコースを,AさんとBさんは右回り,Cさんは左回りに一定の速さで回り続けています。AさんはBさんに20分ごとに追い抜かれ,Cさんと12分ごとに出会います。このとき,BさんとCさんは□分□秒ごとに出会います。

(女子学院中) **B**

問題② A君,B君,C君の3人が池のまわりの道を1周します。3人とも同じ場所から同時に出発し,A君は毎分80m,B君は毎分60mで同じ向きに歩き,C君だけ反対向きに一定の速さで歩きました。C君は出発してから20分後にまずA君とすれ違い,それからさらに4分後にB君とすれ違いました。このとき,次の(1), (2)の問いに答えなさい。

(1) C君の歩く速さは,毎分何mですか。

(2) 池のまわりの道は,1周何mですか。

(浅野中) **B**

塾技 22 ダイヤグラム 速さ

ダイヤグラム 縦軸に距離，横軸に時間をとり，人や電車などが動く様子を表したグラフをダイヤグラムという。ダイヤグラムの問題ではグラフから状況を読み取ることが大切で，以下2つの塾技を利用する。

塾技22 ① **グラフの傾きが速さを表し，傾きが急なほど速さは速く，横軸に平行なときは止まっていることを表す。**

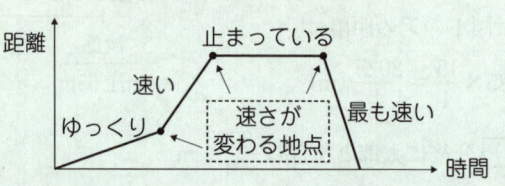

塾技22 ② **直線の交点が「出会う」または「追いつく」地点を表す。**

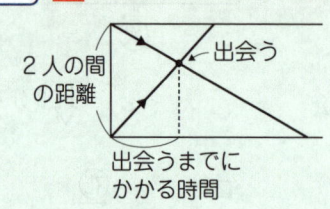

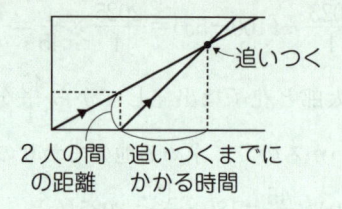

例 弟は家から公園まで歩き，兄は弟が家を出てから7分後に家を出て，公園まで走りました。右のグラフはその様子を表したものです。

(1) 弟の速さは分速何mですか。
(2) 兄が弟を追い越したのは，家から何mの地点ですか。

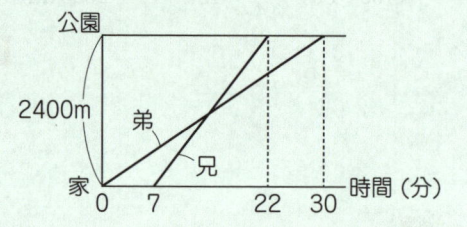

答
(1) グラフより，弟は2400mを30分で歩いているので，分速2400÷30＝80(m)
(2) 兄は2400mを，22－7＝15(分)で進むので，分速2400÷15＝160(m)。兄が家を出るとき弟は，80×7＝560(m)進んでいるので，兄が弟を追い越すのにかかる時間は，560÷(160－80)＝7(分)。よって家から，160×7＝1120(m)

塾技解説

よく，天気が悪く電車が予定通り動いていないとき，「ダイヤがみだれている」と言ったりするよね。本来ダイヤグラムとは，交通機関の運行計画を表した図なんだ。入試では**ダイヤグラムが与えられていない問題**でも，**自分でかくことで問題を解くカギ**になることも多い。ダイヤグラムを**読み取る力**と**かく力**，両方身につけよう！

入試問題で塾技をチェック！

問題 兄と弟の2人が学校に向かっていっしょに家を出ました。家を出て6分後に忘れ物に気づき，すぐに兄だけが走って家にもどりました。兄は家に着いてから2分後に，忘れ物を持って走って学校に向かいました。兄と弟がいっしょに歩くときの速さは時速4km，兄が1人で走るときの速さは時速6kmです。次の問いに答えなさい。

(1) 兄が忘れ物に気づいてから家に着くまでにかかった時間は何分間ですか。

(2) 弟は兄と別れてから5分間その場で待っていましたが，待ちきれずに時速3kmの速さで学校に向かって歩きだしました。兄が弟に追いついたのは，初めに2人で家を出てから何分後ですか。

(市川中)

解き方

(1) 兄が忘れ物に気づいたのは，家から，$4 \times \dfrac{6}{60} = \dfrac{2}{5}$ (km) の地点と求められるので，家に着くまでにかかる時間は，$\dfrac{2}{5} \div 6 = \dfrac{1}{15}$ (時間) $= 60 \times \dfrac{1}{15}$ (分) $= 4$ (分)

答 4分間

(2) (1)より，兄は最初に家を出てから10分後に，再び家にもどることがわかる。兄と弟の進行の様子をグラフにすると，右の図のようになる。兄が2度目に家を出るときの弟との間の距離は，右の図のアとなり，

$$ア = \dfrac{2}{5} + 3 \times \dfrac{1}{60} = \dfrac{9}{20} \text{(km)}$$

塾技20 ② より，イの時間は，

$$イ = \dfrac{9}{20} \div (6-3) = \dfrac{3}{20} \text{(時間)} = 60 \times \dfrac{3}{20} \text{(分)} = 9 \text{(分)}$$

よって兄が弟に追いつくのは，初めに2人で家を出てから，$12 + 9 = 21$ (分後)

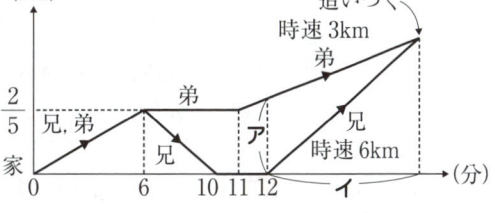

答 21分後

チャレンジ！入試問題

解答は，別冊 p.22

問題 2400m離れた家と学校をA君，B君の2人がそれぞれ一定の速さで往復します。まずA君が家を出発し，20分遅れてB君が出発したら，学校と家のちょうど真ん中の地点で2人は初めてすれ違いました。右のグラフはA君，B君2人の家からの距離とA君が家を出発してからの時間の関係を表したものです。次の問いに答えなさい。

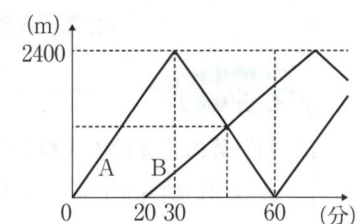

(1) A君の速さは分速何mですか。

(2) A君，B君が2回目に出会うのは，B君が出発してから何分何秒後ですか。

(3) A君，B君が2回目に同時に家に着くのは，B君が家を出てから何分後ですか。

(攻玉社中)

塾技23 時計算 〔速さ〕

時計算の解法 時計の長針と短針が作る角度に関する問題を**時計算**という。時計算は、長針君と短針君の2人の旅人算と考えて解く。

塾技23 ① 2人の間の距離の表し方
時計の図をかき、長針君と短針君が作る角の大きさで表す。

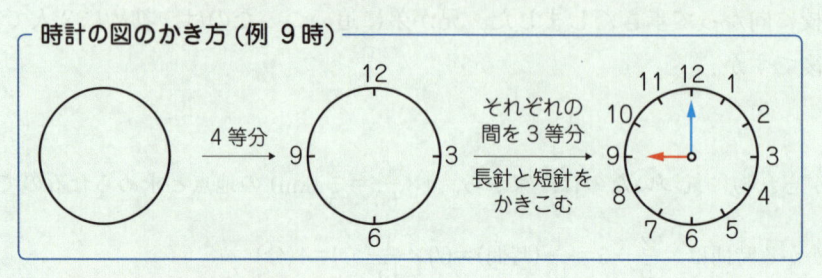

― 時計の図のかき方（例 9時）―

円 → 4等分 → 12,3,6,9に分割 → それぞれの間を3等分 長針と短針をかきこむ → 9時の時計

塾技23 ② 2人の速さの表し方
角速度（単位時間あたりに動く針の角度）で表す。長針君は毎分6度、短針君は毎分0.5度動く。

長針君：1時間に360°動くので、1分では、360÷60＝6（度）
短針君：1時間に30°動くので、1分では、30÷60＝0.5（度）

塾技23 ③ 追いつき算では、2人の速さの差＝6−0.5＝5.5（度）を利用。

例 3時から4時の間で、長針と短針が重なるのは、3時□分です。

答 3時のとき長針と短針は90度離れているので、長針と短針が重なるためには、長針が短針に90度ぶん追いつけばよい。よって、求める時間□分は、

$$90÷(6−0.5)=90÷5\frac{1}{2}=\frac{180}{11}=16\frac{4}{11}（分）$$

塾技23 ④ 出会い算では、2人の速さの和＝6＋0.5＝6.5（度）を利用。

⇨「入試問題で塾技をチェック！」 問題 (2)を参照

塾技解説

時計算の正体は旅人算！ 問題の多くは、**長針君が短針君を追いかける追いつき算**を考えればいいんだけど、長針と短針が**左右対称**になる時間を求める問題なんかでは**出会い算を利用**することもある。いずれにしても**時計の図をきちんとかいて考える**ことが大切。時計のかき方は、円をかいて4等分したあとそれぞれの間を3等分すればいいぞ。

入試問題で塾技をチェック！

問題 時計の10時から11時の間で，次の問いに答えなさい。

(1) 長針と短針が垂直になるときがあります。10時何分と何分のときですか。

(2) 長針と短針が12時の目盛りをはさんで左右対称の位置になるのは，10時何分ですか。

(日本大二中)

解き方

(1) 図1より，10時のとき長針と短針は60度離れている。これが垂直になるには，長針が短針をさらに30度引き離せばよいので，

$$30 \div (6 - 0.5) = 5\frac{5}{11}(分)$$

一方，2回目に垂直となるのは，図2のように長針と短針が270度離れたとき。10時のときから考えて，長針が短針を，270−60＝210(度)引き離せばよいので，

$$210 \div (6 - 0.5) = 38\frac{2}{11}(分)$$

答 10時 $5\frac{5}{11}$ 分と 10時 $38\frac{2}{11}$ 分

(2) 図3のように，長針がアだけ動いたとすると，12時の目盛りと短針の作る角もアと同じ大きさになればよい。ここで，図4のように，長針が反時計回りにアだけ動いたとすると，求める時間は10時の位置からの長針と短針の出会い算と考えることができるので，

$$60 \div (6 + 0.5) = 9\frac{3}{13}(分)$$

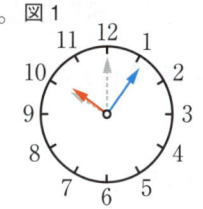

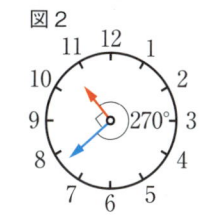

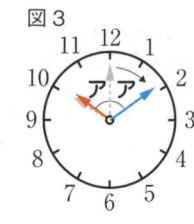

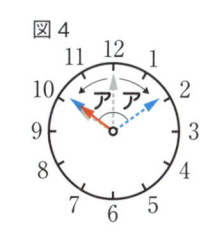

答 10時 $9\frac{3}{13}$ 分

チャレンジ！入試問題

解答は，別冊 p.23

問題① 長針，短針のついた時計について，次のア～カにあてはまる数を求めなさい。7時から8時の間で，長針と短針の間の角の大きさが60°となる時刻は，1回目が，7時 ア 分 イ $\frac{ウ}{11}$ 秒で，2回目が，7時 エ 分 オ $\frac{カ}{11}$ 秒です。

(海城中) **A**

問題② 今，時計の長針と短針がちょうど12時を指しています。次の問いに答えなさい。

(1) 長針と短針が初めて垂直になるのは何時何分か求めなさい。

(2) 再び12時になるまでに，長針と短針が垂直になる回数を求めなさい。

(3) 2回目に垂直になってから8回目に垂直になるまでに何時間何分かかるか求めなさい。

(学習院中) **B**

塾技 24 通過算 速さ

通過算 列車など**長さのあるものが動く速さに関する問題**を**通過算**という。人の場合と異なり，**動くものの長さも考える必要がある**。

塾技24 通過算は，まず列車の絵をかき，先頭または最後尾に人が立っていると考えて，通常の速さや旅人算の問題として解く。

(1) 鉄橋を通過する 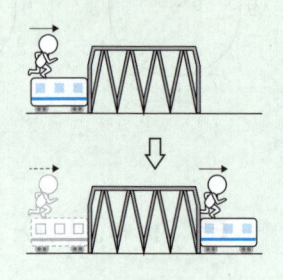
(列車＋鉄橋)の長さのぶんだけ最後尾は進む。

(2) 出会ってすれちがう 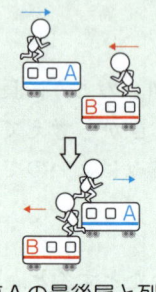
列車Aの最後尾と列車Bの最後尾との出会い算。

(3) 追いつき追いぬく 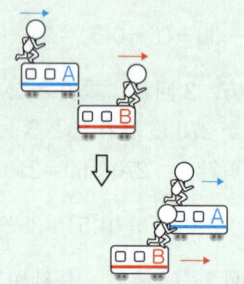
列車Aの最後尾と列車Bの先頭との追いつき算。

例 ある電車が，1800mのトンネルに入り始めてから出終わるまでに45秒かかり，1400mの鉄橋を渡り始めてから渡り終わるまでに37秒かかります。
(1) この電車は時速何kmですか。　(2) この電車の長さは何mですか。

答
(1) 右の図のように，電車の最後尾の移動を考えると，45－37＝8(秒)で，1800－1400＝400(m)進むことになるので，秒速400÷8＝50(m)とわかる。
よって，電車の時速は，50×3.6※＝180(km) 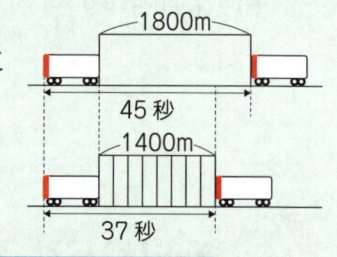
(2) 最後尾は45秒で，50×45＝2250(m)進むので，電車の長さ＝2250－1800＝450(m)

※×3.6となる理由
秒速□mを時速△kmに直すには，1時間は3600秒，1kmは1000mより，3600倍して1000で割る，すなわち，**3.6倍**すればよい！

塾技解説

通過算のポイントは，何と言っても**長さがあるものが動く**ということ。例えば，列車が人や電柱の前を通過するとき，人や電柱の長さ（幅）までは考えなくてもいいけど，**列車の長さは必ず考えなければいけない**。通過算にはいろいろなタイプの問題がある。公式的に暗記せず，それぞれの場合で**前か後ろに人が立っている**と思って考えよう！

入試問題で塾技をチェック！

問題 上り電車が，踏切にさしかかってから4秒後に下り電車と出会いました。また，上り電車がこの踏切を通り過ぎないうちに，下り電車がこの踏切にさしかかりました。上り電車の速さは時速72kmで，下り電車の速さは時速90km，長さは95mです。踏切の幅はないものとして，次の問いに答えなさい。

(1) 上り電車は1秒間に何m進みますか。

(2) 上り電車の長さは，少なくとも何mですか。

(3) 上り電車が踏切にさしかかってから，下り電車がこの踏切を通り過ぎるまでに何秒かかりますか。

(東邦大附東邦中)

解き方

(1) 72×1000÷3600＝20　（前ページの※の逆を考えると，72÷3.6＝20）

答 20m

(2) 下り電車の秒速は，90÷3.6＝25(m)。右の図のように，電車の先頭どうしを考えると，先頭どうしは4秒後に出会うので，

ア＝(20＋25)×4＝180(m)

よって，下り電車が踏切にさしかかる時間は，上り電車が踏切にさしかかってから，180÷25＝7.2(秒後)とわかる。この間に上り電車は，20×7.2＝144(m)進むが，7.2秒後には上り電車は踏切を通り過ぎていないことを考えると，上り電車は少なくとも144mはある。

答 144m

(3) 右の図のように，下り電車の先頭の移動を考える。求める時間は，先頭が，180＋95＝275(m)進むのにかかる時間なので，

275÷25＝11(秒)

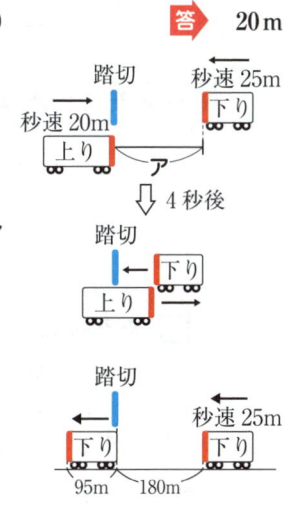

答 11秒

チャレンジ！入試問題

解答は，別冊 p.24

問題① 長さ400mの列車Aと，長さ240mの列車Bがある。列車Aと列車Bが出会ってから離れるまでに8秒，列車Aが列車Bに追いついてから追い越すまでに16秒かかった。列車Aの速さは時速何kmですか。

(慶應湘南藤沢中等部) **B**

問題② 長さ3609mのトンネルの何mか先に長さ306mの鉄橋があります。いま，長さ81mの電車の先頭がトンネルに入ってから，鉄橋を渡り始めるまでに4分40秒かかりました。また，電車の先頭がトンネルを出たときから，電車が完全に鉄橋を渡り終えるまでに1分41秒かかりました。次の問いに答えなさい。

(1) この電車の速さは，時速何kmか求めなさい。

(2) トンネルの出口から鉄橋までの距離は何mか求めなさい。

(城北中) **B**

塾技 25 流水算 速さ

流水算 船が川を上るとき，船は川の流れの分だけ遅くなり，下るときは川の流れの分だけ速くなる。このように，流れのある川で船の速さなどを考える問題を流水算という。

静水（流れなし）での速さ　　上りと下りの速さ

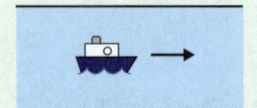

塾技25 流水算は，上り・静水時・下りの3つの速さの線分図をかいて考える。

例 ある船が，時速12kmで川を上り，時速18kmで川を下りました。
(1) 川の流れの速さが常に一定のとき，静水時での船は時速何kmですか。
(2) 川の流れの速さが，上りは下りの2倍のとき，静水時での船は時速何kmですか。

答 (1) 右の線分図より，川の流れの時速は，
　　(18−12)÷2=3(km)
　　よって，静水時の船の時速は，
　　12+3=15(km)

(2) 右の線分図より，川の流れの時速は，
　　(18−12)÷3=2(km)
　　よって，静水時の船の時速は，
　　12+2×2=16(km)

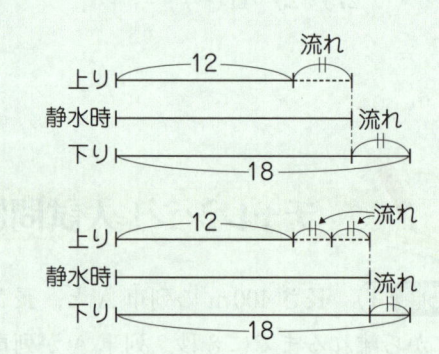

塾技解説
上の線分図から，川の流れが一定のときの静水時の船の速さは，**(上りの速さ＋下りの速さ)÷2** で求めることができ，川の流れの速さは，**(下りの速さ−上りの速さ)÷2** で求めることができる。ただ，この公式だけを覚えても，川の流れが変わる問題では全く通用しない。しっかりと線分図をかいて考える力を身につけよう！

check! 入試問題で塾技をチェック！

問題 川にそったP町とQ町を往復している船A, Bがあります。右のグラフは，午前8時にP町から船Aが，Q町から船Bが同時にそれぞれ出発して，PQ間を1往復したようすを表したものです。ただし，川の流れの速さはつねに一定で，船A, Bの静水時での速さもそれぞれ一定であるものとします。このとき，次の問いに答えなさい。

(1) 船Bの上りの速さは毎時何kmですか。

(2) 2そうの船A, Bが初めて出会うのは，何時何分ですか。

(城北中)

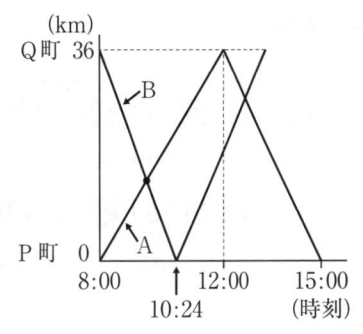

解き方

(1) 船AがP町からQ町へと進む時速は，$36 \div (12-8) = 9$ (km)で，Q町からP町へと進む時速は，$36 \div (15-12) = 12$ (km)とわかる。よって，Q町は川の上流，P町は川の下流となる。

右の線分図より，川の流れの時速は，
$(12-9) \div 2 = 1.5$ (km)

一方，船Bは，Q町からP町まで2時間24分(2.4時間)かかるので，

船Bの下りの時速＝$36 \div 2.4 = 15$ (km)

よって，船Bの上りの時速は，$15 - 1.5 \times 2 = 12$ (km)

答 毎時12km

(2) 船A, Bが初めて出会うとき，船Aは上りで船Bは下りなので，初めて出会うのは，8時に出発してから，$36 \div (9+15) = 1.5$ (時間後)の9時30分とわかる。

答 9時30分

チャレンジ！入試問題

解答は，別冊 p.25

問題① ある船の静水での速さは毎時20kmです。この船で，川下のA地から54km離れた川上のB地まで上るのに3時間かかりました。静水での船の速さを1.4倍にすると，B地からA地へ下るのに ア 時間 イ 分かかります。

(明治大付明治中) A

問題② 21km離れた川のA地点とB地点を船で往復しました。AからBへ上るときには2時間6分かかり，BからAへ下るときには，川の流れが上りのときより1時間あたり1.4km速くなっていたので，1時間15分ですみました。次の問いに答えなさい。(式や考え方も書きなさい)

(1) 水の流れがないとき，この船の速さは時速何kmですか。

(2) BからAへ下るときの川の流れが，もし上りのときより1時間あたり0.4km遅くなっていたとすると，下りにはどのくらいの時間がかかりますか。

(武蔵中) B

塾技 26 図形上の点の運動　速さ

図形上の点の運動の頻出問題パターン

[パターン1] 図形上を動く点を結んだ直線が，**条件を満たす時間を求める**問題。

塾技26 ① **2点の旅人算の問題として考える。**

⇨「チャレンジ！入試問題」 問題② を参照

[パターン2] 出発点が同じ2つ以上の動く点どうしが，**再び同時に出発点を通過する時間を求める**問題（出発点が通過点と同じパターン）。

塾技26 ② **出発点にもどる時間の最小公倍数を考える。**

⇨「入試問題で塾技をチェック！」を参照

[パターン3] 2つ以上の動く点どうしが，**ある決まった点を同時に通過する時間を求める**問題（出発点が通過点と異なるパターン）。

塾技26 ③ **1回目は調べ上げ，2回目以降は最小公倍数を考える。**

例 右の図のような1辺42cmの正方形上を，点Pは頂点Aを出発し毎秒7cmの速さで，点Qは頂点Cを出発し毎秒6cmの速さでそれぞれ反時計回りに同時に動き始めます。2点P，Qが5回目に頂点Cを同時に通過するのは，出発してから何秒後ですか。

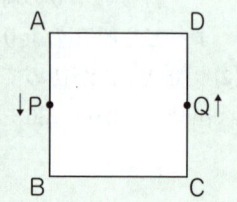

答 点Pが初めて頂点Cを通過するのは，(42×2)÷7＝12(秒後)。その後頂点Cを，(42×4)÷7＝24(秒)ごとに通過する。一方，点Qは，(42×4)÷6＝28(秒)ごとに頂点Cを通過する。よって点Pは，12，36，60，84，…秒後に，点Qは，28，56，84，…秒後にそれぞれ頂点Cを通過するので，初めて同時に頂点Cを通過するのは，84秒後とわかる。2回目以降は，24と28の最小公倍数168秒ごとに同時に通過するので，求める時間は，

　　84＋168×(5－1)＝756(秒後)

塾技解説

図形上を点が動く問題は，ほとんどの生徒が"**苦手**"というところ。でもよく出題される**パターンは限られ**ていて，それが上の3つというわけだ。特に，動く点どうしがある決まった点を初めて同時に通過する時間を求める問題は，**出発地点が通過点と同じかどうかで最小公倍数を利用するか調べ上げるかが決まってくる**ことを覚えよう！

入試問題で塾技をチェック！

問題 図のような1辺30cmの正三角形，正方形，正六角形があります。点P, Q, Rは点Aを同時に出発して，点PはA→B→C→A→B→…，点QはA→B→D→E→A→B→…，点RはA→B→F→G→H→I→A→B→…，とそれぞれ正三角形，正方形，正六角形の辺上を動きます。点P, Q, Rのそれぞれの速さは毎秒10cm, 8cm, 15cmです。

(1) 点P, Q, Rが点Aで初めて出会うのは，出発してから何秒後ですか。

(2) 点P, Q, Rが点Aで初めて出会うとき，点Qは図形を何周していますか。

(帝塚山中)

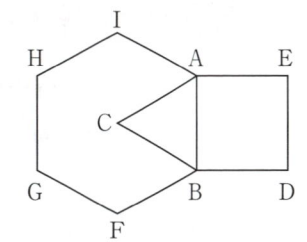

解き方

(1) 点Pは，最初に点Aを出発してから，90÷10＝9(秒後)に再び点Aを通る。同様に，点Qは，120÷8＝15(秒後)に，点Rは，180÷15＝12(秒後)にそれぞれ点Aを通るので，3点が点Aで初めて出会うのは，9と15と12の最小公倍数180秒後とわかる。 **答 180秒後**

(2) (1)より，点Qは15秒で1周するので，180÷15＝12(周) **答 12周**

チャレンジ！入試問題

解答は，別冊 p.26

問題① 右の図の3つの円(あ)，(い)，(う)はどれも円周が60cmで，円の交点であるB, Cを結ぶ線は円(あ)の直径になっています。また，3つの円の交点Aは円(あ)の直径BCの下側にある半円の周の真ん中の点になっています。いま，点Aから3点P, Q, Rが同時に時計回りで，それぞれ円(あ)，(い)，(う)の周上を点Pが毎秒3cm，点Qが毎秒2cm，点Rが毎秒5cmで動き始めました。

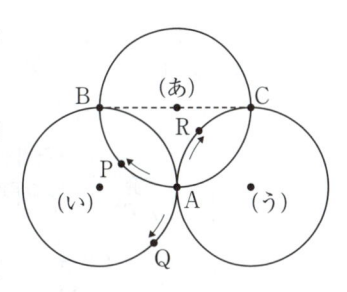

(1) 3点P, Q, Rが点Aで初めて出会うのは何秒後ですか。

(2) 2点P, Rが点Cで2回目に出会うのは何秒後ですか。

(豊島岡女子学園中)

問題② 右の図のような長方形ABCDがあります。点P, Qはそれぞれ頂点A, Cを同時に出発し，長方形の辺上を，点PはA→D→Cの方向へ毎秒4cmの速さで進み，点QはC→B→Aの方向へ毎秒5cmの速さで進みます。

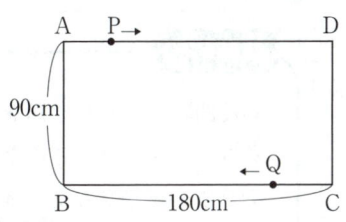

(1) 直線PQが辺ABと初めて平行になるのは出発してから □ 秒後です。

(2) 直線PQが辺ADと初めて平行になるのは出発してから □ 秒後です。

(芝中)

塾技 27 角度① 平面図形

角度問題の解法 角度問題では，次の2つの塾技の利用を意識して解く。

塾技27 ① 等しい角を探す。

(1) 平行線のさっ角　(2) 平行線の同位角　(3) 折り返した角

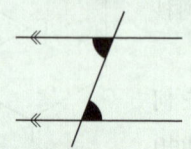

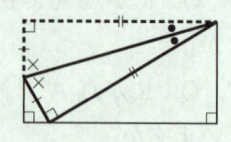

塾技27 ② 特定の形が作る角の性質の利用を考える。

(1) 内角と外角の関係　(2) ブーメラン型　(3) 星型

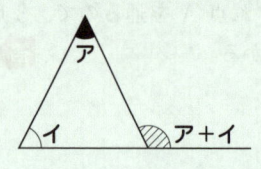

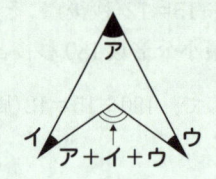

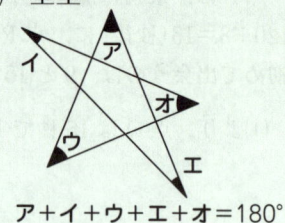

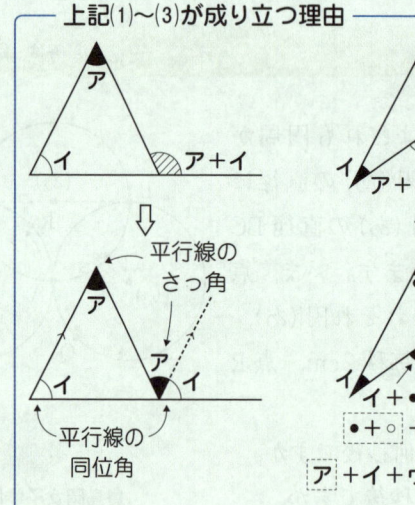

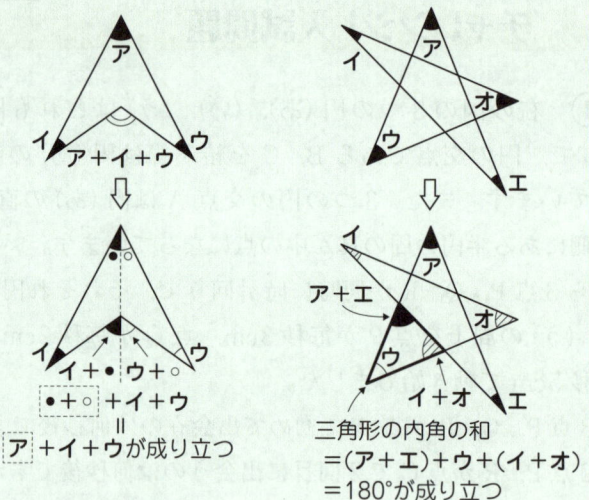

ア＋イ＋ウ＋エ＋オ＝180°

── 上記(1)～(3)が成り立つ理由 ──

平行線のさっ角
平行線の同位角

ア＋イ＋ウ
●＋○＋イ＋ウ
＝
ア＋イ＋ウが成り立つ

三角形の内角の和
＝(ア＋エ)＋ウ＋(イ＋オ)
＝180°が成り立つ

塾技解説

角度問題は，わかる角をかたっぱしから書き込んでいけば答えにたどりつくこともあるけど，入試はできるだけ**短時間で答えを出す必要**がある。そのために必要なのが上の2つの塾技なんだ。他にも等しい角として，**二等辺三角形の2つの角（底角という）が等しい**ことや，**向かいあった角（対頂角という）が等しい**ことなんかもよく使うぞ！

入試問題で塾技をチェック！

問題 1 右の図のような正方形と2個の正三角形を組み合わせた図形があります。角 x と角 y の大きさはそれぞれ何度ですか。　（関東学院中）

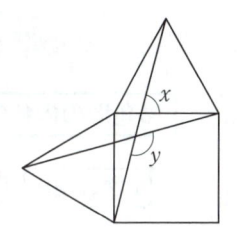

解き方

右の図で、三角形 ABC と三角形 ADE は、それぞれ AB＝AC、AD＝AE の二等辺三角形となる。よって、

・＝｛180－（90＋60）｝÷2＝15（度）

塾技27　2(1)より、x＝・＋60＝75（度）

塾技27　2(2)より、y＝90＋・＋・＝120（度）

答 x＝75度、y＝120度

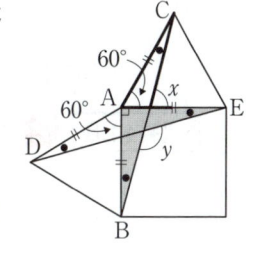

問題 2 右の図は長方形の紙を折り曲げたものです。アの角の大きさが32°のとき、イの角の大きさは何度ですか。　（浅野中）

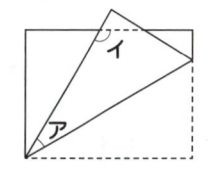

解き方

塾技27　1(3)より、アと等しい角を書き込む。右の図で、平行線のさっ角は等しいことおよび、一直線は180度より、

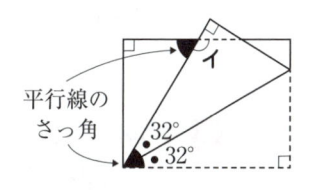

イ＝180－32×2＝116（度）

答 116度

チャレンジ！入試問題

解答は、別冊 p.27

問題① 右の図は、長方形 ABCD の点 C が点 A に重なるように折り、さらに点 B が直線 AE に重なるように折ったものである。角⑦、角⑦はそれぞれ何度ですか。　（女子学院中） **B**

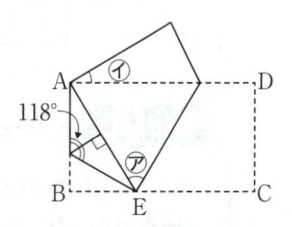

問題② 右の図で、四角形 ABCD は正方形、曲線は円の一部、三角形 CED は二等辺三角形である。角⑦、角⑦、角⑦、角⑦はそれぞれ何度ですか。　（女子学院中） **C**

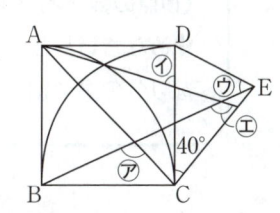

塾技 28 角度② 平面図形

多角形の内角の和と外角の和の公式

塾技28 １ 多角形の内角の和＝180°×（頂点の数－2）

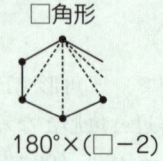

	三角形	四角形	五角形	……	□角形
内角の和	180°×1	180°×2	180°×3	……	180°×（□－2）

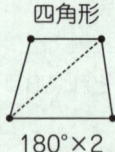

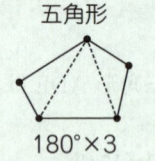

塾技28 ２ 全ての多角形の外角の和は，360度

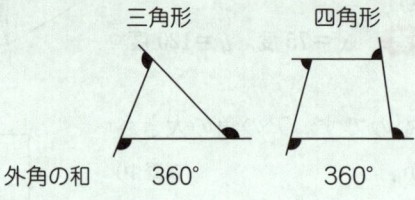

	三角形	四角形	五角形	……	□角形
外角の和	360°	360°	360°	……	360°

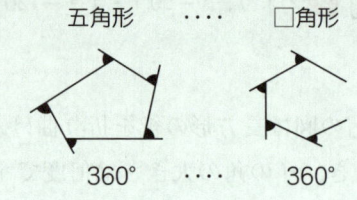

例１ 右の図の角アの大きさを求めなさい。

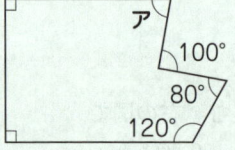

答 六角形の内角の和は，
180×(6－2)＝720（度）
角ア＝720－(90＋90＋120＋80＋260)
　　＝80（度）

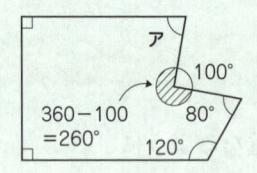

（図：360－100＝260）

例２ 右の図で，印のついた角の和を求めなさい。

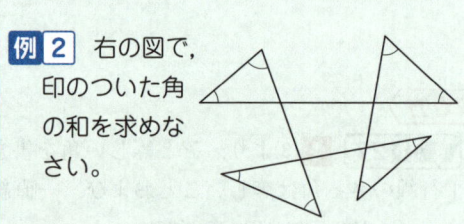

答 下の図で，印のついた角の和は，四角形の外角の和と等しいので，
印のついた角の和＝360度

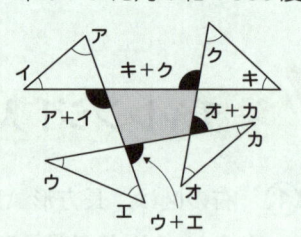

（図中の記号：ア，イ，ア＋イ，ウ，エ，ウ＋エ，オ，カ，オ＋カ，キ，ク，キ＋ク）

塾技解説

多角形の内角の和の公式は，多角形を１つの頂点から出る対角線で三角形に分けると，**（頂点の数－2）個の三角形に分かれる**ことを利用している。同様に，「**対角線の本数を求めなさい**」といわれたら，１つの頂点から引ける対角線の本数と頂点の数の積を，重なり分の２で割った，**（頂点の数－3）×頂点の数÷2** で求めればいいぞ！

check! 入試問題で塾技をチェック!

問題 1 右の図の角**ア**の大きさは □ 度です。　　(城北中)

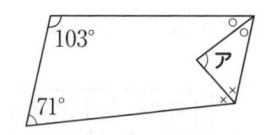

解き方

四角形の内角の和は，$180×(4-2)=360$(度) より，○2つ分と×2つ分の和は，
$360-(103+71)=186$(度)

よって，○1つ分と×1つ分の和は，$186÷2=93$(度)

ここで，三角形の内角の和は 180 度より，
ア$=180-($○$+$×$)=180-93=87$(度)

答 87

問題 2 右の図において，印のついた全ての角の大きさの和を求めなさい。　　(桐蔭学園中)

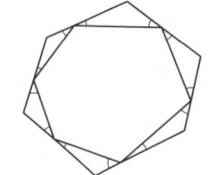

解き方

右の図のようにそれぞれの角をとると，一直線は 180 度より，
　(印のついた全ての角の和)$+$(角**ア**$+$角**イ**$+$角**ウ**$+$角**エ**$+$角**オ**$+$角**カ**)
　　$=180×6=1080$(度)
一方，六角形の内角の和は，$180×(6-2)=720$(度) より，
　角**ア**$+$角**イ**$+$角**ウ**$+$角**エ**$+$角**オ**$+$角**カ**$=720$(度)
よって，求める和は，$1080-720=360$(度)

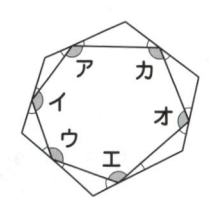

答 360 度

チャレンジ! 入試問題

解答は，別冊 p.28

問題① 右の図のように正五角形と正三角形を重ねました。**ア**の角の大きさは何度ですか。　　(早稲田中) A

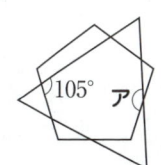

問題② 右の図は1辺の長さが等しい正六角形と正方形です。点 A は正六角形の対称の中心です。角 x の大きさは □ 度です。

(関東学院中) A

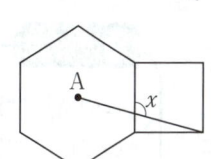

問題③ 右の図において ℓ と m は平行で，五角形 ABCDE は正五角形です。x と y を求めなさい。　　(ラ・サール中) B

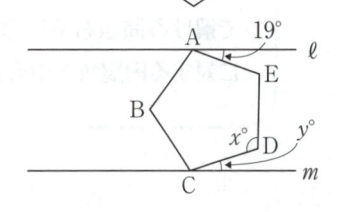

塾技 29 角度③ 平面図形

円周角と中心角 円の角度問題を考える上で，まず，次の用語の意味をおさえる。

[弧] 円周の一部を弧といい，図1の太線部を弧ABという。

[円周角] ある長さの弧と，その弧をのぞいた**円周上の1点で作られる角を円周角**という。図2の角アを，**弧ABに対する円周角**という。

[中心角] ある長さの弧と**中心とが作る角を中心角**という。図3の角イを弧ABに対する中心角という。1つの円において**中心角の大きさは弧の長さに比例し，中心角＝360°×円周に対する弧の割合** で求めることができる。

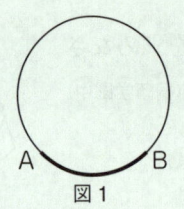

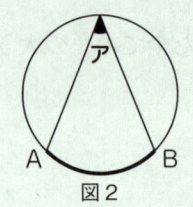

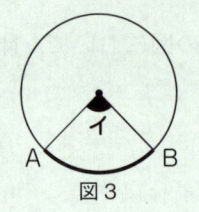

図1　図2　図3

塾技29　1つの弧に対する円周角の大きさは等しく（図4），その弧に対する中心角の半分となる（図5）。

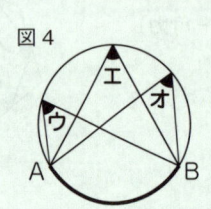

図4　**ウ＝エ＝オ** が成り立つ

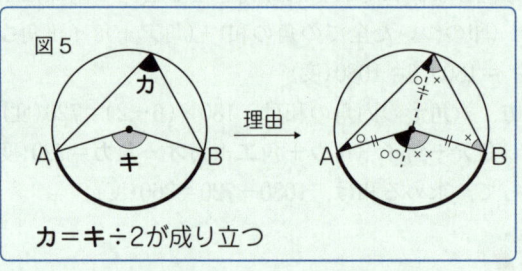

図5　理由　**カ＝キ÷2** が成り立つ

例 下の図で，アの角度を求めなさい。ただし O は円の中心とします。

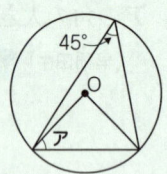

答 下の図より，
ア＝（180－90）÷2＝45（度）

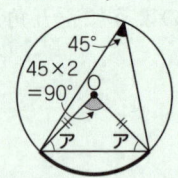

塾技解説

この塾技は**円周角の定理**といって，本来は中学校で習うもの。これを知らなくてもたいていの問題は補助線などを引くことによって解ける。でも**これを知っていると一発で解ける問題も多い**ので，時間短縮につながるんだ。ポイントは，**同じ弧（等しい弧）に対する円周角と中心角を探す**ことだぞ！

check! 入試問題で塾技をチェック！

問題 右の図で●は円周を9等分した点です。⑦の角度を求めなさい。

(早稲田実業中等部)

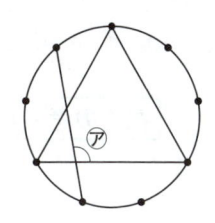

解き方

右の図のように，④と⑤の角を考える。 塾技27 ②(1)より，
⑦＝④＋⑤

④は，円周の $\frac{1}{9}$ の弧に対する円周角なので，塾技29 より，円周の $\frac{1}{9}$ の弧に対する中心角の半分となる。中心角は弧の長さに比例するので，

円周の $\frac{1}{9}$ に対する中心角は，$360 \times \frac{1}{9} = 40$ (度) となり，

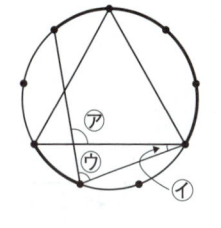

④＝$40 \div 2 = 20$(度)

同様に，⑤は円周の $\frac{4}{9}$ の弧に対する円周角で，円周の $\frac{4}{9}$ の弧に対する中心角の半分となるので，

⑤＝$360 \times \frac{4}{9} \div 2 = 80$(度)

以上より，⑦＝④＋⑤＝$20 + 80 = 100$(度)

答 100度

チャレンジ！入試問題

解答は，別冊 p.29

問題① 右の図において，点Oは円の中心で，三角形ABCの頂点Aは円周上にあり，辺BCは円の直径です。⑦の角の大きさを求めなさい。

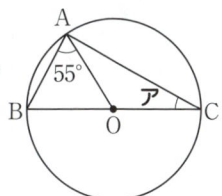

(清風中) A

問題② 右の図のような円があり，点Oはこの円の中心です。このとき，⑦の角の大きさは何度ですか。

(早稲田中) B

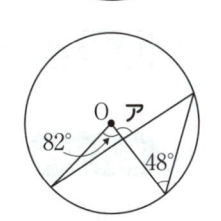

問題③ 右の図のように，円を利用して正十角形をかきました。⑦の角度は □ 度で，④の角度は □ 度です。

(奈良学園中) B

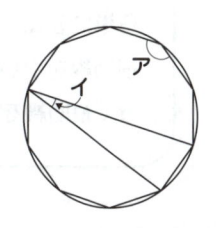

塾技 30 三角形・四角形 平面図形

高さの考え方 三角形の面積は，底辺×高さ÷2，平行四辺形の面積は，底辺×高さで求めることができるが，**同じ図形でもそれぞれどの辺を底辺と考えるかにより高さは異なる。**

塾技30 ① **高さを求めたいときは，同じ１つの図形で底辺と高さを変えて面積を２通りの方法で表す（面積２通りの法と呼ぼう！）。**

三角形と四角形の面積の求め方 三角形や四角形の面積は，**直接公式にあてはめて求める以外**の方法として，次の塾技をよく使う。

塾技30 ② **全体から不要な部分を引くことにより求める。**

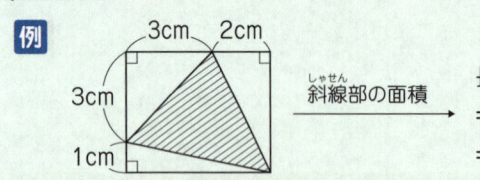

例

斜線部の面積 →
長方形の面積－３つの三角形の面積の和
＝4×5－(3×3÷2＋5×1÷2＋2×4÷2)
＝9(cm^2)

塾技30 ③ **補助線を引き，分けて考える。**

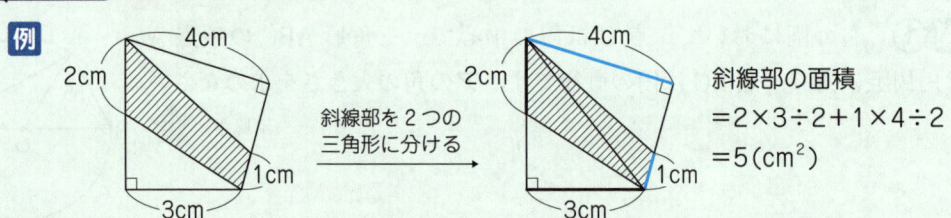

例

斜線部を２つの三角形に分ける

斜線部の面積
＝2×3÷2＋1×4÷2
＝5(cm^2)

塾技30 ④ **道の問題では，道をはしによせて考える。**

⇨「チャレンジ！入試問題」 問題① を参照

塾技解説

三角形と四角形の問題でよく出題されるのは面積を求める問題。入試では，残念ながら**単に公式にあてはめるだけの問題は出ず**，"面積２通りの法"を使って高さを求めたり，補助線を引いたりする必要があるんだ。②には他に，**面積を求めたい図形の周りに自分で補助線を引いてから，不要な部分を引く**というパターンもあるぞ！

check! 入試問題で塾技をチェック！

問題 右の図のように1辺の長さが12cm, 6cm, 3cmの正方形があります。それぞれの正方形の対角線の交点をP, Q, Rとするとき, 三角形PQRの面積は □ cm² です。
（芝中）

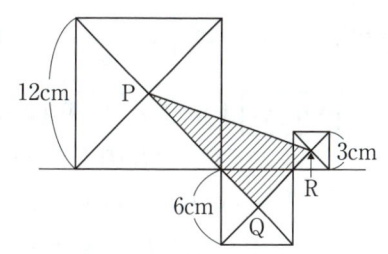

解き方 右の図のように, 三角形PQRのまわりに補助線を引き, 四角形PSTUを作る。 塾技30 ② より, 求める面積は四角形PSTUから3つの三角形の面積を引いて,

$9 \times 13.5 - (9 \times 9 \div 2 + 4.5 \times 4.5 \div 2 + 13.5 \times 4.5 \div 2)$
$= 121.5 - (40.5 + 10.125 + 30.375)$
$= 40.5 (cm^2)$

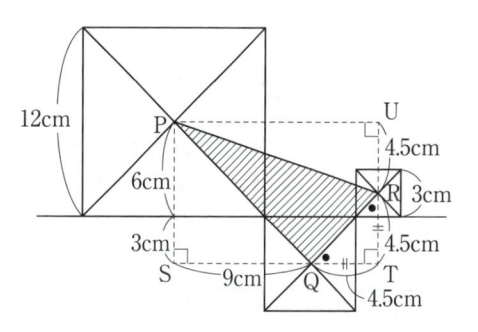

答 40.5

チャレンジ！入試問題

解答は、別冊 p.30

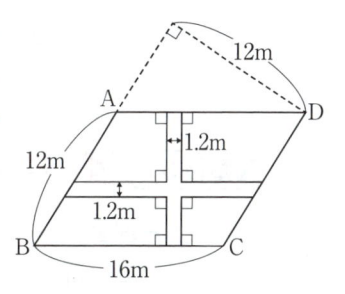

問題① 右の図のように, 平行四辺形の形をした花だんABCDに, 幅1.2mの道を作りました。道の部分を除いた花だんの面積は □ m² です。
（青山学院中等部） B

問題② 右の図は面積が127cm²の長方形ABCDです。辺BEの長さが6cmで, 斜線部分の三角形の面積が50cm²のとき, 辺DFの長さを求めなさい。
（京都女子中） B

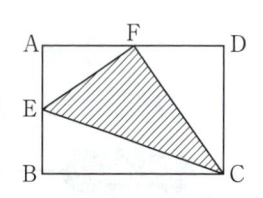

問題③ 右の図のように, 1辺8cmの正方形の辺上に点A, B, C, Dをとります。⑦cm+④cm=5cm, ⑨cm+⑩cm=3cmのとき, 四角形ABCDの面積は □ cm² です。
（灘中） C

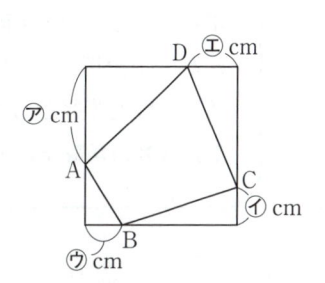

塾技 31 円と正方形　平面図形

円周率　円周率とは，**円周÷直径** の値，つまり**円周が直径の何倍にあたるか**を表す数で，直径の大きさにかかわらず**全ての円で同じ大きさ**となる。円周率は割り切れない無限に続く小数値で，通常，3.14 を用いる。

[3.14 の計算]　塾技 1 の分配法則を用いて，**3.14 は必ず最後に 1 回かける**。また，よく用いる 3.14 の計算の答えは暗記する。

例　$3×3×3.14-2×2×3.14=(3×3-2×2)×3.14=5×3.14=15.7$

― よく用いる 3.14 の計算 (覚える!!) ―
$4×3.14=12.56$　　$5×3.14=15.7$　　$6×3.14=18.84$
$8×3.14=25.12$　　$5×5×3.14=78.5$　　$6×6×3.14=113.04$

円と円に内接する正方形の面積　**円の中に正方形がぴったりと入っている**とき，その正方形のことを**円に内接する正方形**といい，以下の塾技が成り立つ。

塾技 31 ① **円に内接する正方形の面積は，その円の半径を 1 辺とする正方形の面積の 2 倍となる**（理由は図 1 を参照）。

例　右の図の正方形 ABCD の面積を求めなさい。
答　1 辺 2cm の正方形の面積の 2 倍より，
　　$2×2×2=8(cm^2)$

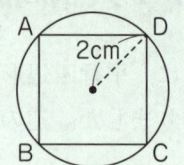

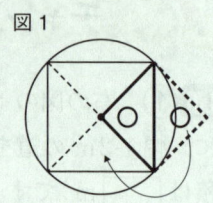

図 1

塾技 31 ② **半径×半径 の値は，円に内接する正方形の面積の半分となる。**

― 理由 ―
右の図で，円に内接する正方形 ABCD の面積は，
　　（□×2）×（□×2）÷2＝正方形 ABCD
　　　対角線　　対角線
　　□×□×2＝正方形 ABCD
　　□×□＝正方形 ABCD÷2

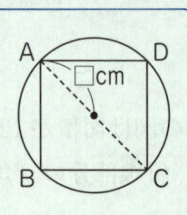

塾技解説

学校で習う，円周＝直径×3.14 という公式は，**円周÷直径＝円周率** からきたものなんだ。「円周率は 3.14 !」ではなく意味をしっかり覚えよう。② は，「**円の面積を求めたいけど半径がわからない？**」というときに使う技。正方形はひし形の 1 種なので，**対角線×対角線÷2** で面積を求めることができることを利用したものだ。

check! 入試問題で塾技をチェック!

問題 右の図のように，大きな円の内側にちょうどぴったり入る正方形があり，その正方形の内側にちょうどぴったり入る，大きさが同じ4つの小さな円があります。このとき，大きな円の面積は，小さな円1つの面積の何倍になっているかを求めなさい。
(浅野中)

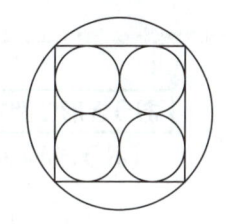

解き方
小さな円の半径を1とすると，大きな円に内接している正方形の1辺は4となる。塾技31 ❷より，大きな円の 半径×半径 の値は，4×4÷2＝8
　小さな円1つの面積＝1×1×円周率＝1×円周率 …①
　大きな円の面積＝8×円周率 …②
①，②より，大きな円の面積は小さな円の面積の8倍と求められる。

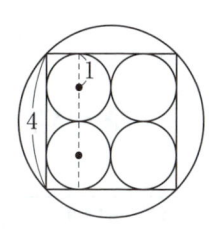

答 8倍

チャレンジ! 入試問題

解答は，別冊 p.31

問題① 右の図のように，円の内部に1辺8cmの正方形がぴったりと入っています。かげのついた部分の面積を求めなさい。ただし，円周率は3.14とします。
(立教新座中) **A**

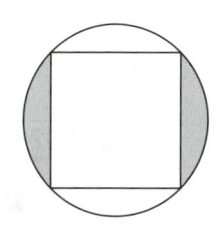

問題② 右の図は1辺が1cmの正方形16個と，同じ大きさの円4個からできています。斜線部分の面積は何 cm^2 ですか。ただし，円周率は3.14とします。
(ラ・サール中) **B**

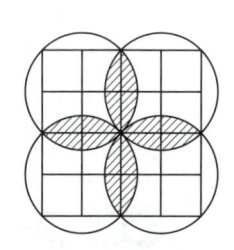

問題③ 右の図で，正方形 EFGH の面積が $25cm^2$ のとき，小さい円の半径は □ cm，正方形 ABCD の面積は □ cm^2，正方形 IJKL の面積は □ cm^2 です。
(女子学院中) **B**

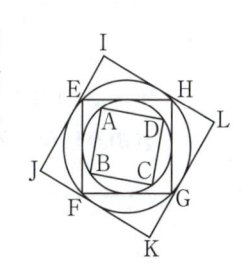

69

塾技 32 円とおうぎ形 〔平面図形〕

おうぎ形に関する公式

[おうぎ形の面積の公式] 以下2つの公式がある。

(1) 半径×半径×円周率×$\dfrac{中心角}{360}$
　　└→円の面積

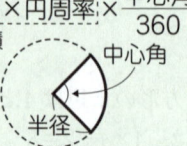

(2) 弧の長さ×半径÷2
　　　　　　　　　三角形と見立てて覚える

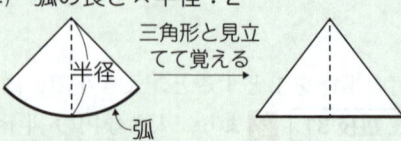

[おうぎ形の弧の長さの公式] 　直径×円周率×$\dfrac{中心角}{360}$
　　　　　　　　　　　　　　　　└→円周

葉っぱ形（レンズ形）の面積の求め方

右の図の斜線部分の形を、"葉っぱ形"や"レンズ形"などと呼び、面積の求め方には以下3つの代表的な塾技がある。

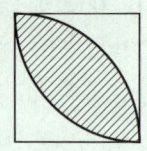

塾技32 ① 中心角90°のおうぎ形2つ分－正方形

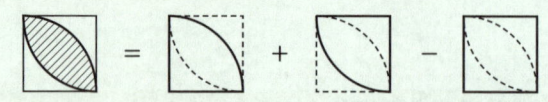

塾技32 ② （中心角90°のおうぎ形－直角二等辺三角形）×2

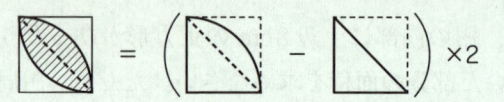

"葉っぱ"の半分を求めて2倍している！

塾技32 ③ 正方形の面積×0.57　※円周率は3.14とする。

― **③が成り立つ理由** ―
右の図で、正方形の1辺を1とすると、
　正方形の面積＝1×1＝1
　葉っぱ形の面積＝1×1×3.14×$\dfrac{90}{360}$×2－1×1＝0.57 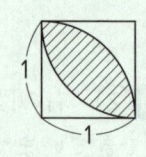
よって、葉っぱ形の面積は正方形の面積の、0.57倍となる。

塾技解説

おうぎ形に関する問題は**入試超頻出**！おうぎ形の面積の公式も弧の長さの公式もポイントは、**中心角の円全体に対する割合を考える**ことだ。そして"葉っぱ形"については、上の3つの求め方を全てマスターすること。③は便利だけど、**円周率が3.14のときのみしか使えない**ことに注意が必要だぞ！

入試問題で塾技をチェック!

問題 右の図のように辺 AD と辺 BC は平行で,AB=CD=5cm,BC=8cm,角 B=角 C=60°の台形に,おうぎ形を 3 つかきました。斜線部分の面積を求めなさい。円周率は 3.14 とします。

(駒場東邦中)

解き方

3 つのおうぎ形の半径および中心角は,それぞれ右の図のようになる。

塾技32 のおうぎ形の面積の公式(1)より,

$5 \times 5 \times 3.14 \times \dfrac{60}{360} + 3 \times 3 \times 3.14 \times \dfrac{60}{360} + 2 \times 2 \times 3.14 \times \dfrac{120}{360}$

$= 5 \times 5 \times 3.14 \times \dfrac{1}{6} + 3 \times 3 \times 3.14 \times \dfrac{1}{6} + 2 \times 2 \times 3.14 \times 2 \times \dfrac{1}{6}$

$\dfrac{1}{3} = 2 \times \dfrac{1}{6}$
分配法則の利用

$= (5 \times 5 + 3 \times 3 + 2 \times 2 \times 2) \times 3.14 \times \dfrac{1}{6}$

$= 42 \times \dfrac{1}{6} \times 3.14 = 7 \times 3.14 = 21.98 (cm^2)$

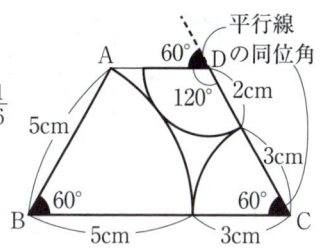

答 $21.98 cm^2$

チャレンジ! 入試問題

解答は,別冊 p.32

問題① 右の図は,1 辺の長さが 4cm の正五角形の外側に,各頂点を中心として同じ半径の円をかいたものです。斜線部分の面積を求めなさい。ただし,円周率は 3.14 とします。

(海城中) **A**

問題② 1 辺の長さが 6cm の正方形があります。それぞれの頂点を中心として,半径が 6cm の円の一部を正方形の内側にかくと,右の図のようになりました。このとき,色のついた部分の周の長さは何 cm ですか。円周率は 3.14 とします。

(豊島岡女子学園中) **B**

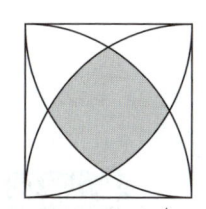

問題③ 右の図のように,正方形 ABCD がちょうどおさまるように円をかき,さらにその円がちょうどおさまるように正方形 PQRS をかきました。このとき,正方形 PQRS の面積は 800 cm² です。

(1) AB の長さを求めなさい。

(2) 半円で囲まれた斜線部分の面積を求めなさい。円周率は 3.14 とします。

(慶應普通部) **B**

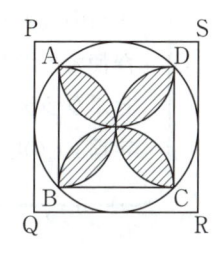

塾技 33 求積の工夫① 平面図形

等積移動 面積を求める工夫（求積の工夫）には，塾技30 以外にも，**面積の大きさを変えずに図形の一部を移動し，公式を利用できる形を作り出す等積移動**や，共通部分の利用 塾技34 などがある。

塾技33 直接求積できない場合，図形の一部を移動しおうぎ形や三角形，四角形などを作り出すことにより面積を求める（等積移動という）。

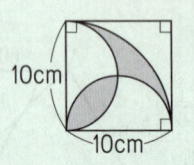

例

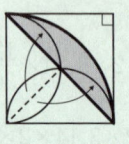

かげの部分の面積
$= 10 \times 10 \times 3.14 \times \dfrac{90}{360} - 10 \times 10 \div 2$
$= 28.5 \,(\text{cm}^2)$

ヒポクラテスの三日月 直角三角形のそれぞれの辺を直径とする半円をかいたとき，**直角をはさんだ2辺にできる三日月の面積と直角三角形の面積とが等しくなる**というもので，下の2つの形がある。

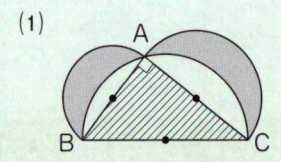

(1) かげをつけた三日月2つ分の面積の和は，斜線の直角三角形 ABC と等しい。

直角三角形を直角二等辺三角形にして2つ折りに

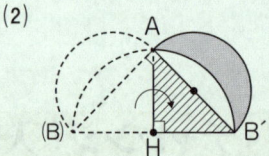

(2) かげをつけた三日月の面積は，斜線の直角三角形 AB′H と等しい。

葉っぱ形とヒポクラテスの三日月 下の図で，**ア＋イ＝ウ＋エ** が成り立つ。

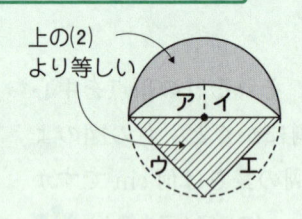

上の(2)より等しい

等積移動

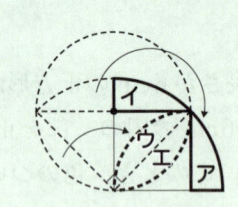

塾技解説

求積の代表的な工夫として"**等積移動**"がある。ポイントは，**図形の一部を移動し公式が使える形を作り出す**ことだ。他にも知っておきたい図形として，ギリシャの数学者**ヒポクラテスが発見した有名な図形**がある。残念ながら証明には中学で習う三平方の定理（上の図で，$AB^2 + AC^2 = BC^2$ が成り立つ）を使うので，それまでのお楽しみに！

入試問題で塾技をチェック！

問題 右の図で三角形 ABC は正三角形，円は 3 つとも半径が 3cm です。斜線部分の面積を求めなさい。ただし，円周率は 3.14 とします。

(ラ・サール中)

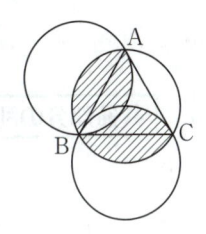

解き方

斜線部分の面積を右の図のように等積移動すると，半径 3cm のおうぎ形 2 つ分の面積と等しくなる。ここで，正三角形 ABC の 3 つの頂点を通る円の中心を O とすると，2 つのおうぎ形の中心角は等しくなり，

角 AOB ＝ 角 BOC ＝ 360 ÷ 3 ＝ 120(度)

よって，求める斜線部分の面積は，

$3 \times 3 \times 3.14 \times \dfrac{120}{360} \times 2 = 6 \times 3.14 = 18.84 (cm^2)$

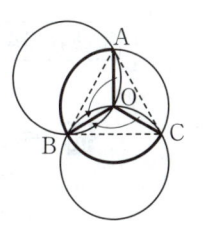

答 18.84cm²

チャレンジ！入試問題

解答は，別冊 p.33

問題① 右の図のように，1 辺が 4cm の正方形 6 個と，その中に円があります。斜線部分の面積を求めなさい。ただし，円周率は 3.14 とします。

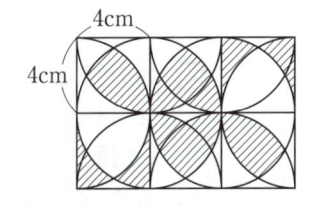

(駒場東邦中) **B**

問題② 右の図のように，点 A，B，C を中心とする半径 1cm の 3 つの円が，たがいに他の 2 つの円の中心を通るように交わっています。このとき，色のついた部分の面積の合計は何 cm² ですか。ただし，円周率は 3.14 とします。

(豊島岡女子学園中) **B**

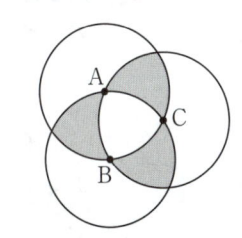

問題③ 右の図は，1 辺の長さが 4cm の正方形 ABCD で，正方形の対角線が交わった点 O を中心とし，対角線を直径とする大きな円と，辺 AB，BC，CD，DA のそれぞれ真ん中の点 P，Q，R，S を中心とし，正方形の 1 辺を直径とする 4 つの小さな円を組み合わせた図です。円周率を 3.14 として，次の問いに答えなさい。

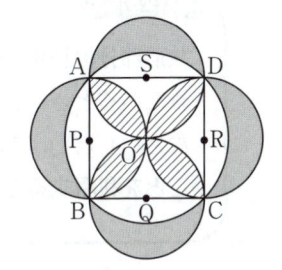

(1) 大きな円の面積を求めなさい。

(2) 斜線の部分とかげの部分の面積の和を求めなさい。(清風中) **B**

塾技 34 求積の工夫② 平面図形

> **共通部分の利用** 1つの平面図形内で，ある部分の面積を直接求めることができないとき，**共通部分（重なり部分）を含めたより大きな形**を考えることで，答えを求めることができる問題がある。

塾技34 ① 面積が等しい部分があるときの長さを求める問題
⇨ **ア＝イ** ならば，**ア＋ウ＝イ＋ウ** が成り立つことを利用。

例 右の図は，半径6cmのおうぎ形と長方形とを組み合わせたものです。アとイの面積が等しいとき，□を求めなさい。ただし，円周率は3.14とします。

答 おうぎ形と長方形に共通な部分を**ウ**とすると，**ア＝イ** より，**ア＋ウ＝イ＋ウ** が成り立つ。

ア＋ウ＝$6 \times 6 \times 3.14 \times \dfrac{90}{360} = 28.26$（cm²）

イ＋ウ＝$8 \times \square$（cm²）

よって，□＝$28.26 \div 8 = 3.5325$（cm）

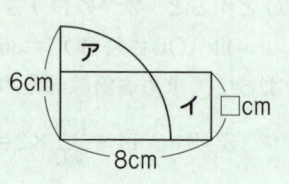

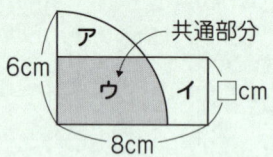

塾技34 ② 1つの平面図形内で，ある部分どうしの面積の差を求める問題
⇨ **ア－イ＝（ア＋ウ）－（イ＋ウ）** が成り立つことを利用。

例 右の図は，半径6cmのおうぎ形と長方形とを組み合わせたものです。アとイの面積の差を求めなさい。ただし，円周率は3.14とします。

答 おうぎ形と長方形に共通な部分を**ウ**とすると，
ア－イ＝（ア＋ウ）－（イ＋ウ） が成り立つ。

ア＋ウ＝$6 \times 6 \times 3.14 \times \dfrac{90}{360} = 28.26$（cm²）

イ＋ウ＝$8 \times 3 = 24$（cm²）

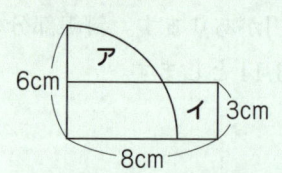

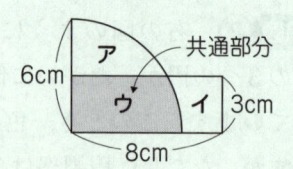

よって，ア－イ＝$28.26 - 24 = 4.26$（cm²）

> **塾技解説**
>
> **共通部分の利用**を真っ先に考えてほしいパターンとして，「面積が等しい部分が与えられているときに長さを求めなさい」という問題と，「ある部分どうしの面積の差を求めなさい」という問題がある。どちらも**共通部分を加えても面積の和や差は変わらないことを利用**するんだ。共通部分のかわりに，**合同な図形を利用**することもあるぞ。

入試問題で塾技をチェック！

問題 右の図のように，1辺の長さが8cmの正方形の中に円の4分の1があります。**ア**と**イ**の面積の差は何cm²ですか。（円周率は3.14として計算しなさい。） （四天王寺中）

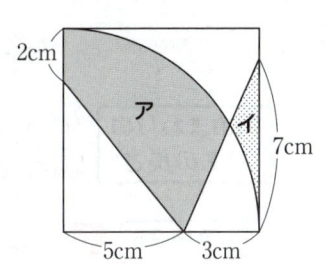

解き方
右の図のように，**ウ**の部分を考えると，塾技34 ② より，
ア−**イ**=(**ア**+**ウ**)−(**イ**+**ウ**) が成り立つ。

$$ア+ウ = 8 \times 8 \times 3.14 \times \frac{90}{360} - 5 \times 6 \div 2$$
$$= 16 \times 3.14 - 15 = 35.24 \,(\text{cm}^2)$$

イ+**ウ** = 3×7÷2 = 10.5 (cm²)

よって，**ア**−**イ** = 35.24−10.5 = 24.74 (cm²)

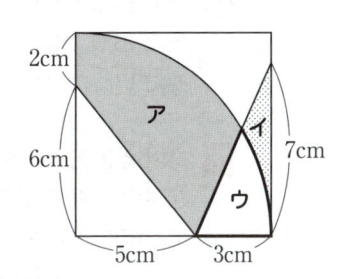

答 24.74 cm²

チャレンジ！入試問題

解答は，別冊 p.34

問題① 右の正方形において，**イ**の部分から**ア**の部分を引いた面積は□cm²です。ただし，図の曲線は全て円の一部であり，円周率は3.14とします。 （明治大付明治中）Ⓐ

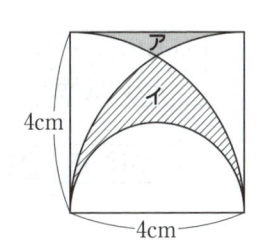

問題② 右の図のように，台形と円が重なっています。図の①と③の部分の面積の和と②の部分の面積が等しいとき，**ア**の長さを求めなさい。ただし，円周率は3.14とします。 （城北中）Ⓐ

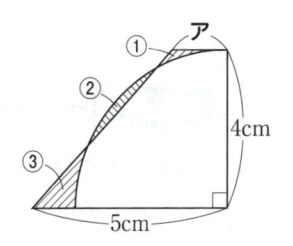

問題③ 右の図は半径8cmの2つの円と，それらの直径を2辺に含む長方形です。色のついた部分について，**ア**と**イ**の面積の和が**ウ**の面積に等しいとき，辺ADの長さを求めなさい。ただし，円周率は3.14とします。 （慶應中等部）Ⓑ

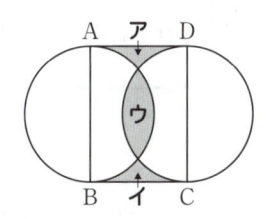

塾技 35 ひもの長さと巻きつけ　平面図形

円のまわりのひもの長さ　互いに接する円のまわりにひもをかけたときのひもの長さを求める問題は，直線部分と曲線部分とに分けて考える。

塾技35 ①　曲線部分の長さの和は，1つの円の円周と一致する。

例　右の図のように，半径5cmの円がそれぞれ接するように並んでおり，まわりにひもをかけました。ひもの長さを求めなさい。ただし，円周率は3.14とします。

答　求める部分は，4つの直線部分と曲線部分とに分けることができる。曲線部分の長さの和は，半径5cmの円の円周と等しいので，ひもの長さは，
　　10×3+20+5×2×3.14=81.4(cm)

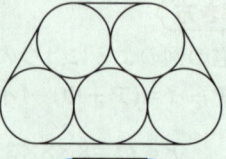

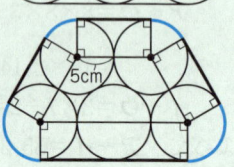

上の**例**で，曲線部分の長さの和が円周と一致することを確かめてみよう！
4つの曲線部分はそれぞれ半径5cmのおうぎ形の弧となり，中心角の和は，

$$\underset{\text{円4つ分}}{360\times 4}-90\times 8-\underset{\text{台形の内角の和}}{360}=360(度)$$

中心角の和が360度になるので，弧の長さの和は，半径5cmの円の円周と一致する。

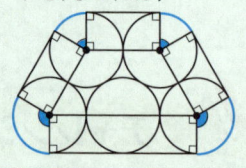

ひもの巻きつけと移動範囲　図形のまわりに糸を巻きつける問題や，ひもでつながれた動物が動ける範囲を求める問題では，次の塾技を利用して解く。

塾技35 ②　糸やひもの先は弧をえがくように動くので，動いたあとにできる図形は半径の異なるおうぎ形となり，その半径は，糸やひもが図形の角を曲がるごとに巻きつく図形の辺の長さ分だけ短くなる。

⇨「入試問題で塾技をチェック！」を参照

塾技解説

図形のまわりに糸を巻きつける問題や，動物などの移動範囲を考える問題では，中学校によってはその範囲を**コンパスを用いて作図**させる問題を出題することもある。とにかくポイントは，**角を曲がるごとに辺の長さ分だけ半径が短くなっていく**ので，それぞれの頂点を中心に**半径の長さを変えながら弧をえがいていけばいいだけだぞ！**

入試問題で塾技をチェック！

問題 図1のように，1辺の長さが1cmである正三角形ABCの頂点Aに長さ6cmの糸がついています。この糸を図2の状態から始めて，頂点B，頂点C，頂点A，……の順にピンと張った状態で巻きつけていくとき，糸の先端Dが動いてできる曲線の長さを求めなさい。ただし，円周率は3.14とします。

（浅野中）

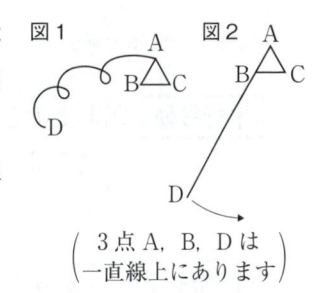

（3点A，B，Dは一直線上にあります）

解き方

角を通るごとに糸の長さは1cmずつ短くなるので，求める曲線は，半径がそれぞれ5cm，4cm，3cm，2cm，1cmのおうぎ形の弧の長さの和となる。それぞれのおうぎ形の中心角は正三角形の1つの外角と等しく，
　180−60＝120（度）
よって，求める曲線の長さは，
$(5×2+4×2+3×2+2×2+1×2)×3.14×\dfrac{120}{360}$
　＝10×3.14＝31.4（cm）

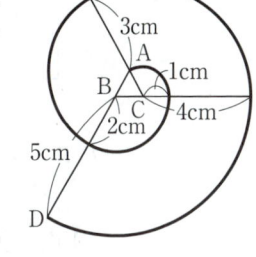

答 31.4cm

チャレンジ！入試問題

解答は，別冊 p.35

問題① 右の図のように半径2cmの円が6個あります。となり合う円は全てぴったりとくっついているとします。まわりにひもをたるまないようにかけました。円周率を3.14として，このひもの長さを求めなさい。

（桜蔭中） A

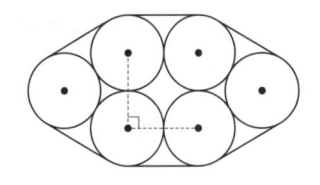

問題② 右の図のような建物のかどに，長さ9mのロープで犬がつながれています。この犬が動ける範囲の面積は何m²ですか。ただし，円周率は3.14とします。

（武蔵中） A

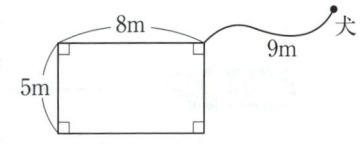

問題③ 1辺の長さが3mの正三角形を底面とする三角柱の建物があります。図のAに6mのロープで羊をつなぎます。羊が建物の外で動くことができる部分の面積は建物の底面の面積より何m²広いですか。ただし，円周率は3.14とします。

（早稲田中） B

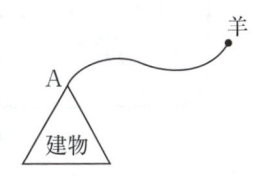

塾技 36 図形の移動① 平面図形

平行移動 図形上のどの点も，**同じ方向に同じ距離だけ動かす移動**を**平行移動**という。入試では，**直角三角形と四角形**の平行移動，**四角形どうし**の平行移動がよく出題され，次の塾技を利用する。

塾技36 ① よく出る直角三角形と四角形の重なり部分の形の変化

[パターン1] 長方形 → 五角形 → 台形 → 直角三角形

長方形　五角形　台形　直角三角形

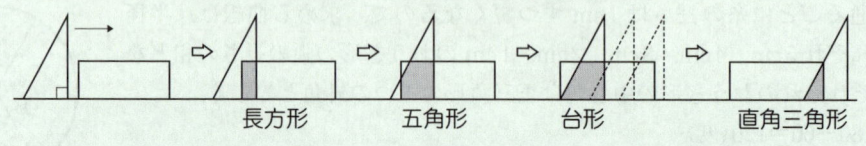

[パターン2] 直角二等辺三角形 → 台形 → 五角形 → 平行四辺形

直角二等辺三角形　台形　五角形　平行四辺形

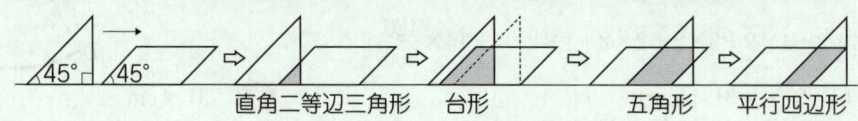

塾技36 ② 2つの図形の重なり始めは水平な直線上の最も近い点どうしの出会い算，重なり終わりは水平な直線上の最も遠い点どうしの出会い算として考える。

例 右の図の長方形Aは毎秒2cm，平行四辺形Bは毎秒1cmでそれぞれ矢印の方向に進みます。AとBが重なり始めてから重なり終わるまでにかかる時間を求めなさい。

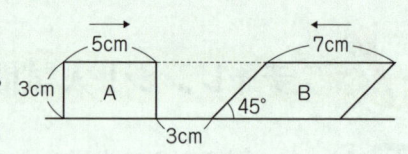

答 AとB上の点うち，最も近い点どうしの距離は3cmで，その2点が出会うのは，3÷(2+1)=1(秒後)。一方，最も遠い点どうしの距離は，5+3+3+7=18(cm)で，その2点が出会うのは，18÷(2+1)=6(秒後)。よって，6-1=5(秒)かかる。

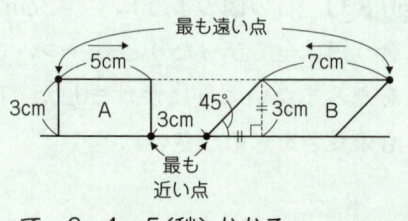

塾技解説

平行移動で大切なのは，**重なりの形の変化**をいかに**早くつかむ**か！上のような代表的なものは知っておいた方がいいけど，実際の入試では他にもいろいろな場合がある。ポイントは，**2つの図形の点や辺どうしがくっついて離れる前後で形が変わる**ということ。例のように2つとも動くときは，**片方が止まっている**ものとして考えればいいぞ。

入試問題で塾技をチェック！

問題 右の図のように直線上に長方形Aと直角三角形Bがあります。Aは図の位置から矢印の向きに毎秒1cmの速さで動きます。

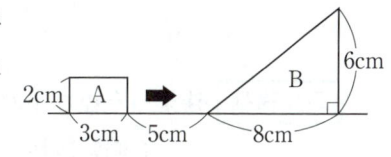

(1) A，Bが重なっているのは何秒間ですか。

(2) 重なり部分の形を変化していく順に答えなさい。

（帝京大中改）

解き方

(1) 塾技36 2 より，AとBが重なり始めるのは，5÷(1+0)＝5(秒後)。一方，AとBが重なり終わるのは，(3+5+8)÷(1+0)＝16(秒後)。よって，重なっているのは，16−5＝11(秒間)

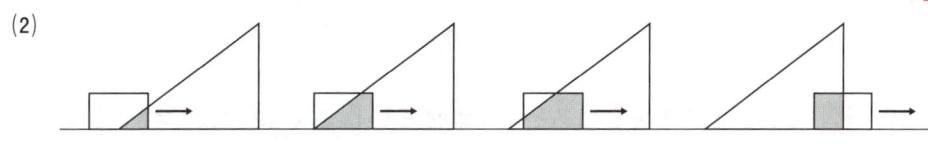

答 11秒間

(2) 上の図のように，重なり部分の形の変化は 塾技36 1 [パターン1]と逆になる。

答 直角三角形→台形→五角形→長方形

チャレンジ！入試問題

解答は，別冊 p.36

問題① 右の図のように9cm離れた平行線⑦と⑦の間に，直角二等辺三角形Aと正方形Bがあります。右の図の状態から直角二等辺三角形Aは，直線⑦にそって毎秒1cm，正方形Bは直線⑦にそって毎秒3cmの速さで同時に矢印の方向に動き始めました。

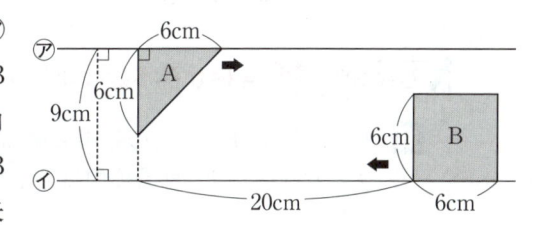

(1) AとBが重なり始めるのは動き始めてから何秒後ですか。

(2) 動き始めてから6秒後の重なり部分の面積は何cm²ですか。

（日本大二中）**B**

問題② 長方形と，1つの角が45度の直角三角形があり，図のように長方形を直線に沿って矢印の方向に毎秒1cmの速さで移動させます。グラフは，移動を始めてからの時間と，2つの図形が重なってできる部分の面積の関係を途中まで表したものです。

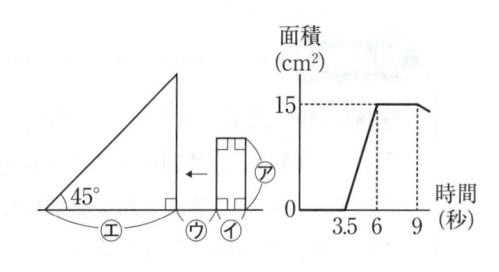

(1) ⑦は□cm，⑦は□cm，⑦は□cm，⑦は□cmです。

(2) 10.5秒後の重なる部分の図形の面積は□cm²です。

（女子学院中）**B**

塾技 37 図形の移動② 平面図形

回転移動 決まった点を中心とし，一定の角度回転することで図形を他の位置に移すことを**回転移動**という。回転移動では以下3つの塾技を利用する。

塾技37 ① 移動後の図形を考えるときは，まずそれぞれの頂点の移動先を考え，移動後の頂点を結ぶことで図形全体を移動させる。

例 右の三角形 ABC を点 C を中心に時計回りに90度回転移動する。

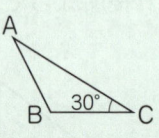

点 A を移動させた A′
点 B を移動させた B′
を考え，それぞれ結ぶ

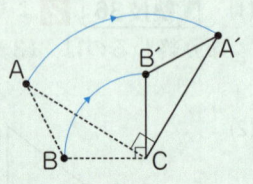

塾技37 ② 移動後の面積を求めるとき，等積移動 塾技33 の利用を考える。

例 上の図で，AC＝5cm，BC＝3cm のとき，辺 AB が通過した部分の面積を求めなさい。ただし，円周率は3.14とします。

答 求める面積は，図1のかげの部分となる。図2のように等積移動すると，

$5×5×3.14×\dfrac{90}{360}-3×3×3.14×\dfrac{90}{360}$
$=4×3.14=12.56(cm^2)$

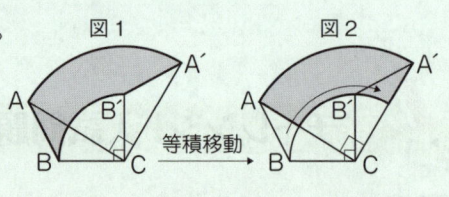

塾技37 ③ 全体から不要な部分を引くと，おうぎ形となることを利用する。

例 右の図は直径12cmの半円を点 A を中心に45度回転させたものです。かげをつけた部分の面積を求めなさい。ただし，円周率は3.14とします。

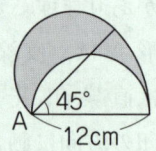

答 全体 ＋ 45° 12cm － 不要な部分 ＝ 45° 12cm 等しい！

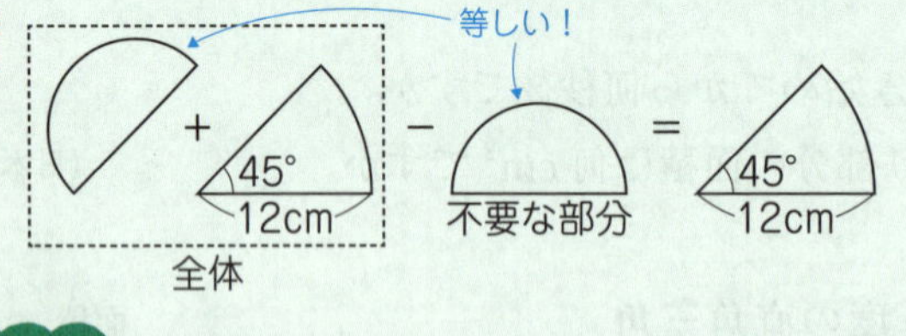

より，$12×12×3.14×\dfrac{45}{360}$
$=56.52(cm^2)$

塾技解説

「回転移動は苦手…」という生徒の大半は，移動後の様子がわからないからなんだ。どうしても**図形全体や辺を頭の中で回転させ**，どんな形になるのかイメージしようとしてしまう。回転移動は**そんな必要は全く無い！** ①でかいたように，先に**頂点のみ回転**させ，移動後の頂点を結べば自動的に移動後の形がかけるよね。

入試問題で塾技をチェック!

問題 右の図のように，1辺が5cmの正方形ABCDを点Bを中心に時計回りに45°回転して，正方形EBFGを作ります。このとき，次の問いに答えなさい。ただし，円周率は3.14とします。

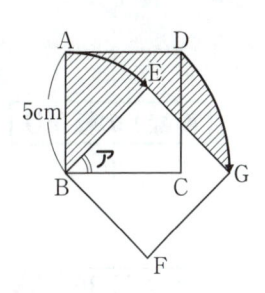

(1) 図の角**ア**の大きさを求めなさい。
(2) 斜線部分の面積を求めなさい。

(安田学園中)

解き方

(1) 90－45＝45(度) 　　**答** 45度

(2) **塾技37** 2 より，右の図のように等積移動すると，求める面積は，BDを半径とする中心角45度のおうぎ形の面積と等しくなる。ここで，BD×BD（半径×半径）の値は，正方形ABCDの面積を2通りで表し，
　　BD×BD÷2＝5×5　　BD×BD＝25×2＝50
よって，求める面積は，$50 \times 3.14 \times \frac{45}{360} = 19.625 \, (\text{cm}^2)$

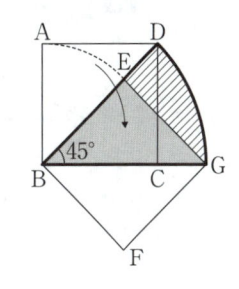

答 19.625 cm²

チャレンジ! 入試問題

解答は，別冊 p.37

問題① 右の図は1辺の長さが8cmの正方形ABCDで，CE＝6cm，BE＝10cmです。三角形BCEを頂点Bを中心にして，反時計回りに60度回転したとき，辺CEの通過した部分の面積を求めなさい。ただし，円周率は3.14とします。

(巣鴨中) **B**

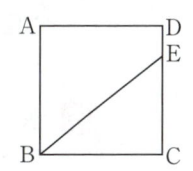

問題② 次の問いに答えなさい。

(1) 3辺の長さが3cm，4cm，5cmの直角三角形を2つつないだ図1のような三角形の板ABCを，点Aのまわりに時計と反対回りに90°回転します。このとき，三角形の板ABCが通過する部分を斜線を引いて示しなさい。りんかくもはっきりえがきなさい。ただし，通過する部分には最初と最後の位置にある三角形の板ABCの部分も含みます。

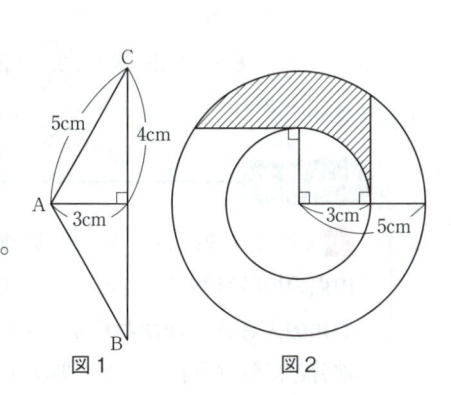

(2) 図2の斜線を引いた部分の面積を求めなさい。

(3) (1)で示した部分の面積を求めなさい。ただし，円周率は3.14とします。

(東大寺学園中) **C**

塾技 38 転がる図形① 平面図形

直線上の転がり 直線上を図形が転がる問題では，転がる図形として，**三角形や長方形などの多角形**および**おうぎ形**がよく出題され，それぞれ次の塾技を利用して解く。

塾技38 ① **多角形の転がりでは，まず転がった後の頂点を直線上に決め，次に直線上にない残りの頂点を決めて移動後の図をかく。**

例 三角形 ABC を直線上をすべらないように1回転させる。

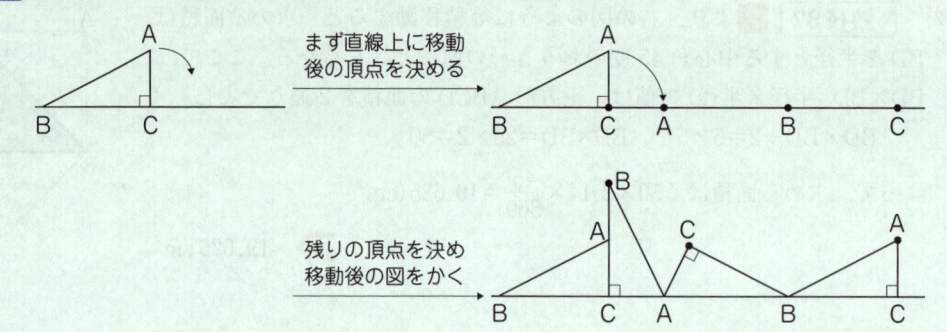

まず直線上に移動後の頂点を決める

残りの頂点を決め移動後の図をかく

塾技38 ② **おうぎ形の弧の部分が直線上を転がるとき，中心が動いてできる部分は転がる直線と平行となり，その長さは弧の長さと等しい。**

例 図のように，半径6cm，中心角60度のおうぎ形が床を1回転するとき，点Aの動いた長さを求めなさい。ただし，円周率は3.14とします。

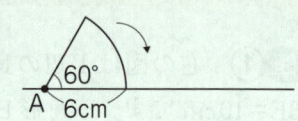

答 求める長さは右の図の太線部分となる。曲線部分は半径6cm，中心角90度のおうぎ形の弧2つ分で，直線部分は転がるおうぎ形の弧の長さと等しくなるので，

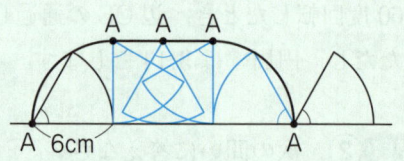

$$6 \times 2 \times 3.14 \times \frac{90}{360} \times 2 + 6 \times 2 \times 3.14 \times \frac{60}{360} = (6+2) \times 3.14 = 25.12 \text{(cm)}$$

塾技解説

①で頂点を決めるとき，図形が**時計回りに転がる**と直線上にくる頂点は**もとの図形の頂点の反時計回り**になることを知っていると決めやすい。また②では，おうぎ形の**中心角の大きさにかかわらず，中心がえがく線は中心角が90度のおうぎ形の弧と直線部分とに分けられる**ことも要チェックだ！

入試問題で塾技をチェック！

問題 図1のような長方形ABCDがあります。この長方形ABCDを図2のように直線ℓ上をすべらないように転がしていきます。再び辺ABが直線ℓ上に来たところで，転がすのをやめることにします。このとき，点Aが動いた距離を求めなさい。ただし，AB＝3cm，BC＝4cm，AC＝5cmとし，円周率は3.14とします。　（浅野中）

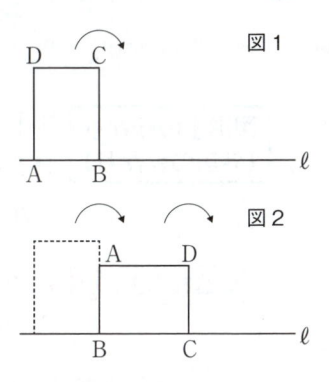

解き方

塾技38 1 を利用し転がる様子をかくと，下の図のようになる。

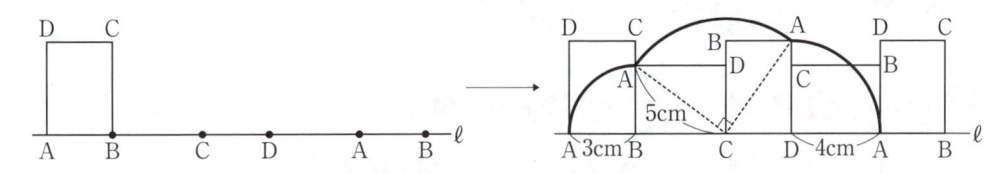

点Aが動いた距離は，上の右側の図の太線部分の長さとなるので，

$3 \times 2 \times 3.14 \times \dfrac{90}{360} + 5 \times 2 \times 3.14 \times \dfrac{90}{360} + 4 \times 2 \times 3.14 \times \dfrac{90}{360}$

$= (6+10+8) \times \dfrac{1}{4} \times 3.14 = 6 \times 3.14 = 18.84 \text{(cm)}$

答 18.84cm

チャレンジ！入試問題

解答は，別冊 p.38

問題① 右の図のように，1辺の長さが6cmの正三角形ABCが，直線の上をすべらないように1回転します。点Bが動く道のりは何cmですか。ただし，円周率は3.14とします。　（市川中）　**A**

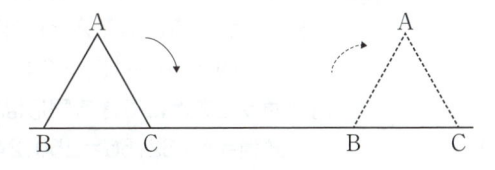

問題② 中心角が90°のおうぎ形を，図の矢印の方向に(a)の位置から直線上をすべらないように回転させます。辺AOがこの直線と2度目に垂直になるまで回転させるとき，次の問いに答えなさい。ただし，円周率は3.14とします。

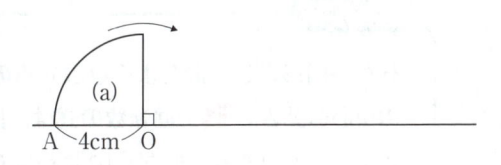

(1) 点Oが通ったあとの長さを求めなさい。

(2) おうぎ形が通ったあとの図形の面積を式を書いて求めなさい。　（早稲田高等学院中）　**B**

塾技 39 転がる図形② 平面図形

図形上の転がり（外側の転がり）

図形上の転がりの問題でよく出題されるのは，**円やおうぎ形のまわりを円が転がる**問題や，**多角形のまわりを円や三角形，おうぎ形が転がる**問題で，以下の塾技を利用する。

塾技39 ① 円のまわりを円が転がるとき，円の中心は弧をえがき，回転数は，
円の回転数＝中心の移動距離÷円周 で求められる。

例 半径1cmの円が半径2cmの円のまわりをすべらないように転がり1周します。このとき，半径1cmの円は何回転しますか。ただし，円周率は3.14とします。

答 回転数＝(3×2×3.14)÷(1×2×3.14)＝6÷2＝3(回転)
　　　　中心の移動距離　　小円の円周

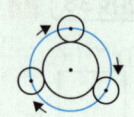

塾技39 ② 多角形のまわりを円が転がる問題

(1) 円が多角形のかどを通るとき，円の中心はおうぎ形の弧をえがく。
(2) **幅が一定の図形の面積＝幅×中心線の長さ**※の利用を考える。

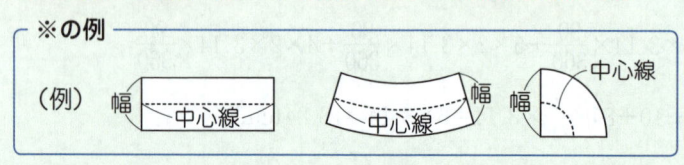

※の例
(例) 幅｜中心線　　幅｜中心線　　幅｜中心線

例 右の図のような長方形の外側を，半径2cmの円が1周します。円の中心がえがく線の長さと，円が通ったあとにできる図形の面積を求めなさい。ただし，円周率は3.14とします。

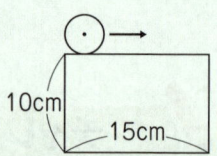

10cm　15cm

答 円の中心がえがく線（中心線）のうち，かどの4つの曲線部分を合わせると半径2cmの円の円周となるので，
　　中心線＝(10＋15)×2＋4×3.14＝62.56(cm)
円が通ったあとにできる図形は幅が一定なので，
　　面積＝4×62.56＝250.24(cm^2)

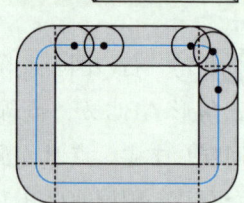

塾技解説

転がる図形として最もよく登場するのが円！そして円が転がるとき，注目すべきは**円の中心の動き**。①の回転数の式は，**円の中心が動いた距離を円が動いた距離**として考えているわけだね。転がる図形としては円以外にも三角形やおうぎ形もよく出る。これらの問題は，「チャレンジ！入試問題」を通してしっかり身につけよう！

check! 入試問題で塾技をチェック！

問題 右の図1,2は4つの点A，B，C，Dを中心とする半径6cmの円を，中心を結ぶと正方形になるように並べたものです。今，点Pを中心とする半径6cmの円が図1の位置から4つの円A，B，C，Dのまわりをすべらないように回転して一周します。このとき次の問いに答えなさい。ただし，円周率は3.14とします。

(1) 円Pが図1の位置から図2の位置まで移動したとき，中心Pが動いた長さを求めなさい。

(2) 円Pが一周し終わったとき，円が何回転したか求めなさい。

(学習院中)

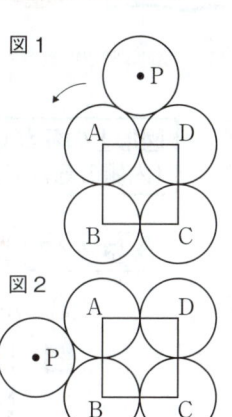

解き方

(1) 求める長さは右の図の弧PP'となる。三角形PADと三角形P'ABはともに正三角形なので，弧PP'に対する中心角PAP'の大きさは，$360-(60+90+60)=150$（度）。よって求める長さは，

$$12 \times 2 \times 3.14 \times \frac{150}{360} = 31.4 \text{(cm)}$$

答 31.4cm

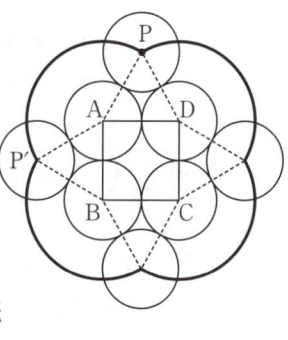

(2) 求める回転数は図2の位置まで移動したときの回転数の4倍で，
$31.4 \div (6 \times 2 \times 3.14) \times 4 = (10 \times 3.14) \div (12 \times 3.14) \times 4$
$= 10 \div 12 \times 4 = 3\frac{1}{3}$（回転）

答 $3\frac{1}{3}$回転

チャレンジ！入試問題

解答は，別冊 p.39

問題① 右の図のように，1辺6cmの正方形の外側を1辺6cmの正三角形がすべることなく1周するとき，頂点Pが動いた長さを求めなさい。ただし，円周率は3.14とします。

(城北中) **A**

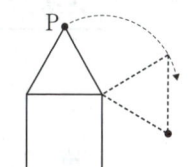

問題② 右の図のように，正方形のまわりを半径42cm，中心角45°のおうぎ形がすべることなく**ア**の位置から矢印の方向に転がります。おうぎ形の半径が正方形の辺に初めて重なったとき**イ**の位置となりました。円周率を$\frac{22}{7}$として，次の問いに答えなさい。

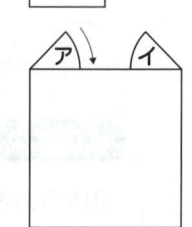

(1) 正方形の1辺の長さは何cmですか。

(2) おうぎ形が**ア**の位置から**イ**の位置まで動きました。おうぎ形が通ったあとにできた図形の面積は何cm²ですか。

(3) おうぎ形が**ア**の位置から正方形を一回りし再び**ア**の位置にもどってきました。おうぎ形が通ったあとの図形の外周と内周の長さの和は何cmですか。

(早稲田中) **C**

塾技 40 転がる図形③ 平面図形

図形上の転がり（内側の転がり） 図形の内側の転がりの問題でよく出題されるのは、**長方形や正方形の内側を円や三角形が転がる**問題で、以下の塾技を利用する。

塾技40 ① **多角形の内側を円が転がる問題ではかどに注目する。**

(1) かどにすきまができる　　(2) かどにすきまができない

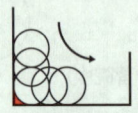

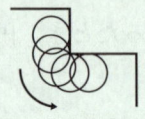

⇩ すきまの面積の求め方

① 半径を1辺とする正方形－中心角90度のおうぎ形
② （直径を1辺とする正方形－円）÷4

①の図　②の図

塾技40 ② **長方形の内側を円が1周すると、その長方形の縦と横の長さよりそれぞれ円の直径2つ分短い長方形のすきまが中にできる。**

例 縦7cm、横14cmの長方形の内側の辺にそって半径1cmの円が1周するとき、その内側にできる長方形の面積を求めなさい。

答 図1のように、縦が、7－2×2＝3(cm)、横が、14－2×2＝10(cm)の長方形ができるので、面積は、3×10＝30(cm²)

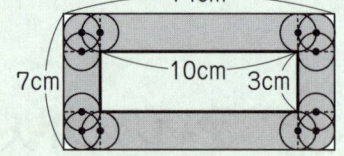

塾技40 ③ **長方形の内側を円が1周するときの円が通る部分の面積の求め方**
(1) 長方形全体から円が通らない部分を引く。
(2) かどのすきまを含めた円が通る部分の面積からすきま部分を引く。

例 図1で、円が通過した部分の面積を求めなさい。ただし円周率は3.14とします。

答　7×14　－　(2×2－1×1×3.14)　－　30　＝67.14(cm²)
　　　長方形全体　　かどのすきま4つ分　　中の長方形

塾技解説

円が多角形の内側を転がるとき、注目すべきは"**すきま**"。すきまには、**かどと中の2種類**があることを押さえよう。円が通る部分の面積の求め方には③の2つの方法があるけど、③の **例** のように**中のすきまが長方形になる**ときは(1)を、「入試問題で塾技をチェック！」のように、**中のすきまが長方形にならない**ときは(2)を使おう！

入試問題で塾技をチェック！

問題 図のように，長方形から1辺が6cmの正方形を2つ切り取った図形の中に，半径1cmの円があります。次の問いに答えなさい。ただし，円周率は3.14とします。

(1) この円が図の中を自由に動くとき，円が通ることのできる部分の面積を求めなさい。

(2) この円が図の中を辺にそって1周するとき，円の通る部分の面積を求めなさい。 (立教新座中)

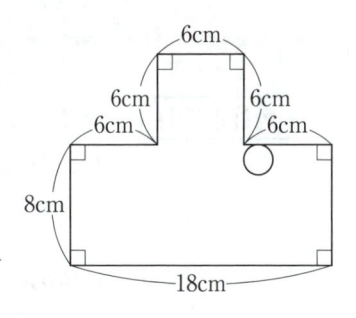

解き方

(1) 円は右の図の赤い部分6か所は通ることができない。 塾技40 ①
(1)②より，赤い部分の面積は，$(2×2-1×1×3.14)÷4×6=1.29(cm^2)$
求める面積は，全体の面積から通れない部分の面積を引いて，
$6×6+8×18-1.29=178.71(cm^2)$

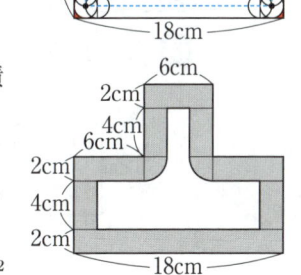

答 178.71 cm²

(2) 塾技40 ③(2)より，かどのすきまを含めた円が通る部分の面積から，かどのすきま6か所の面積を引けばよい。
右の図より，かどのすきまを含めた円が通る部分の面積は，
$(2×6)×3+(4×2)×4+2×18+(2×2×3.14÷4)×2=110.28(cm^2)$
よって，求める面積は，$110.28-1.29=108.99(cm^2)$

答 108.99 cm²

チャレンジ！入試問題

解答は，別冊 p.40

問題① 1辺の長さが8cmの正方形ABCDの内側に，半径1cmの円Pがあります。この円Pは，最初，右の図のように2辺AB，ADに接する位置にあります。この円PがABCDの辺に接しながら毎秒1cmの速さで矢印の方向に移動します。円Pが最初の位置から移動するとき，この円が通過してできる図形の面積が33.71cm²になるのは，移動し始めてから何秒後ですか。ただし，円周率は3.14とします。 (浅野中) **B**

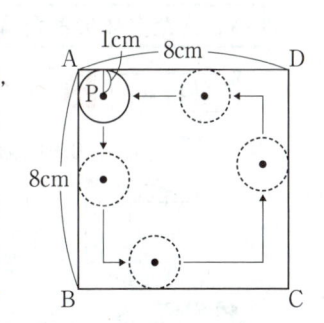

問題② 1辺の長さが9cmの正方形の内側に，1辺の長さが3cmの正三角形が右の図のように置いてあります。この正三角形が正方形の内側をすべらずに転がり，一回りしてもとの位置にもどりました。正方形の内部で正三角形が通過しない部分の図形を考えるとき，そのまわりの長さを求めなさい。ただし，円周率は3.14とします。 (海城中) **B**

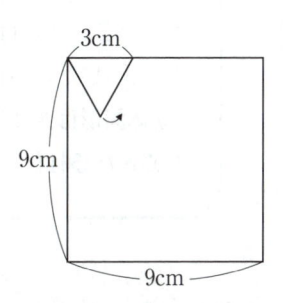

塾技 41 柱体 立体図形

角柱と円柱 上下2つの面（底面）が合同で，側面が底面に垂直な立体図形を柱体といい，**底面の形が多角形**の柱体を**角柱**，**底面の形が円**の柱体を**円柱**という。柱体では次の公式が成り立つ。

> 柱体の体積＝底面積×高さ
> 柱体の側面積＝底面のまわりの長さ×高さ
> 柱体の表面積＝底面積×2＋側面積

組み合わされた立体の体積の求め方

塾技41 **1** 底面と高さを考え，公式によって直接求める。

例 下の図の体積を求めなさい。

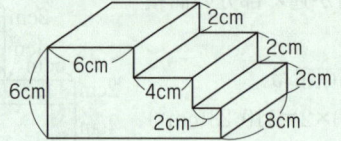

答 かげの部分を底面と考えると，高さ8cmの角柱となる。

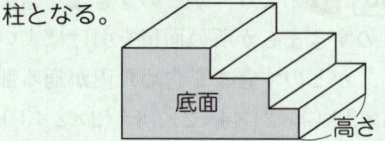

体積＝(6×12－2×4－4×2)×8＝448(cm³)

塾技41 **2** 公式が使える形に立体を分け，それぞれの体積を足して求める。

例 上の図の体積を3つの直方体に分け，足し合わせて求めると，
体積＝8×6×6＋8×4×4＋8×2×2＝448(cm³)

へこんだ立体の表面積の求め方

塾技41 **3** へこんだ立体の表面積は，等積移動の利用を考える。

例 下の図の表面積を求めなさい。（1辺10cmの立方体から1辺5cmの立方体をくり抜いた立体）

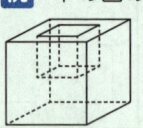

答 求める表面積は1辺10cmの立方体の表面積と，1辺5cmの立方体の側面積との和となり，10×10×6＋5×5×4＝700(cm²)

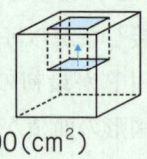

塾技解説

さあ，ここからは立体図形の塾技だ。代表的な立体図形として**柱体**と**すい体**があるけど，入試ではそれらを組み合わせたものから切断したものまで幅広く出題されている。**"立体図形は苦手"**という生徒も多く，**入試ではとても差がつくところ**。まずは全ての基礎となる柱体についてしっかり押さえ，1つ1つ身につけていこう！

入試問題で塾技をチェック！

問題 4つの直方体を組み合わせた右の図のような立体がある。この立体の全ての面の面積の和が1690cm²であるとき，かげをつけた部分の面積は ☐ cm²，この立体の体積は ☐ cm³ である。
(女子学院中)

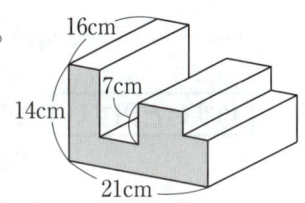

解き方

この立体は，かげをつけた部分を底面と考えると高さ16cmの角柱となる。右の図より，底面のまわりの長さは，縦14cm，横21cmの長方形のまわりの長さより，7×2＝14cm長いことがわかるので，

　　底面のまわりの長さ＝(14＋21)×2＋14＝84(cm)

側面積＝底面のまわりの長さ×高さ　より，

　　側面積＝84×16＝1344(cm²)

以上より，かげをつけた部分の面積(底面積)および体積は，

　　かげをつけた部分の面積＝(1690－1344)÷2＝173(cm²)

　　体積＝173×16＝2768(cm³)

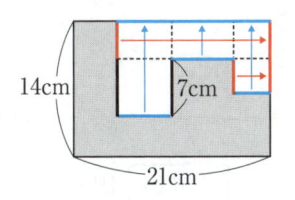

答 173, 2768

チャレンジ！入試問題

解答は，別冊 p.41

問題① 右の図のように，直方体の一部を切り取った形をした容器が水平な地面に置かれています。ここに，毎分2リットルの割合で水を入れました。このとき，次の問いに答えなさい。

(1) ABの線まで水面がくるのは水を入れ始めて何時間何分何秒後ですか。

(2) 水面が正方形になるのは水を何リットル入れたときですか。

(日本大二中)

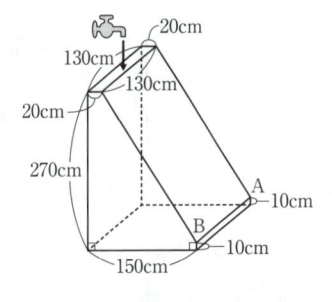

問題② 右の図は，いくつかの直方体を組み合わせて作った立体です。

(1) この立体の表面積を求めなさい。

(2) この立体の体積を求めなさい。

(神戸女学院中学部)

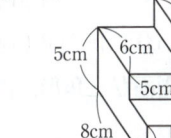

塾技 42 すい体　立体図形

角すいと円すい　底面と，底面上にない 1 点とを結ぶ直線全体によってできる図形を**すい体**といい，底面の形が多角形のすい体を**角すい**，底面の形が円のすい体を**円すい**という。すい体では次の公式が成り立つ。

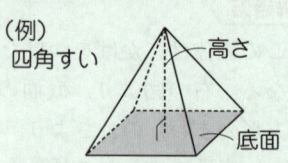

$$\text{すい体の体積} = \text{底面積} \times \text{高さ} \times \frac{1}{3}$$

$$\text{すい体の表面積} = \text{底面積} + \text{側面積}$$

（例）四角すい — 高さ／底面

円すい　円すいの頂点と底面の円周を結ぶ直線を**母線**といい，円すいの**側面積**および**側面のおうぎ形の中心角**を求めるには以下 2 つの塾技を利用する。

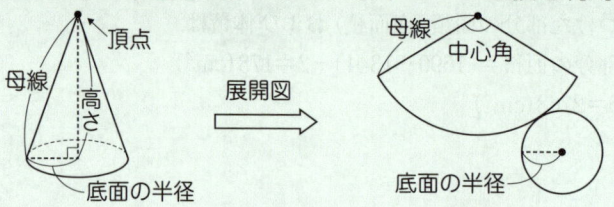

（図：円すい　頂点・母線・高さ・底面の半径　→ 展開図　母線・中心角・底面の半径）

塾技 42 ① 側面のおうぎ形の中心角 = $360° \times \dfrac{\text{底面の半径}}{\text{母線}}$

塾技 42 ② 円すいの側面積 = 母線 × 底面の半径 × 円周率

― 上の式が成り立つ理由 ―

中心角 = $360° \times \dfrac{\text{側面のおうぎ形の弧の長さ}}{\text{母線を半径とする円周の長さ}}$

$= 360° \times \dfrac{2 \times \text{底面の半径} \times \text{円周率}}{2 \times \text{母線} \times \text{円周率}}$

$= 360° \times \dfrac{\text{底面の半径}}{\text{母線}}$　…① が成り立つ。

おうぎ形の面積 = 母線 × 母線 × 円周率 × $\dfrac{\text{中心角}}{360°}$

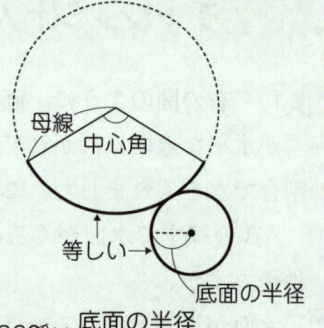

$=$ 母線 × 母線 × 円周率 × $\dfrac{1}{360°} \times 360° \times \dfrac{\text{底面の半径}}{\text{母線}}$

$=$ 母線 × 底面の半径 × 円周率　…② が成り立つ。

（図：母線・中心角／等しい→底面の半径）

塾技解説
すい体とは簡単に言うと先がとがっている立体図形。底面から考えて上にいくほどとがっていくため，体積は，**同じ底面をもつ柱体の体積に比べて小さくなる**というわけだ。すい体には角すいと円すいがあるけど，角すいと円すいの大きな違いとして，**角すいは側面が三角形，円すいは側面がおうぎ形**になることも押さえよう。

入試問題で塾技をチェック！

問題 2つの円柱形の容器A, Bと円すいCがあります。容器Aには底面から6cmの高さまで, 容器Bには底面から10cmの高さまで水を入れます。このとき, 次の問いに答えなさい。ただし, 円周率は3.14とし答えは四捨五入して小数第2位まで求めなさい。

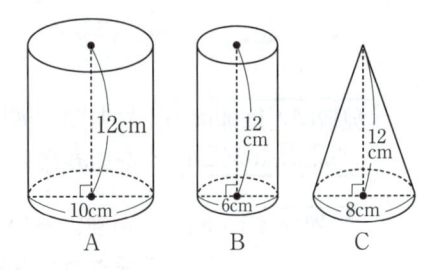

(1) 容器Aに, 容器Bからいくらかの水を移すと, 水の高さが同じになります。底面から何cmのところで高さが同じになりますか。

(2) 容器Aに容器Bの水を全て移し, 容器Aの中に円すいCを入れ, 底面どうしがぴったり重なるようにして, 浮かばないように固定すると, いくらかの水があふれてしまいました。あふれた水の体積を求めなさい。

(清風中改)

解き方

(1) 容器Aと容器Bの合計の水の量 = 5×5×3.14×6 + 3×3×3.14×10 = 753.6 (cm³)
水の高さが同じことより, 容器Aと容器Bの底面積の合計で水の量の合計を割って,
　求める高さ = 753.6 ÷ (5×5×3.14 + 3×3×3.14) = 7.058…(cm)　**答 7.06cm**

(2) 容器Aにはあと, 5×5×3.14×12 − 753.6 = 188.4(cm³) の水が入るので, あふれた水は,
　4×4×3.14×12×$\frac{1}{3}$ − 188.4 = 12.56(cm³)　**答 12.56cm³**

チャレンジ！入試問題

解答は, 別冊 p.42

問題① 右の図は同じ半径3cmの円を底面とし, 同じ高さ4cmの円柱と円すいをそれぞれ上から半分に切り, くっつけたものです。この立体の表面積を答えなさい。ただし, 円周率は$\frac{22}{7}$として計算しなさい。

(京都女子中)

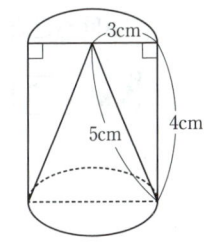

問題② 右の図のように, 母線の長さが40cmの円すいを平面の上で転がしたら, 円すいの底面がちょうど4回転したとき初めてもとの位置にもどりました。このとき, この円すいの表面積は何cm²ですか。ただし, 円周率は3.14とします。

(浅野中)

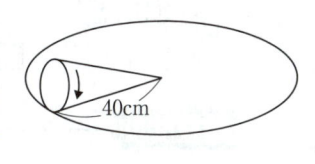

問題③ 右の図は3辺の長さが3cm, 4cm, 5cmの直角三角形ABCです。

(1) BDの長さは何cmですか。

(2) ACを軸としてこの図形を一回転させたときにできる立体の表面積は何cm²ですか。小数第二位を四捨五入して答えなさい。

(世田谷学園中)

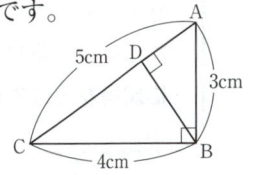

塾技 43 直方体・立方体の展開図　立体図形

見取図と展開図の対応頂点決定法

見取図と展開図の**対応する頂点を決定**するには、次の**2つの塾技を組み合わせて利用**すればよい。

塾技43 ① 展開図において**90度をなす辺の頂点どうし、およびそのとなりの頂点どうしは重なる。**

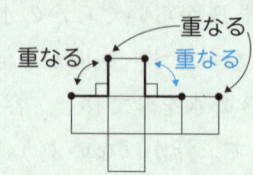

塾技43 ② 見取図で平行な辺どうしは、展開図上でも平行となる。

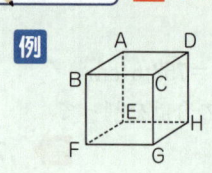

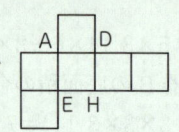

例：立方体ABCD-EFGHの展開図が与えられたとき、他の頂点を決めなさい。

答：右の見取図の黒太線どうし、赤太線どうし、青太線どうしは展開図上でも平行となる。

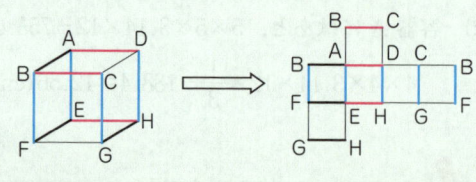

展開図上での面どうしと見取図での面どうしの関係

見取図において平行となる面どうしは、次の塾技を用いることにより**展開図から見つける**ことができる。

塾技43 ③ (1) 展開図上で**1つとばしの面どうし**は、見取図上で平行となる。

(2) 展開図上で、←↓↑ や ←↑↓→ の関係となる面どうしは、見取図上で平行となる。

(1)の例：1つとばしの面　　(2)の例

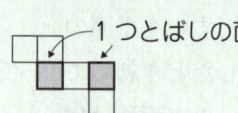

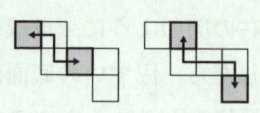

塾技解説

見取図と展開図の対応の問題は、頭の中で「あーなってこーなって」といろいろ組み立てて考えることもできるのだけど、そんなことをしなくても上の塾技をマスターすれば簡単！**展開図に頂点の記号がついていない問題**では、自分で見取図を考え、**頂点に記号をつけて**頂点対応を考えればいいぞ。

入試問題で塾技をチェック！

問題 次の図のように，3つの面に1から3の数字が書かれた立方体の展開図が2つあります。これらの展開図は，組み立てると全く同じ立方体になります。図2の展開図に，数字の2と3を，向きに気をつけて書き入れなさい。
（筑波大附中）

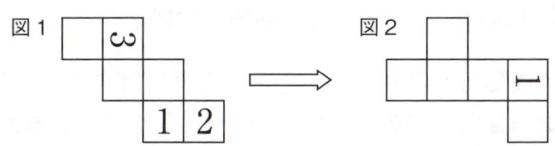

解き方

図3のように，立方体の頂点にそれぞれ記号をつけ，**塾技43** **1 2** を利用し，見取図と展開図の頂点の対応を決定すると，それぞれ図4，図5のようになる。図4の2と3を，図5の対応する面に，向きに注意して書き入れればよい。

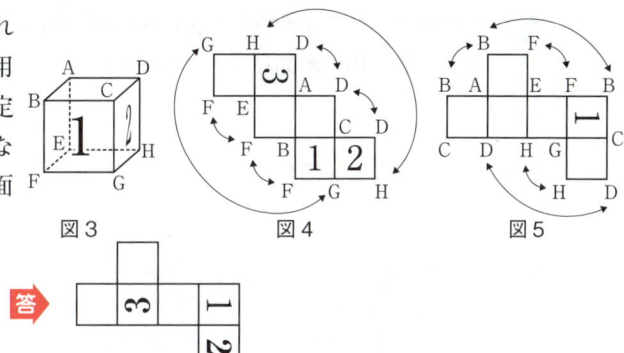

チャレンジ！入試問題

解答は，別冊 p.43

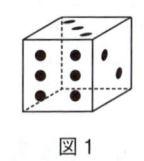

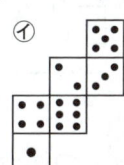

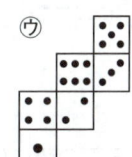

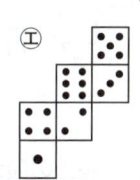

問題① 下の図1のさいころの展開図の中で，正しいものは㋐〜㋒のうち □ です。ただし，さいころの向かい合う面の目の和は7です。
（帝塚山中） **A**

問題② ある直方体の1つの面には「P」という文字が，3つの面には対角線が1本ずつかかれています。図1，図2はこの直方体の展開図を2通りにかいたものです。辺 AB の長さは14cm です。

(1) 3本の対角線を，図2に手がきでかき込みなさい。

(2) 図1の展開図の周（太線）の長さから長方形 ABCD の周の長さを引くと24cm です。また，図2の展開図の周（太線）の長さから図1の展開図の周の長さを引くと10cm です。この直方体の体積は □ cm³ です。
（青山学院中等部） **B**

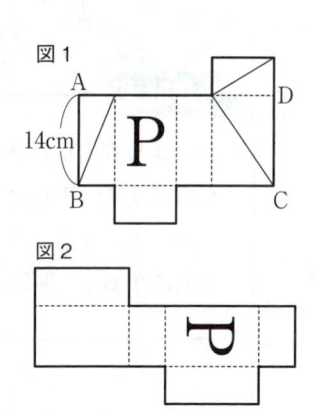

塾技 44 積み重ねられた立体① 立体図形

直方体や立方体が積み重ねられた立体

直方体や立方体が積み重ねられてできた立体の表面積および体積は，以下の塾技を利用して解く。

塾技44 １ 表面積は前後・左右・上下から見て考える。反対側から見たときの面積は等しいので，（前・右・上３方向から見える面積の和）×２ で表面積を求めることができる。

例 右の図は，１辺１cm の立方体を何個か積み重ねて作った立体です。この立体の表面積を求めなさい。

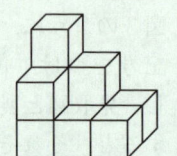

答 前・後から見る　左・右から見る　上・下から見る

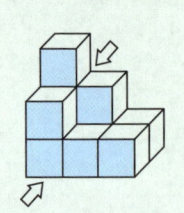

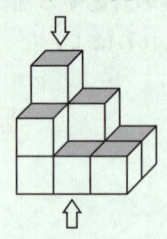

表面積＝（１×１×６＋１×１×５＋１×１×６）×２＝34（cm²）

塾技44 ２ 体積は，積み重ねられた立体を段ごとに分解して考える。

例 上の図の，立方体を積み重ねてできた立体の体積を求めなさい。

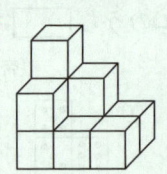

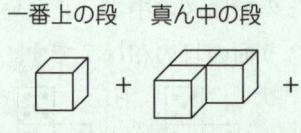

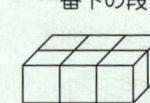

答 一番上の段　真ん中の段　一番下の段

（１×１×１）×10＝10（cm³）

別解 一番上の段から下の段にいくにつれどれだけ体積が増加していくかを考える。

　１　＋（１＋２）＋（１＋２＋３）＝10（cm³）
１段目　　２段目　　　３段目

塾技解説

直方体や立方体が積み重ねられた立体の問題の解法には決まった"**技**"がある。**表面積なら６方向（３方向）から，体積ならそれぞれの段ごとに立体を見ていくことがポイント**だ！よくするミスとして，立方体の１辺を１cm と思い込んで計算してしまうというものがある。問題をよく読み，この手のミスには注意しよう。

入試問題で塾技をチェック！

問題 右の図のように，同じ大きさの立方体14個を積み重ねました。この立体の底面は正方形で，表面積は168cm²です。この立体の体積を求めなさい。 （立教新座中）

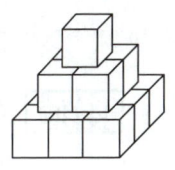

解き方

塾技44 **1** より，この立体の表面にある正方形の面の数を考える。

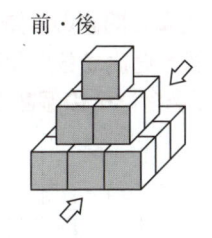

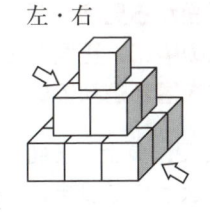

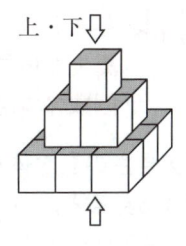

前・後　　　左・右　　　上・下

正方形の面の数＝(6＋6＋9)×2＝42(面)

よって，正方形1面あたりの面積は，168÷42＝4(cm²) とわかり，立方体の1辺は2cmとわかる。
以上より，求める立体の体積＝2×2×2×14＝112(cm³)

答 112cm³

チャレンジ！入試問題

解答は，別冊 p.44

問題① 右の図のような直方体を組み合わせて作った立体があります。
(1) この立体の体積を求めなさい。
(2) この立体の表面積を求めなさい。 （神戸女学院中学部） **A**

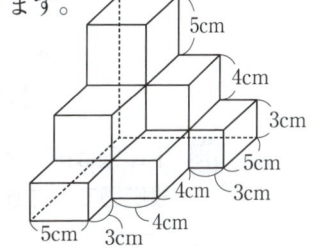

問題② 下の図1のような，縦12cm，横4cm，高さ2cmの直方体が10個あります。これらの直方体を次のように積み上げた立体の表面積を求めなさい。
(1) 下の図2のように，下から4個，3個，2個，1個と積み上げた立体の表面積
(2) 下の図3のように，(1)の積み上げ方で，一番下の段の両はしの直方体2個と下から3段目の直方体2個を，横向きに置きなおした立体の表面積　（立教新座中） **B**

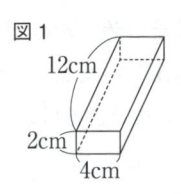

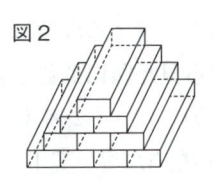

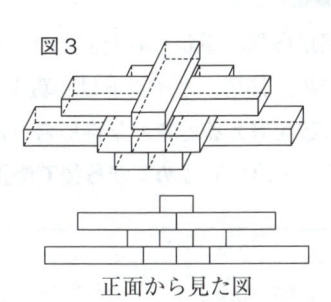

図1　　図2　　図3

正面から見た図

塾技 45 積み重ねられた立体② 立体図形

投影図 立体図形を，**真正面・真上・真横**などから見ることで，その**全体の形を平面の図によって表したもの**を**投影図**という。入試では積み上げられた立方体の投影図から**立方体の個数を考える問題**がよく出題される。

塾技 45 ①　与えられた投影図から見取図が1つに決まる問題の解法
真上から見た図の中に，正面から見た図と真横から見た図のうち，個数の少ない方を書き込んでいく（同じ場合はその個数を）。

例 同じ大きさの立方体を積んで，真上，正面，右横から見ると，右の図のようになりました。見取図を示しなさい。

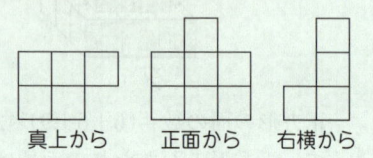

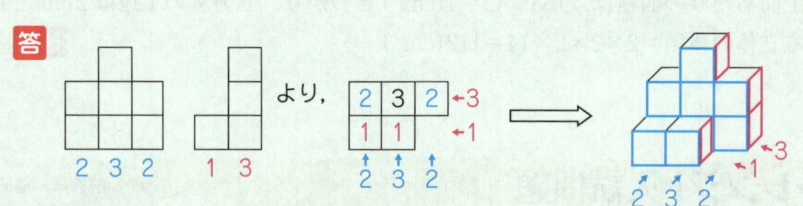

答

塾技 45 ②　与えられた投影図から見取図が1つに決まらない問題の解法
(1) **立方体の個数を最多にするには，①の方法を用いる。**
(2) **個数を最少にするにはまず真上から見た図に正面と真横が同じ数を書き，それ以外は1にしてから過不足のチェックを行う。**

例 下の図は同じ大きさの立方体でできた立体の投影図で，立方体は最少で □ 個必要です。

答 例えば次のような例があり，最少で23個必要となる。

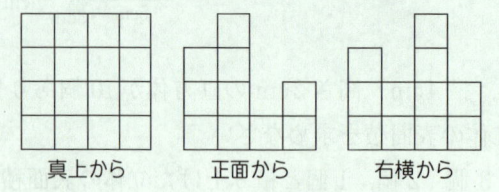

1	1	1	2	←2
1	4	1	1	←4
1	1	1	2	←2
3	1	1	1	←3

↑3 ↑4 ↑1 ↑2

塾技解説

投影図から積み重ねられた立方体の個数を考える問題は，一見難しそうだけどコツさえつかめば簡単。ポイントは，**真上から見た図に個数を書き込んでいくこと**。特に**最少の個数を考える**とき，条件に合うように1つずつ考えていってもできるけど，②(2)のように**一度全てうめてから後で修正**した方が早いぞ！

入試問題で塾技をチェック!

問題 1辺1cmの立方体を積み重ねて立体を作りました。右の図はその立体を3方向から見た図です。

(1) 1段目は全て積んであるものとして，考えられる立方体の個数が最も少ない場合は □ 個です。

(2) 考えられる立方体の個数が最も多い場合，この立体の表面積は □ cm² です。　　　(芝中)

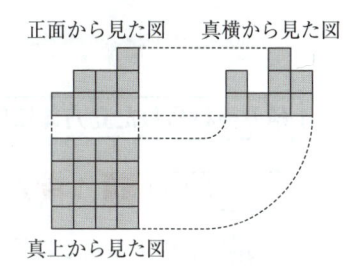

解き方

(1) まず真上から見た図に正面および真横から見た図が同じ個数のものをかき入れる（図1）。次にこれ以外は1にする（図2）。最後に，正面および真横からの個数とそれぞれ照らし合わせ，不足分や減らせる部分の有無をチェックする（図3は1つの例で他の場合も考えられる）。図3より，求める個数は20個とわかる。　　**答 20**

(2) 立方体の個数が最も多い場合は図4のときとなる。このとき，この立体を正面から見ると太線で囲んだ3つの面はかげにかくれるため見えず，その分も考え，**塾技44** ①より，

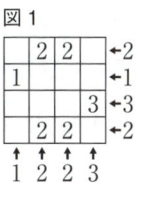

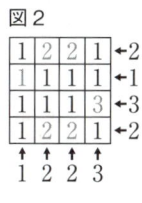

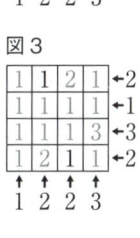

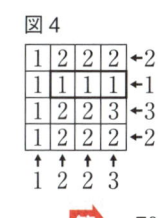

$$表面積 = \{\underbrace{1×1×(8+3)}_{正面} + \underbrace{1×1×8}_{真横} + \underbrace{1×1×16}_{真上}\} × 2 = 70 (cm²)$$

答 70

チャレンジ! 入試問題

解答は，別冊 p.45

問題① 右の図は，同じ大きさの立方体を積み重ねた立体を，正面，真上，左横から見た図を表しています。このとき，次の各問いに答えなさい。

(1) 積み重ねてある立方体の数は何個ですか。

(2) 立方体の1辺の長さが2cmのとき，この立体の表面積は何 cm² ですか。　　(渋谷教育学園幕張中) **A**

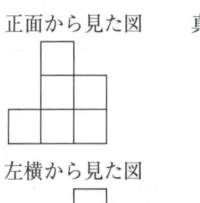

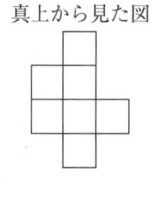

問題② 1辺の長さが5cmの立方体の積み木を何個か積んで立体を作りました。この立体は，前から見ても左から見ても図1のように見え，真上から見ると図2のように見えました。この立体に使われた積み木の個数は最も少なくて □ 個，最も多くて □ 個です。　　(灘中) **B**

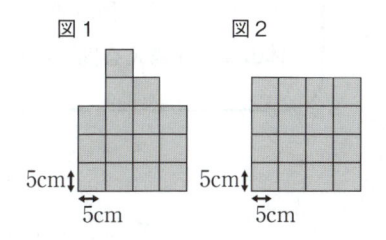

塾技 46 積み重ねられた立体③ 立体図形

積み重ねられた立方体に色をぬる問題の解法

塾技46 ① 1段ずつに分け，それぞれ上から見た図をかいて調べ上げる。

例 右の図のように同じ大きさの立方体を積み上げ，大きな立方体を作りました。床についている面を除く全ての面に青色のペンキをぬり，さらに，床と平行な平面で全体を半分に切ったあと切り口の両面も青色でぬり，全体をばらばらにしました。2つの面に色がぬられた立方体の個数を求めなさい。

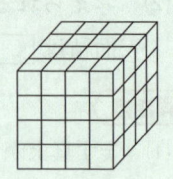

答 上から1段目，2段目，3段目，4段目と分けて考える。

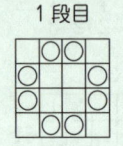

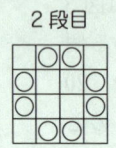

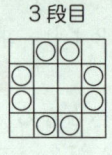

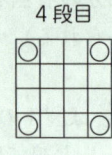

1段目　2段目　3段目　4段目

2つの面に色がぬられた立方体は○をつけた部分で，8×3+4＝28（個）

積み重ねられた立方体をくり抜く問題の解法

塾技46 ② 真上からのくり抜きがあるときは真上から見た図をもとに，ないときはそれぞれの段ごとに，正面・真横から見て考える。

例 右の図のように同じ大きさの立方体を積み上げ，大きな立方体を作りました。かげをつけた小さい立方体をその反対側までくり抜いたとき，あとに残る小さい立方体の個数を求めなさい。

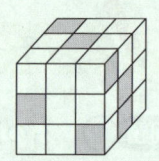

答 真上から見た図をもとに各段を正面と真横から見た図を考える。

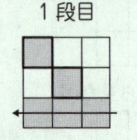

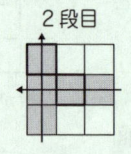

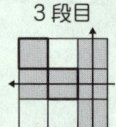

1段目　2段目　3段目

求める個数はかげのない部分で，
4+4+3
＝11（個）

塾技解説

積み重ねられた立方体に**色をぬる問題**や立方体を**くり抜く問題**は，ともに**1段1段調べ上げていく**ことで解くことができるんだ！他にも各段ごとに考えていく問題として，小さな立方体が積み重ねられてできた立方体を切断したとき，**切断された小さな立方体の個数を考える問題**なんかもあるぞ。

入試問題で塾技をチェック！

問題 125個の立方体が，縦横5つずつ5段に積み重ねられています。右の図のように，となり合う2つの面の▨の部分で，表面に垂直な方向に型抜きをすると，残った立方体はいくつになりますか。

（筑波大附中）

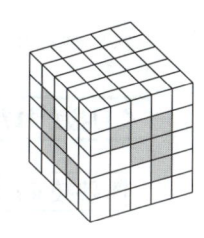

解き方

一番上の段と一番下の段は全ての立方体が残る。上から2段目，3段目，4段目に分け，各段ごとに正面と側面からくり抜いた図を考える。

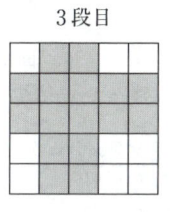

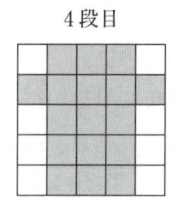

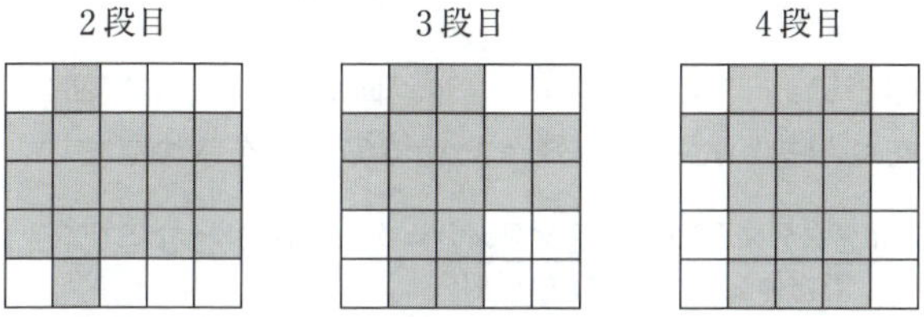

2段目　　3段目　　4段目

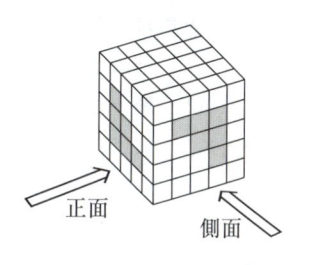

上の図より，残った立方体の個数は，$\underline{25×2}_{1\cdot 5段目} + \underline{8}_{2段目} + \underline{9}_{3段目} + \underline{8}_{4段目} = 75$（個）

答 75個

チャレンジ！入試問題

解答は，別冊 p.46

問題① 右の図のように，小さな立方体を，縦，横，高さに8個ずつ並べて，大きな立方体を作りました。この立方体から，斜線部の小さな立方体を正面から反対側の面までつらぬいて抜き取った後，側面からも同じように抜き取りました。2つの方向から抜き取った小さな立方体の合計は何個ですか。ただし，この大きな立方体は小さな立方体を抜き取ってもくずれないものとします。

（東邦大附東邦中）Ⓐ

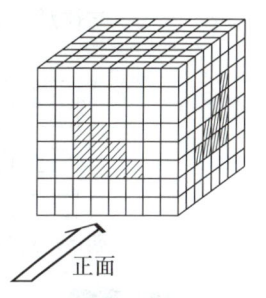

問題② 右の図のように，1辺の長さが5cmの立方体を，机の上に，縦，横ともに5個ずつ7段積み上げて，直方体を作りました。表に出ている全ての面に色をぬると，2面以上に色がぬられた立方体は，全部で□個です。そして，それらを取り除き，残った立方体の表に出ている面全てに，さらに色をぬりました。そこから，2面以上に色がぬられた立方体を全部取り除きました。今，残っている立方体の数は□個です。

（女子学院中）Ⓑ

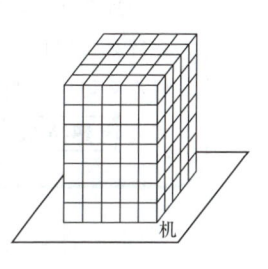

塾技 47 くり抜かれた立方体 　立体図形

くり抜かれた立方体の体積の求め方

塾技47 ① もとの立方体からくり抜いた立体の体積を引いて求める。このとき、くり抜いて取り出した立体の重なり部分に注意する。

例 図1のように1辺の長さが6cmの立方体の正面と真横から、それぞれの面の反対側までまっすぐに直方体をくり抜きました。図2は、この立体を正面と真横から見た図です。

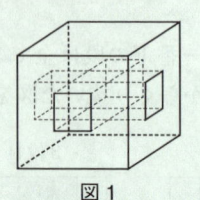

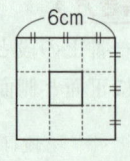

(1) 残った立体の体積を求めなさい。
(2) 真上からも同様に直方体をくり抜いたとき、残った立体の体積を求めなさい。

答 (1) くり抜いた立体の体積は、(2×2×6)×2－2×2×2＝40(cm³)となるので、
　　　　　　　　　　　　　直方体2つ分　　重なり部分
　　残った立体の体積＝6×6×6－40＝176(cm³)

(2) くり抜いた立体の体積は、(2×2×6)×3－(2×2×2)×2＝56(cm³)となるので、
　　　　　　　　　　　　　直方体3つ分　　重なり部分
　　残った立体の体積＝6×6×6－56＝160(cm³)

塾技47 ② 与えられた立方体を、1辺が1cmの立方体が積み重なってできた立体と考え、**塾技46**を利用して求める。

例 上の(2)の問いをこの考えを利用して解く。1辺6cmの立方体を、1辺が1cmの立方体が216個積み重なってできた立体と考え、各段ごとにくり抜いた図を考える。

1, 2, 5, 6段目　　　3, 4段目

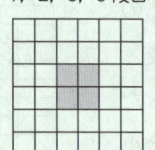

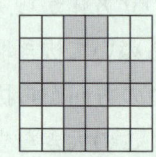

残った立体の体積は、
1×32×4＋1×16×2
＝160(cm³)

残った立方体32個　　残った立方体16個

塾技解説

立方体をくり抜く問題で多いのは、**くり抜く図形が角柱や円柱**の場合だ。特に複数の立体をくり抜く問題では**くり抜かれる立体どうしの重なりに注意**が必要なんだ。四角柱をくり抜く問題では、与えられた立方体をより**小さな立方体が積み重なったもの**と考え**塾技46**の利用ができないかを考えよう！

入試問題で塾技をチェック！

問題　1辺の長さが6cmの立方体があります。図のように，正面と上からそれぞれその面の反対側までまっすぐにくり抜きました。残った部分の立体の体積を求めなさい。ただし，円周率は3.14とします。

(鷗友学園女子中)

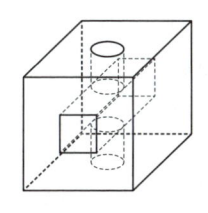

正面から見た図
- 2つの正方形の対角線は重なっている
- 小さい正方形の1辺の長さは2cm

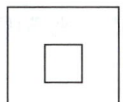

上から見た図
- 円の中心は正方形の対角線の交点
- 円の半径は1cm

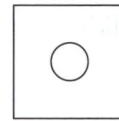

解き方

くり抜いた立体の体積は，四角柱と円柱の体積の和から，右の図の青の重なり部分の体積を引いて，

$2 \times 2 \times 6 + 1 \times 1 \times 3.14 \times 6 - 1 \times 1 \times 3.14 \times 2 = 36.56 (cm^3)$

よって，残った部分の体積 $= 6 \times 6 \times 6 - 36.56 = 179.44 (cm^3)$

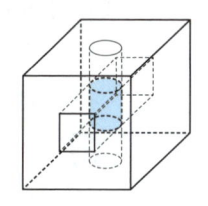

答　$179.44 \, cm^3$

チャレンジ！入試問題

解答は，別冊 p.47

問題①　1辺の長さが20cmの立方体から，底面が正方形の四角柱をくり抜いて，下の図のような立体㋐を作ります。立体㋐から，さらに同じように円柱を後ろまでくり抜いて，下の図のような立体㋑を作ります。

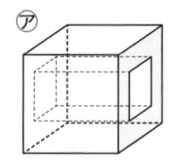

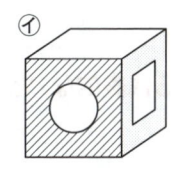

真横から見た図 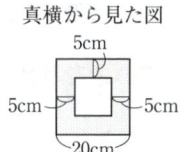　真正面から見た図 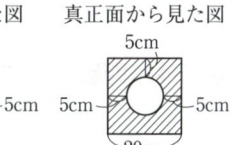　真後ろから見た図

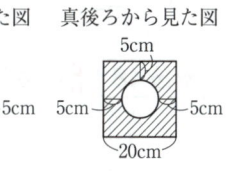

円周率を3.14とすると，立体㋑の体積は□ cm^3，立体㋑の全ての面の面積を足すと□ cm^2 です。

(女子学院中) Ⓑ

問題②　次の各問いに答えなさい。

(1) 右の図の1辺が4cmの立方体について，長方形ABCDから向かい合う面までを垂直にくり抜いてできる図形の体積はいくらですか。

(2) (1)でできた図形について，さらに長方形EFGHからもとの立方体の向かい合う面までを垂直にくり抜いてできる図形の体積はいくらですか。

(ラ・サール中) Ⓐ

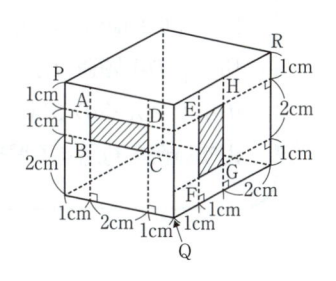

塾技 48 回転体　立体図形

回転体の見取図のかき方の手順　回転体の見取図は次の手順でかく。
手順①　回転軸に対し，与えられた図と**線対称な図形**をかく。
手順②　線対称な図形において，それぞれ**対応する2点を通る円**をかく。

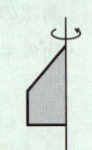

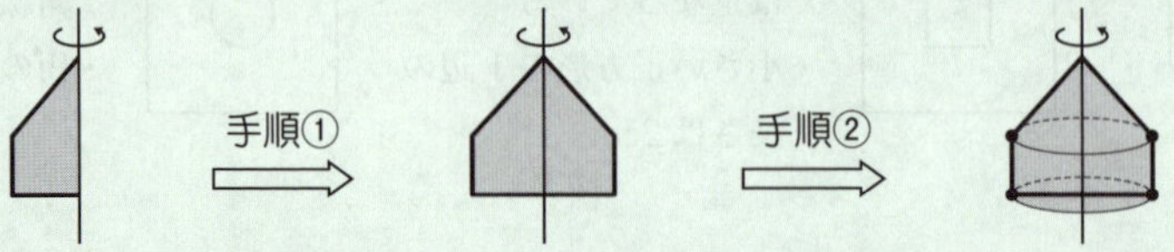

すい台　すい台とは，**すい体を底面に平行な平面で切断したときにできる立体**で，例えば三角すいでは三角すい台，四角すいでは四角すい台，円すいでは円すい台ができる。

例
三角すい台　　四角すい台　　円すい台

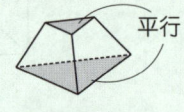

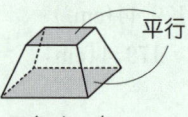

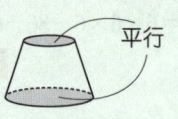

塾技48 ① **すい台の体積を求めるには，すい台の切り口を延長して切断される前のすい体を作り，すい体から不要な部分を引けばよい。**

例
円すい台 ＝ 円すい － 不要な部分

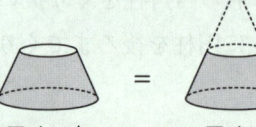

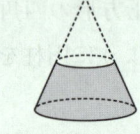

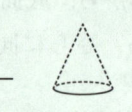

塾技48 ② **回転体の問題で円すい台を利用する代表的なパターン。**

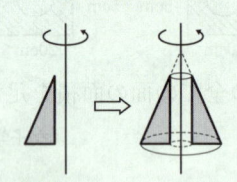

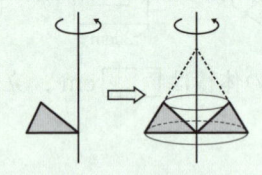

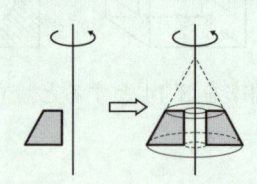

塾技解説

回転体の問題では，**回転後の立体がどのような形になるか**をしっかりつかむことが大切。上の手順通りかけばどんな複雑な形のものでも見取図がかけるので，日頃から頭の中で考えるのではなく**実際にかく練習**をしよう。特に，中に**空どうができる問題**や**円すい台を利用する問題**では，見取図をきちんとかけるかが勝負になるぞ！

check! 入試問題で塾技をチェック！

問題 右の図のような平行四辺形 ABCD を，直線 ℓ を軸として 1 回転させたときにできる立体の体積を求めなさい。ただし，円周率は 3.14 とします。 (城北中)

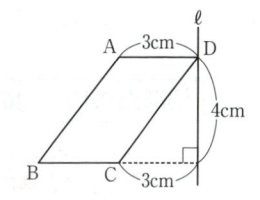

解き方

1 回転させた立体は，右の図のように円すい台から円すいをくり抜いた形となる。図のように点 E，点 F をとると，三角形 DCF と三角形 EAD は合同となるので，三角形 DCF と三角形 EAD を回転させてできる円すいの体積は等しくなる。よって求める立体の体積は，

$6 \times 6 \times 3.14 \times 8 \times \dfrac{1}{3} - 3 \times 3 \times 3.14 \times 4 \times \dfrac{1}{3} \times 2$

$= (96 - 24) \times 3.14 = 226.08 (\text{cm}^3)$

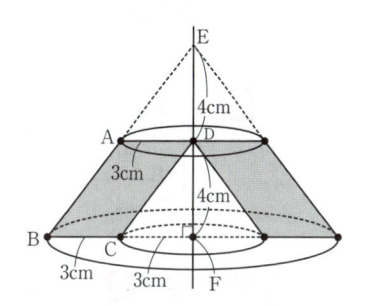

答 226.08cm^3

チャレンジ！入試問題

解答は，別冊 p.48

問題① 直線 ℓ を軸として，右の図形を 1 回転させてできる立体の表面積を求めなさい。ただし，円周率は 3.14 とします。 (早稲田実業中等部) **A**

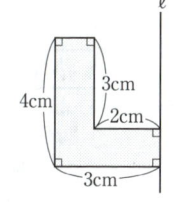

問題② 下の図 1 のように，AB の長さが 3cm，AD の長さが 6cm の長方形 ABCD があります。次の問いに答えなさい。ただし，円周率は 3.14 とします。

(1) 下の図 1 の斜線部分を，辺 AB を軸として 1 回転させたときにできる立体の体積を求めなさい。

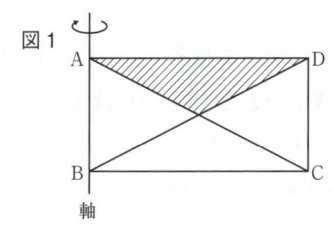

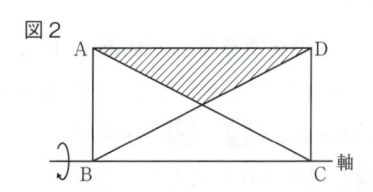

(2) 上の図 2 の斜線部分を，辺 BC を軸として 1 回転させたときにできる立体の体積を求めなさい。

(市川中) **B**

塾技 49 切断① 立体図形

切断面の切り口の作図 以下3つの塾技を利用して作図すればよい。

塾技49 ① 同じ平面上にある2点は結べる。

例 右の図の立方体を，3点A，C，Fを通る平面で切断したときの切り口を作図しなさい。

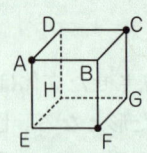

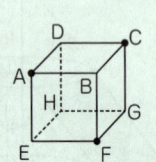

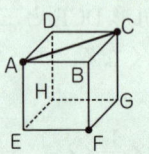

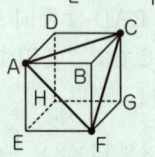

答 同一平面上の2点AとCを結ぶ → 同様にAとF，CとFを結ぶ

塾技49 ② 平行な面どうしの切り口は必ず平行になる。

例 右の図の立方体を，3点C，P，Qを通る平面で切断したときの切り口を作図しなさい。ただし，点P，QはそれぞれAD，AEの中点とします。

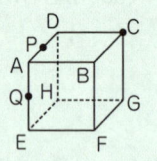

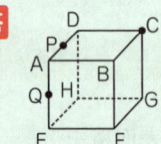

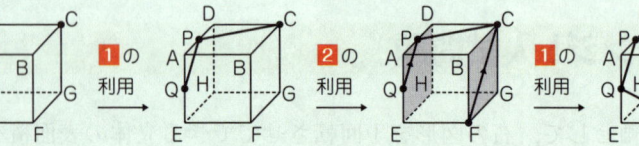

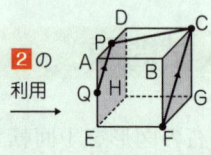

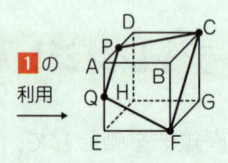

答 ①の利用 → ②の利用 → ①の利用

塾技49 ③ 切り口の辺と立体の辺を延長し，新たな平面上に交点をとる。

例 右の図の立方体を，3点D，P，Qを通る平面で切断したときの切り口を作図しなさい。ただし，点P，QはそれぞれEF，FGの中点とします。

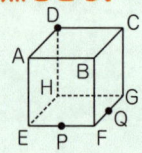

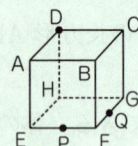

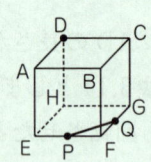

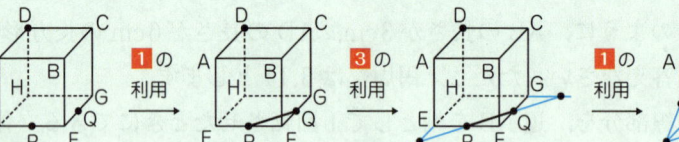

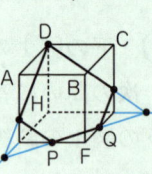

答 ①の利用 → ③の利用 → ①の利用

塾技解説

入試では"**3点を通る平面で切断**"という問題がよく出題される。これは，直線は2点が決まればただ1本決まるけど，**平面は3点が決まるとただ1つに決まる**からだ。**切断面の切り口**は，①と②を利用すればたいていの場合はかくことができる！③は，①と②だけではかくことができないときにのみ考えるといいぞ。

check! 入試問題で塾技をチェック！

問題 右の図1，図2は1辺が6cmの立方体で，3点P，Q，Rを通る平面で立方体を切ることを考えます。

(1) PがAに一致し，CQ＝ER＝3cmであるときの，P，Q，Rを通る平面と立方体の表面とが交わってできる線を，定規を使って図1にかき込みなさい。

(2) AP＝CQ＝ER＝3cmであるときの，P，Q，Rを通る平面と立方体の表面とが交わってできる線を，定規を使って図2にかき込みなさい。

(開成中改)

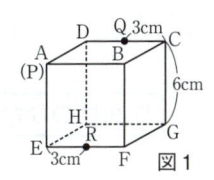

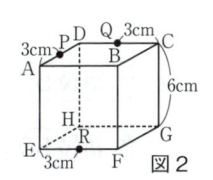

解き方

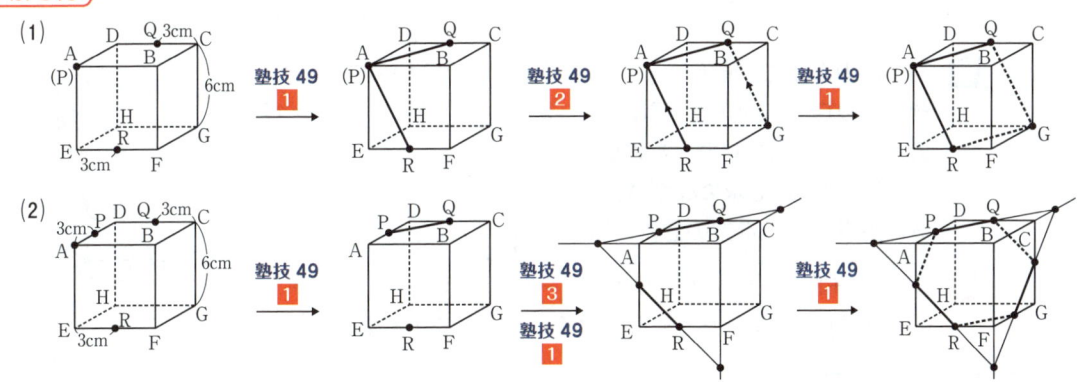

(1) 塾技49 ① → 塾技49 ② → 塾技49 ①

(2) 塾技49 ① → 塾技49 ③ 塾技49 ① → 塾技49 ①

チャレンジ！入試問題

解答は，別冊 p.49

問題① 右の図の立方体において，点P，Qはそれぞれ辺AB，ADの真ん中の点です。この立方体を3つの点P，Q，Gを通る平面で切断し，切り口の一部として辺PQをかきました。残りの切り口の辺を右の展開図に入れなさい。

(駒場東邦中) **B**

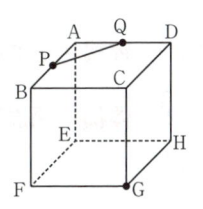

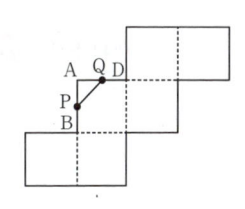

問題② 1辺の長さが6cmの立方体があります。この立方体をある平面で切るとき，次の各問いに答えなさい。

(1) 図1のように，3点ア，イ，ウを通る平面で切りました。その切り口の図形の辺を全て右の図2の展開図に記入しなさい。

(2) (1)の平面で分けられた2つの立体のうち，点エを含む立体について切り口を除く側面と底面の面積の和を求めなさい。

(3) この立方体を1つの平面で切ったとき，切り口の図形は，辺の数が最も多いとき，辺の数はいくつになりますか。

(東邦大附東邦中) **A**

塾技 50 切断② 立体図形

四角柱のななめ切断 右の図のように**底面が平行四辺形（長方形・ひし形・正方形を含む）の四角柱をななめに切断**すると，次の2つの塾技が成り立つ。

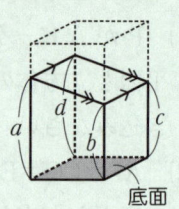

塾技50 ① $a+c=b+d$

塾技50 ② 体積＝底面積×$(a+b+c+d)÷4$
　　　　　　　　　　　　高さの平均
　　　　　　＝底面積×$(a+c)÷2$＝底面積×$(b+d)÷2$
　　　　　　　　　高さの平均　　　　　　　高さの平均

例 右の図のように，直方体を点Eを通る平面で2つの立体に分け，その切り口を，四角形EPQRとします。PF＝5cm，QG＝12cmのとき，次の問いに答えなさい。
(1) RHの長さを求めなさい。
(2) 頂点Gを含む方の立体の体積を求めなさい。

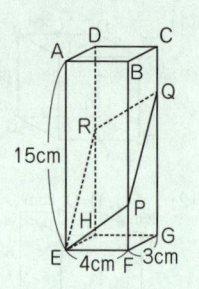

答 (1) RH＋PF＝QGより，RH＝12－5＝7(cm)
(2) 底面積×(RH＋PF)÷2＝3×4×(7＋5)÷2＝72(cm^3)

三角柱のななめ切断 **底面どうしが平行でない三角柱を切頭三角柱**という。切頭三角柱の体積は，その形により次の(1)または(2)のどちらかを利用して求めることができる。

塾技50 ③ (1) 体積＝底面積×$(a+b+c)÷3$（図1）
　　　　　　　　　　　　　高さの平均
(2) 体積＝断面積※×$(a+b+c)÷3$（図2）
　　　　　　　　　　　　高さの平均

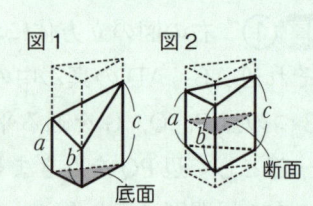

※断面積について
断面積は側面に垂直な平面で切ったときの切り口で，図2の点線の三角柱の底面積と等しい。

塾技解説
四角柱も三角柱もななめ切断された立体の体積はともに**底面積×高さの平均**で求めることができるんだ。理由を説明するのは三角柱では少し難しいけど，四角柱では，**切断後に残った立体の上にそれを鏡にうつしたときできる立体を逆さにしたものをくっつける**ことで説明できるので考えてみよう。

入試問題で塾技をチェック！

問題 直方体をななめに切断してできた右の立体の体積と四角形 ABCD の面積を求めなさい。（かげをつけた部分が切断した面である）

（女子学院中）

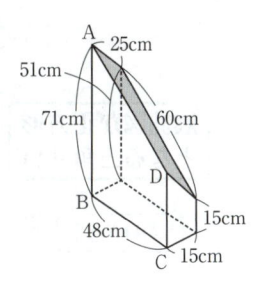

解き方

塾技50 ② より，求める立体の体積は，

$\underbrace{48\times 15}_{\text{底面積}} \times \underbrace{(71+15)\div 2}_{\text{高さの平均}} = 30960 (\text{cm}^3)$

一方，四角形 ABCD は台形で，塾技50 ① より，DC＝(71＋15)−51＝35(cm) とわかるので，

四角形 ABCD の面積＝(35＋71)×48÷2＝2544(cm²)

答 立体の体積 30960 cm³，四角形 ABCD の面積 2544 cm²

チャレンジ！入試問題

解答は，別冊 p.50

問題① 底面が1辺4cmの正方形で，高さが12cmの直方体の容器があります。水を入れて容器をかたむけたら，水がこぼれて水面は右の図のようになりました。水は何 cm³ 残っていましたか。ただし，容器の厚さは考えないものとします。

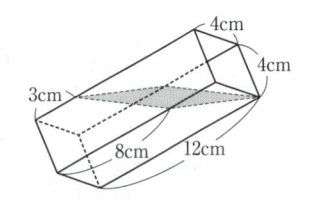

（慶應普通部）Ⓐ

問題② 図1のような1辺の長さが6cmの立方体 ABCD−EFGH があります。このとき，次の問いに答えなさい。

(1) 図2は，立方体 ABCD−EFGH をある平面で1回だけ切ってできる立体を，正面，真上，真横から見た図です。この立体の体積を求めなさい。

(2) 立方体 ABCD−EFGH において，辺 AB を3等分する点を A に近い方から P，Q，辺 CD を3等分する点を C に近い方から R，S とします。この立方体を3点 F，P，S を通る平面で切ってできる立体のうち，点 A を含む方の立体の体積を求めなさい。

(3) (2)で体積を求めた立体を，さらに3点 D，E，S を通る平面で切ってできる立体のうち，大きい方の立体の体積を求めなさい。

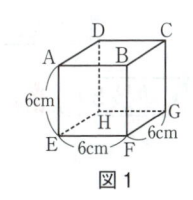

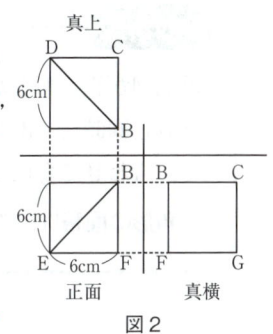

（聖光学院中）Ⓒ

107

塾技 51 切断③ 立体図形

展開図が正方形となる三角すい

展開図が正方形となる**特別な三角すい**では，**立方体および特別な正四角すいとの間に**次の塾技が成り立つ。

塾技51 ① 立方体を次のような3点を通る平面で切断すると，切断された三角すいの展開図は正方形となる。

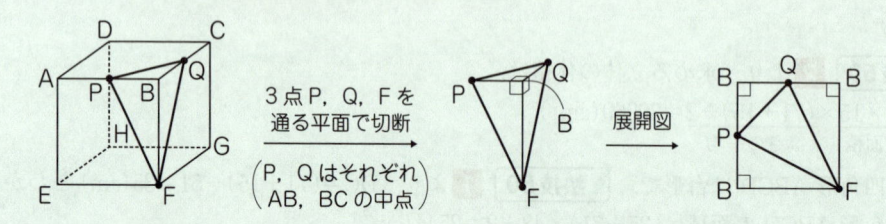

3点P, Q, Fを通る平面で切断
（P, QはそれぞれAB, BCの中点）
→ 展開図

塾技51 ② 特別な三角すいと特別な正四角すいとの関係

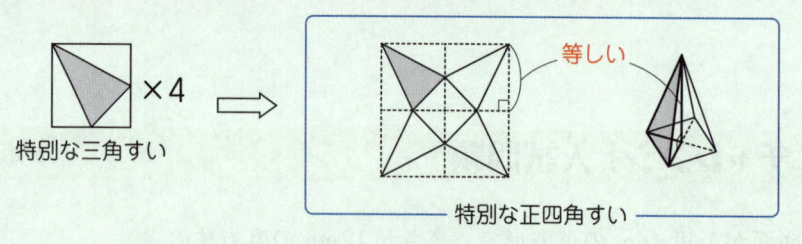

特別な三角すい ×4 ⇒ 特別な正四角すい
等しい

立体図形の高さ 立体図形における高さは，**塾技30**で学んだ平面図形における高さの考え方と同様，**どの面を底面と考えるかにより異なる**。

例：底面／高さ

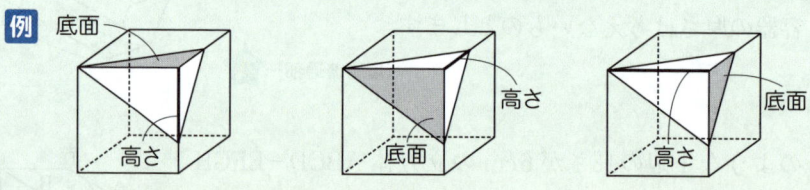

塾技51 ③ 高さを求めたいときは，同じ1つの立体図形で底面と高さを変えて体積を2通りの方法で表す（**体積2通りの法**と呼ぼう！）。

塾技解説

展開図が正方形となる特別な三角すいは，**立方体との関係**をしっかり押さえること。それと同時に，**ある面を底面としたときの高さを求める問題**もよく出題されているので，合わせて身につけよう。ちなみに，特別な三角すいの展開図における**一番大きな三角形の面積**は，必ず**正方形の面積の$\frac{3}{8}$倍**になるぞ！

入試問題で塾技をチェック！

問題 図のように，1辺の長さが12cmの正方形の紙があり，辺BCの真ん中の点をM，辺CDの真ん中の点をNとします。AM，MN，NAでこの紙を折り曲げて三角すいを作りました。この三角すいについて，次の問いに答えなさい。

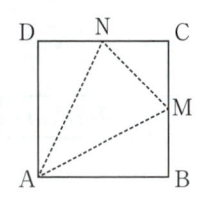

(1) 体積は何cm³ですか。

(2) 三角形AMNが底面になるように置いたとき，高さは何cmですか。

(洛南中)

解き方

(1) 塾技51 **1**より，求める三角すいの体積は，三角形CMNを底面とし，高さをACとする三角すいA-CMNの体積と等しくなるので，

$6 \times 6 \div 2 \times 12 \times \dfrac{1}{3} = 72 (\text{cm}^3)$

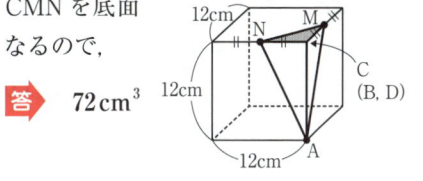

答 **72cm³**

(2) 求める高さは，(1)の三角すいを三角形AMNを底面と考えた三角すいC-AMNの高さと等しい。三角形AMNの面積は，1辺12cmの正方形から3つの三角形を引いて，

三角形 AMN = $12 \times 12 - (6 \times 12 \div 2 + 12 \times 6 \div 2 + 6 \times 6 \div 2) = 54 (\text{cm}^2)$

求める高さを □ cmとすると，$54 \times □ \times \dfrac{1}{3} = 72$ □ $= 4 (\text{cm})$

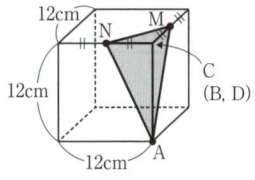

答 **4cm**

チャレンジ！入試問題

解答は，別冊 p.51

問題① 右の図のような1辺20cmの正方形の紙から，▨部分を切り取り，それで四角すいを作ります。次の問いに答えなさい。

(1) 側面の1つの三角形の面積は何cm²ですか。

(2) この四角すいと同じ底面と高さの四角柱の体積は何cm³ですか。

(同志社女子中) Ⓐ

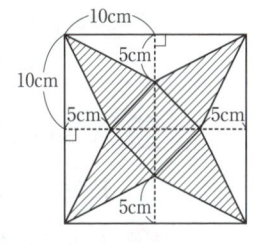

問題② 次の問いに答えなさい。

(1) 図1は1辺が6cmの正方形で，E，Fはそれぞれ辺AB，ADの真ん中の点です。辺CE，CF，EFで折って三角すいを作るとき，

① この三角すいの体積を求めなさい。

② 三角形CEFを底面にするとき，この三角すいの高さを求めなさい。

(2) 図2は1辺が6cmの立方体でO，P，Q，Rはそれぞれ辺GH，HI，IJ，JGの真ん中の点です。この立方体から，4つの三角すいG-KOR，H-LPO，I-MQP，J-NRQを切り取ったとき，残りの立体の体積および表面積を求めなさい。

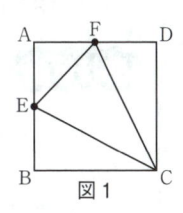

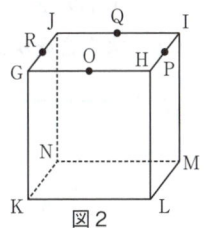

(清風南海中) Ⓑ

塾技 52 割合と比   比

比の表し方
比は割合の表し方の1つで、「：」の記号を用いて表す。「：」の左側を前項（比べられる量）、右側を後項（もとにする量）という。

$$\boxed{A} : \boxed{B}$$
前項　　　後項
（比べられる量）　（もとにする量）

比の値と比例式
前項÷後項の値 を比の値という。A：BとC：Dの比の値が等しいとき **A：B＝C：D** とかき、この式を**比例式**という。比例式では、内側の2つ（**内項**）の積と、外側の2つ（**外項**）の積は等しくなる。

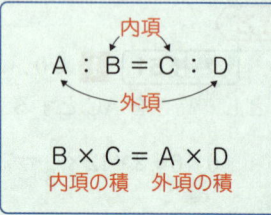

A：B＝C：D
内項／外項

B×C＝A×D
内項の積　外項の積

例 3：□＝2：5　　□×2＝3×5　　□＝15÷2＝7.5

割合と比
割合の数値は、基準（もとにする量）を1としたときにもう一方（比べられる量）がその何倍となるかを表したものである。それに対して**比は、基準を1とすることなく**大きさを比べることができる。

例 AがBの75％のとき、A：Bを最も簡単な整数の比で表しなさい。

答 $75\% = \frac{75}{100}$（倍）$= \frac{3}{4}$（倍）より、A：B＝3：4

塾技 52
2つの数量を比較する問題は、比を用いることで基準を自分で好きな大きさに決め、2つの数量を直接比較すればよい。

例 A君の所持金はB君の所持金の $\frac{3}{5}$ です。A君が1800円持っているとき、B君の所持金はいくらとなりますか。

答 A君の所持金を③とすると、B君の所持金は⑤と表すことができる。③が1800円にあたるので、B君の所持金は、1800÷3×5＝3000（円）

塾技解説
さあ、ここからはいよいよ**中学入試の最大の山場**となる**比の塾技**だ！比は割合の表し方の1つ。割合は「比べられる量÷もとにする量」で求めたけど、比はこの式の**「÷」の部分を「：」に変えればいいだけ**なんだ。比の便利なところは**自分で勝手に基準の大きさを決めていい**というところ。比をマスターして、中学入試合格を勝ち取ろう！

入試問題で塾技をチェック！

問題 1 A，B，C 3人が持っているお金をあわせると 2130 円で，A と B のお金の比は，3：2 です。また，C のお金に 150 円加えたものと A のお金の $\frac{1}{3}$ が同じになります。B が持っているお金は ◻ 円です。

(世田谷学園中)

解き方

A が持っているお金を ③ とすると，B が持ってるお金は ②，C が持っているお金に 150 円加えた金額は，③×$\frac{1}{3}$＝① とそれぞれ表すことができる。A と B が持っているお金と，C が持っているお金に 150 円加えたお金を合わせると，2130＋150＝2280(円) となり，これが，③＋②＋①＝⑥ にあたるので，① は，2280÷6＝380(円) とわかる。B が持っているお金は ② なので，
　　B が持っているお金＝380×2＝760(円)

答 760

問題 2 分母と分子の差が 60 で，約分すると $\frac{7}{11}$ になる分数の分母を求めなさい。

(立教新座中)

解き方

約分すると $\frac{7}{11}$ になることより，分母と分子の比は 11：7 となる。分母を ⑪ とすると分子は ⑦ と表すことができ，⑪－⑦＝④ が 60 にあたるので，① は，60÷4＝15 とわかる。分母は ⑪ なので，15×11＝165 と求められる。

答 165

チャレンジ！入試問題

解答は，別冊 p.52

問題 ① ある遊園地で，子ども 1 人の入園料は大人 1 人の入園料の 70％ です。大人 2 人と子ども 3 人で入園したところ，入園料の合計は 9430 円でした。この遊園地の大人 1 人の入園料はいくらですか。

(桐朋中) A

問題 ② 50 人以上 70 人以下のあるグループを A，B の 2 つのグループに分けました。A，B の人数の比は，16：11 でした。B から A に何人か移動すると，A の人数は B の人数のちょうど 2 倍になりました。このとき，B から A に移動したのは何人ですか。

(豊島岡女子学園中) B

問題 ③ A，B，C の 3 人がそれぞれお金を持っていました。A と B が持っていた金額の比は 3：2 でした。A と B の 2 人が C に同じ金額のお金を渡したところ，C は A と B が持っていた金額の合計の $\frac{1}{4}$ を受け取ったことになり，C は B の 2 倍に，A は C より 150 円少なくなりました。C は，初めにいくら持っていましたか。

(慶應普通部) B

塾技 53 連比の利用と比例配分　比

連比 A：B：Cのように比の項が3つ以上ある比を連比という。2つの比と同様，各項に0でない同じ数をかけても割っても比の大きさは変わらない。

例 3：4：6＝□：6：9 となるとき，□にあてはまる数を求めなさい。

答 ＝をはさんで右側の比は，左側の比の項をそれぞれ 1.5倍したものとなるので，□＝3×1.5＝4.5

$$3：4：6 = □：6：9$$
（×1.5）

連比の求め方 異なる数量の2つの比が与えられているとき，次の塾技を用いて連比を求めることができる。

塾技53 2つの比に共通な数量の項について，最小公倍数を用いて大きさをそろえる。

例 A：B＝2：3，B：C＝5：4 のとき，A：B：Cを求めなさい。

答 A：BとB：Cに共通な数量であるBの項について，最小公倍数を用いて大きさをそろえる。右の図より，求める連比は，
　　A：B：C＝10：15：12

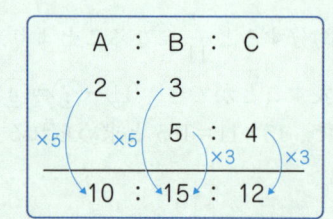

```
  A ： B ： C
  2 ： 3
      5 ： 4
 ×5  ×5  ×3  ×3
 10 ： 15 ： 12
```

比例配分 ある数量を決まった比に分けることを比例配分という。

例 1600円をA君とB君とC君で2：3：5となるように分けました。それぞれいくらもらえますか。

答 A君とB君とC君がもらうお金をそれぞれ，②，③，⑤とすると，3人の合計は，②＋③＋⑤＝⑩となるので，①は，1600÷10＝160（円）とわかる。よって，A君は，160×2＝320（円），B君は，160×3＝480（円），C君は，160×5＝800（円）

塾技解説

比の文章題や比例配分の問題でよく登場するのが連比。連比のすごいところは，**比をくっつけることによって異なる3つ以上の数量の大きさを比較できる**ところ！ポイントは**共通なものを見抜く**こと。連比は比例配分とからめて出題されることも多いので，ともにしっかりと身につけよう。

入試問題で塾技をチェック！

問題 1 A君，B君，C君の3人の所持金の合計は2万円です。A君とB君の所持金の比は2：3，B君とC君の所持金の比は2：5です。B君の所持金はいくらですか。

(國学院大久我山中)

解き方

A君とB君とC君の所持金の連比を求めると，右の図より，
A：B：C＝4：6：15となる。A君，B君，C君の所持金をそれぞれ，
④，⑥，⑮とすると，④＋⑥＋⑮＝㉕が2万円より，①は，
　20000÷25＝800（円）
よって，B君の所持金は，800×6＝4800（円）

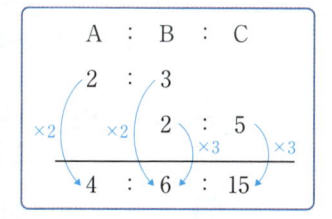

答 4800円

```
A  :  B  :  C
2  :  3
      2  :  5
×2   ×2  ×3  ×3
4  :  6  :  15
```

問題 2 ある小数Aがあります。Aの小数点を1けた右にずらした数をB，Aの小数点を1けた左にずらした数をCとします。A，B，C3つの数の和が1345.32であるとき，Aは□です。

(芝中)

解き方

Aを⑩とする。BはAの小数点を1けた右にずらした数なのでAの10倍となり，⑩⑩となる。一方，CはAの小数点を1けた左にずらした数なのでAの0.1倍となり，①となる。よって，A：B：C＝10：100：1となり，1345.32を比例配分し，
　A＝1345.32÷(10＋100＋1)×10＝121.2

答 121.2

チャレンジ！入試問題

解答は，別冊 p.53

問題① エド君は4つの品物A，B，C，Dを買いました。AとBとCを合わせると49個，CとDを合わせると12個，AとBの個数の比は3：5，AとCの個数の比は5：3でした。エド君はDを何個買いましたか。

(江戸川学園取手中)

問題② 10円玉，50円玉，100円玉があわせて52枚あります。10円玉，50円玉，100円玉のそれぞれの合計の金額の比が3：10：15のとき，100円玉の枚数は□枚です。

(明治大付明治中)

問題③ 長さ6mのさおをA，B，Cの3本に切って，池の中の同じ地点に順番に立てました。A，B，Cの水面より上に出ている部分の長さはそれぞれの長さの$\frac{2}{3}$，$\frac{3}{5}$，$\frac{1}{2}$になっていました。このとき，次の問いに答えなさい。

(1) Aの長さは池の深さの何倍であるか求めなさい。
(2) Aの長さはBの長さの何倍であるか求めなさい。
(3) Bの長さを求めなさい。

(学習院中)

塾技 54 倍数算① 比

倍数算① 2つの異なる数量があり，**やりとりの前と後でその比が変化する**とき，やりとりをする前の数量などを求める問題を**倍数算**という。倍数算には，**和が一定**の問題，**差が一定**の問題，**和も差も変化**する問題の 3 種類があり，**和が一定と差が一定**の場合，以下の塾技を用いる。

塾技 54 ① 2人の間のやりとりの問題では，やりとりの前と後で和は変わらないことに注目し，連比により和の項の大きさをそろえて考える。

例 A君とB君の最初の所持金の比は 3：2 でしたが，A君がB君に 50 円あげたため，所持金の比は 4：3 となりました。A君の最初の所持金は □ 円です。

答 A君とB君との間のやりとりのため，やりとりの前後で2人の所持金の和は変わらない。和に注目して連比を考えると，A君はやりとりの前後で，㉑−⑳=① 減っているので，① が 50 円とわかる。よって，□=㉑=50×21=1050(円)

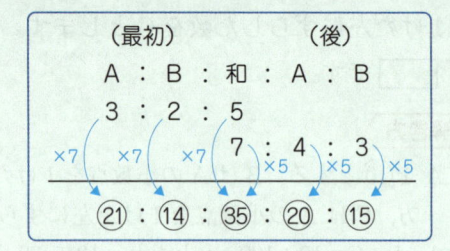

```
         （最初）      （後）
        A : B : 和 : A : B
        3 : 2 : 5
       ×7  ×7  ×7   7 : 4 : 3
                        ×5  ×5  ×5
       ─────────────────────────
       ㉑ : ⑭ : ㉟ : ⑳ : ⑮
```

塾技 54 ② 2人とも同じ数量だけ増加したり減少したりする問題では，やりとりの前と後で差は変わらないことに注目し，連比により差の項の大きさをそろえて考える。

例 A君とB君の最初の所持金の比は 3：2 でしたが，2人とも 500 円の本を買ったため，所持金の比は 7：3 となりました。A君の最初の所持金は □ 円です。

答 A君とB君はともに 500 円減ったため，やりとりの前後で2人の所持金の差は変わらない。差に注目して連比を考えると，A君はやりとりの前後で，⑫−⑦=⑤ 減っているので，⑤ が 500 円とわかり，□=⑫=500÷5×12=1200(円)

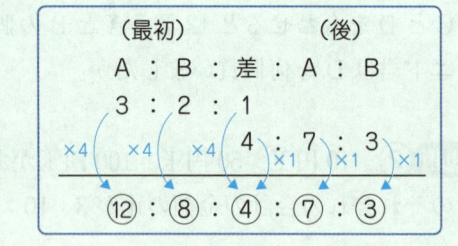

```
         （最初）      （後）
        A : B : 差 : A : B
        3 : 2 : 1
       ×4  ×4  ×4   4 : 7 : 3
                        ×1  ×1  ×1
       ─────────────────────────
       ⑫ : ⑧ : ④ : ⑦ : ③
```

塾技解説

倍数算には全部で **3 種類のパターン**があるんだけど，どれも線分図をかいて，**2つの比のうちの1つの比の大きさをそろえる方法**（塾技 55）で解ける。ただ，**倍数算の線分図はかくのがけっこう大変**。そこで登場するのが上の塾技というわけだ。ポイントは，**変わらないものに注目して連比を考える**ことだ！

入試問題で塾技をチェック！

問題 1 兄と弟はゲーム用のカードを持っています。枚数の比は 5：2 でしたが，兄は弟に 17 枚のカードをあげたので，2 人の持っているカードの枚数の比は 2：1 になりました。兄が初めに持っていたカードの枚数は □ 枚です。
（青山学院中等部）

解き方

塾技54 1 より，和に注目して連比を考える。
右の図で，兄はやりとりの前後で，⑮−⑭＝① 減っているので，① が 17 枚とわかる。
初めに兄が持っていたカードは ⑮ より，
　□＝⑮＝17×15＝255（枚）

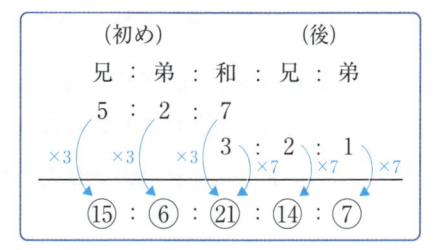

答 255

	（初め）			（後）	
兄	弟	和	兄	弟
5	:	2	:	7		
			3	:	2	:	1
⑮	:	⑥	:	㉑	:	⑭	:	⑦

（×3, ×3, ×3, ×7, ×7, ×7）

問題 2 兄と弟の所持金の比は 13：10 でした。兄と弟がそれぞれ 50 円の消しゴムを買ったところ，所持金の比は 17：13 になりました。兄の初めの所持金は何円でしたか。
（早稲田中）

解き方

塾技54 2 より，差に注目して連比を考える。
右の図で，兄はやりとりの前後で，㊾−㊽＝① 減っているので，① が 50 円とわかる。
兄の初めの所持金は ㊾ より，
　兄の初めの所持金＝㊾＝50×52＝2600（円）

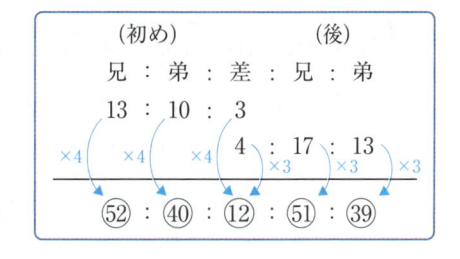

答 2600 円

	（初め）		（後）	
兄	弟	差	兄	弟
13	:	10	:	3		
			4	:	17	:	13
㊾	:	㊵	:	⑫	:	㊿①	:	㊴

（×4, ×4, ×4, ×3, ×3, ×3）

チャレンジ！入試問題

解答は，別冊 p.54

問題 1 A 君と B 君の所持金の比は 7：9 でしたが，B 君が A 君に 180 円を渡したところ，2 人の所持金の比は 5：3 となりました。A 君の初めの所持金は □ 円です。
（明治大付明治中） **A**

問題 2 あめの入った箱が 2 箱あります。まず，両方の箱に 20 個ずつあめを加えたら，箱の中のあめの個数の比は 5：3 になりました。続けて，両方の箱に 50 個ずつあめを加えたら，箱の中のあめの個数の比は 10：7 になりました。次の問いに答えなさい。
(1) 初めに入っていたあめの数は，それぞれ何個でしたか。
(2) その後さらに，両方の箱に同じ個数ずつあめを加えて，箱の中のあめの個数の比を 5：4 にするには，何個ずつ加えればよいでしょうか。
（立教新座中） **B**

塾技 55 倍数算② 比

倍数算② 和も差も変化する倍数算は，以下の塾技を用いて解く。

> **塾技55** 2つの比のうち，どちらか一方の比の大きさを最小公倍数でそろえて消去し，残りの比を用いて求める数量を考える。

例 A君とB君の所持金の比は1：3でしたが，A君は50円もらい，B君は100円使ったため，所持金の比は2：1となりました。A君の最初の所持金を求めなさい。

答 2人の所持金の比の変化を線分図で表し，変化後の比の大きさをそろえる。

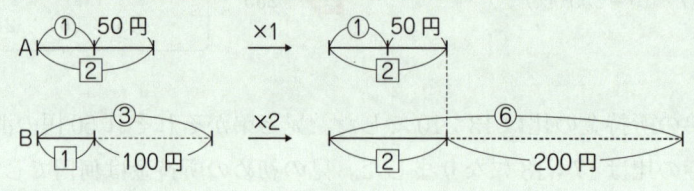

上の右側の線分図より，⑥－①＝⑤が，50＋200＝250（円）とわかる。
A君の最初の所持金は①なので，250÷5＝50（円）

異なる比が出てくる文章題 上の塾技を利用し，**どちらか一方の比をそろえて**解く。

例 A中学とB中学の受験者数の比は4：5で，合格者数はそれぞれ120人と180人，不合格者数の比は，5：6でした。A中学の受験者数を求めなさい。

答 A中学とB中学の受験者数の比の大きさを最小公倍数でそろえて考える。

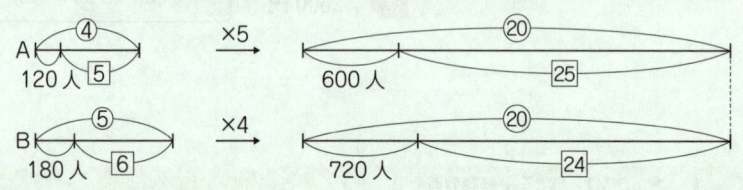

上の右側の線分図より，25－24＝1が，720－600＝120（人）とわかるので，
A中学の受験者数＝120＋5＝120＋120×5＝720（人）

塾技解説

和も差も変化する倍数算には**2つのタイプ**がある。1つは，2つの数量のうち**片方のみが増減**することで比が変化するタイプ。これは変わらない量に注目して連比を考えて解けばいい。もう1つは，**2つの数量がともに異なる数だけ増減**するタイプ。これは上のようにどちらか一方の比の大きさをそろえて解くんだ。

入試問題で塾技をチェック！

問題 初めに，兄と弟が持っている鉛筆の本数の比は 7：5 でしたが，兄は友達から鉛筆を 12 本もらい，弟は友達に鉛筆を 4 本あげたので，兄と弟の鉛筆の本数の比は 12：7 になりました。初めに兄が持っていた鉛筆は □／□ 本です。

(慶應中等部)

解き方

受け渡し後の鉛筆の本数の比の大きさを最小公倍数でそろえて考える。

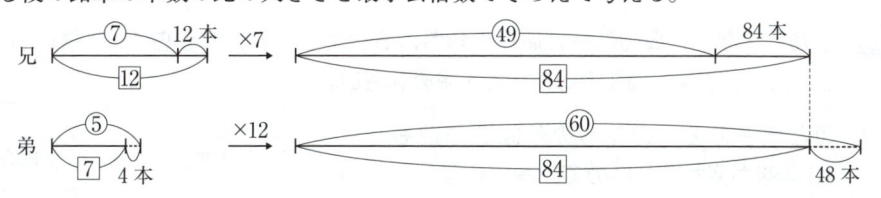

上の右側の線分図より，⑥⓪−④⑨＝⑪ が，84＋48＝132（本）とわかる。初めに兄が持っていた鉛筆は ⑦ で，① は，132÷11＝12（本）より，12×7＝84（本）

答 84

別解

受け渡し前の鉛筆の本数の比の大きさを最小公倍数でそろえて考える。

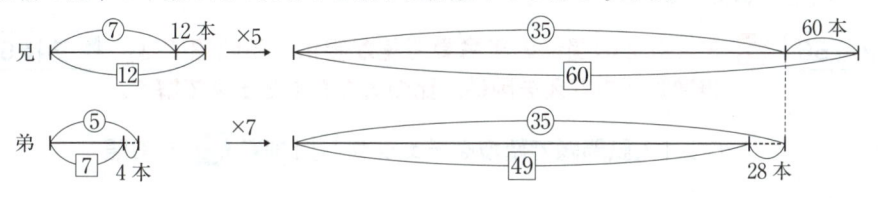

上の右側の線分図より，[60]−[49]＝[11] が，60＋28＝88（本）とわかる。初めに兄が持っていた鉛筆は，[12]−12（本）で，[1] は，88÷11＝8（本）より，8×12−12＝84（本）

答 84

チャレンジ！入試問題

解答は，別冊 p.55

問題① ある分数があります。その分子に 4 を加えたら $\frac{1}{2}$ になりました。また，もとの分数の分子と分母にそれぞれ 3 を加えたら $\frac{2}{5}$ になりました。もとの分数は □／□ です。

(慶應中等部) B

問題② 製品 A と製品 B があり，個数の比は 8：7 です。また，それぞれの不良品の個数の比は 5：4 で，不良品でないものの個数の比は 9：8 です。次の問いに答えなさい。

(1) 製品 A について，不良品と不良品でないものの個数の比を求めなさい。

(2) 製品 A の個数が 100 個以上 150 個以下であるとき，製品 B の不良品の個数を求めなさい。

(暁星中) C

塾技 56 年令算 〔比〕

年令算 年令算の解き方には、以下3つの塾技がある。

塾技56 ① 2人の関係の年令算では2人とも同じ数ずつ年をとるため、2人の年令の差は変わらないことに注目して解く。（**塾技54** ②参照）

例 今から2年前、母の年令は息子の年令の5倍でしたが、今から16年後にちょうど2倍になります。現在の母の年令を求めなさい。

答 母と息子の2人の年令の差は2年前も16年後も変わらないので、差に注目して連比を考える。母は、⑧−⑤＝③だけ増加しており、これが2+16＝18(年)分にあたるので、2年前の母の年令⑤は、18÷3×5＝30(才)とわかる。よって、現在の母は、30+2＝32(才)

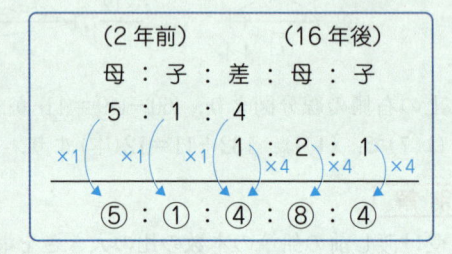

```
         (2年前)        (16年後)
        母 : 子 : 差 : 母 : 子
        5 : 1 : 4
                   1 : 2 : 1
        ⑤ : ① : ④ : ⑧ : ④
```

塾技56 ② 3人以上の関係の年令算で差が変化する問題では、**塾技55** の倍数算②の考えを用い、比の大きさをそろえて解く。

⇨「入試問題で塾技をチェック！」**問題 2** を参照

塾技56 ③ 問題条件を表で整理して解く。

例 現在、太郎君の父は母より3才年上です。また、母は太郎君の兄の年令の5倍で、5年後に太郎君は母の年令の $\frac{1}{5}$ となります。太郎君と兄は何才離れているか求めなさい。

答 現在の兄の年令を①として、それぞれの年令を表にすると右のようになる。アは、5年後の母の年令の $\frac{1}{5}$ より、①+1とわかる。

	父	母	兄	太郎
現在	⑤+3	⑤	①	
5年後	⑤+8	⑤+5	①+5	ア

よって、太郎君と兄は、(①+5)−(①+1)＝4(才)離れている。

> **塾技解説**
>
> **年令算**には様々な解法があるけど、**倍数算の一種として考えるとわかりやすい**。だれもが必ず1年に1才ずつ年をとり、**2人の関係で考えると年令の差は変わらないため連比を利用できる**。一方、例えば父と3人の息子の関係を考えると、父は1年に1才、息子は3人で合計3才年をとり、**差は一定ではなく**、**塾技55** が登場するというわけだ。

入試問題で塾技をチェック！

問題 1 今年の母の年令は子の年令の3倍です。10年前，母の年令は子の年令の8倍でした。今年の母の年令を求めなさい。
(慶應湘南藤沢中等部)

解き方

塾技56 ① より，2人の年令の差に注目して連比を考える。右の図より，母の年令は，㉑－⑯＝⑤ 減っており，これが10年分にあたるので，今年の母の年令は，
今年の母の年令＝㉑＝10÷5×21＝42(才)

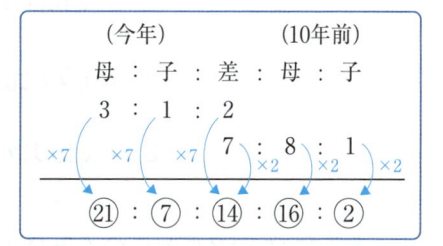

答 42才

	(今年)			(10年前)	
母 : 子 : 差 : 母 : 子
3 : 1 : 2
7 : 8 : 1
㉑ : ⑦ : ⑭ : ⑯ : ②

問題 2 花子さんの家族は，父，母，兄，花子さん，弟の5人家族です。父と母の年令の和は子供3人の年令の和の4倍で，7年後には2倍になります。現在の子供3人の年令の和は何才ですか。
(六甲中改)

解き方

7年後に父と母は2人合わせて14才，子供は3人合わせて21才年をとる。塾技56 ② より，それぞれの線分図をかき，比の大きさをそろえて考えればよい。

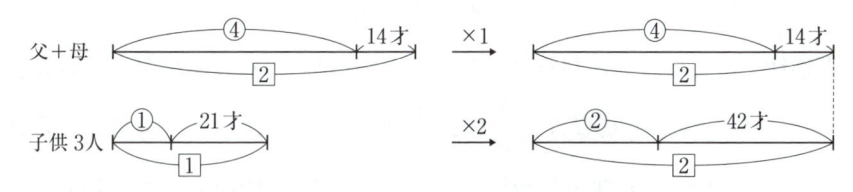

上の右側の線分図より，④－②＝②が，42－14＝28(才)とわかるので，現在の子供3人の年令の和にあたる①は，28÷2＝14(才)と求められる。

答 14才

チャレンジ！入試問題
解答は，別冊 p.56

問題① 今から9年前おじの年令は兄の年令の2.5倍でした。また，今から6年後おじの年令は兄の年令の$1\frac{2}{3}$倍になります。現在のおじと兄の年令を求めなさい。(大阪星光学院中) **A**

問題② 現在，父は40才，母は38才，3人の子供はそれぞれ7才，3才，1才です。父と母の年令の和が，3人の子供の年令の和の2倍になるのは何年後ですか。
(國學院大久我山中) **A**

問題③ 父，母，兄，妹の4人家族がいます。兄は妹より4才年上です。現在，母の年令は兄の年令の3倍で，8年後には父の年令は妹の年令の3倍になります。父は母より □ 才年上です。また，現在の4人の年令を足すと96才です。現在，母の年令は □ 才，妹の年令は □ 才です。
(愛光中) **B**

119

塾技 57 逆比の利用　比

逆比 ある比に対し，それぞれの項の**逆数の比**のことを**逆比**という。**2つの数の比**の場合では，逆比は**前項と後項を入れかえたもの**となる。

$$2つの数の比 \quad A:B \xrightarrow{逆比} \frac{1}{A}:\frac{1}{B}=B:A$$

$$3つ以上の数の比 \quad A:B:C \xrightarrow{逆比} \frac{1}{A}:\frac{1}{B}:\frac{1}{C}$$

例1 Aの3倍とBの4倍が等しいとき，AとBの比を求めなさい。

答 A×3とB×4が等しくなるため，AとBの比はかける数の比である3:4の逆比となる。よって，$A:B=\frac{1}{3}:\frac{1}{4}=4:3$

例2 Aの2倍とBの3倍とCの4倍が等しいとき，A:B:Cを求めなさい。

答 AとBとCの比は，2:3:4の逆比となる。
$A:B:C=\frac{1}{2}:\frac{1}{3}:\frac{1}{4}=\frac{6}{12}:\frac{4}{12}:\frac{3}{12}=6:4:3$

反対比と逆比 ともなって変わる2つの量 x，y があり，x の値が2倍，3倍，…，となると，y の値が，$\frac{1}{2}$倍，$\frac{1}{3}$倍，…，となるとき，y は x に反比例するという。y が x に反比例するとき x と y の積は一定となる。

塾技57 積が一定のともなって変わる2つの量があるとき（2量が反比例するとき），それぞれの量の比は互いに逆比の関係となる。

例 面積が同じ大きさの長方形AとBがあります。縦の長さの比が2:3となるとき，横の長さの比を求めなさい。

答 長方形AとBは面積が等しいので，縦と横の積が一定となり，横の長さの比は縦の長さの比の逆比となる。よって，横の長さの比は，$\frac{1}{2}:\frac{1}{3}=3:2$

塾技解説

比の文章題では逆比の考えをとてもよく使う。例えば**仕事算や速さの文章題**など，入試でよく出題される多くの文章題で逆比を利用する。ここでは反比例と逆比の関係を学んだけど，**比例の関係にある2量**，すなわち，$y=$決まった数$\times x$ で表される2量では，それぞれの量の**比は互いに等しくなる**ことも合わせてチェックしよう！

入試問題で塾技をチェック！

問題 1 お楽しみ会の係になりました。予算の金額で，ジュースはちょうど90本買うことができます。サンドイッチならばちょうど36個，ケーキならばちょうど40個買うことができます。ジュース1本とサンドイッチ1個とケーキ1個を1組にして1人分にすると，予算内で全員分を買うことができ，お金は360円余ります。人数がもう1人多いと，予算では足りません。

(1) お楽しみ会の人数は何人ですか。
(2) 予算はいくらですか。

(女子学院中)

解き方

(1) ジュース90本分，サンドイッチ36個分，ケーキ40個分の金額が等しいことより，それぞれ1個あたりの金額の比は個数の比の逆比となり，

$$\text{ジュース1本：サンドイッチ1個：ケーキ1個} = \frac{1}{90} : \frac{1}{36} : \frac{1}{40} = \frac{4}{360} : \frac{10}{360} : \frac{9}{360} = 4:10:9$$

ジュース1本の値段を④とすると，サンドイッチ1個は⑩，ケーキ1個は⑨と表すことができ，1人分の値段は，④＋⑩＋⑨＝㉓，予算は，④×90＝㉈㊀とわかる。予算内で買える人数とお楽しみ会の人数は等しく，㉈㊀÷㉓＝15余り⑮より，15人と求められる。　**答 15人**

(2) 余りの⑮が360円にあたるので，予算の㉈㊀は，360÷15×360＝8640（円）　**答 8640円**

問題 2 歯数32の歯車Aと歯数□の歯車Bがかみあっています。歯車Aが6分間で180回転するとき，歯車Bは8分間で320回転します。

(鎌倉女子学院中)

解き方

歯車がかみあうとき，同じ時間あたりに歯が送り出される数，すなわち歯数と回転数の積は一定で，**塾技57**より，歯数の比は回転数の比の逆比となる。1分間あたりの歯車Aと歯車Bの回転数の比は，30：40＝3：4となるので，歯数Aと歯数Bの比はその逆比の4：3とわかる。歯車Aの歯数が32より，歯車Bの歯数は，32÷4×3＝24　**答 24**

チャレンジ！入試問題

解答は，別冊 p.57

問題 A，B，C，Dの4人である仕事をすると，仕上げるのに30時間かかります。この仕事を仕上げる時間について次の**ア，イ，ウ**がわかっています。

ア． Aが1人ですると，B，C，Dが3人でするときの5倍の時間がかかる。
イ． A，Bが2人ですると，C，Dが2人でするときの1.25倍の時間がかかる。
ウ． Cが1人ですると，Dが1人でするときの1.5倍の時間がかかる。

(1) Aが1人でこの仕事を仕上げるのに何時間かかりますか。
(2) Bが1人でこの仕事を仕上げるのに何時間かかりますか。
(3) Cが1人でこの仕事を始めましたが，途中からDが加わり，Cが始めてから63時間で仕上げました。C，Dが2人で仕事をしたのは何時間ですか。

(桐朋中)

塾技 58 速さと比① 比

> **速さと比** 速さの3要素である「距離」,「速さ」,「時間」のうち, 一定のものが何かによって以下3つの塾技が成り立つ。

塾技58 **1** 速さが一定のとき, 距離＝一定の速さ×時間 となるため, 距離と時間は比例し, 距離の比＝時間の比 が成り立つ。

例 12分で16km進む自動車は, 30分で何km進みますか。

答 自動車の速さは一定なので, 自動車が進む距離の比はかかる時間の比と等しく, 12：30＝②：⑤ となる。②が16kmにあたるので, 求める距離である⑤は, 16÷2×5＝40(km)とわかる。

塾技58 **2** 時間が一定のとき, 距離＝速さ×一定の時間 となるため, 距離と速さは比例し, 距離の比＝速さの比 が成り立つ。

例 A君とB君の速さの比は2：3です。2人が同時に同じ地点を出発するとき, A君が500m進む間にB君と何m離れますか。

答 2人が進んだ時間は同じなので, A君とB君が進んだ距離の比は速さの比と等しく②：③となる。②が500mにあたり, A君とB君は, ③－②＝① 離れることになるので, A君はB君と, 500÷2＝250(m)離れる。

塾技58 **3** 距離が一定の時, 速さ×時間＝一定の距離 となるため, 速さと時間は反比例し, 速さの比と時間の比は逆比となる。

例 A地点とB地点の間の距離を時速30kmで走ると45分かかり, 時速50kmで走ると□分かかります。

答 走る距離は一定なので, かかる時間の比は速さの比の逆比となる。速さの比は, 30：50＝3：5 より, かかる時間の比は, ⑤：③とわかり, ⑤が45分にあたるので, □＝③＝45÷5×3＝27(分) と求められる。

> **塾技解説**
> 速さと比のポイントは, **一定のものが何かを見抜く**こと。それにより, **比例の関係のときは比が等しく, 反比例の関係のときは逆比**となる。上では全て式で説明したけど, 例えば同じ距離を走る場合, 速さが速いほどかかる時間は短くなるよね。そう考えると, **距離が一定なら速さの比と時間の比が逆比**になるのは当たり前だね。

入試問題で塾技をチェック!

問題 1　ある会社では製品を第1工場から第2工場にトラックで運びます。第1工場を出発する時刻は決められていて，時速60kmで行くと9時30分に着き，時速50kmで行くと10時15分に着くそうです。第1工場から第2工場までの道のりは□kmで，決められた出発時刻は□時□分です。

（青山学院中等部）

解き方

塾技58　③ より，道のり一定のとき，かかる時間の比は速さの比の逆比となる。速さの比は，$60:50=6:5$ より，時間の比は，⑤:⑥ となり，差の①が，10時15分－9時30分＝45分 にあたるので，時速60kmで行くと，$45×5=225$（分）＝3時間45分 かかることがわかる。よって，第1工場から第2工場までの道のりは，$60×3\frac{45}{60}=225$（km）と求められる。また決められた出発時刻は，

9時30分－3時間45分＝5時45分

答　225，5，45

問題 2　50mをA君は9秒，B君は8.1秒，C君は7.2秒で走ります。この3人が50m競争をします。同時にスタートし，C君がゴールしたとき，A君はB君より□m後ろにいます。

（芝中）

解き方

50mを走るのに，AとBとCがかかる時間の比は，$9:8.1:7.2=90:81:72=10:9:8$ となるので，塾技58　③ より，速さの比は，$\frac{1}{10}:\frac{1}{9}:\frac{1}{8}=\frac{36}{360}:\frac{40}{360}:\frac{45}{360}=36:40:45$ となる。一方，Cがゴールしたとき，AとBとCが進んだ距離の比は，塾技58　② より，速さの比と等しく，㊱:㊵:㊺ となる。㊺が50mにあたり，AはBより，㊵－㊱＝④ 後ろにいるので，

□＝④＝$50÷45×4=\frac{40}{9}=4\frac{4}{9}$（m）

答　$4\frac{4}{9}$

チャレンジ! 入試問題

解答は，別冊 p.58

問題 1　太郎君がお父さんと100m走をしたところ，お父さんがゴールしたとき，太郎君はゴールの5m手前にいました。このとき，次の問いに答えなさい。

(1) 太郎君の走る速さとお父さんの走る速さの比を最も簡単な整数の比で表しなさい。

(2) お父さんの出発地点を何m後ろにすると同時にゴールしますか。

（東邦大附東邦中）A

問題 2　A君は一定の速さでPQ間を一往復します。B君はA君がPQ間のちょうど半分の場所に来たときPを出発して一定の速さでQに向かい，Qに着くとすぐに2倍の速さでPにもどります。右の図は2人の進行を表すグラフです。

(1) アの値は□分です。

(2) イの値は□分です。

（芝中）B

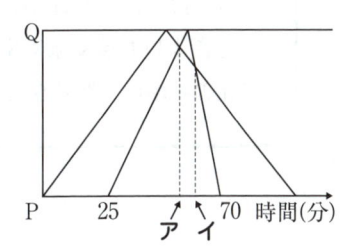

塾技 59 速さと比②　　比

歩数と歩幅　歩いた距離＝歩幅×歩数 より，次の塾技が成り立つ。

塾技59 ①　歩いた距離が一定のとき，歩幅の比と歩数の比は逆比となる。

例　兄が5歩で歩く距離を弟が6歩で歩くとき，兄と弟の歩幅の比を求めなさい。

答　2人が歩く距離は同じなので，兄と弟の歩幅の比は歩数の比の逆比となる。兄と弟の歩数の比は5：6より，歩幅の比はその逆比の6：5と求められる。

塾技59 ②　歩いた時間が一定のとき，塾技58 ②より，速さの比は距離の比と等しいので，速さの比＝(歩幅×歩数)の比 が成り立つ。

例　兄が3歩で歩く距離を弟は4歩で歩き，兄が5歩歩く間に弟は6歩歩きます。兄と弟の歩く速さの比を求めなさい。

答　兄と弟の歩幅の比は，歩数の比の逆比4：3となる。一方，兄が5歩歩く時間と弟が6歩歩く時間は等しいので，速さの比は歩幅の比に歩数をかけて，
　　兄の速さ：弟の速さ＝(4×5)：(3×6)＝20：18＝10：9

流水算と比　距離が与えられていない流水算では，上りと下りにかかる時間の比と速さの比が逆比となることを利用して解くことが多い。

例　川に沿ったA町とB町の間を船で往復したところ，上りと下りにかかった時間の比は5：3でした。上りの速さが時速15kmのとき，川の流れの速さを求めなさい。ただし，川の流れの速さは一定とします。

答　上りと下りにかかった時間の比が5：3より，上りと下りの速さの比は③：⑤とわかる。川の流れの速さは，(⑤－③)÷2＝① となり，③が時速15kmにあたることより，川の流れは，毎時 15÷3＝5(km) と求められる。

塾技解説

歩数と歩幅の問題は意外とわかりにくい。一見，歩幅が大きい方がより遠くまで進めそうだけど，**歩幅が小さくてもその分同じ時間あたりの歩数が多ければ**，歩幅が大きいときよりも**遠くまで進める**こともある！まどわされないよう注意しよう。流水算での比の利用は，**距離がわかっているかどうかを1つの目安**にするといいぞ。

124

check! 入試問題で塾技をチェック！

問題 1 父が5歩で進む距離をまなぶ君は8歩で進み、1分間に父が20歩、まなぶ君は24歩進みます。2人が同じ地点から同じ方向に同時に出発したところ、25分後に2人は102m離れていました。父とまなぶ君の速さの比およびまなぶ君の1歩の歩幅を求めなさい。

（立教池袋中改）

解き方

塾技59 1 より、父とまなぶ君の歩幅の比は歩数の比の逆比となるので、8：5とわかる。また、同じ時間（1分間）の父とまなぶ君の歩数の比は、20：24＝5：6となるので、塾技59 2 より、父とまなぶ君の速さの比は、(8×5)：(5×6)＝40：30＝4：3とわかる。

一方、塾技58 2 より、25分間に進む父とまなぶ君の距離の比は速さの比と等しく④：③となり、④－③＝①が102mにあたるので、まなぶ君は25分で、102×3＝306(m)進む。よって、まなぶ君の1歩の歩幅は、306÷(24×25)＝0.51(m)

答 速さの比 4：3，歩幅 0.51m(51cm)

問題 2 川の上流にあるA町と下流にあるB町とを、1時間6分で往復している船があります。この船の速さは一定で、川を上流に向かって進むときは毎分112m、下流に向かって進むときは毎分196mです。A町とB町の間の距離は何mですか。

（東邦大附東邦中）

解き方

上りと下りの速さの比は、112：196＝4：7となるので、上りにかかる時間と下りにかかる時間は速さの比の逆比⑦：④となる。⑦＋④＝⑪が1時間6分＝66分にあたるので、上りにかかる時間は、66÷11×7＝42(分)とわかる。よって、AB間の距離は、112×42＝4704(m)

答 4704m

チャレンジ！入試問題

解答は、別冊 p.59

問題 1 流れの速さが時速3kmである川の川上にA地、川下にB地があります。船XはA地からB地へ向かい、船YはB地からA地へ向かい同時に出発しました。船XはB地に着いてすぐA地に向かったところ、船Xと船Yは同時にA地に着きました。グラフは、そのときの様子を表したものです。

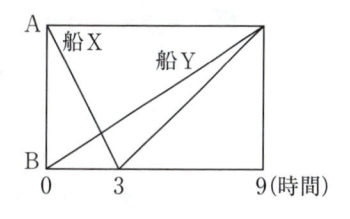

(1) 船Xと船Yが最初に出会うのは、出発してから何時間何分後ですか。
(2) A地とB地の間の距離は何kmですか。

（田園調布学園中等部）Ⓐ

問題 2 J子さんが10歩で歩く距離を、お母さんはいつも8歩で歩きます。
(1) J子さんとお母さんが手をつないで横に並んで歩くとき、J子さんが115歩進む間に、お母さんは何歩進みますか。
(2) J子さんが家を出て625歩進んだとき、お母さんは家を出て、いつもと同じ歩幅でJ子さんの1.5倍の速さで追いかけました。お母さんがJ子さんに追いつくのは、家を出てから何歩進んだときですか。

（女子学院中）Ⓑ

塾技 60 面積図とてんびん図　比

面積図と逆比　塾技 13，塾技 18 で学んだ面積図は，でっぱった部分とへこんだ部分の面積が同じになることを利用したもので，それら 2 つの長方形の縦の比と横の比は逆比となる。

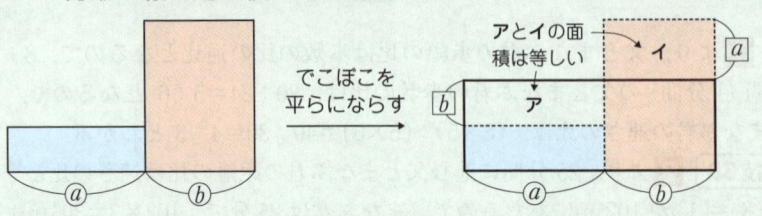

面積図とてんびん図　面積図の面積が同じ部分の長方形において，縦の長さの比を**支点からの距離の比**，横の長さの比を**おもりの重さの比**と考えることにより，**面積図をてんびん図で表すことができる**。

塾技 60
平均算では平均の値を，食塩水の文章題ではできた食塩水の濃度をそれぞれ支点にすることで，ともにてんびん図を利用できる。

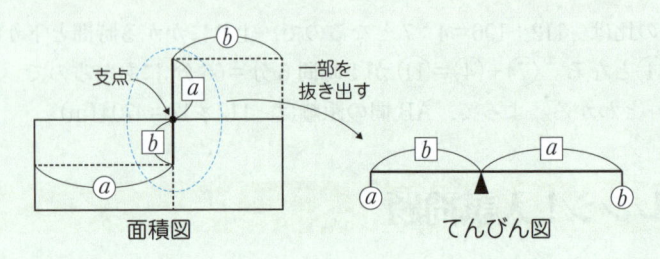

例　濃度 8 % の食塩水 200 g に濃度 20 % の食塩水を何 g か混ぜ，濃度 12 % の食塩水を作りました。20 % の食塩水は何 g 混ぜましたか。

答　右のてんびん図より，混ぜた 20 % の食塩水の重さは ① となる。② が 200 g にあたるので，① は，
200 ÷ 2 = 100（g）

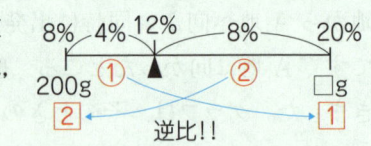

塾技解説
てんびん図は**簡単に図がかける**うえに，**逆比を用いることで計算も楽**！上の **例** は 塾技 18 と同じものなので比べてみよう。ちなみに，例えば 3 種類の食塩水を混ぜ合わせてあらたな食塩水を作る問題では，逆比の考えは使えないけど，中学入試の理科で習う**モーメント**の考えを使うことでてんびん図を利用できるぞ。

入試問題で塾技をチェック！

問題 空の水そうに2つのじゃ口A，Bから食塩水を同時に注いでいきます。Aのじゃ口からは8％の食塩水が毎秒30g，Bのじゃ口からは3％の食塩水が毎秒20gの割合で注がれます。水そうは十分な大きさがあり，食塩水があふれることはないとします。

(1) 注ぎ始めてから10秒後の水そうの中の食塩水の濃度を求めなさい。

(2) 注ぎ始めてから何秒後かの水そうの中に食塩を40g混ぜたところ，食塩水の濃度が10％になりました。何秒後のことであったか求めなさい。

(3) 注ぎ始めてから何秒後かの水そうの中の食塩水から水を200g蒸発させたところ，食塩水の濃度が8％になりました。何秒後のことであったか求めなさい。

(学習院中)

解き方

(1) 塾技17 **1**より，10秒後のビーカーの図をかいて考える。
右の図で，□％は，
$30 \div 500 \times 100 = 6(\%)$　**答** 6％

A　8％　300g ＋ B　3％　200g ＝ □％　500g
食塩　$300 \times 0.08 = 24(g)$　$200 \times 0.03 = 6(g)$　$24 + 6 = 30(g)$

(2) A，Bからは一定の量の食塩水が注がれるので，(1)より，水そうには濃度6％の食塩水が毎秒50gずつ注がれることがわかる。水そうに混ぜた食塩を100％の食塩水と考えて，てんびん図をかく。図より，②が40gにあたるので，6％の食塩水は，
$40 \div 2 \times 45 = 900(g)$ あったことになる。よって，
$900 \div 50 = 18(秒後)$　**答** 18秒後

(3) 水を蒸発しているだけなので，その前後で食塩の重さは変わらない。蒸発前と後の食塩水の量をそれぞれ**ア**，**イ**とすると，**ア**×0.06 と **イ**×0.08 が等しくなるので，**ア**と**イ**の比は，
ア：**イ** ＝ 0.08：0.06 ＝ 8：6 ＝ ④：③
④－③＝① が200gにあたるので，**ア**は800gとわかり，$800 \div 50 = 16(秒後)$　**答** 16秒後

チャレンジ！入試問題

解答は，別冊 p.60

問題① あるグループの人数は8人で，算数のテストの平均は73.5点でした。この8人に平均が83点のグループを加えたところ，全体の平均が79点になりました。加えたグループの人数は □ 人です。

(青山学院中等部) **A**

問題② 8％の食塩水Aと20％の食塩水Bをいくらかずつ混ぜて15％の食塩水を作ります。AとBの混ぜる量の差が80gであるとき，Aを □ g混ぜればよいです。

(芝中) **A**

問題③ 濃度8％の食塩水Aと濃度15％の食塩水Bを混ぜて，10％の食塩水を作ろうとしました。ところが，食塩水Bを予定より100g多く入れてしまったため，濃度10.8％の食塩水ができました。このとき，混ぜた食塩水Aの量は □ gです。

(明治大付明治中) **B**

塾技 61 容器に入った水①　比

水の入った柱体の容器についての頻出問題パターン

[パターン1] 別の柱体の容器に水を移しかえる問題

塾技61 ① 水位＝水の体積÷容器の底面積 を利用する。

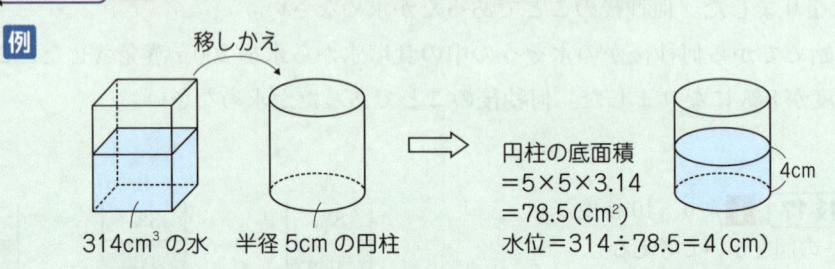

例　移しかえ

314cm³ の水　半径5cmの円柱

円柱の底面積
＝5×5×3.14
＝78.5(cm²)
水位＝314÷78.5＝4(cm)　4cm

塾技61 ② 水の体積＝容器の底面積×水位　より，水の体積が一定のとき，容器の底面積の比と水位の比は逆比となることを利用する。

例　図1のようなふたのない1辺6cmの立方体の容器に，高さ4cmのところまで水が入っています。この水を全て図2のような三角柱の容器に移すと，水面の高さは何cmになりますか。

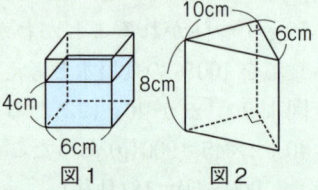

図1　6cm立方体（4cmまで水）
図2　10cm, 8cm, 6cmの三角柱

答　ともに柱体の容器なので，水の体積が一定のとき容器の底面積の比と水位の比は逆比となる。底面積の比は，(6×6)：(10×6÷2)＝36：30＝6：5 より，高さの比は⑤：⑥となり，⑤が4cmにあたるので，求める高さは，
⑥＝4÷5×6＝4.8(cm)

[パターン2] 容器を傾けたり容器の置き方を変える問題

塾技61 ③ 空どう部分の体積に注目すると計算が楽になることがある。

⇨「入試問題で塾技をチェック！」を参照

[パターン3] 容器の中に物を入れる問題
⇨ 塾技62 を参照

塾技解説

容器に入った水に関する問題も，速さの問題や食塩水の問題と同様に**逆比を利用**することで**めんどうな計算をせず簡単に答えを出せることがよくある**んだ。②の例では，実際に立方体に入っている水の体積を三角柱の底面積で割るという方法もあるけど，「チャレンジ！入試問題」問題②は逆比を利用しないときついぞ！

check! 入試問題で塾技をチェック！

問題 下の図1のように、縦4cm、横10cm、高さ8cmの直方体の容器いっぱいに水を入れました。図2のように容器を傾けて水をこぼし、図3のようにもどしました。Xの値を求めなさい。

(聖セシリア女子中)

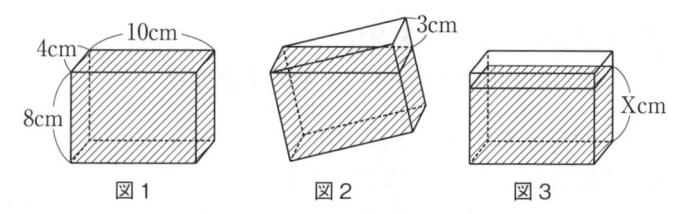

図1　図2　図3

解き方

塾技61 ③ より、図2と図3の空どう部分の体積は等しくなることを利用する。図2の空どう部分は三角柱であり、その体積は、$3×10÷2×4=60(cm^3)$ となる。これを図3の空どう部分の底面積で割ると、$60÷(4×10)=1.5(cm)$ より、図3の空どう部分の四角柱の高さは1.5cmとわかる。よって、Xは、$8-1.5=6.5(cm)$

答 6.5

注意！ 求めるのはXの値で、図3で"Xcm"となっているため答えに単位(cm)はつけないこと。

チャレンジ！入試問題

解答は、別冊 p.61

問題① 右の図のような3つの直方体を組み合わせた形の水のもれない容器に水が入っています。今、図のA面を底面として、水平においたところ、水の高さは底から50cmでした。この容器をB面を底面とするときの水の深さは □ cm です。

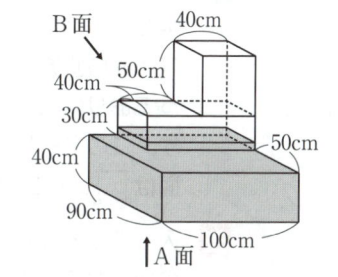

(芝中) A

問題② 右の図のような円柱の形をした容器A、B、Cがあります。3つの容器の深さは全て120cmで、底面の円の面積は、BがAの$\frac{4}{5}$倍、CがBの$\frac{3}{4}$倍です。Aの容器には84cmの深さまで水が入っていて、BとCは空になっています。
このとき、次の各問いに答えなさい。

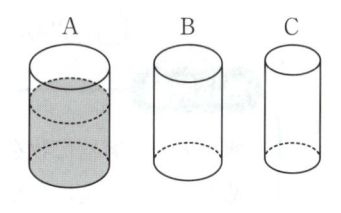

(1) Aに入っている全ての水をBに移すと、水の深さは何cmになりますか。

(2) Aに入っている全ての水をBとCに同じ量ずつ分けて入れると、BとCの水の深さの差は何cmになりますか。

(3) Aに入っている全ての水をBとCに分けて入れ、BとCの水の深さが同じになるようにすると、水の深さは何cmになりますか。

(星野学園中) B

塾技 62 容器に入った水② 比

容器の中に物を入れる問題 物が全て水につかるかどうかで以下2つの塾技がある。

塾技62 ① 物が全て水につかる場合
　　　　　増加した水位＝物の体積÷容器の底面積

例 右の図1のようなふたのない1辺20cmの立方体の容器に，高さ13cmのところまで水が入っています。この中に，図2のような1辺10cmの立方体の形をしたおもりを入れたところ，全部水の中に入り，水面の高さは入れる前より□cm高くなりました。

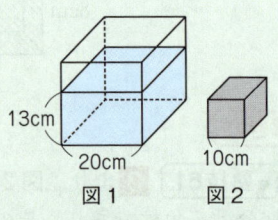

答 見かけ上増える水の体積はおもりの体積と等しく，10×10×10＝1000(cm³)となるので，増加した水位は，
　　　□＝1000÷(20×20)＝2.5(cm)

塾技62 ② 物が全て水につからない場合
　(1) 新たな水位＝水の体積÷新たな底面積
　(2) 物を入れる前後で，底面積の比と水位の比は逆比となる。

例 図1のように，1辺20cmの立方体の容器の中に，底面が1辺10cmの正方形で高さが16cmの直方体の形をしたおもりが横にして入っており，13cmのところまで水が入っています。このおもりを図2のように縦にすると，水面は□cmになります。

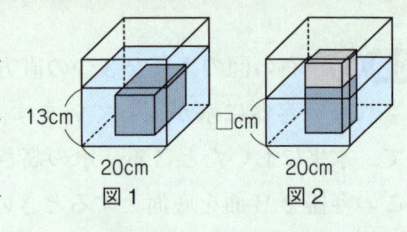

答 入っている水の体積は，20×20×13－10×10×16＝3600(cm³)で，これを図2の新たな底面積で割り，
　　　□＝3600÷(20×20－10×10)＝12(cm)

塾技解説

水の入った容器に物を入れる問題では，**入れた物が完全に水につかるかどうかの見極め**が大切！完全につかる場合，見かけ上増える水の体積は物の体積と等しいため，**物と同じ体積ぶんの水を入れた**ようなものなんだ。一方，完全につからない場合，水の体積は**新たな水面（底面）をもつ柱体の体積**と考えられるというわけだ。

入試問題で塾技をチェック！

問題 右の図1の四角柱の形をした容器に水が入っています。そこに，図2の四角柱の形をした棒をまっすぐ底がつくまで入れます。棒を1本入れたとき，棒の一部は水面から出ていて，水面の高さは1cm高くなりました。次の問いに答えなさい。

(1) 初めの水面の高さを求めなさい。

(2) 棒を何本入れると，入れた棒全てが完全に水の中に入りますか。最も少ない本数を答えなさい。

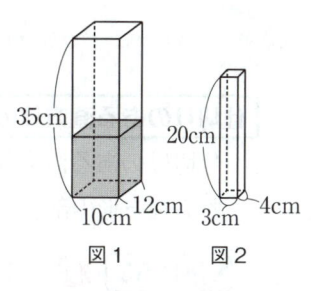

（立教新座中）

解き方

(1) 棒を1本入れる前と入れたあとの底面積の比は，
　　(12×10)：(12×10−4×3)＝120：108＝10：9

塾技62 ②(2)より，水面の高さの比は⑨：⑩となり，⑩−⑨＝①が1cmにあたるので，初めの水面の高さ⑨は9cmと求められる。

答 9cm

(2) 水面の高さがちょうど20cmになるときの容器の底面積の大きさを考える。棒を入れる前と後の水面の高さの比は9：20となるので，塾技62 ②(2)より，底面積の比は⑳：⑨となる。⑳が120cm²にあたるので，入れた棒の底面積の合計は，⑳−⑨＝⑪＝120÷20×11＝66(cm²)とわかる。一方，棒1本あたりの底面積は12cm²なので，水面の高さがちょうど20cmのときに入れた棒の本数は，66÷12＝5.5(本)となる。以上より，棒は6本と求められる。

答 6本

チャレンジ！入試問題

解答は，別冊 p.62

問題① 図1のような直方体の容器に水が入っています。この中に図2の直方体を底面に垂直に立てると，水面が3cm上がりました。図2の直方体の底面は正方形です。1辺の長さは何cmですか。

（日本女子大附中）Ⓐ

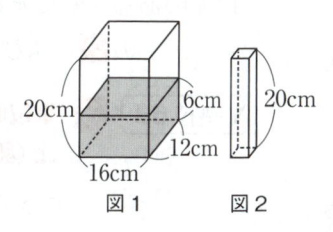

問題② 図のように，水の入っている直方体の容器に，底面が正方形で高さが15cmの直方体のおもりを入れます。水面の高さは1本入れると9.6cm，2本入れると12cmになります。次の問いに答えなさい。

(1) おもりの底面の1辺の長さは何cmですか。

(2) 容器に入っている水の量は何cm³ですか。

(3) おもりを3本入れると水面の高さは何cmになりますか。

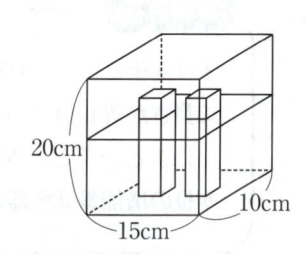

（早稲田中）Ⓑ

131

塾技 63 水位変化とグラフ　比

仕切りのある直方体の容器に水を入れる問題の解法

仕切りのある直方体の容器に水を入れる問題は、**容器を正面から見た図**で、それぞれの長方形の部屋を**水で満たすのにかかる時間**を考え、次の塾技を利用する。

塾技63 ① 同じ高さまで水を入れるとき、かかる時間の比は底面積の比と等しく、奥行き一定の直方体の容器では横の長さの比とも等しい。

塾技63 ② 底面積が一定のとき、水を入れる時間の比と水位の比は等しい。

例 下の図1のような直方体の容器のアの部分に毎分一定の割合で水を入れたとき、水を入れた時間とアの部分の水面の高さが図2のようになりました。このとき、容器のACとBCの長さの比および仕切りの高さイを求めなさい。

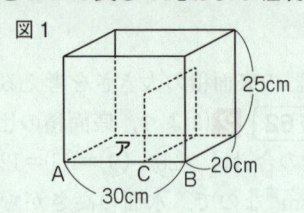

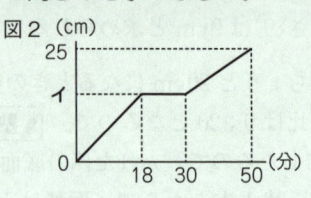

答 右の図より、ACとBCの長さの比は、
　　AC：BC＝18：12＝3：2
また仕切りの高さイは、容器の高さ25cmを、
　　(18＋12)：(50－30)＝30：20＝3：2
に比例配分し、25÷(3＋2)×3＝15(cm)

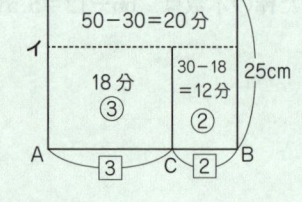

直方体を組み合わせた段差のある容器に水を入れる問題の解法

段差のある容器に水を入れる問題は、**奥行きが一定となるような方向から見た図**を考え、上の②および次の③を利用して解く。

塾技63 ③ 単位時間あたりに増加する水位の比と、水がたまる部分の底面積の比（奥行き一定の容器では横の長さの比）は互いに逆比となる。

⇒「入試問題で塾技をチェック！」 問題 (2)を参照

塾技解説

水位変化とグラフの問題で登場する容器には上の2種類があるけど、ともに**奥行き（縦）の長さが等しい**ということが共通している。上では容器の種類で解法を分けたけど、1つにまとめると、**水位が増加する時間は容器の横の長さに比例し、単位時間あたりの水位の増加量は容器の横の長さに反比例する**ということだね。

入試問題で塾技をチェック！

問題 図のような水槽に，毎分一定量の水を注ぎます。このとき一番深いところで測った水の深さと，水を入れ始めてからの時間との関係を，グラフに表しました。□に当てはまる数を入れなさい。

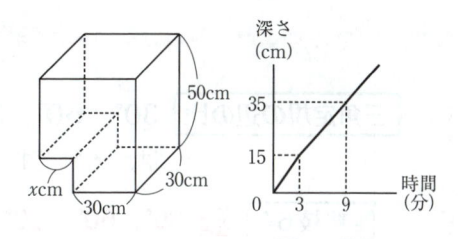

(1) 水を毎分 □ L 注いでいます。

(2) 図の x で表されている長さは □ cm です。

(3) この水槽を満水にするには □ 分かかります。

(学習院中)

解き方

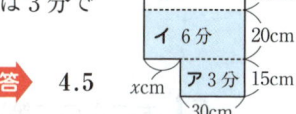

(1) 水槽を正面から見た図をかくと，右の図のようになる。水の深さは3分で15cmとなり，1分では，$15÷3=5$(cm)の高さまで水が入るので，
1分で注がれる水の量＝$30×30×5=4500$(cm^3)＝4.5(L)　　**答 4.5**

(2) 塾技63 ❸ より，容器の横の長さの比は1分あたりに増加する水位の比の逆比となる。**ア**の部分と**イ**の部分の1分あたりに増加する水位の比は，$(15÷3):(20÷6)=3:2$ より，**ア**と**イ**の部分の横の長さの比は②：③となり，②が30cmにあたるので，**イ**の部分の横の長さ③は，$30÷2×3=45$(cm)となる。よって，$x=45-30=15$(cm)　　**答 15**

(3) (1)の図で，**イ**と**ウ**の部分は横の長さと奥行きもともに30cmと等しいので，塾技63 ❷ より，水位の比と注水にかかる時間の比は等しくなる。**イ**と**ウ**の水位の比は，$20:15=4:3$ より，注水にかかる時間の比も④：③となり，④が6分にあたるので，③は，$6÷4×3=4.5$(分)となる。以上より，満水までには，$3+6+4.5=13.5$(分)かかる。　　**答 13.5**

チャレンジ！入試問題

解答は，別冊 p.63

問題 右の図のような2枚の板で仕切られた容器があります。この容器がいっぱいになるまで水を注ぎます。下のグラフは，毎秒8cm^{3}で水を㋐の部分に注ぐとき，入れ始めてからの時間と㋑の部分の水面の高さの関係を表しています。

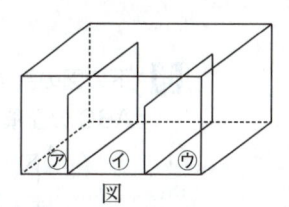

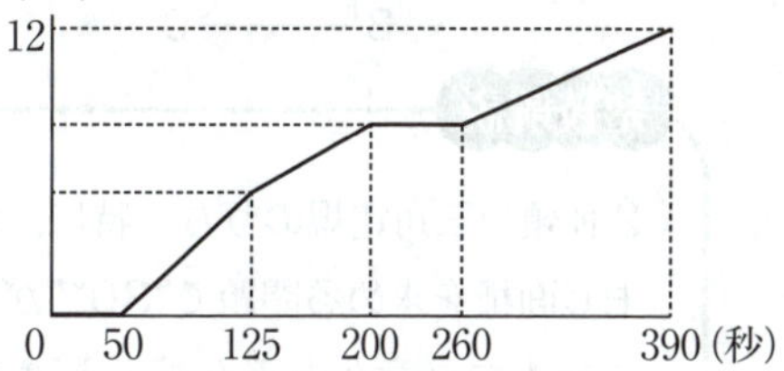

(1) ㋐と㋑と㋒の部分の底面積の比を最も簡単な整数の比で求めなさい。

(2) 次に，この容器をからにして，あらかじめ㋐の部分に80cm^{3}の水を入れておきます。毎秒10cm^{3}で水を㋐の部分に注ぎ始め，その60秒後に毎秒10cm^{3}で水を㋑の部分にも注ぎ始めます。
水を㋐の部分に注ぎ始めてから容器がいっぱいになるまで何分何秒かかりますか。

(3) (2)で，㋑の部分の水面の高さが4cmになるのは，水を㋐の部分に注ぎ始めてから何分何秒後ですか。

(海城中)

塾技 64 三角定規の辺の比　比

三角定規の辺の比　30°，60°，90°の三角定規と，45°，45°，90°の三角定規では，それぞれ辺の比について以下の塾技を利用する。

塾技64 ① 30°，60°，90°の定規で，最も短い辺と長い辺の比は1：2となる。

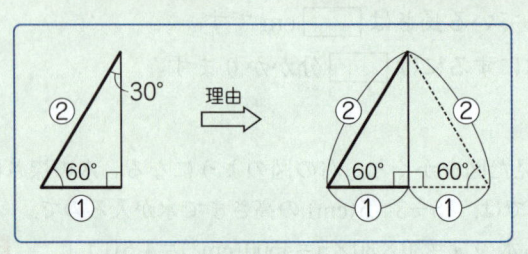

例　右の図の二等辺三角形 ABC の面積を求めなさい。

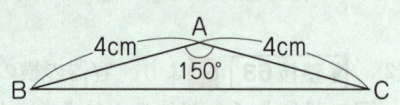

答　右の図のように，30°，60°，90°の直角三角形 ACH を作ると，CH＝4÷2＝2(cm) となる。よって，三角形 ABC＝4×2÷2＝4(cm²)

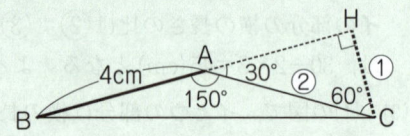

塾技64 ② 45°，45°，90°の定規で，最も長い辺を底辺としたときの高さを考えると，底辺と高さの比は2：1となる。

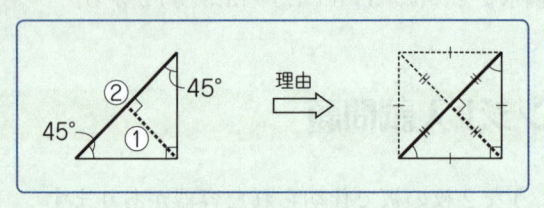

例　下の図の直角二等辺三角形 ABC の面積を求めなさい。

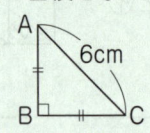

答　AC を底辺としたときの高さを BH とすると，BH＝6÷2＝3(cm) より，三角形 ABC の面積は，6×3÷2＝9(cm²)

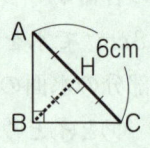

塾技解説

2種類の三角定規のうち，特に，30°，60°，90°の三角定規の辺の比はよく利用する。もし面積を求める問題で"30°"が出てきたら，真っ先に**1：2の利用**を考えよう。ただ1つ注意があるんだ。入試では直接"30°"と出てこなくても，①の例のように**自分で三角定規の角を作る**こともある。"120°"，"135°"，"150°"には注意しよう。

入試問題で塾技をチェック!

問題 図1のように半径10cm，中心角90°のおうぎ形AOBがあり，おうぎ形の曲線ABの部分を3等分した点を，Aに近い方からC, Dとします。図2のように点Aと点Cを直線で結んでできる**ア**の部分の面積は何cm²ですか。ただし，円周率は3.14とします。　(聖光学院中)

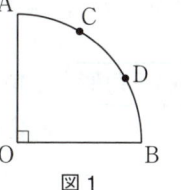

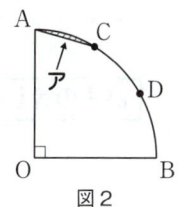

解き方

右の図で，角AOCは，90÷3＝30(度)とわかるので，**ア**の部分の面積は，中心角30°のおうぎ形AOCから三角形AOCの面積を引けばよい。三角形AOCで，OCを底辺と考えたときの高さをAHとすると，三角形AOHは，30°，60°，90°の直角三角形となるので，**塾技64** **1** より，AHとAOの比は1：2となり，AH＝5cmとわかる。一方，OC＝OA＝10cmとなるので，

ア ＝ $10 \times 10 \times 3.14 \times \dfrac{30}{360} - 10 \times 5 \div 2 = \dfrac{314}{12} - 25 = \dfrac{157}{6} - 25 = \dfrac{7}{6} = 1\dfrac{1}{6}$ (cm²)

答 $1\dfrac{1}{6}$ cm²

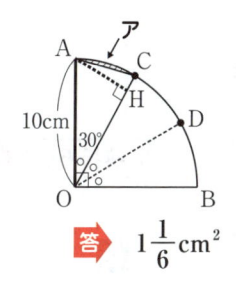

チャレンジ! 入試問題

解答は，別冊 p.64

問題① 右の図は，半径が10cmで，中心角が90°のおうぎ形OABです。おうぎ形OABのAからBまでの円周の部分を3等分する点をC, Dとするとき，斜線の四角形ABDCの面積は □ cm²です。　(明治大付明治中) **A**

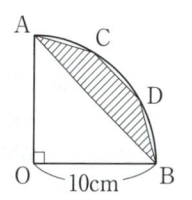

問題② 右の図で，正方形の中の黒い部分**ア**と**イ**の面積はそれぞれ何cm²ですか。円周率を3.14として計算しなさい。　(桐朋中) **A**

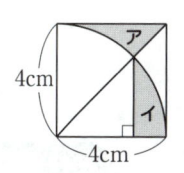

問題③ 右の図1のような三角形ABCの頂点A，Bを中心として，半径6cmの円をかきました。図2の斜線を引いた部分の面積は何cm²ですか。　(早稲田中) **B**

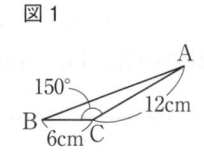

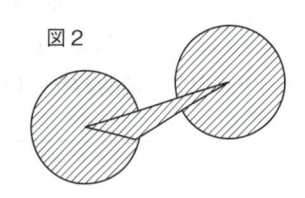

塾技 65 面積比① 〔比〕

高さの等しい三角形 三角形の面積は，底辺×高さ÷2 で求めることができるので，**高さの等しい三角形の面積比は底辺の比と等しくなる。**

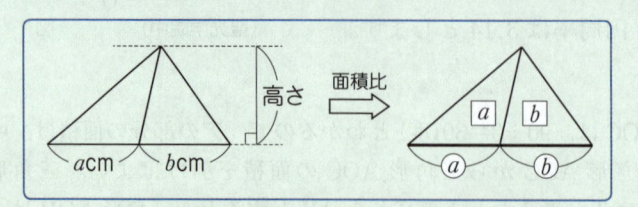

（図：底辺 $a$cm と $b$cm の三角形 → 面積比 ⓐ：ⓑ）

塾技65 ① 三角形に分けられた図形の面積比を考えるとき，小さな高さの等しい三角形の組から，より大きな組へと広げて考える。

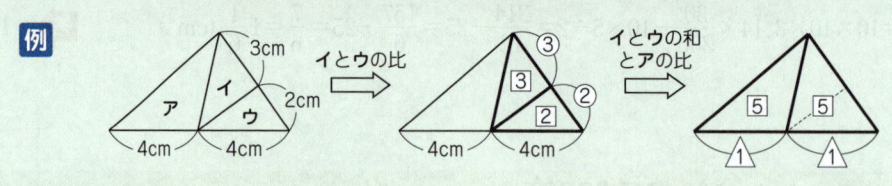

例（図：3cm, 2cm, 4cm, 4cm の三角形 ア・イ・ウ → イとウの比 ③：② → イとウの和とアの比 ⑤：⑤）

塾技65 ② 面積の等しい三角形に分けられた図形の問題は，高さの等しい三角形の組に注目し，面積比から逆に底辺の比を考える。

例 右の図のように，三角形 ABC を 4 つの面積が等しい三角形に分けたとき，DF：FC および AD：DC を最も簡単な整数の比で表しなさい。

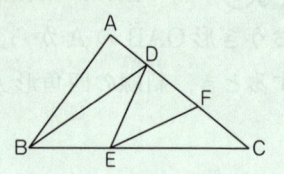

答 DF：FC ＝ 三角形 EDF：三角形 EFC
　　　　＝ 1：1

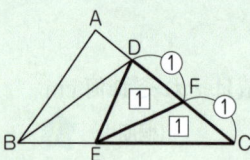

　　AD：DC ＝ 三角形 BAD：三角形 BDC
　　　　＝ 1：3

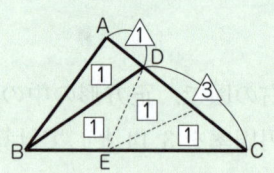

塾技解説

面積比の問題を解くにはいろいろな方法があるけど，真っ先に考えるべきことは**高さの等しい三角形の組を探す**ということ！面積比を求める問題の多くは，高さの等しい三角形の組に注目すれば解けるんだ。高さの等しい三角形に分かれていないときは，自分で**補助線を引いて高さの等しい三角形に分ける**こともよくあるぞ。

check! 入試問題で塾技をチェック!

問題 右の図の三角形でBL：LC＝3：2，AP：PL＝4：1です。三角形ABCと三角形PLCの面積の比を最も簡単な整数の比で答えなさい。

(明治大付中野八王子中)

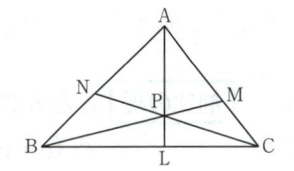

解き方

塾技65 ① より，与えられた図の中で最も小さな高さの等しい三角形の組である，三角形PBLと三角形PLCの面積比から考え始めていけばよい。図1より，三角形PBLと三角形PLCの面積比は底辺の比と等しく，三角形PBL：三角形PLC＝BL：LC＝3：2となる。

同様に，図2，図3より，

　三角形PLC：三角形PAC＝PL：AP＝1：4＝2：8 (図2)

　三角形PBL：三角形PBA＝PL：AP＝1：4＝3：12 (図3)

以上より，三角形ABC：三角形PLC＝(3＋2＋8＋12)：2＝25：2

答 25：2

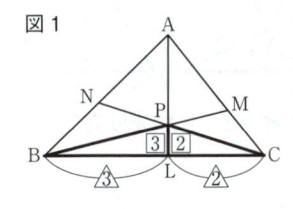

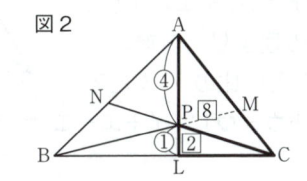

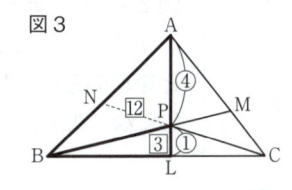

チャレンジ！入試問題

解答は，別冊 p.65

問題① ACの長さが24cmである三角形ABCを，図のように面積の等しい6つの三角形に分けます。このとき，次の各問いに答えなさい。

(1) AP：PCを最も簡単な整数の比で表しなさい。
(2) PR：RCを最も簡単な整数の比で表しなさい。
(3) RTの長さを求めなさい。

(獨協埼玉中) **A**

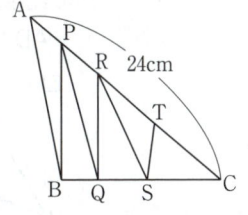

問題② 右の図の三角形ABCの面積は3cm²です。辺については AB＝AD，BC＝BE，CA＝CF，ED＝DGが成り立っています。このとき，三角形EFGの面積は何cm²ですか。

(海城中) **B**

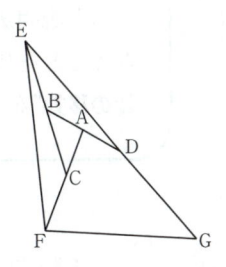

137

塾技 66 面積比② 比

加比の理 a と b の比と c と d の比が等しいとき，それぞれの比の前項の和と後項の和 $(a+c)$ と $(b+d)$ の比や，前項の差と後項の差 $(a-c)$ と $(b-d)$ の比は，ともにもとの比と等しくなることを**加比の理**という。

塾技66 図形問題における加比の理の利用
右の図において，**ア：イ**$=a:b$ が成り立つ。

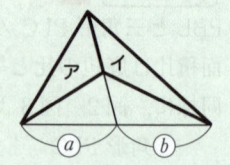

― 上の関係が成り立つ理由 ―
図1より，**ウ**と**エ**の比は $a:b$ となり，図2より，(**ア**＋**ウ**)と(**イ**＋**エ**)の比も $a:b$ となる。加比の理より，前項の差と後項の差の比はもとの比の $a:b$ と等しくなるので，(**ア**＋**ウ**－**ウ**)：(**イ**＋**エ**－**エ**)＝**ア**：**イ**＝$a:b$ が成り立つ。

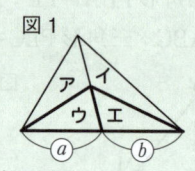

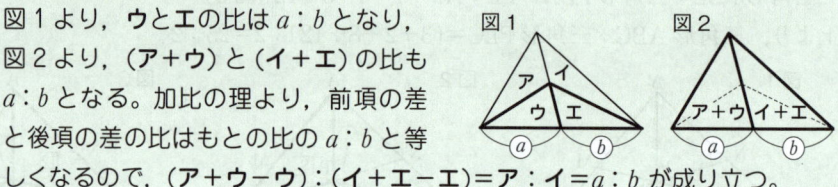

例 右の図の三角形 ABC で AF：FC＝1：1，BE：EC＝2：1 のとき，AD：DB を最も簡単な整数比で表しなさい。

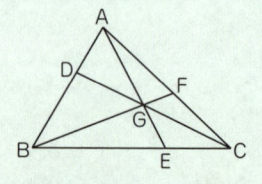

答 図1より，三角形 ABG：三角形 ACG＝BE：EC＝2：1 とわかる，同様に，図2より，三角形 ABG：三角形 CBG＝AF：FC＝1：1＝2：2 とわかる。ここで，求める辺の比は，三角形 CAG と三角形 CBG の面積比と等しくなるので，図3より，
AD：DB＝三角形 CAG：三角形 CBG＝1：2

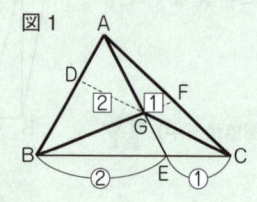

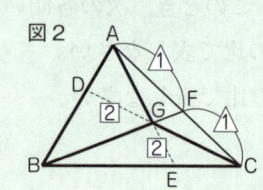

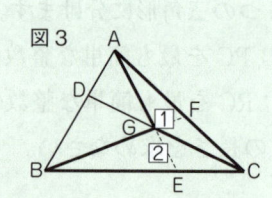

図1　図2　図3

塾技解説

塾技66 の図で，**ア：イ**$=a:b$ となる理由を**加比の理**で説明したけど，他にもいろいろと説明法がある。その1つが，**底辺の等しい三角形の面積比は高さの比と等しくなる**ことを利用したもの。**ア**と**イ**は底辺が共通だよね。実はあとで習う "**平行線による比の移動**" を考えると，**高さの比が $a:b$ となる**ことがわかり，**ア：イ**$=a:b$ となるんだ。

check! 入試問題で塾技をチェック！

問題 右の図の三角形 ABC において，AD：DB＝4：3，AE：EC＝3：1 とし，BE と CD の交わった点を F とします。三角形 BDF と三角形 CEF の面積の比を最も簡単な整数比で表すと □ ： □ です。　（芝中）

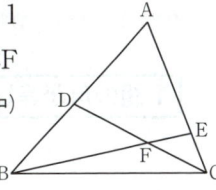

解き方

点 A と点 F を結ぶ。図1で，**塾技66** より，三角形 ACF：三角形 BCF＝AD：DB＝4：3 同様に，図2より，三角形 ABF：三角形 CBF＝AE：EC＝3：1＝9：3 とわかるので，三角形 ACF と三角形 ABF との面積比は，④：⑨ となる。ここで，高さの等しい三角形の面積比は底辺の比と等しいので，図3より，三角形 CEF：三角形 AEF＝CE：EA＝1：3 となり，

三角形 CEF＝三角形 ACF÷(3＋1)×1＝④÷4×1＝①

とわかる。同様に，図4より，三角形 BDF：三角形 ADF＝BD：AD＝3：4 となり，

三角形 BDF＝三角形 ABF÷(4＋3)×3＝⑨÷7×3＝$\frac{27}{7}$

以上より，求める三角形の面積比は，

三角形 BDF：三角形 CEF＝$\frac{27}{7}$：①＝$\frac{27}{7}$：$\frac{7}{7}$＝27：7

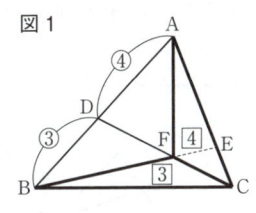

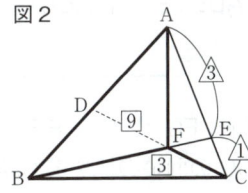

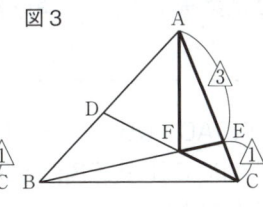

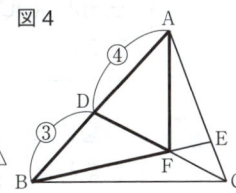

答 27，7

図1　図2　図3　図4

チャレンジ！入試問題

解答は，別冊 p.66

問題① 右の図の三角形 ABC について，BE：EC＝3：1，AF：FC＝1：1 です。このとき，AD：DB＝□：□ です。
（田園調布学園中等部） **A**

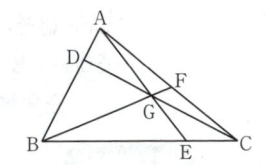

問題② 右の図の三角形 ABC は AB の長さと AC の長さが等しい二等辺三角形です。また，AH と BC は垂直で，AD の長さは 4 cm，DE の長さは 3 cm，EB の長さは 2 cm，AH の長さは 8 cm です。このとき，三角形 AFC の面積は三角形 ABC の面積の □ 倍です。また，FG の長さは □ cm です。
（灘中） **C**

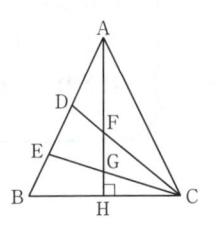

塾技 67 面積比③ 比

> **1組の角が等しい三角形**　1組の角が等しい三角形の面積比は，**その角をはさむ2辺の長さの積の比**と等しくなる。

塾技67　右の図で，三角形 ADE と三角形 ABC はともに角 A が等しく，三角形 ADE：三角形 ABC＝($a×c$)：($b×d$) が成り立つ。

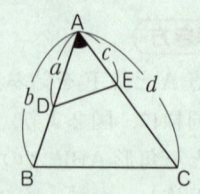

上の関係が成り立つ理由

高さの等しい三角形の面積比は底辺の比と等しくなることを利用する。図1で，
　三角形 ADE：三角形 ADC
　＝AE：AC
　＝$c:d$＝($a×c$)：($a×d$)
同様に，図2で，三角形 ABC：三角形 ADC＝AB：AD＝$b:a$＝($b×d$)：($a×d$)
三角形 ADC は共通なので，三角形 ADE：三角形 ABC＝($a×c$)：($b×d$) が成り立つ。

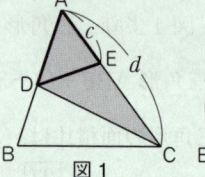

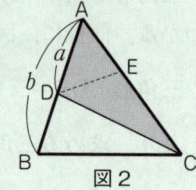

例　右の図において，AD：DB＝2：3，AF：FC＝2：1，BE＝EC となるとき，三角形 DEF と三角形 ABC の面積の比を最も簡単な整数の比で表しなさい。

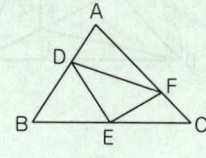

答　三角形 ADF：三角形 ABC＝(2×2)：(5×3)＝4：15
三角形 BDE：三角形 ABC＝(3×1)：(5×2)＝3：10
三角形 CEF：三角形 ABC＝(1×1)：(3×2)＝1：6
3つの比に共通な三角形 ABC の大きさを，15 と 10 と 6 の最小公倍数 ㉚ とすると，三角形 ADF，三角形 BDE，三角形 CEF はそれぞれ ⑧，⑨，⑤ となるので，三角形 DEF は，㉚−(⑧+⑨+⑤)＝⑧ となる。よって，
　三角形 DEF：三角形 ABC＝⑧：㉚＝4：15

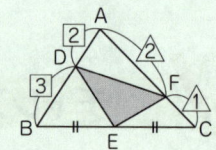

塾技解説

ここでは1組の角が等しい三角形の面積比について考えたけど，この塾技は，**1組の角が互いに相手の外角となっている三角形についても成り立つ**ことも覚えておこう。
あと，この塾技が成り立つ理由は，上の図で，三角形 ADE と三角形 ABC の**底辺をそれぞれ a，b と考えたとき，高さの比が $c:d$ となる**ことを利用しても説明できるぞ。

入試問題で塾技をチェック！

問題 右の図の正三角形 ABC で，辺上の各点は，それぞれの辺を3等分する点です。このとき，次の各問いに答えなさい。

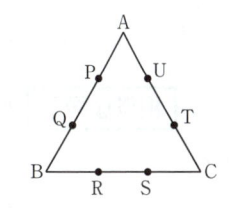

(1) 三角形 AQU の面積と正三角形 ABC の面積の比を最も簡単な整数の比で答えなさい。

(2) 四角形 PQRT の面積と正三角形 ABC の面積の比を最も簡単な整数の比で答えなさい。

(巣鴨中)

解き方

(1) 三角形 AQU と三角形 ABC は角 A が共通なので，**塾技67** より，
三角形 AQU：三角形 ABC＝(AQ×AU)：(AB×AC)＝(2×1)：(3×3)＝2：9   **答** 2：9

(2) **塾技67** より，三角形 APT：三角形 ABC＝(1×2)：(3×3)＝2：9 とわかる。同様に，三角形 BQR：三角形 ABC＝(1×1)：(3×3)＝1：9，三角形 CRT：三角形 ABC＝(1×2)：(3×3)＝2：9 となり，3つの比に共通な三角形 ABC の面積を⑨とすると，三角形 APT，三角形 BQR，三角形 CRT はそれぞれ，②，①，②となるので， 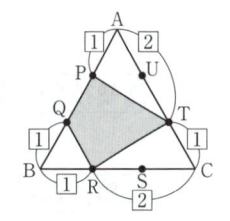
四角形 PQRT：正三角形 ABC＝(⑨−②−①−②)：⑨＝4：9   **答** 4：9

チャレンジ！入試問題

解答は，別冊 p.67

問題① 右の図の三角形 ABC の面積は $100\,\text{cm}^2$ です。点 D，E はそれぞれ辺 AB，AC 上の点で，直線 AD と直線 DB の長さの比は 2：3，直線 AE と直線 EC の長さの比は 3：2 です。点 F は辺 BC の真ん中の点です。点 P は直線 AF と直線 DE が交わってできる点です。

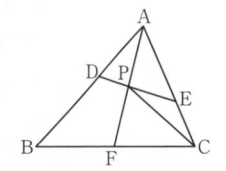

(1) 三角形 ADE の面積を求めなさい。

(2) 三角形 APC の面積を求めなさい。

(3) 四角形 PFCE の面積を求めなさい。

(フェリス女学院中) **B**

問題② 右の図のように，正三角形 ABC のそれぞれの辺を3等分する点を D，E，F，G，H，I とし，A〜I のうち，3点を結んで三角形を作ります。

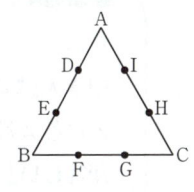

(1) 3点 E，F，I を結んでできる三角形の面積は正三角形 ABC の面積の何倍ですか。

(2) 3点を結んでできる三角形のうち，正三角形 ABC の面積の $\frac{1}{3}$ となるものは何通りありますか。

(豊島岡女子学園中) **B**

塾技 68 相似な図形　[相似]

相似な図形　形は同じで**大きさが拡大や縮小の関係となっている図形どうし**を，互いに**相似**という。相似な図形では，**対応する角および対応する辺の比（相似比という）はそれぞれ等しくなる**。

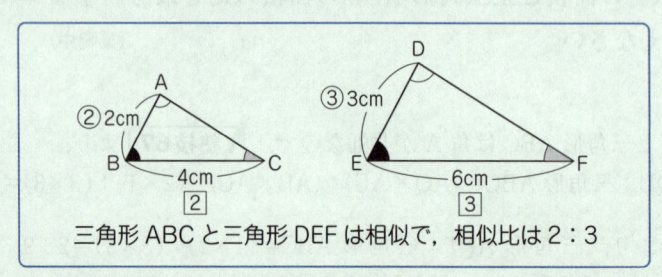

```
      A                          D
   ②2cm                       ③3cm
  B ▲――――― C              E ▲―――――― F
      4cm                       6cm
       ②                         ③
   三角形 ABC と三角形 DEF は相似で，相似比は 2：3
```

塾技 68 ① 2 組の角がそれぞれ等しい三角形どうしは相似となり，相似な三角形の辺の長さは，対応する辺で比例式を作って求める。

塾技 68 ② 直角三角形の中に入った正方形の 1 辺の長さを求める問題は，直角三角形の相似を利用し 1 つの辺を比で表すことにより解く。

例1 右の図で，辺 AD の長さを求めなさい。

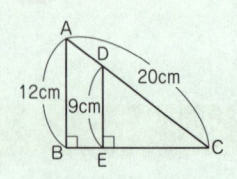

（図：AB=12cm, DE=9cm, AC=20cm, Eは辺BC上, Dは辺AC上）

答 三角形 DEC と三角形 ABC はともに直角三角形で，さらに角 C が等しいため，2 組の角がそれぞれ等しくなり相似となる。辺 DC と辺 AC，辺 DE と辺 AB がそれぞれ対応し，対応する辺の比は等しくなるので，
　　DC：20＝9：12
　　　　DC＝15(cm)
よって，AD＝20－15＝5(cm)

例2 右の図で，正方形 DBEF の 1 辺の長さを求めなさい。

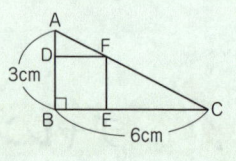

（図：AB=3cm, BC=6cm, 正方形DBEF）

答 右の図で，三角形 ADF と三角形 ABC は相似となり，AB：BC＝1：2 より，AD：DF も ①：② とわかる。ここで，四角形 DBEF は正方形なので，DB＝② となり，AB＝①＋②＝③ が 3cm より，正方形の 1 辺＝②＝2(cm)

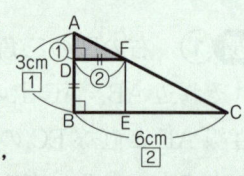

塾技解説

さあ，ここからは相似についての塾技だ。相似は本来中学 3 年生で習う分野だけど，**中学入試では超頻出**！まずは，ここでしっかりと基本を身につけよう。三角形が相似となる条件だけど，実は上の「2 組の角がそれぞれ等しい」以外にも，「3 組の辺の比が等しい」，「2 組の辺の比が等しくその間の角が等しい」という条件もあるぞ。

入試問題で塾技をチェック！

問題 図1のような三角形 ABC の辺上に，図2のように点 D，E，F，G をとって正方形 DEFG を作ります。次に図3のように三角形 ADG の辺上に点 H，I，J，K をとって正方形 HIJK を作ります。さらに，図にはありませんが，三角形 AHK の辺上に点 L，M，N，O をとって正方形 LMNO を作り，三角形 ALO の辺上に点 P，Q，R，S をとって正方形 PQRS を作ります。このとき次の問いに答えなさい。

(1) 正方形 DEFG の1辺の長さを求めなさい。
(2) 正方形 PQRS の1辺の長さを求めなさい。

（浅野中）

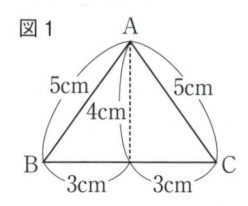

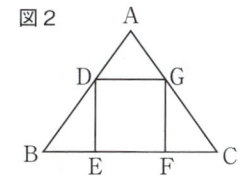

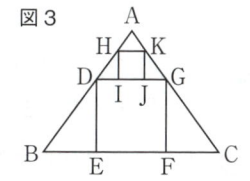

図1　図2　図3

解き方

(1) BC の真ん中の点を T とし，A と T を結ぶと，三角形 DBE と三角形 ABT は相似となり，AT：BT＝4：3 より，DE：BE も ④：③ となる。DE＝EF＝④，BE＝CF＝③ となるので，BC＝③＋④＋③＝⑩ となり，⑩が 6cm より，

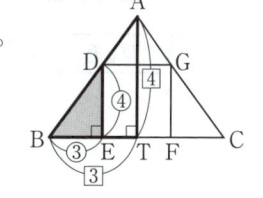

正方形 DEFG の1辺＝④＝$6 \times \frac{4}{10} = 2.4$ (cm)

答　2.4cm

(2) (1)と同様に考えると，正方形 HIJK の1辺の長さは辺 DG の長さの $\frac{4}{10}$ 倍，正方形 LMNO の1辺の長さは辺 HK の長さの $\frac{4}{10}$ 倍，正方形 PQRS の1辺の長さは辺 LO の長さの $\frac{4}{10}$ 倍となるので，

正方形 PQRS の1辺＝$2.4 \times \frac{4}{10} \times \frac{4}{10} \times \frac{4}{10} = 0.1536$ (cm)

答　0.1536cm

チャレンジ！入試問題

解答は，別冊 p.68

問題① 右の図は，円と直角三角形を組み合わせたものです。円周率は 3.14 とします。

(1) x はいくつですか。
(2) 斜線部分の面積は何 cm^2 ですか。

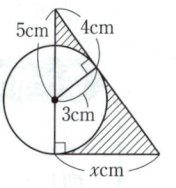

（三輪田学園中） **A**

問題② 右の図において，四角形 DEFG，四角形 GHCI はともに正方形で，角 AJD＝90°，GH＝2cm，FH＝5cm とします。

(1) AJ の長さは □ cm です。
(2) 三角形 ABC の面積は □ cm^2 です。（芝中） **B**

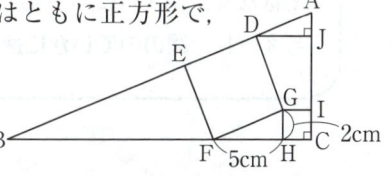

塾技 69 平行線と相似 　相似

平行線と比　辺の比は，**平行線**により**他の辺に移す**ことができる。

塾技69 ① 右の図において，直線 AD と直線 EF と直線 BC がそれぞれ平行なとき，AE：EB＝DF：FC が成り立つ。

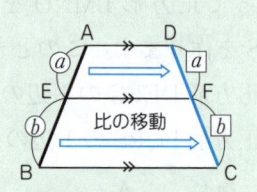

例　右の図で，3つの直線ア，イ，ウが平行なとき，x の値を求めなさい。

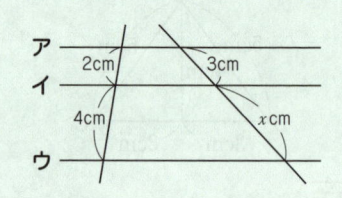

答　左側の辺の比を右側に移し，2：4＝3：x より，
$x=12 \div 2=6$ (cm)

平行線と相似　平行線があるとき，次の **2つの相似の利用**を考える。

塾技69 ② (1) **ピラミッド型の相似**　　(2) **ちょうちょ型の相似**

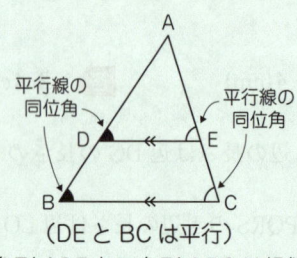

（DE と BC は平行）
三角形 ADE と三角形 ABC は相似

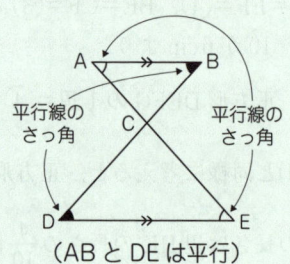

（AB と DE は平行）
三角形 ACB と三角形 ECD は相似

例　右の図で，辺 AD と辺 BC が平行のとき，x の値を求めなさい。

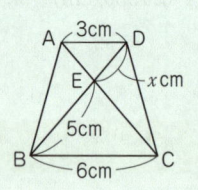

答　三角形 AED と三角形 CEB は相似となるので，
$x:5=3:6$
$x \times 6=15$
$x=15 \div 6=2.5$ (cm)

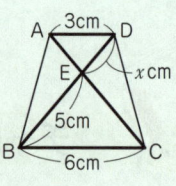

塾技解説

ここでは平行線があるときによく利用する相似について学ぼう。上では「ピラミッド型」と「ちょうちょ型」という名前にしているけど，これは**決まった名前があるわけではなく**，例えば(2)は「砂時計型」なんて呼ぶ先生もいる。重要なのは名前ではなく，与えられた**図の中でいかに速く**これらの**相似型を見つける**ことができるかだ。

入試問題で塾技をチェック！

問題 右の図で，AB＝5cm，BC＝10cm，BE＝2cm，EF：FD＝3：1です。GHの長さは何cmですか。

（東邦大附東邦中）

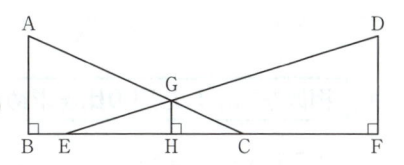

解き方

図1で，三角形EGHと三角形EDFはピラミッド型の相似となり，EH：HG＝EF：FD＝3：1とわかる。

同様に，図2で，三角形CGHと三角形CABは相似となり，CH：HG＝CB：BA＝10：5＝2：1とわかる。2つの比に共通なGHの長さを①とすると，EH＝③，CH＝②となるので，EC＝⑤とわかり，⑤が10－2＝8（cm）にあたるので，GH＝①＝8÷5＝1.6（cm）

答 1.6cm

図1

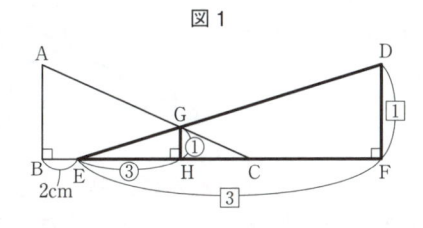

図2

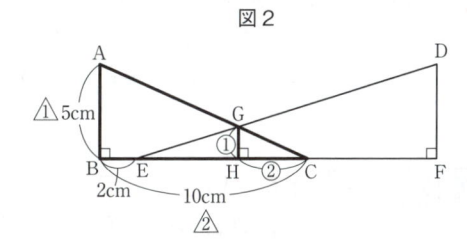

チャレンジ！入試問題

解答は，別冊 p.69

問題① 図のように，1辺が10cmの正方形ABCDの辺AB上に点EをBE＝7cm，辺DC上に点FをCF＝5cmとなるようにとります。このとき，斜線部分の面積は□cm²になります。

（桐光学園中） **A**

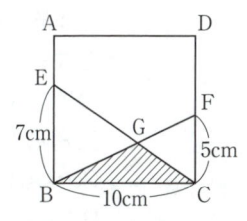

問題② 図のように2つの直角三角形があり，一部分が重なっています。次の問いに答えなさい。

(1) ABの長さは何cmですか。

(2) 斜線部分の面積は何cm²ですか。

（西武学園文理中） **B**

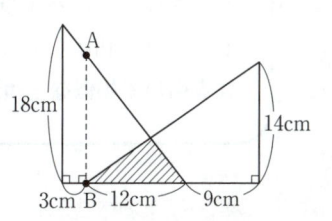

塾技 70 辺の比と相似　相似

相似を利用した辺の比を求める問題の解法

塾技70 ① 比を求めたい辺をそれぞれ1辺とする相似な三角形をさがし，相似比を考えることにより辺の比を求める。

例 右の平行四辺形 ABCD において，DE：EC=2：1のとき，AF：FE を求めなさい。

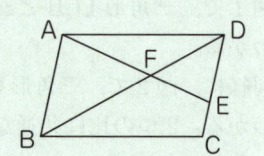

答 求めたい辺である，AF，FE をそれぞれ1辺とする相似な三角形を考える。右の図で，三角形 AFB と三角形 EFD は相似となるので，AF：FE=AB：DE=3：2

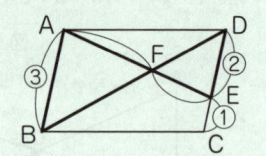

塾技70 ② 求めたい辺を1辺とする相似な三角形がないときは，補助線または延長線を引いて相似な三角形を自分で作る。このとき，求めたい辺を延長してはいけないことに注意する。

例 右の平行四辺形において，AE：ED=1：2，DF：FC=1：1のとき，BI：IE を求めなさい。

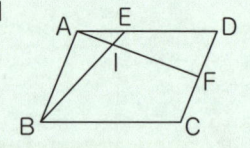

答 右の図1のように，求めたい辺である BI，IE をそれぞれ1辺とする相似な三角形を，延長線を引いて作る。AF の延長線と BC の延長線との交点を J とすると，三角形 BIJ と三角形 EIA は相似となるので，BI：IE=BJ：AE となる。一方，図2で，三角形 CFJ と三角形 DFA は合同となるので，CJ=AD=③ とわかる。AE=①，BC=③，BJ=BC+CJ=⑥ より，
　　BI：IE=BJ：AE=6：1

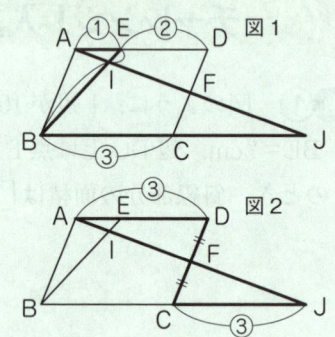

塾技解説

辺の比を求める問題で**よく出る図形**は**平行四辺形・長方形・正方形**。そして最もよく利用する相似は**ちょうちょ型の相似**だ。出題パターンとしては，まず辺の比を求めさせ，それを利用して面積や面積比を求めさせることが多い。**難関中学**ほど自分で**延長線を引いて相似な三角形を作る**問題が多いので，ここでしっかり身につけよう！

入試問題で塾技をチェック！

問題 右の図で，四角形 ABCD は正方形で，点 E，F はそれぞれ正方形の辺 AB，BC の真ん中の点です。CE，DF が交わる点を G とすると，DG：GF ＝ □ で，斜線をつけた三角形の面積は正方形の面積の □ 倍です。
（大阪桐蔭中）

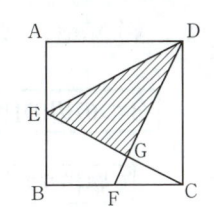

解き方
DA の延長線と CE の延長線との交点を H とすると，図1で，三角形 DGH と三角形 FGC は相似となり，DG：GF＝DH：FC となる。一方，三角形 AEH と三角形 BEC は合同となり，FC の長さを①とすると，AH＝BC＝②となる。よって，DG：GF＝DH：FC＝4：1 と求められる。
同様に，図2のように点 I をとると，EG：GC＝EI：DC＝3：2 とわかり，三角形 DEG と三角形 DGC は高さの等しい三角形なので面積比は底辺の比である EG：GC と等しく 3：2 となる。
ここで，三角形 DEG＝③ とすると，三角形 DEC＝③＋②＝⑤ となり，図3の等積変形※により，三角形 DBC も ⑤ とわかる。また，正方形 ABCD は三角形 DBC の 2 倍となるので，正方形 ABCD＝⑩ となり，斜線の三角形 DEG は正方形 ABCD の $\frac{3}{10}$ 倍と求められる。　**答** 4：1，$\frac{3}{10}$

※**等積変形** 面積の大きさを変えないで，形のみを変えることを等積変形という。

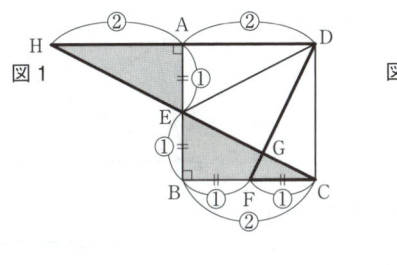

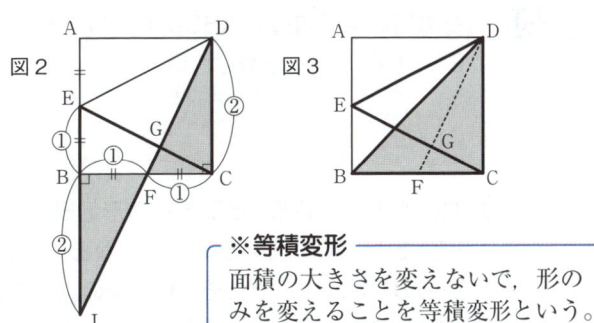

チャレンジ！入試問題

解答は，別冊 p.70

問題① 長方形 ABCD の辺 BC 上に点 E を，辺 CD 上に点 F を右の図のようにとります。AE と BF の交わる点を G とするとき，BG：GF を最も簡単な整数の比で答えなさい。
（明治大付中野中）Ⓐ

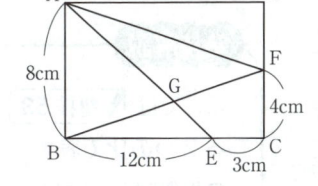

問題② 右の図のような平行四辺形があります。次の問いに答えなさい。
(1) AG：GF を最も簡単な整数の比で答えなさい。
(2) 平行四辺形 ABCD の面積が 70cm² のとき，四角形 GECF の面積を求めなさい。
（早稲田実業中等部）Ⓒ

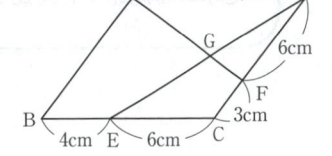

塾技 71 辺の比と連比 　相似

3つの辺の比の求め方　3つの辺の比は次の塾技を用いて求める。

> **塾技71**　求めたい3つの辺を線分図を用いて表し，共通する辺の比の項の和を最小公倍数でそろえることで大きさを比べる。

例1　右の図で，AB：BD＝1：2，AC：CD＝4：1のとき，AB：BC：CDを求めなさい。

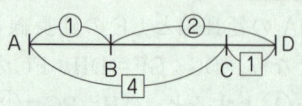

答　共通する辺ADの比について考えると，上の比の項の和が③，下の比の項の和が⑤となるので，③と⑤の最小公倍数15にそろえて比べる。

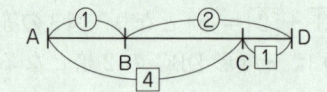

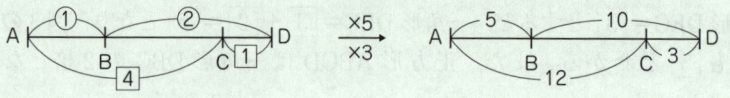

右側の線分図より，AB：BC：CD＝5：7：3と求められる。

例2　右の図の平行四辺形ABCDで，AF：FD＝2：3のとき，BO：OE：EDを求めなさい。

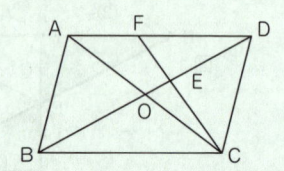

答　右の図で，三角形BECと三角形DEFは相似となり，BE：ED＝BC：FD＝5：3とわかる。一方，平行四辺形の対角線は，それぞれ真ん中の点で交わるので，BOとODは等しく，BO：OD＝1：1とわかる。3つの辺を線分図を用いて表し，共通する辺BDを2通りの比で表して，それぞれの比の項の和を最小公倍数でそろえる。

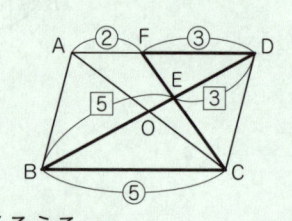

右側の線分図より，BO：OE：ED＝4：1：3と求められる。

> **塾技解説**
>
> ここでは 塾技53 に引き続き，連比について学ぼう。ポイントは**共通する辺を異なる2つの比で表す**ということ。そのとき利用する相似として多いのは，"**ちょうちょ型の相似**"だ。入試では，3つの辺の連比を求めなさいという問題だけではなく，**面積比を求める問題でも連比を利用**することがよくあるぞ！

入試問題で塾技をチェック！

問題 右の図で，四角形 ABCD は長方形です。同じ印のついているところは，同じ長さを表します。

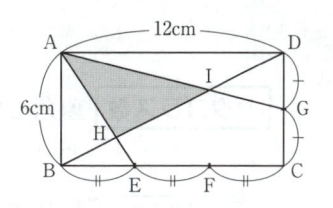

(1) BH と ID の長さの比を，最も簡単な整数の比で表すと □：□ です。

(2) 三角形 AHI の面積は □ cm² です。　　（女子学院中）

解き方

(1) 下の図1で，三角形 BHE と三角形 DHA は相似となり，BH：HD＝BE：AD＝1：3 とわかる。同様に，図2で，三角形 AIB と三角形 GID は相似となり，BI：ID＝AB：DG＝2：1 とわかる。

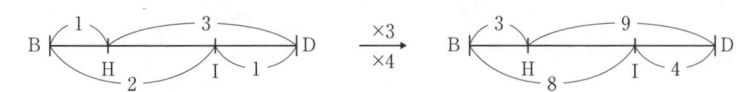

右側の線分図より，BH：ID＝3：4　　**答** 3，4

(2) (1)より，BH：HI：ID＝3：5：4 とわかる。図3より，求める三角形 AHI の面積は，三角形 ABD の面積の，$\frac{5}{3+5+4}=\frac{5}{12}$（倍）となるので，三角形 AHI＝12×6÷2×$\frac{5}{12}$＝15（cm²）　**答** 15

図1　図2 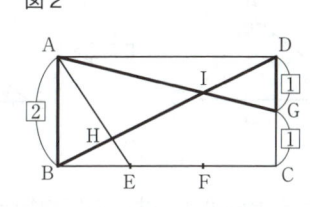　図3

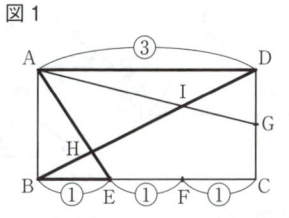

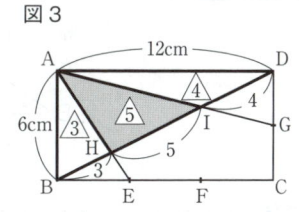

チャレンジ！入試問題

解答は，別冊 p.71

問題① 右の図のように，1辺の長さが 6cm の正方形 ABCD があり，点 P，点 Q はそれぞれ辺 BC，辺 CD の真ん中の点です。また，DP が AQ，AC と交わる点を R，S とします。あとの問いに答えなさい。

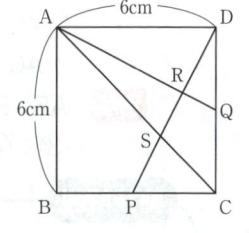

(1) DR：RS：SP を，最も簡単な整数の比で表しなさい。

(2) 四角形 CQRS の面積は何 cm² ですか。　　（東京都市大付中）

問題② 右の図の四角形 ABCD は AD と BC が平行な台形です。AD＝8cm，BC＝12cm，EF と AD は平行，GH と AD も平行です。BG：GI：ID を求めなさい。ただし，最も簡単な整数の比で答えなさい。

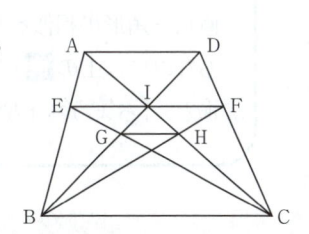

（海城中）

塾技 72 直角三角形の相似 [相似]

ピタゴラス数 直角三角形を作るとき，その3辺が全て整数となるような数の組み合わせを**ピタゴラス数**といい，次のようなものがある。

塾技72 ①　代表的なピタゴラス数
(1) 3辺の比が 3：4：5　　(2) 3辺の比が 5：12：13

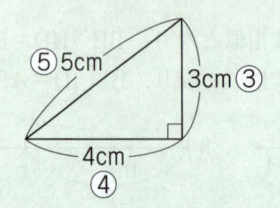

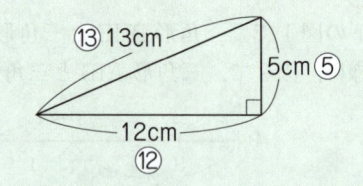

直角三角形の相似 代表的な直角三角形の相似として，次のように**3つの直角三角形が全て相似となる形**がある。

塾技72 ②　直角三兄弟型の相似

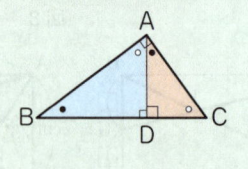

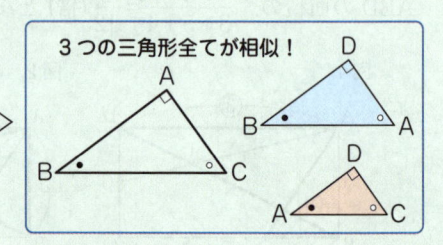

3つの三角形全てが相似！

例 右の図で三角形ABCと三角形ABDはともに直角三角形です。このとき，ACの長さを求めなさい。

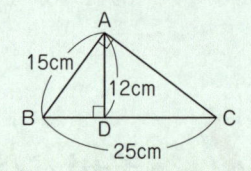

答 三角形ABCと三角形DBAは相似なので，
　　　AC：DA＝BC：BA
　　　AC：12＝25：15
　　　AC×15＝300　　AC＝20(cm)

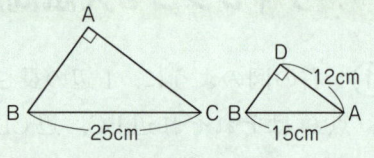

別解 AB：BC＝15：25＝3：5 となるので，①より，直角三角形ABCの3辺の比は，③：④：⑤となる。⑤＝25cm より，AC＝④＝25÷5×4＝20(cm)

塾技解説

入試で出題される**直角三角形の相似**のほとんどは，**3辺の比が3：4：5となるもの**！直角三角形の相似を見つけたら，辺の比が3：4：5になっていないか必ず考えよう。ちなみに，上の例には，さらに別解として，塾技30 ①の"面積2通り法"もある。あと，「ちょうちょ型」同様，「**直角三兄弟型**」という呼び方は，ここだけの呼び方だぞ。

check! 入試問題で塾技をチェック！

問題 図のような直角三角形 ABC を点 B を中心として，矢印の向きに 90°回転させました。次の問いに答えなさい。ただし，円周率は 3.14 として計算しなさい。

(1) CP の長さは何 cm ですか。分数で答えなさい。

(2) 辺 AC が動いてできる部分の面積は何 cm² ですか。　（大妻中野中）

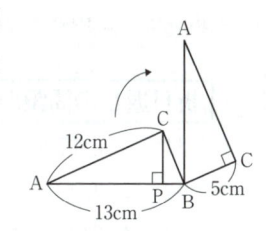

解き方

(1) 三角形 ABC と三角形 CBP は直角三兄弟型の相似となり，3 辺の比はともに，5：12：13 となる。CB：CP＝13：12 より，CP＝CB×$\frac{12}{13}$＝5×$\frac{12}{13}$＝$4\frac{8}{13}$(cm)

答 $4\frac{8}{13}$ cm

(2) 塾技37 ① より，頂点 A および C の移動先を A′，C′ とし，辺 AC が動いてできる部分を考えると，右の図の太線に囲まれた部分になる。一方，塾技37 ② より，等積移動を利用すると，求める部分は，半径 13cm，中心角 90 度のおうぎ形から，半径 5cm，中心角 90 度のおうぎ形を引けばよいことがわかるので，

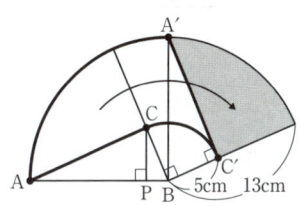

13×13×3.14×$\frac{90}{360}$－5×5×3.14×$\frac{90}{360}$＝(169－25)×$\frac{1}{4}$×3.14＝113.04(cm²)

答 113.04 cm²

チャレンジ！入試問題

解答は，別冊 p.72

問題① 図のような，AD と BC が平行で AD＝DC＝3cm の台形 ABCD があります。BD＝4cm で，角 BDC＝90°のとき，三角形 ABD の面積を求めなさい。　（大妻多摩中）Ⓐ

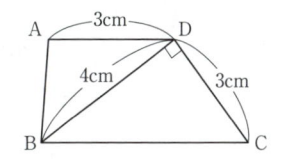

問題② 3 辺の長さの比が 3：4：5 となっている三角形は，比の 3：4 の値に対応する 2 辺の間の角度が 90°である直角三角形になることが知られています。次の問いに答えなさい。

(1) 図 1 のような三角形 ABC があります。点 A から辺 BC に垂直に線を引き，BC との交点を点 D とします。このとき，DC の長さを求めなさい。

(2) AB＝30cm，AC＝40cm，BC＝50cm の三角形 ABC があります。辺 BC 上に，BP＝30cm となるように点 P をとります。この三角形 ABC を，点 P のまわりに 90 度，時計と反対方向に回転した三角形を EFG とします。そして，図 2 のように点 H，I，J をとります。このとき，IP の長さを求めなさい。

(3) 図 2 において，四角形 HIPJ の面積を求めなさい。

（渋谷教育学園渋谷中）Ⓑ

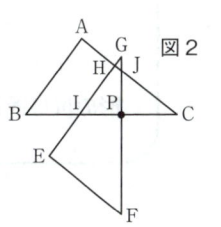

塾技 73 折り返しと相似　相似

折り返しの問題の考え方　折り返しの問題では次の3つのことを意識して解く。
(1) もとにもどしたとき，**重なる辺・重なる角**をかき込む。
(2) 角度を求める問題では，**平行線のさっ角・同位角の利用**を考える。
(3) **相似な三角形の利用**を考える。

折り返してできる代表的な相似型

塾技73　① 長方形の折り返し

塾技73　② 正方形の折り返し

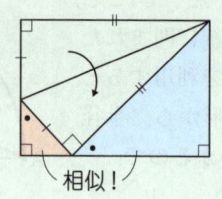

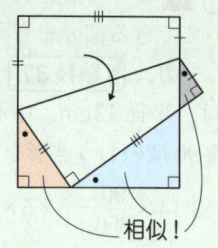

例　右の図は，1辺の長さが9cmの正方形ABCDを，FIを折り目として折り返したもので，頂点Bが辺AD上の点Eと重なりました。このとき，次の問いに答えなさい。
(1) EGの長さは何cmですか。
(2) GIの長さは何cmですか。

答　(1) 右の図で，EF=BF=5cm より，AF=4cm とわかる。三角形AFEと三角形DEGは相似で，3辺の比はともに3:4:5となるので，ED:EG=4:5 となり，
$$EG = ED \times \frac{5}{4} = 6 \times \frac{5}{4} = 7.5 \text{(cm)}$$

(2) EH=BC=9cm より，GH=9−7.5=1.5(cm)
三角形HIGは三角形DEGと相似で，3辺の比は3:4:5とわかるので，
$$GI:GH = 5:3 \quad GI = GH \times \frac{5}{3} = 1.5 \times \frac{5}{3} = 2.5 \text{(cm)}$$

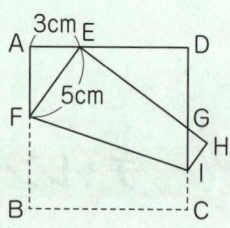

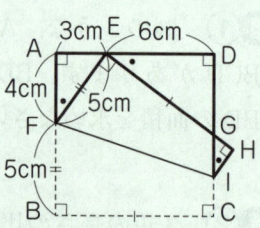

塾技解説

折り返した図形の**辺の長さや面積を求める問題**が出題されたら，**相似を利用**することがとても多い！特に，**直角三角形が登場**する問題では，**3:4:5の直角三角形になる**ことが多いので，それを手がかりに相似な図形を探すと相似を見つけやすいぞ。**正方形の折り返しでは，3つの三角形が全て相似になる**ことをしっかり押さえておこう。

入試問題で塾技をチェック!

問題 右の図で四角形 ABCD は 1 辺が 9cm の正方形で，F は AF：FB＝2：1 とする辺 AB 上の点です。BE＝4cm となるところで C が F にくるように折り返したとき，斜線の部分の面積を求めなさい。

(明治大付中野中)

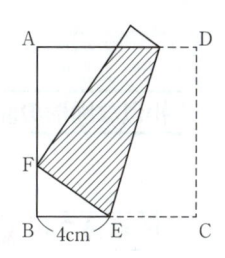

解き方

AF：FB＝2：1 より，AF＝6cm，FB＝3cm とわかる。右の図のように，点 G，H，I をとると，三角形 FBE と三角形 HAF と三角形 HGI の 3 つの三角形が相似となり，FE＝CE＝5cm より，それぞれの三角形の 3 辺の比は 3：4：5 となることがわかる。よって，HF の長さは，

 HF：AF＝5：4   HF＝AF×$\frac{5}{4}$＝6×$\frac{5}{4}$＝7.5(cm)

また，GF＝DC＝9cm，GH＝9－7.5＝1.5(cm) より，GI の長さは，

 GI：GH＝4：3   GI＝GH×$\frac{4}{3}$＝1.5×$\frac{4}{3}$＝2(cm)

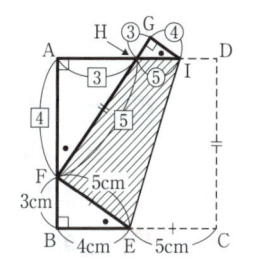

求める面積は，台形 GFEI の面積から三角形 GHI の面積を引けばよいので，
 斜線の面積＝(2＋5)×9÷2－1.5×2÷2＝30(cm²)

答 30cm²

チャレンジ! 入試問題

解答は，別冊 p.73

問題① 右の図は，1 辺の長さが 9cm の正方形 ABCD を AB＝3cm となるように折ったものです。▨ の部分の面積が 6cm² のとき，次の各問いに答えなさい。

(1) AE の長さは何 cm ですか。
(2) CG の長さは何 cm ですか。
(3) ▤ の部分の面積は何 cm² ですか。

(多摩大目黒中) **A**

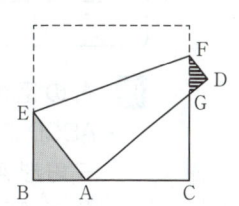

問題② 図のように，AB＝4cm，BC＝7cm，CD＝5cm，DA＝4cm の台形 ABCD を，DE を折り目にして折り返したとき，点 A が辺 CD 上の点 H と重なりました。このとき，次の問いに答えなさい。

(1) GH の長さは何 cm ですか。
(2) 四角形 DEGH の面積は何 cm² ですか。

(法政大中) **B**

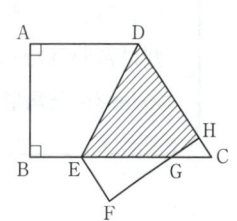

塾技 74 面積比と相似 〔相似〕

相似な図形の面積比 相似な図形の面積比は，相似比を 2 回かけ合わせた比と等しくなり，入試では三角形で利用することが多い。

塾技74 ① 三角形 ABC と三角形 DEF が相似で，相似比が $a:b$ となるとき，
三角形 ABC：三角形 DEF＝$(a×a):(b×b)$
が成り立つ。

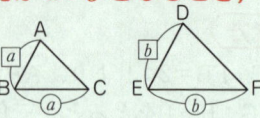

例 右の図で，点 D は辺 AB を 2：1 に分ける点で，DE と BC は平行です。このとき，三角形 ADE と四角形 DBCE の面積比を求めなさい。

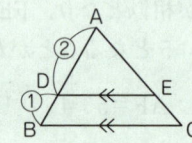

答 三角形 ADE と三角形 ABC は相似で，相似比は，AD：AB＝2：(2＋1)＝2：3 とわかる。よって，三角形 ADE と三角形 ABC の面積比は，(2×2)：(3×3)＝4：9 とわかるので，三角形 ADE：四角形 DBCE＝4：(9－4)＝4：5

対角線で分けられた台形の面積比

塾技74 ② 対角線で 4 つの三角形に分けられた台形の面積

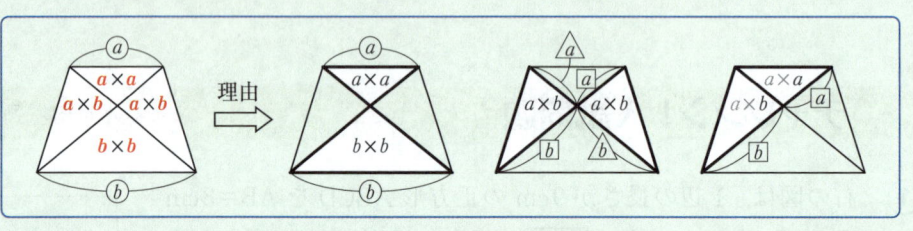

例 右の図の台形 ABCD において，三角形 ABE と台形 ABCD の面積比を求めなさい。

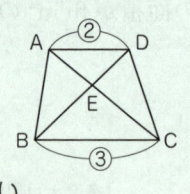

答 右の図より，三角形 ABE と台形 ABCD の面積比は，
6：(4＋6＋9＋6)
＝6：25

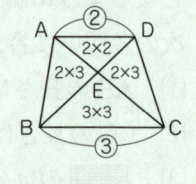

塾技解説

① が三角形で成り立つ理由は，**塾技67** を使っても説明できるし，**相似比が $a:b$ の相似な三角形の場合，底辺も高さもともに $a:b$ となるため，面積比は相似比を 2 回かけ合わせたものになる**ことでも説明できる。また，① が多角形でも成り立つことは，多角形を三角形に分け加比の理を利用すれば説明できるよね！

入試問題で塾技をチェック！

問題 図のように，平行四辺形 ABCD の BC を $\frac{1}{3}$ だけ伸ばした点を E，また，AD を $\frac{1}{3}$ に縮めた点を F とします。EF と CD との交点を G とするとき，台形 ABEF と三角形 FGD の面積の比を最も簡単な整数の比で求めなさい。

(大妻中)

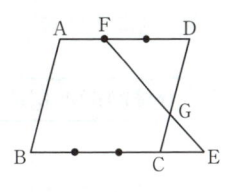

解き方

図1で，三角形 EGC と三角形 FGD は相似となり，相似比は，EC：FD＝1：2 となるので，塾技74 ①より，面積比は，(1×1)：(2×2)＝1：4 とわかる。また，図2のように点 H をとると，三角形 EGC と三角形 EFH は相似となり，相似比は，EC：EH＝1：3 となるので，面積比は，(1×1)：(3×3)＝1：9 となる。ここで，三角形 EGC の面積を ①とすると，三角形 FGD＝ ④，台形 FHCG＝ ⑨－①＝ ⑧，四角形 FHCD＝ ④＋ ⑧＝ ⑫ となる。図3で四角形 ABHF と四角形 FHCD の面積比は，BH と HC の比と等しく 1：2 とわかるので，四角形 ABHF の面積は，⑫÷2＝ ⑥ とわかる。以上より，

台形 ABEF：三角形 FGD＝(⑥＋⑨)：④＝15：4

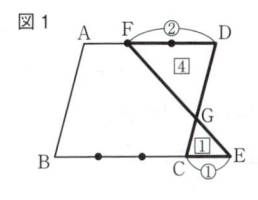

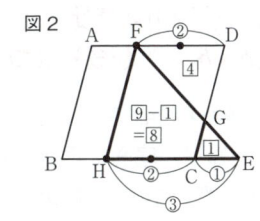

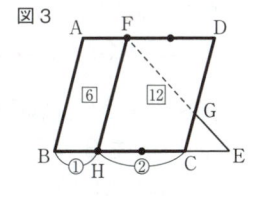

答 15：4

チャレンジ！入試問題

解答は，別冊 p.74

問題① 右の平行四辺形 ABCD において，E と F はそれぞれ辺 AB，BC の真ん中の点で，ED と FI は平行です。**ア**の部分の面積が 3cm² のとき，**イ**の部分の面積を求めなさい。

(慶應湘南藤沢中等部) B

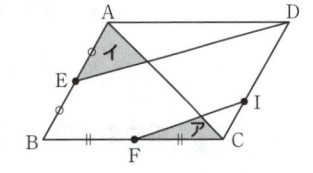

問題② 右の四角形 ABCD は台形で，EF は辺 BC に平行，AH は辺 DC に平行です。AD＝6cm，三角形 DGF と三角形 DBC の面積の比が 1：9 とします。このとき，次の問いに答えなさい。

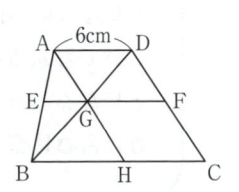

(1) EF の長さは何 cm ですか。

(2) EH と BD の交点を I とすると，三角形 GIH と台形 ABCD の面積の比を最も簡単な整数の比で答えなさい。

(世田谷学園中) C

塾技 75 体積比と相似　相似

立体図形と相似の利用　立体図形における**相似を利用**する代表的な問題としては，塾技48 の**回転体やすい台**がある。

例　下の円すい台の体積を求めなさい。ただし，円周率は3.14とします。

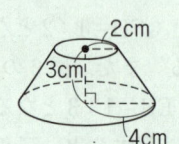

答　下の図で，三角形 OAB と三角形 OCD は相似で，相似比は，AB：CD＝2：4＝1：2 となる。よって，OA：OC＝1：2，OA：AC＝1：1 とわかり，AC＝3cm より，OC＝6cm となるので，求める体積は，

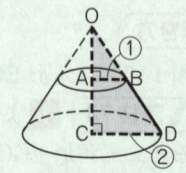

$$4×4×3.14×6×\frac{1}{3}－2×2×3.14×3×\frac{1}{3}$$
$$=(32-4)×3.14=87.92(cm^3)$$

相似な図形の体積比

塾技75　相似比が $a：b$ の立体図形の体積比
⇨ $(a×a×a)：(b×b×b)$ が成り立つ。

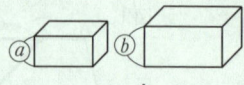

例　右の図のように，底面の半径が6cm，高さ18cm の円すいがあります。AB を 3 等分する点を通り，底面に平行な平面で円すいを 3 つの立体に切り分けたとき，真ん中の立体の体積を求めなさい。ただし，円周率は3.14とします。

答　右の図のように 3 つの円すい**ア**，**イ**，**ウ**を考える。**ア**と**イ**と**ウ**は相似となるので，体積比は，

$(3×3×3)：(2×2×2)：(1×1×1)=27：8：1$

ア，**イ**，**ウ**の体積をそれぞれ㉗，⑧，①とすると，3つに切り分けたときの真ん中の立体の体積は，⑧－①＝⑦ となり，**ア**の体積の $\frac{7}{27}$ 倍となる。よって，求める体積は， $\left(6×6×3.14×18×\frac{1}{3}\right)×\frac{7}{27}=175.84(cm^3)$

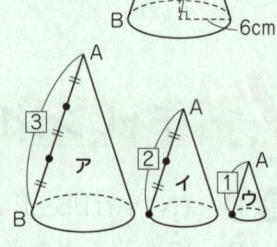

> **塾技解説**
> 相似な図形の体積比は**相似比を3回かけ合わせた**ものと等しくなる。理由は，柱体やすい体で考えるとわかりやすい。柱体やすい体の体積は，底面積と高さをかけ合わせることになるわけだけど，**相似な図形の底面積の比は** 塾技74 ❶ より，**相似比を2回かけ合わせる**よね。これに**高さの分だけもう1回**，合計3回かけ合わせるというわけだ。

入試問題で塾技をチェック！

問題 1 右の図の台形があります。真ん中の線を中心として1回転させてできる立体の表面積を求めなさい。ただし，円周率は3.14とします。
（ラ・サール中）

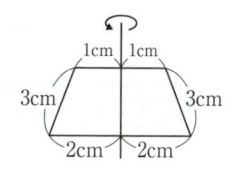

解き方 1回転させてできる立体は円すい台となる。塾技48 **1** より，円すい台を延長して円すいを作り，右の図のように各点をとると，三角形 OCD と三角形 OAB は相似となり，OD：OB＝CD：AB＝1：2 より，OD：DB＝1：1 とわかる。よって，OD＝DB＝3cm，OB＝6cm となる。
塾技42 **2** を利用して，

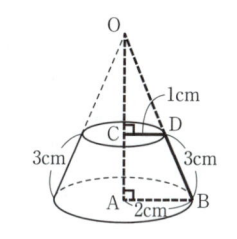

表面積＝6×2×3.14－3×1×3.14＋1×1×3.14＋2×2×3.14
　　　＝(12－3＋1＋4)×3.14＝43.96(cm²)　**答 43.96cm²**

問題 2 右の図の直角三角形 ABC で，AE：EB＝2：3，AE＝DE，AF＝DF のとき，直線 AC を軸として三角形 AED と四角形 BCDE をそれぞれ1回転してできる立体の体積の比を，最も簡単な整数の比で答えなさい。
（中央大横浜山手中 改）

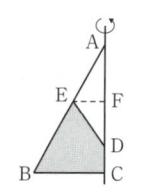

解き方 見取図は右の図となる。三角形 AEF と三角形 ABC は相似で，相似比が，2：(2＋3)＝2：5 となるので，三角形 AEF の回転体と三角形 ABC の回転体の体積比は，(2×2×2)：(5×5×5)＝8：125 とわかる。また，三角形 AEF と三角形 DEF は合同で，三角形 AEF の回転体の体積と三角形 DEF の回転体の体積は等しい。よって，求める体積の比は，(8×2)：(125－8×2)＝16：109
答 16：109

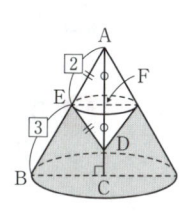

チャレンジ！入試問題

解答は，別冊 p.75

問題① 右の図の斜線部分を，直線 ℓ のまわりに回転してできる立体の体積は □ cm³ になります。ただし，円周率は3.14とします。
（渋谷教育学園渋谷中） **A**

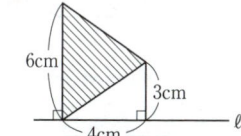

問題② 下の図の四角すいは，底面 ABCD が正方形で，OA，OB，OC，OD の長さは全て等しくなっています。底面の対角線の交点を E とします。AB，OE の長さはどちらも 10cm です。OE を 4：1 の比に分ける点を P，AE を 4：1 の比に分ける点を Q，CE を 4：1 の比に分ける点を R とします。底面と平行で，点 P を通る平面を㋐，三角形 OBD を含む平面と平行で，点 Q，点 R を通る平面をそれぞれ㋑，㋒とします。この四角すいを㋐，㋑，㋒の3つの平面で切っていくつかの立体に分けるとき，点 E を含む部分の体積は □ cm³ です。
（灘中） **C**

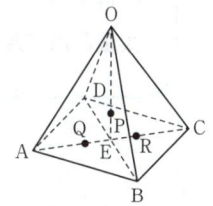

塾技 76 影と相似　[相似]

太陽光と点光源　物に光が当たると影ができるが，光には，①**太陽の光**　②電球や電灯などの**点光源と呼ばれる物が出す光**　の２種類があり，それぞれの光で**進み方が異なる**ため注意する。

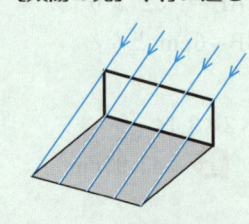

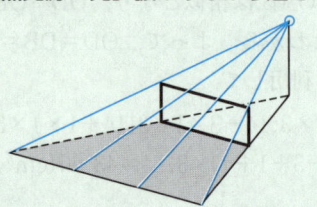

〔太陽の光〕平行に進む　　〔点光源の光〕拡がりながら進む

塾技76 ①
太陽の光は平行に進むため，同じ地点で同時刻に異なる長さの棒を地面に垂直に立てると，相似な直角三角形ができる。

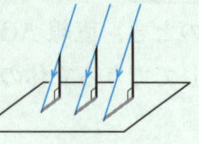

例　ある日，地面と垂直になるように異なる２本の棒を立て，影の長さを測りました。1mの棒の影は1m50cm，□mの棒の影は3m50cmでした。

答　図１と図２の直角三角形は相似となる。
対応する辺で比例式を作り，
1：□＝1.5：3.5
□＝3.5÷1.5
□＝$\frac{35}{15}$＝$\frac{7}{3}$＝$2\frac{1}{3}$(m)

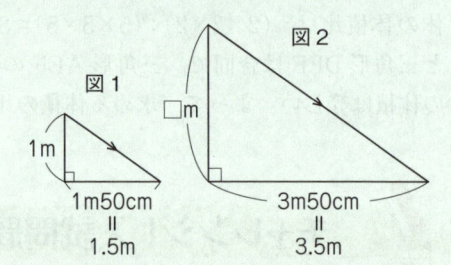

図１　1m，1m50cm＝1.5m
図２　□m，3m50cm＝3.5m

塾技76 ②
点光源の問題は，光が拡がりながら進むため，全体を真横から見た図と真上から見た図をかき相似を利用して解く。

⇨「入試問題で塾技をチェック！」を参照

塾技解説

通常，長さを測るときは定規などを使うよね。でも，鉄とうのような高い物は**定規ではとても測れない**。そんなとき登場するのが**影と相似の考え方**なんだ。古代ギリシャの哲学者ターレスが**影を利用しピラミッドの高さを測った**という話は有名。入試では，**太陽と点光源が出す２種類の光で進み方が異なる**ことに注意が必要だ！。

入試問題で塾技をチェック！

問題 右の図のように高さ6mの街灯から6m離れた所に高さ2m幅3mの長方形のへいがあります。次の問いに答えなさい。ただし、へいの厚さは、考えないものとします。

(1) 影の先端の長さ（図のABの長さ）を求めなさい。
(2) へいによって陰になっている部分の体積を求めなさい。

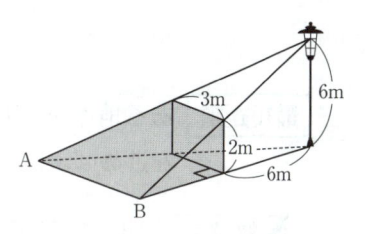

（城北中）

解き方

(1) 図1のように各点をとる。**塾技76** [2]より、図1を右横から見た図2および真上から見た図3を考える。図2で、三角形BGFと三角形BCHは相似で、相似比は、GF：CH＝2：6＝1：3とわかるので、BF：BH＝1：3、BF：FH＝1：2とわかる。一方、図3で、三角形HEFと三角形HABは相似で、相似比は、HF：HB＝2：3とわかり、EFとABの長さの比も2：3となるので、

$$EF：AB＝2：3 \quad AB＝EF×\frac{3}{2}＝3×\frac{3}{2}＝4.5(m)$$

答 4.5m

(2) 図2で、FH＝[2]＝6m より、BF＝[1]＝3m とわかる。**塾技50** [3](1)より、求める体積は、

$$\underset{三角形BGF}{3×2÷2}×\underset{高さの平均}{(3+3+4.5)÷3}＝10.5(m^3)$$

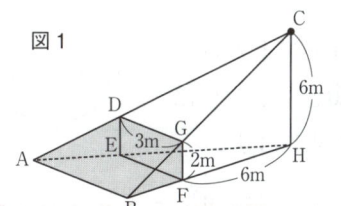

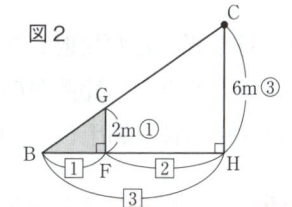

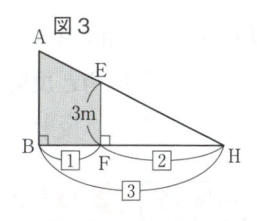

答 10.5m³

図1　図2　図3

チャレンジ！入試問題

解答は、別冊 p.76

問題① 30cmの棒を地面に垂直に立てたところ、その影が40cmでできました。同じ時刻に、同じ場所で、図のような木では、地面より1m高い土地の4mのところまで影ができました。この木の高さは何mですか。
（昭和女子大附昭和中）Ⓐ

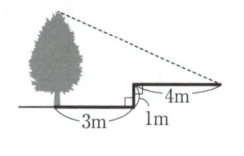

問題② 図1のように、平らな地面に3点A、B、Pがあり、高さ3mの長方形の壁ABCDと高さ9mの柱PQが、地面にまっすぐ立っている。これらを真上から見たものが図2である。柱の先端Qの位置にある電灯で壁ABCDを照らしたとき、地面にできる壁の影の面積は◻m²である。ただし、電灯の大きさや壁の厚さは考えないものとする。　（灘中）Ⓑ

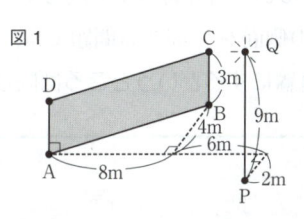

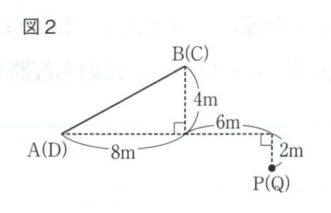

図1　図2

塾技 77 最短距離・反射 [相似]

最短距離 ある地点から別の地点まで**最短で進む**には，その2地点を直線で結んだ道を進めばよい。

> **塾技77** ① 立体図形の表面を通る最短距離を求める問題では，必要な部分の展開図をかき，展開図上で直線にする。

例 右の図のように，直方体の点Eから辺BF上の点Iを通り，点Cまで糸を張ります。糸の長さが最も短くなるとき，BIの長さは何cmになりますか。

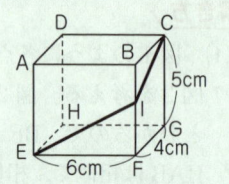

答 糸が通る2つの面の展開図をかき，点EとCを直線で結ぶ。右の図のかげをつけた相似に着目して，

$$BI = 5 \times \frac{2}{3+2} = 2 \text{ (cm)}$$

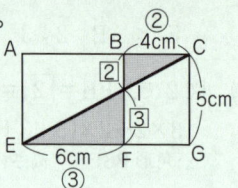

反射経路 平面図形の内側を**球や光などが反射**しながら進むとき，**入射角と反射角は等しく**なり，**距離が最短**となるように進む。反射経路は次の塾技を利用して作図すればよい。

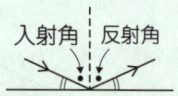

> **塾技77** ② 反射の問題では，反射する辺を軸として線対称に図形をつなげていき，反射経路を直線にして考える。

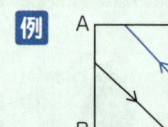

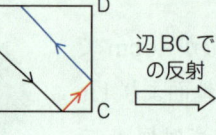

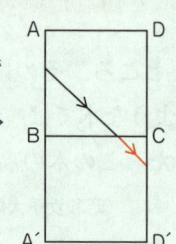

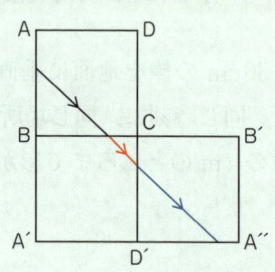

例　辺BCでの反射　⇒　辺CDでの反射　⇒

塾技解説

最短距離の問題でよく出題されるのは**ひもをまきつける問題**。まきつける図形としては，**直方体**や**円すい**，**三角すい**，**円柱**などの出題が多い。考え方は全て同じで，**展開図をかいてひもを一直線にすれば**よく，例えば円柱の側面を2周する問題では，側面の展開図を2枚続けてかけばいい。**反射**も**経路を一直線にする**というところは同じだね！

check! 入試問題で塾技をチェック！

問題 右の図のような1辺の長さが30cmの正三角形ABCがあります。PB＝10cmである点Pから発射された球は辺に当たると，図のように反射し，点Cに到達して止まります。このときのCQの長さは何cmですか。
（本郷中）

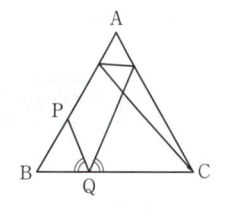

解き方

点Pは，それぞれ辺BC，辺AC，辺ABに当たって反射して点Cまで動くので，その経路は，**塾技77** ② より，それぞれの辺を軸に三角形ABCと線対称な図形をつないでかき，点Pと点Cを一直線に結べばよい。右の図で，三角形C′A′Rと三角形C′BPは相似となり，相似比は，C′A′：C′B＝30：60＝1：2とわかる。よって，A′Rの長さは，

$$A'R : BP = 1 : 2 \quad A'R = BP \times \frac{1}{2} = 10 \times \frac{1}{2} = 5 \text{(cm)}$$

一方，三角形BQPと三角形CQRは相似となるので，

BQ：CQ＝BP：CR＝10：(30－5)＝10：25＝2：5

よって，$CQ = BC \times \dfrac{5}{2+5} = 30 \times \dfrac{5}{7} = 21\dfrac{3}{7}$ (cm)

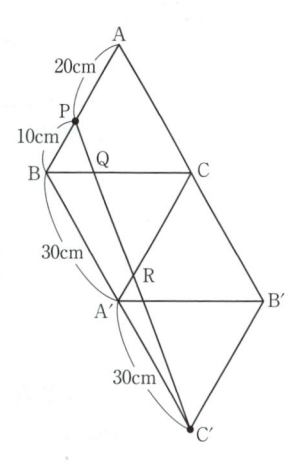

答 $21\dfrac{3}{7}$ cm

チャレンジ！入試問題

解答は，別冊 p.77

問題① 図のような直方体において，頂点Aから面AEFB，BFGC，CGHDを通って頂点Hに行く最短の経路と辺BFとの交点をP，辺CGとの交点をQとします。このとき四角形BPQCの面積を求めなさい。
（獨協中） **A**

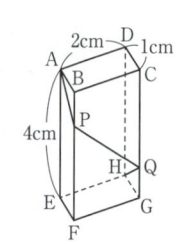

問題② 1辺が20cmの正方形ABCDがあります。AB上にBP＝12cm，BC上にBQ＝16cmとなるように点P，Qをとります。点Pから点Qに向かって光が出るとき次の問いに答えなさい。

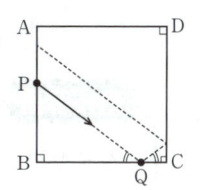

(1) 辺BCで反射した光は，辺CDのCから何cmの所にあたりますか。
(2) 辺CDで光が反射したあと，光は辺ABにあたります。その位置は点Aから何cmの所ですか。
(3) 光が点Pを離れてから辺CDに2回目にあたるまでに光の動いた距離は何cmですか。なお，直角をはさむ2辺の長さが3cmと4cmであるとき，その直角三角形の残りの辺の長さは5cmです。
（徳島文理中） **B**

塾技 78 ダイヤグラムと相似 　相似

ダイヤグラムと相似　塾技22で学んだダイヤグラムでは，**出会う時間**や**距離**などを**相似**を用いて求める問題が多く出題されている。

塾技78　ダイヤグラムの問題では，中にできる相似を利用し，距離を求めるときは縦軸に，時間を求めるときは横軸に比を移して考える。

(1) 〈2人が出会う地点〉
PQ間を $a:b$ に比例配分する。

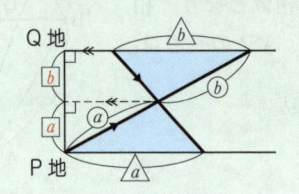

(2) 〈2人が出会う時間〉PQ間にかかる時間を $a:b$ に比例配分する。

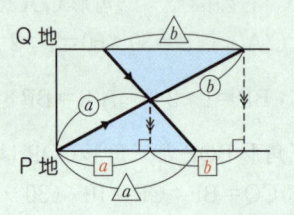

(3) 〈BがAに追いつく地点〉
PQ間を $a:b$ に比例配分する。

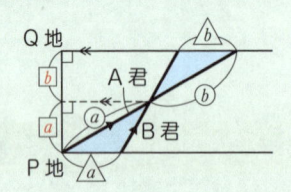

(4) 〈BがAに追いつく時間〉PQ間にかかる時間を $a:b$ に比例配分する。

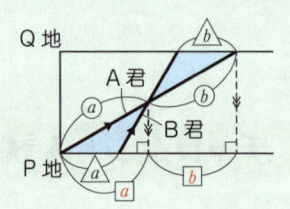

例　1500m離れたPQ間をA君とB君が往復します。2人が2回目に出会うのは，P地から何mの地点ですか。

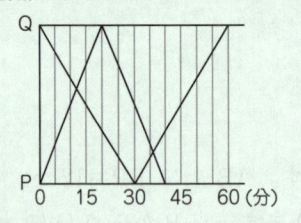

答　右の図の太線のちょうちょ型相似の相似比1:4を縦軸に移して考えればよい。1500mを1:4に比例配分し，$1500 \times \dfrac{1}{1+4} = 300$ (m)

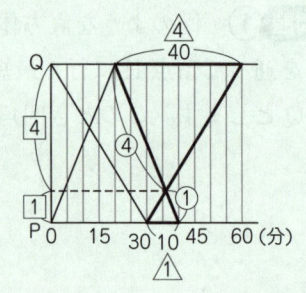

塾技解説

ダイヤグラムでは相似をとてもよく使う。使う相似の形としては**ちょうちょ型相似**が最も多いけど，中にはピラミッド型相似を利用する問題や，2つの型の相似を組み合わせて使う問題もある。いずれにしても，塾技69 ① を利用し，**距離を求めるときは相似比を縦軸に**，**時間を求めるときは相似比を横軸に**移すことがポイントだぞ。

入試問題で塾技をチェック！

問題 P地点とQ地点の2地点間をAさんの自転車とBさんの車が移動します。Aさんは9時にP地点を出発しQ地点に向かい，Bさんは9時30分にQ地点からP地点に向かい，到着するとすぐに折り返してQ地点にもどりました。右の図は，2人の位置と時間の関係を表したものです。

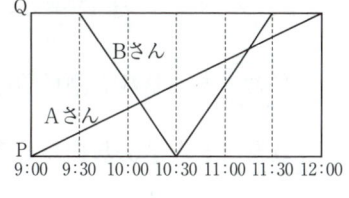

(1) Aさんの自転車とBさんの車が最初に出会う時刻は，何時何分何秒ですか。

(2) P地点から引き返してくるBさんの車がAさんの自転車に追いつくまでに，2人が進んだ距離の和が200kmであるとき，P地点とQ地点の距離は何kmですか。

(多摩大附聖ヶ丘中)

解き方

(1) 右の図のかげをつけた三角形は相似で，相似比は3：5とわかる。
塾技78 (2)より，相似比の3：5を横軸に移して考える。図の③にあたる時間は，AさんがPQ間を進むのにかかる3時間を3：5に比例配分して，③＝3×$\frac{3}{3+5}$＝$1\frac{1}{8}$（時間）＝1時間7分30秒

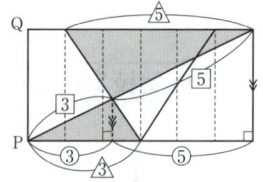

よって，AさんとBさんが最初に出会う時刻は，10時7分30秒となる。

答 10時7分30秒

(2) 右の図のかげをつけた三角形は相似で，相似比は3：1とわかる。
塾技78 (3)より，相似比の3：1を縦軸に移して考える。
BさんがAさんに追いつくまでに，Aさんは③進み，Bさんは，①＋③＋③＝⑦進んでいるので，2人の進んだ距離の和は⑩となり，これが200kmにあたる。PQ間は④なので，200÷10×4＝80（km）

答 80km

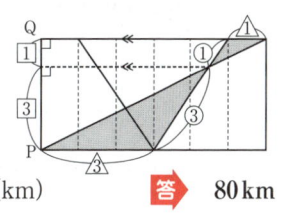

チャレンジ！入試問題

解答は，別冊 p.78

問題 14.4km離れたA地点からB地点へ川が流れています。太郎君はAからBへ向かって，次郎君はBからAへ向かって，それぞれボートで9時に出発しました。9時15分に2人は初めてすれ違い，その後太郎君は9時24分にBへ到着しました。しばらくして，次郎君がAへ到着したと同時に2人ともそれぞれの地点を折り返しました。その後2人はAとBの真ん中で再びすれ違い，同時にA，Bへ到着しました。静水上の太郎君のボート，次郎君のボートはそれぞれ一定の速さで，川の流れる速さもつねに一定とします。このとき，次の問いに答えなさい。

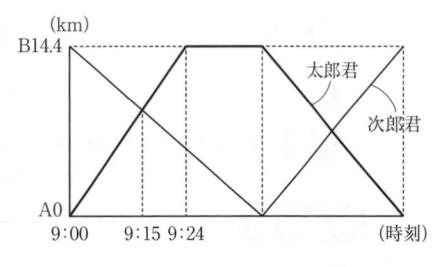

(1) 2人が初めてすれ違ったのはA地点から何km離れていますか。

(2) 次郎君がA地点へ到着するのは何時何分ですか。

(3) 川の流れの速さは分速何mですか。

(城北中)

塾技 79 約数　数の性質

約数　ある整数を**割り切ることのできる整数**を，その整数の**約数**という。

素数　**1とその数自身しか約数をもたない整数**，すなわち，**約数の個数が2個の整数**を**素数**という。1の約数は1個しかないため，**1は素数ではない**。

素因数分解　整数を**素数のみの積で表すこと**を**素因数分解**という。素因数分解は次の手順で行う。
手順①　小さい素数で順に割り，商を下にかいていく。
手順②　商が素数になったら割り算をやめる。
手順③　左側と下に並ぶ数の積を作る。

例　24 を素因数分解

```
2 ) 24
2 ) 12
2 )  6
     ×3
```
24＝2×2×2×3

塾技79 ① **ある整数の約数を求めるには，その整数を2つの積の形（ペア）で表して求める方法と，素因数分解を利用して求める方法がある。**

例　24 の約数を全て求めなさい。

答　24 を 2 つの積の形で表す。

$$\begin{bmatrix} 1 & 2 & 3 & 4 \\ \times & \times & \times & \times \\ 24 & 12 & 8 & 6 \end{bmatrix}$$

よって，24 の約数は，
1，2，3，4，6，8，12，24

別解　24 は，2×2×2×3 と素因数分解できる。1以外の約数は，2と3を何個かずつかけ合わせてできる数となるので，24の約数は，
1，2×1＝2，2×2＝4，2×2×2＝8，
3×1＝3，2×3＝6，2×2×3＝12，
2×2×2×3＝24

塾技79 ② **ある整数の約数の個数を求めるには，実際にその整数の約数を全て書き出して個数を求める方法と，素因数分解したときのそれぞれの素数の個数に1を加えたものをかけ合わせて求める方法がある。**

例　72 の約数の個数を求めなさい。

答　72 の約数は，1，2，3，4，6，8，9，12，18，24，36，72 の全部で 12 個

別解　72＝2×2×2 × 3×3 より，（3＋1）×（2＋1）＝12（個）
　　　　　　　2が3個　　3が2個

塾技解説

②が成り立つ理由を24の約数を例に考える。24を素因数分解すると，**2×2×2×3**となり，24の約数は，**2と3を何個かずつかけ合わせたもの**となることがわかる。**かけ合わせ方は，2×2×2の約数は，1，2，2×2，2×2×2の4通り，3の約数は，1，3の2通り**あるよね。だから約数の個数は，4×2＝（3＋1）×（1＋1）＝8（個）となる！

入試問題で塾技をチェック！

問題 〔A〕は，整数 A の全ての約数の平均を表します。例えば，

〔24〕＝(24＋12＋8＋6＋4＋3＋2＋1)÷8＝60÷8＝7$\frac{1}{2}$

〔29〕＝(29＋1)÷2＝30÷2＝15

です。このとき，次の問いに答えなさい。ただし，割り切れないときは分数で答えなさい。

(1) 〔20〕，〔98〕の値をそれぞれ求めなさい。

(2) A が 11 以上 99 以下の整数で，約数の個数が 5 個のとき，〔A〕の最も小さい値と最も大きい値を求めなさい。

(巣鴨中)

解き方

(1) 20 の約数 $\begin{Bmatrix} 1 & 2 & 4 \\ \times & \times & \times \\ 20 & 10 & 5 \end{Bmatrix}$，98 の約数 $\begin{Bmatrix} 1 & 2 & 7 \\ \times & \times & \times \\ 98 & 49 & 14 \end{Bmatrix}$ より，

〔20〕＝(1＋2＋4＋5＋10＋20)÷6＝7　　〔98〕＝(1＋2＋7＋14＋49＋98)÷6＝28$\frac{1}{2}$

答 〔20〕＝7，〔98〕＝28$\frac{1}{2}$

(2) **塾技79** ② より，約数の個数が 5 個となる整数は，○×○×○×○ (○は同じ素数)と表すことができる。〔A〕が最も小さいときは，○＝2 のときで，A＝2×2×2×2＝16 とわかる。一方，〔A〕が最も大きいときは，○＝3 のときで，A＝3×3×3×3＝81 とわかる。

16 の約数 $\begin{Bmatrix} 1 & 2 & 4 \\ \times & \times & \times \\ 16 & 8 & (4) \end{Bmatrix}$　　81 の約数 $\begin{Bmatrix} 1 & 3 & 9 \\ \times & \times & \times \\ 81 & 27 & (9) \end{Bmatrix}$

以上より，〔16〕＝(1＋2＋4＋8＋16)÷5＝6$\frac{1}{5}$，〔81〕＝(1＋3＋9＋27＋81)÷5＝24$\frac{1}{5}$

答 〔A〕の最も小さい値＝6$\frac{1}{5}$，〔A〕の最も大きい値＝24$\frac{1}{5}$

チャレンジ！入試問題

解答は，別冊 p.79

問題① 360 の約数は全部で □ 個あり，このうち，5 番目に大きい数は □ です。

(武蔵中)

問題② 6 の約数は 1，2，3，6 の 4 個あります。1 から 30 までの整数のうち，約数が 4 個ある整数は全部で □ 個あります。

(世田谷学園中)

問題③ A，B を整数とするとき，[A, B]は，A の約数の個数と B の約数の個数の和を表します。例えば，6 の約数は，1，2，3，6 の 4 個，11 の約数は，1，11 の 2 個となるので，[6, 11]＝6 となります。このとき，次の各問いに答えなさい。

(1) [12, 30]を求めなさい。

(2) [a, 4]＝8 となる整数 a のうち，最も小さいものを求めなさい。 (渋谷教育学園幕張中)

塾技 80 倍数　数の性質

倍数の個数　ある数を**整数倍してできる数**を，その数の**倍数**という。1から□までの整数の中にある a の倍数の個数は，**□÷a の商**となる。

例　100から300までの整数の中に，3の倍数は何個ありますか。

答　1〜300までに3の倍数は，300÷3＝100（個），1〜99までに3の倍数は，99÷3＝33（個）あるので，100から300までには，100－33＝67（個）ある。

素因数分解の利用　ある整数 a が別の整数 b の**倍数となるかどうか**は，整数 a を**素因数分解することにより判断**できる。

塾技80 ① a を素因数分解し，素数または素数をかけ合わせた数に b をもつとき，すなわち b が a の約数となるとき，a は b の倍数となる。

例　420が35の倍数となることを素因数分解を利用して確かめなさい。

答　420＝2×2×3×⑤×⑦　より，420＝㉟×12　となるので，35の倍数となる。

倍数判定法　ある整数が何の倍数になるかは以下の塾技を利用して**見分ける**。

塾技80 ② 下1けたまたは2けたで判断する。

(1) 2の倍数 … 下1けたが偶数または0　　**例**　32, 50
(2) 4の倍数 … 下2けたが4の倍数または00　**例**　304, 600
(3) 5の倍数 … 下1けたが5または0　　　　**例**　75, 340

塾技80 ③ 各位の数の和で判断する。

(1) 3の倍数 … 各位の数の和が3の倍数　　**例**　135（1＋3＋5＝9）
(2) 9の倍数 … 各位の数の和が9の倍数　　**例**　567（5＋6＋7＝18）

塾技80 ④ 特定の位の数の和どうしの差で判断する。

11の倍数は，一の位から左に向かって奇数番目の位の数の和と，偶数番目の位の数の和の差が11の倍数または0となる。

塾技解説

倍数判定法でよく使うのは**3の倍数**と**4の倍数**の判定法。これらは，あとで習う**「場合の数」**でもよく登場するのでここでしっかり身につけよう。他にも倍数判定法として，「**6の倍数は，2の倍数かつ3の倍数**となる数」や「**8の倍数は，下3けたが8の倍数**または000となる数」といった判定法もあるので，合わせて覚えよう！

入試問題で塾技をチェック！

問題 1から100までの整数を1つずつ書いたカード100枚を，右のような手順で**ア～オ**の箱に入れていきます。

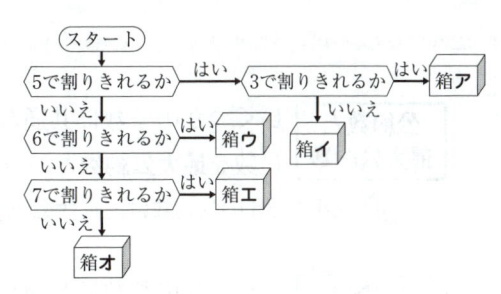

(1) 98と書いたカードはどの箱に入りますか。

(2) **ア～オ**の箱に入るカードの枚数をそれぞれ答えなさい。　　　　　　　　　　（女子学院中）

解き方

(1) 98を素因数分解すると，98＝2×7×7 となるので，**塾技80** **1**より，98は5の倍数と6の倍数とはならず，7の倍数となることがわかる。よって，**エ**の箱に入る。　**答** 箱**エ**

(2) 箱**ア**に入るカードは図1の**ア**，箱**イ**に入るのは**イ**となる。**ア**は，100÷15＝6余り10より6枚，**ア**＋**イ**は，100÷5＝20（枚），**イ**は，20－6＝14（枚）とわかる。次に，箱**ウ**に入るのは図2の**ウ**で，**ウ**＋**カ**は，100÷6＝16余り4より16枚となり，**カ**は，100÷30＝3余り10より3枚となるので，**ウ**は，16－3＝13（枚）とわかる。また，箱**エ**に入るのは図3の**エ**となる。**エ**＋**キ**＋**ク**＋**ケ**は，100÷7＝14余り2より14（枚），**キ**＋**ク**は35の倍数となり，100÷35＝2余り30より2枚，**ケ**＋**ク**は42の倍数となり，100÷42＝2余り16より2枚，**ク**は210の倍数より0枚となるので，**エ**は，14－2－2＋0＝10（枚）とわかる。最後に箱**オ**は残りの，100－(6＋14＋13＋10)＝57（枚）が入る。

答 箱**ア**：6枚，箱**イ**：14枚，箱**ウ**：13枚，箱**エ**：10枚，箱**オ**：57枚

図1　図2 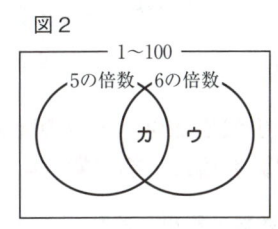　図3

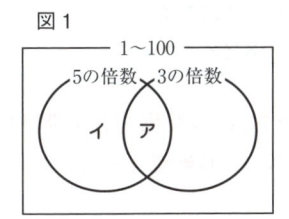

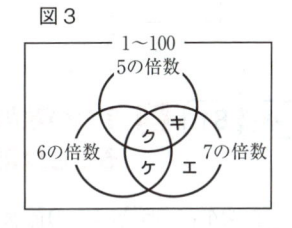

チャレンジ！入試問題

解答は，別冊 p.80

問題① 1から100までの整数をかけ合わせた数を6で割ると最高で□回割り切れます。
（芝中）**A**

問題② 各位の数の和が9の倍数になるとき，その数は9の倍数になります。例えば，『279』は，各位の数字の和が 2＋7＋9＝18 と9の倍数になるので，『279』は9の倍数であることがわかります。また，3けたの数『2AB』が9の倍数となるのは，AとBの数の組(A, B)が(5, 2)や(8, 8)などのときです。次の問いに答えなさい。

(1) 6けたの数『32A6B4』が9の倍数となるAとBの数の組(A, B)は何組ありますか。

(2) 6けたの数『57A76B』が36の倍数となるAとBの数の組(A, B)を全て求めなさい。

(3) 6けたの数『8753AB』が72の倍数となるAとBの数の組(A, B)を全て求めなさい。

（立教新座中）**B**

塾技 81 最大公約数・最小公倍数① 数の性質

公約数と最大公約数　いくつかの整数に共通な約数を**公約数**といい，公約数のうちで最も大きい数を**最大公約数**という。**公約数は最大公約数の約数**となる。

例　24 と 36 の公約数は，最大公約数 12 の約数なので，1，2，3，4，6，12

公倍数と最小公倍数　いくつかの整数に共通な倍数を**公倍数**といい，公倍数のうちで最も小さい数を**最小公倍数**という。**公倍数は最小公倍数の倍数**となる。

例　5 と 7 の公倍数は，最小公倍数 35 の倍数なので，35，70，105，…

最大公約数・最小公倍数の求め方　連除法（すだれ算）を用いて求める。

塾技81 ① **小さな素数から順に割っていき，商が互いに素（公約数が 1 以外にない数どうしをいう）となるまで割り算を続ける。**

例　36 と 54 の最大公約数，最小公倍数

```
2 ) 36  54
3 ) 18  27
3 )  6   9
     2   3
```

最大公約数…左側の数字をかけ合わせる。
　2×3×3＝18

最小公倍数…全ての数字をかけ合わせる。
　2×3×3×2×3＝108

塾技81 ② **3 つの数の最小公倍数は，3 つの商のうち 2 つを取り出し割り切れるときは割り算を続け，割り切れない数はそのまま下ろす。**

例　24 と 36 と 48 の最大公約数，最小公倍数

```
2 ) 24  36  48
2 ) 12  18  24
3 )  6   9  12
2 )  2   3   4
     1   3   2
```

最大公約数…左側の数字のうち，それぞれの横にある 3 つの数を全て割り切ることができる数字のみかけ合わせる。
　2×2×3＝12

最小公倍数…全ての数字をかけ合わせる。
　2×2×3×2×1×3×2＝144

塾技解説

上のような最大公約数，最小公倍数の求め方を**連除法**というけど，これは 2 つ以上の**連らなった数**を**割り算**（除法という）することからついた名前で，その形からすだれ算やはしご算とも呼ばれているんだ。ある **2 つの整数**とそれらの**最大公約数・最小公倍数**との間に**成り立つ関係**も，「入試問題で塾技をチェック！」でしっかりと確認しよう。

check! 入試問題で塾技をチェック！

問題 2けたの整数が2つあります。この2つの整数の積は4080，最大公約数は4です。この2つの整数を求めなさい。 （海城中）

解き方

求める2つの整数をそれぞれ A, B とする。最大公約数と最小公倍数の積は，2つの整数 A と B の積と等しくなる※ことより，A と B の最小公倍数は，$4080 \div 4 = 1020$ とわかる。A, B をそれぞれ最大公約数の4で割った商を a, b（a, b は互いに素）とすると，**塾技81** ①より

$4 \underline{)A \ \ B}$
$a \ \ b$ と表せる。最小公倍数は，$4 \times a \times b$ で，これが1020となることより，

$4 \times a \times b = 1020 \quad a \times b = 1020 \div 4 = 255$

よって，$(a, b) = (1, 255)$, $(3, 85)$, $(5, 51)$, $(15, 17)$ とわかる。$A = 4 \times a$, $B = 4 \times b$ で，A, B は2けたの整数より，$(A, B) = (4 \times 15, 4 \times 17) = (60, 68)$ と求められる。

答 60，68

※が成り立つ理由

2つの整数を A, B とし，最大公約数を G, 最小公倍数を L とする。A, B を G で割った商を a, b（a, b は互いに素）とすると，
$A = G \times a$, $B = G \times b$ となるので，A と B の積は，
$A \times B = G \times a \times G \times b = G \times \underline{G \times a \times b} = G \times L$
$\| $
L

$G \underline{)A \ \ B}$
$\underline{a \times b} = L$

チャレンジ！入試問題

解答は，別冊 p.81

問題① 2けたの整数が2つあります。この2つの整数の最大公約数が12，最小公倍数が144であるとき，この2つの整数のうち大きい数は何ですか。 （公文国際学園中等部） Ⓐ

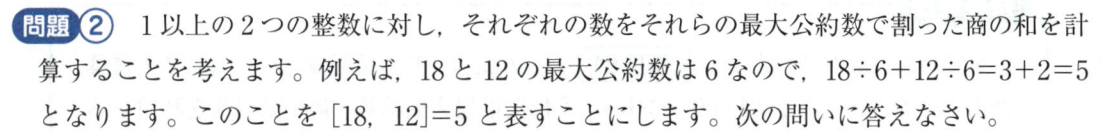

問題② 1以上の2つの整数に対し，それぞれの数をそれらの最大公約数で割った商の和を計算することを考えます。例えば，18と12の最大公約数は6なので，$18 \div 6 + 12 \div 6 = 3 + 2 = 5$ となります。このことを $[18, 12] = 5$ と表すことにします。次の問いに答えなさい。

(1) $[\boxed{ア}, \boxed{イ}] = 8$ となるような整数 $\boxed{ア}$, $\boxed{イ}$ で，$\boxed{ア}$, $\boxed{イ}$ の和が16となるようなものを4つ答えなさい。

(2) $[12, \boxed{ウ}] = 8$ を満たす整数 $\boxed{ウ}$ を2つ答えなさい。

(3) $[30, \boxed{エ}] = 9$ を満たす整数 $\boxed{エ}$ を全て答えなさい。 （麻布中） Ⓒ

塾技 82 最大公約数・最小公倍数② 数の性質

最大公約数・最小公倍数を利用する頻出問題パターン

[パターン1] 図形の切り分けやはり合わせの問題

塾技82 ① 1辺が最も大きくなるように切り分けるときは最大公約数を，1辺が最も小さくなるようにはり合わせるときは最小公倍数を利用。

例1 縦24cm，横36cmの長方形の紙をできるだけ大きな正方形に切り分けるとき，正方形の1辺は何cmにすればよいですか。

答 正方形の1辺は24cmと36cmの最大公約数となるので，12cmにすればよい。

例2 縦10cm，横12cm，高さ6cmの直方体を全て同じ向きにすき間なく並べて最も小さい立方体を作るとき，直方体は何個必要ですか。

答 できる立方体の1辺は，10cm，12cm，6cmの最小公倍数60cmとなる。縦に，60÷10=6(個)，横に，60÷12=5(個)，高さに，60÷6=10(個) それぞれ並ぶので，全部で，6×5×10=300(個) 必要となる。

[パターン2] $\frac{B}{A} \times \frac{\triangle}{\square}$ と $\frac{D}{C} \times \frac{\triangle}{\square}$ がともに整数となる $\frac{\triangle}{\square}$ を求める問題

塾技82 ② 最も小さい $\frac{\triangle}{\square}$ の値 ⇒ $\frac{\triangle（AとCの最小公倍数）}{\square（BとDの最大公約数）}$ となる。

例 $\frac{4}{5}$ にかけても $\frac{8}{9}$ にかけても整数となる最も小さい分数を求めなさい。

答 求める分数を $\frac{\triangle}{\square}$ とすると，$\frac{4}{5} \times \frac{\triangle}{\square}$ =整数，$\frac{8}{9} \times \frac{\triangle}{\square}$ =整数 より，△は，5と9の公倍数，□は4と8の公約数となる。求める分数は最も小さい数より，分母の□はできるだけ大きく，分子の△はできるだけ小さくなればよい。

よって，$\frac{\triangle（5と9の最小公倍数）}{\square（4と8の最大公約数）} = \frac{45}{4} = 11\frac{1}{4}$ と求められる。

[パターン3] 2つ以上の動く点（物）が同時に同じ地点を通過する問題

⇒ 塾技26 ② ③ を参照

塾技解説

最大公約数・最小公倍数は，塾技81 で学んだように，問題文の中に**直接その言葉が出てくる**ときと，上の[パターン]のように**実は最大公約数・最小公倍数を利用する**という問題がある。上の[パターン]を押さえておけば問題を**解くスピードがUP**する！他にも，塾技83 塾技84 で学ぶ**商と余りの問題**でもよく利用するぞ。

入試問題で塾技をチェック！

問題 1 縦 2.5cm，横 $1\frac{3}{7}$cm，高さ 2cm の直方体を使って立方体を作りました。もとの直方体は全て同じ向きにすき間なく置きました。最も小さい立方体の1辺は □ cm で，このときもとの直方体を □ 個使いました。　　(桜蔭中)

解き方 立方体の1辺は，2.5，$1\frac{3}{7}$，2 の最小公倍数となる。通分し，分子の最小公倍数を求めると，$\frac{35}{14}$, $\frac{20}{14}$, $\frac{28}{14}$ より，$2\times2\times5\times7\times1\times1\times1=140$ となり，求める立方体の1辺は，$\frac{140}{14}=10$ (cm) となる。直方体は，縦に，$10\div2.5=4$ (個)，横に，$10\div1\frac{3}{7}=7$ (個)，高さに，$10\div2=5$ (個) 使うので，全部で，$4\times7\times5=140$ (個) **答 10, 140**

```
2) 35  20  28
2) 35  10  14
5) 35   5   7
7)  7   1   7
    1   1   1
```

問題 2 $\frac{14}{75}$ で割っても $\frac{42}{55}$ で割っても答えが整数になる分数があります。このような分数で最も小さいものは □ です。　　(青山学院中等部)

解き方 求める分数を $\frac{△}{□}$ とすると，$\frac{△}{□}\div\frac{14}{75}=\frac{△}{□}\times\frac{75}{14}=$ 整数，$\frac{△}{□}\div\frac{42}{55}=\frac{△}{□}\times\frac{55}{42}=$ 整数 となればよい。求める分数は最も小さい分数なので，**塾技82** ② より，□ は 75 と 55 の最大公約数，△ は 14 と 42 の最小公倍数となればよい。□=5，△=$2\times7\times1\times3=42$ より，求める分数は，$\frac{42}{5}=8\frac{2}{5}$　　**答 $8\frac{2}{5}$**

```
5) 75  55      2) 14  42
   15  11      7)  7  21
                   1   3
```

チャレンジ！入試問題
解答は，別冊 p.82

問題① 縦の長さが 126cm，横の長さが 84cm の長方形のタイルがあります。
(1) このタイルを敷きつめて正方形を作るとき，最低 □ 枚必要です。
(2) このタイルを余りを出さないように，最も大きい同じ大きさの正方形に切り分けたとき，正方形の1辺の長さは □ cm です。　　(栄東中) **A**

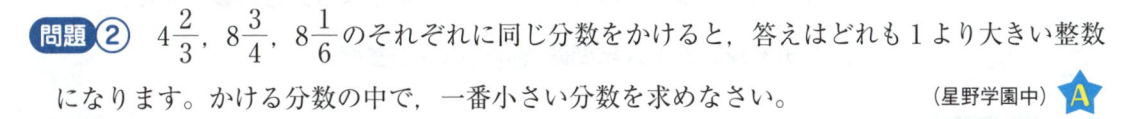

問題② $4\frac{2}{3}$，$8\frac{3}{4}$，$8\frac{1}{6}$ のそれぞれに同じ分数をかけると，答えはどれも1より大きい整数になります。かける分数の中で，一番小さい分数を求めなさい。　　(星野学園中) **A**

問題③ 右の図のように，正方形のマスを縦に3個，横に5個並べて長方形を作ります。この長方形の1本の対角線は，斜線の7個のマスを通過します。次の各問いに答えなさい。 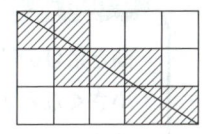
(1) 正方形のマスを縦に7個，横に11個並べた長方形を作るとき，この長方形の対角線は，何個のマスを通過しますか。
(2) 正方形のマスを縦に39個，横に51個並べた長方形を作るとき，この長方形の対角線は，何個のマスを通過しますか。　　(渋谷教育学園幕張中) **B**

塾技 83 商と余り① 数の性質

除法の原理 ある整数 A を 0 でない整数 B で割ったときの商を C, 余りを D とすると, $A=B\times C+D$ と表すことができ, これを**除法の原理**という。

塾技83 ① **商と余りが等しくなる問題では, 割られる数を除法の原理で表し, 分配法則を用いて 1 つの式にまとめて考える。**

例 0 でない整数 a を 50 で割ると, 商と余りが等しくなりました。このような整数 a は全部で何個ありますか。

答 商と余りを b とすると, 除法の原理より, $a=50\times b+b$ と表すことができる。
$a=50\times b+b=(50+1)\times b=51\times b$
よって, a は 51 の倍数とわかるが, 余りの b は 0 より大きく割る数の 50 より小さいので, b の値は 1 から 49 まで考えられるので, a は全部で 49 個ある。

余りと約数の利用 商と余りの問題では, **ぴったり割り切れる数**を考え, **約数（公約数）や倍数（公倍数）の利用**を考える。

塾技83 ② **a を割ると b 余る数は, $a-b$ の約数のうち b より大きい数となる。**

例 49 を割ると 4 余る数は, $49-4=45$ の約数のうち余りの 4 より大きい数となるので, 5, 9, 15, 45 とわかる。

塾技83 ③ **a を割ると b 余り, c を割ると d 余る数は, $a-b$ と $c-d$ の公約数のうち, 余りの b, d より大きい数となる。**

例 23 を割ると 3 余り, 85 を割ると 5 余る数は, $23-3=20$ と, $85-5=80$ の公約数のうち余りの 3 と 5 より大きい数となる。20 と 80 の最大公約数は 20 となるので, 20 の約数のうち 5 より大きいものを求め, 10, 20 とわかる。

塾技83 ④ **a を割っても b を割っても c を割っても余りが等しくなる数は, 2 つの数どうしの差の公約数のうち, 余りより大きい数となる。**

⇨ チャレンジ！入試問題 **問題③** を参照

塾技解説

商と余りの問題を考えるときに常に意識しなければいけないことは, **余りは割る数より小さくなる**ということ。①を利用して問題を解くとき, このことがポイントになってくるので注意しよう。また, 商と余りの問題では**ぴったり割り切れる数を探す**ことが大切。多くは**余りを引けばいい**のだけど, 中には④のように**差を考える**問題もあるぞ。

入試問題で塾技をチェック！

問題 1 1570 を 3 けたの整数で割ったら，余りは 23 になりました。このような整数のうち最も小さい整数は ☐☐☐ です。
(慶應中等部)

解き方
塾技83 ② より，求める整数は，1570－23＝1547 の約数のうち，余りの 23 より大きい最も小さい 3 けたの整数とわかる。1547 を素因数分解すると，1547＝7×13×17 となるので，1547 の約数は，塾技79 ① より，
　1, 7, 13, 17, 7×13＝91, 7×17＝119, 13×17＝221, 7×13×17＝1547
とわかる。よって，求める 3 けたの最小の整数は，119 となる。　**答 119**

問題 2 3 けたの整数を 17 で割ったとき，商と余りが同じ数になりました。
(1) このような 3 けたの整数で最も小さいものを求めなさい。
(2) このような 3 けたの整数は何個ありますか。
(慶應普通部)

解き方
(1) 3 けたの整数を a とし，商と余りを b とすると，塾技83 ① より，
　　$a＝17×b+b＝(17+1)×b＝18×b$
　a は 3 けたの整数で最も小さいものより，$b＝6$ のときで，$a＝108$　**答 108**
(2) b は 0 より大きく 17 より小さい整数となるので，a が 3 けたの整数となるのは，$b＝6, 7, 8,$
　9, 10, 11, 12, 13, 14, 15, 16 の 11 個　**答 11 個**

チャレンジ！入試問題

解答は，別冊 p.83

問題 1 ある 400 より大きい整数があります。その整数を 23 で割ると，商と余りとが等しくなりました。このような整数は全部で何個ありますか。
(西大和中) A

問題 2 134 を割っても，302 を割っても，344 を割っても 8 余る整数で最も小さい整数はいくつですか。
(共立女子二中) A

問題 3 赤玉 152 個，黄玉 302 個，青玉 377 個があります。何人かの小学生に 3 色の玉を，同じ色は同じ個数ずつ全員に配ります。残りの玉ができるだけ少なくなるように配ると，残りの玉の個数はどの色も同じになります。ただし，小学生の人数は 2 人以上です。
(1) 考えられる小学生の人数を全て答えなさい。
(2) 残りの玉は，どの色も何個ずつですか。
(3) 1 人の小学生がもらう 3 色の玉の個数の合計が 55 個のとき，小学生は何人ですか。
(桐朋中) B

塾技 84 商と余り② 数の性質

余りと倍数の利用 商と余りの問題で，倍数（公倍数）の考えを利用して解く問題には，以下 3 つの代表的パターンがある。

[パターン 1] 余りが同じ問題

塾技84 ① a で割っても b で割っても c 余る数は，a と b の最小公倍数の倍数より c 大きい数となる。

例 9 で割っても 15 で割っても 2 余る数を小さい順に 3 つ求めなさい。

答 求める数は，9 と 15 の最小公倍数の倍数より 2 大きい数。9 と 15 の最小公倍数は 45 より，45×0+2=2，45×1+2=47，45×2+2=92 と求められる。

[パターン 2] 余りは異なるが，割る数と余りの差が同じになる問題

塾技84 ② 求める数は割る数の最小公倍数の倍数より，割る数と余りの差だけ小さい数となる。

例 5 で割ると 2 余り，7 で割ると 4 余る最も小さい数を求めなさい。

答 5 で割ると 2 余るということは，求める数はあと，5−2=3 大きければ 5 で割り切れる。同様に，7 で割ると 4 余るということは，求める数はあと，7−4=3 大きければ 7 で割り切れる。つまり求める数は，5 と 7 の最小公倍数 35 より 3 小さい数だとわかるので，35−3=32 と求められる。

[パターン 3] 余りも，割る数と余りの差もともに異なる問題

塾技84 ③ 実際に書き出し，条件を満たす数を 1 つ調べ上げ，残りは最小公倍数を利用して求める。

例 7 で割ると 3 余り，4 で割ると 1 余る 400 に最も近い数を求めなさい。

答 7 で割ると 3 余る数：3，10，⑰，24，…
4 で割ると 1 余る数：1，5，9，13，⑰，21，…
条件を満たす最も小さい数は 17 で，その後は，7 と 4 の最小公倍数 28 ごとに現れるので，400 に最も近い数は，17+28×14=409 と求められる。

塾技解説

商と余りの問題で公倍数を利用して解く問題は，問題文をよく読むと上の 3 つのパターンのどれかになる。よくある間違いに，**本当は公倍数の考えを利用する問題なのに公約数を考えてしまう**ということがある。1 つの目安として，「〜を割る」というときは**公約数**を，「〜で割る」というときは**公倍数**を利用すると覚えておくといいぞ！

入試問題で塾技をチェック！

問題1 42で割っても，56で割っても2余る4けたの整数のうち最も小さい数は□です。
(武蔵中)

解き方 塾技84 ①より，求める数は，42と56の最小公倍数の倍数より2大きい数とわかる。42と56の最小公倍数は，2×7×3×4＝168となるので，4けたの整数で最も小さい数は，168×6＋2＝1010

答 1010

```
2 ) 42  56
7 ) 21  28
    3   4
```

問題2 200から300までの整数のうち，4で割ると1余り，5で割ると2余り，6で割ると3余るような整数を全て答えると，□です。
(栄東中)

解き方 4－1＝3，5－2＝3，6－3＝3と，割る数と余りの差が同じ数になるので，塾技84 ②より，求める数は，4と5と6の最小公倍数の倍数より3小さい数とわかる。4と5と6の最小公倍数は60となるので，200から300までには，60×4－3＝237，60×5－3＝297がある。

答 237，297

問題3 100から1000までの整数の中で，5で割ると3余り，7で割ると4余る数は何個ありますか。
(巣鴨中)

解き方 塾技84 ③より，まず実際に調べ上げて条件を満たす100以上の数を1つさがす。
　　5で割ると3余る数：103，108，113，118，⑫㉓，128，…
　　7で割ると4余る数：102，109，116，⑫㉓，130，…
条件を満たす最も小さい数は123で，その後は，5と7の最小公倍数35ごとに現れる。1000に最も近い数は，123＋35×25＝998となるので，全部で，1＋25＝26(個)ある。

答 26個

チャレンジ！入試問題

解答は，別冊 p.84

問題① 3で割ると2余り，4で割ると2余り，5で割ると2余るような7の倍数の中で，小さい方から2番目の数を求めなさい。
(浅野中) Ⓑ

問題② 3で割ると1余り，5で割ると3余り，7で割ると5余る3けたの数の中で一番小さい数を求めなさい。
(筑波大附中) Ⓐ

問題③ 4で割ると3余り，6で割ると1余るような数のうちで，200に最も近い整数を求めなさい。
(市川中) Ⓐ

問題④ 4で割ると3余り，6で割ると1余り，9で割ると1余る整数の中で，小さい方から数えて5番目の数は□です。
(明治大付明治中) Ⓑ

塾技 85 数 列 規則性

[数列] ある決まりによって**数を規則的に並べたもの**を**数列**という。

[等差数列] となりの数どうしの**差が一定の数列**を**等差数列**といい，その差のことを**公差**という。等差数列では次の塾技を利用する。

塾技85 ① **_n_ 番目の数＝1番目の数＋公差×(_n_−1)**

塾技85 ② **1番目から _n_ 番目までの数の和＝(1番目の数＋_n_ 番目の数)×_n_÷2**

[例] ある決まりにしたがって，次のように数が並んでいます。
2, 5, 8, 11, 14, 17, 20, …
(1) 40番目の数は □ です。　(2) 1番目から4番目までの数の和はいくつですか。

[答] (1) 公差3の等差数列となっている。1番目の2から考え，40番目の数までには公差の3が(40−1)回増えるので，□＝2＋3×(40−1)＝119
(2) (2＋11)×4÷2＝26

②が成り立つ理由

上の[例]の(2)を用いて理由を考える。
図1のように考えると，(2)の式は台形の面積として考えることができる。
また，図2のように，逆から並べた上下の数の和は一定となることを利用してもよい。

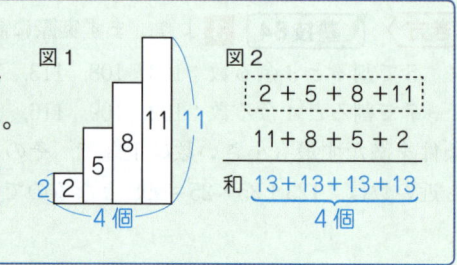

図1: 2, 5, 8, 11 (4個)

図2:
$\ 2+5+8+11$
$\underline{11+8+5+2}$
和 $\ 13+13+13+13$
$\ \ \ \ $ 4個

[階差数列] 数列の差も数列となるとき，その**差の数列**のことを**階差数列**という。

[例] 1, 2, 5, 10, 17, 26, 37 …
差　1, 3, 5, 7, 9, 11, … ← 階差数列は等差数列となっている！

[フィボナッチ数列] **前の2つの数の和が次の数**になる数列を**フィボナッチ数列**という。

[例] 1, 1, 2, 3, 5, 8, 13, …
　　　　＝　＝　＝　＝　＝
　　　1+1 1+2 2+3 3+5 5+8

塾技解説

数列が与えられたときに真っ先にすべきことは，**となり合う数の2つの差をとってみること！差が一定**なら**等差数列**で，差が別の数列となっているときは，またその数列(階差数列)の**さらに差をとってみる**ことが大切だ。上に3つの代表的数列をあげたけど，これ以外にも，**となり合う数の比が一定**となる**等比数列**というものもあるぞ。

入試問題で塾技をチェック！

問題 次の各問いに答えなさい。

(1) 次のように，分数がある決まりによって並んでいます。初めから数えて50番目の分数を求めなさい。

$$\frac{1}{3}, \frac{3}{5}, \frac{5}{7}, \frac{7}{9}, \cdots\cdots$$

(2) 次のような，ある決まりによって並べられた数の和を求めなさい。

4, 5, 8, 9, 12, 13, 16, 17, 20, 21, ……, 200, 201

(東邦大附東邦中)

解き方

(1) 分子は1, 3, 5, 7, …, と公差2の等差数列となっている。50番目の数は，塾技85 ① より，

$1+2\times(50-1)=99$

一方，分母は，分子より2大きいので，求める分数は，$\frac{99}{101}$

答 $\frac{99}{101}$

(2) 与えらえた数列を，次のように2つの等差数列にわけて考える。

4, 8, 12, 16, 20, …, 200　―①
5, 9, 13, 17, 21, …, 201　―②

①の等差数列の和は，塾技85 ② より，$(4+200)\times50\div2=5100$

同様に，②の等差数列の和は，$(5+201)\times50\div2=5150$

よって，求める数の和は，$5100+5150=10250$

答 10250

チャレンジ！入試問題

解答は，別冊 p.85

問題① 右の図のように，正方形のカードを4等分した部分に1から順に整数を書いたものをたくさん作りました。正方形のカードの大きさは全て同じです。

1	2		5	6		9	10		13	14		17	18
4	3		8	7		12	11		16	15		20	19	……

1枚目　2枚目　3枚目　4枚目　5枚目

(1) 上の図の向きで，カードを1枚目から順に左から右に並べました。1枚のカードの上段の2つの数の和が，初めて120より大きくなるのは何枚目のカードですか。

(2) カードを1枚目から50枚目まで，このままの向きで順に重ねました。1枚目の数字1と重なっている1を含めて50個の数の合計を求めなさい。

(桜蔭中) A

問題② 次のように，規則正しく並んだ分数の列について，以下の問いに答えなさい。

$$\frac{1}{1}, \frac{2}{4}, \frac{3}{7}, \frac{1}{10}, \frac{2}{13}, \frac{3}{16}, \frac{1}{19}, \frac{2}{22}, \frac{3}{25}, \frac{1}{28}, \cdots\cdots$$

(1) 初めから数えて33番目の分数を求めなさい。

(2) $\frac{1}{333}$ より大きな分数は全部で何個ありますか。

(世田谷学園中) C

塾技 86 周期算　規則性

周期算 数字や記号が**周期的にくり返し並ぶ問題**を**周期算**という。周期算は数字や記号が**何個1組**になっているかを考える。

塾技86 ① a 個1組の周期算で n 番目の数を求める問題
　　　　　n を a で割った余りに注目する。余り1のときは1組の1番目の数，2のときは2番目の数，0のときは最後の数を意味する。

例 下のように，ある決まりにしたがって，数字が並んでいます。
6, 3, 2, 1, 4, 6, 3, 2, 1, 4, 6, 3, 2, 1, ……
42番目および60番目の数字は何ですか。

答「6, 3, 2, 1, 4」の5個1組のくり返しになっていることがわかる。42番目までには，42÷5＝8(組) 余り2個ある。余りの2は，6から始まる5個の数字のうち2番目の数字を意味するので，42番目の数字は3とわかる。
同様に，60÷5＝12(組) より，余りは0となるので，60番目の数字は1組の1番最後の数字の4とわかる。

循環小数 小数点以下の数字の並びが**同じ周期を限りなくくり返す小数**を**循環小数**といい，**くり返される数字の列**を**循環節**という。

塾技86 ② 循環小数になる分数の小数点以下の数字を求める問題
　　　　　周期（循環節）が何かわかるまで分子を分母で割っていき，周期を見つけたら ① を利用する。

例 $\dfrac{1}{7}$ を小数で表すとき，小数第50位の数はいくつですか。

答 $\dfrac{1}{7} = 1 \div 7 = 0.1428571\cdots$，となるので，循環節は，「142857」の6個1組の周期となり，50番目までには，50÷6＝8(組) 余り2個ある。余り2は，1から始まる6個の数字のうちの2番目なので，小数第50位の数は4とわかる。

塾技解説
周期算のポイントは2つ。まずは**周期が何個1組**になっているかを素早く見つけること。そして1組の個数で割ったときの**余りの意味**をしっかりと考えること。中でも**余りが0のとき**には注意が必要。余りが0ということは「ぴったり～組ある」ということなので，**1組の1番最後**を表す。これは意外と理解していない生徒が多いので要注意！

入試問題で塾技をチェック！

問題 1 次の図のように白と黒のご石が規則正しく並んでいます。
○●●○○○●●○●●○○○●●○●●○○○●●○●●○…

(1) 左から 50 番目のご石の色は白ですか，黒ですか。

(2) 左から 229 番目までに，白いご石は何個ありますか。

(3) 左から黒いご石だけを数えたとき，127 番目の黒いご石は白と黒を合わせて左から何番目にありますか。
（多摩大附聖ヶ丘中）

解き方

(1) 「○●●○○○●●」の 8 個 1 組の周期となっている。50÷8＝6（組）余り 2 より，50 番目のご石は，8 個のうちの 2 番目，すなわち黒となる。　**答 黒**

(2) 8 個 1 組の周期の中に白いご石は 4 個ある。229÷8＝28（組）余り 5 より，28 組の中に白いご石は，4×28＝112（個）あり，余りの 5 個は「○●●○○」を表すので，余りの 5 個の中に白いご石が 3 個ある。以上より，全部で白いご石は，112＋3＝115（個）となる。　**答 115 個**

(3) 8 個 1 組の周期の中に黒いご石は 4 個ある。127÷4＝31（組）余り 3 より，31 組分のご石の個数は，8×31＝248（個）で，残り 3 個分の黒のご石は，「○●●○○○●」の 7 個分にあたるので，白と黒を合わせて左から，248＋7＝255（番目）にある。　**答 255 番目**

問題 2 $\frac{5}{7}$ を小数で表したとき，小数第 30 位の数字は □ です。
（高輪中）

解き方

$\frac{5}{7}$＝5÷7＝0.7142857…，となるので，小数点以下は，「714285」の 6 個 1 組の周期となっている。30÷6＝5（組）より，余りは 0 となるので，求める小数第 30 位の数字は，「714285」の最後の数字 5 と求められる。　**答 5**

チャレンジ！入試問題

解答は，別冊 p.86

問題 ① 3 を 10 回かけ合わせた数と，7 を 6 回かけ合わせた数の積を求めると，一の位の数はどんな数になりますか。
（東邦大附東邦中）A

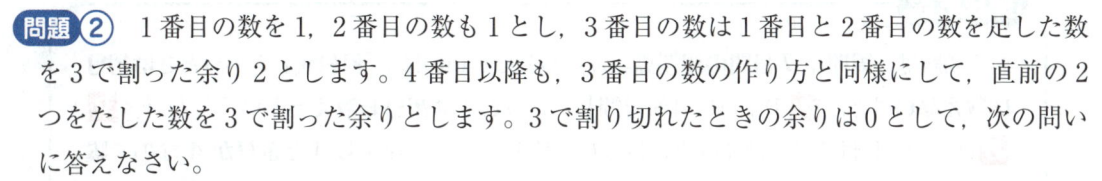

問題 ② 1 番目の数を 1，2 番目の数も 1 とし，3 番目の数は 1 番目と 2 番目の数を足した数を 3 で割った余り 2 とします。4 番目以降も，3 番目の数の作り方と同様にして，直前の 2 つをたした数を 3 で割った余りとします。3 で割り切れたときの余りは 0 として，次の問いに答えなさい。

(1) 2011 番目の数を答えなさい。

(2) 1 番目から n 番目の数を順に全て足します。その和が初めて 111105 以上となるのは n がいくつのときか答えなさい。
（駒場東邦中）B

塾技 87 日暦算 　規則性

日暦算 日数や曜日など，暦に関する問題を日暦算という。

(1) 大の月・小の月
　1月から12月のうち，**31日ある月を大の月，31日ない月を小の月**という。
　小の月は，「2月・4月・6月・9月・11月（土）」小の月と覚える。
　　　　　　　　ニ　　シ　　ム　　ク　　サムライ

(2) 平年とうるう年
　2月が28日で1年間が365日の年を平年，2月が29日で1年間が366日の年をうるう年という。基本的に西暦が4の倍数の年がうるう年となるが，100の倍数の年では400の倍数の年のみうるう年となる。

曜日の計算法 曜日の計算には，以下3つの塾技を利用する。

塾技87-1 何日間あるかを考え，1週間の周期7で割った余りから求める。

例 ある年の3月8日が月曜日のとき，同じ年の5月4日は何曜日ですか。

答 3月8日から5月4日まで全部で何日間あるか考える。3月は，31－8＋1＝24（日），4月は30日，5月は4日あるので，全部で，24＋30＋4＝58（日間）ある。
58÷7＝8余り2で，余りの2は月曜から始まる曜日の2番目の火曜日を表す。

塾技87-2 1か月後の曜日は，大の月は3つ，小の月は2つ，うるう年の2月は1つそれぞれ進み，平年の2月は同じ曜日となることを利用。

例 ある年の4月5日が火曜日のとき，同じ年の7月7日は何曜日ですか。

答 4月は小の月なので，5月5日までには曜日が2つ進む。同様に，6月5日までには3つ，7月5日までには2つ進み，4月5日から7月5日までには全部で曜日が7つ進む。よって，7月5日は火曜日とわかり，7月7日は木曜日となる。

塾技87-3 1年後の曜日は，平年で1つ，うるう年では2つ進むことを利用。

例 2012年2月10日が金曜日のとき，2015年2月10日は何曜日ですか。

答 2012年のうるう年の2月を通過するため，2013年の2月10日は曜日が2つ進み日曜日に，2014年，2015年は平年なので曜日は1つずつ進んで火曜日となる。

塾技解説
暦の問題は，**周期が7日間の周期算**。注意してほしいのは，「何日後」というときは**初日は数えない**けど，1のように「何日間」というときは**初日も数える**ということだ。2，3は，同じ日付では，例えば大の月なら，(31＋1)÷7＝4余り4と**余りが4なので曜日は3つ進み**，平年なら，(365＋1)÷7＝52余り2と**余りが2なので1つ進む**んだ。

入試問題で塾技をチェック！

問題 1 ある年の3月3日は土曜日です。その年の5月5日は何曜日ですか。

（國學院大久我山中）

解き方 塾技87 1 より，3月3日から5月5日まで何日間あるかを求め，7で割った余りを考える。3月は，31−3+1=29（日間），4月は30日間，5月は5日間より，29+30+5=64（日間）ある。64÷7=9余り1となり，余りの1は，土曜日から始まる7日1組の周期のうちの1日目，すなわち土曜日と求められる。

答 土曜日

問題 2 うるう年の2008年1月1日は火曜日でした。2010年の1月最後の火曜日は，□日です。

（慶應中等部）

解き方 塾技87 3 より，1年後の曜日は，うるう年では2つ，平年では1つ進むので，2009年1月1日は曜日が2つ進んで木曜日，2010年1月1日は曜日が1つ進んで金曜日となる。よって，2010年1月の最初の火曜日は4日後の1月5日となるので，1月の最後の火曜日は，5+7×3=26（日）

答 26

問題 3 ある年の6月6日は火曜日で，この年はうるう年でした。このとき，この年の1月1日は何曜日であったかを答えなさい。

（浅野中）

解き方
1月1日から6月6日までには，31+29+31+30+31+6=158（日間）ある。
158÷7=22余り4 で，余りの4が火曜日にあたるので，周期の始まりは火曜日から4日分曜日をさかのぼり，火，月，日，土 曜日と求められる。

答 土曜日

チャレンジ！入試問題

解答は，別冊 p.87

問題① ある年の1月20日が火曜日であるとき，この年の7月6日は何曜日ですか。ただし，この年はうるう年ではありません。

（市川中） **A**

問題② うるう年ではない年の日付を順に1日ずつ書いたカードが365枚重ねてあります。1枚目には1月1日，2枚目には1月2日，3枚目には1月3日，……，365枚目には12月31日と書いてあります。今，上から数えて偶数枚目のカードを取りのぞきます。このとき，残ったカードの一番上に書いてある日付は1月1日，2枚目は1月3日，……，28枚目は ア 月 イ 日です。次にこの残ったカードのうち，上から数えて奇数枚目のカードを取りのぞきます。このとき，残ったカードの上から ウ 枚目の日付は9月12日です。もし，1月1日が月曜日だったとすると，最後に残ったカードの上から69枚目に書かれている日は エ 曜日です。

（桜蔭中） **C**

塾技 88 植木算 規則性

植木算 一定の間隔で木を植えたときの木の本数や、全体の長さなどを求める問題を植木算という。植木算では、**木の本数と間の数の関係**が大切である。

塾技88 ① 木が直線上に立っていて、両はしにもある場合、間の数＝木の本数－1 となる。

例 145ｍの道にはしからはしまで□ｍの間隔で木を植えたところ、木は全部で30本必要でした。

答 木は30本より、間の数＝30－1＝29（個）とわかり、□＝145÷29＝5（m）

塾技88 ② 木が直線上に立っていて、両はしにはない場合、間の数＝木の本数＋1 となる。

例 道路の片側に建っているAさんの家とBさんの家の間に6ｍの間隔で15本の電柱が立っているとき、AさんとBさんの家は□ｍ離れています。

答 電柱は15本より、間の数＝15＋1＝16（個）とわかり、□＝6×16＝96（m）

塾技88 ③ 木が池などのまわりに立っている場合、間の数＝木の本数 となる。

⇨ 「チャレンジ！入試問題」 問題① を参照

のりしろの問題 一定の間隔でテープや紙をつなげる問題も植木算の1種と考える。

例 1枚の長さが15cmのテープを20枚つなぎ合わせます。つなぎ目の重なりが2cmのとき、テープは全体で□cmになります。

答 つなぎ目を考えなければ、テープの長さは、15×20＝300（cm）となるが、実際にはつなぎ目が、20－1＝19（個）あるので、つなぎ目の分を引いて、
　　□＝300－2×19＝262（cm）

塾技解説

植木算には木を植えるという問題だけではなく、一定の間隔で**テープや紙をつなげたり、ひもを結んだりする問題**などもあるんだ。共通していえるポイントは、**間の数の個数を考える**ということ。その考え方の基本となるのが上の塾技というわけ。上のように実際に木の絵をかかなくても、**指を木にみたてて考える**と簡単にわかるぞ！

入試問題で塾技をチェック！

問題 1 長さ □ m の道の片側に，はしからはしまで 4m 間隔でカエデの木を植えると，木は 45 本必要です。
(国士舘中)

解き方

塾技88 ① より，木と木の間の数は，45−1＝44(個) とわかるので，
道の長さ＝4×44＝176(m)

答 176

問題 2 ある区間のはしからはしまで等間隔に杭を立てます。40cm の間隔で杭を立てると，50cm の間隔で杭を立てたときよりも 60 本多く杭が必要になります。この区間の長さは何 m ですか。
(國学院大久我山中)

解き方

40cm と 50cm の最小公倍数 200cm で考える。このとき，40cm の間隔で杭を立てると，間の数は，200÷40＝5(個) より，杭の本数は 5＋1＝6(本)。同様に，50cm の間隔で杭を立てると，間の数は，200÷50＝4(個) より，杭の本数は 4＋1＝5(本)。よってその差は 1 本となる。実際には，60 本の差ができることより，区間の長さは，200×60＝12000(cm)＝120(m) となる。

答 120m

問題 3 同じ長さのひもを 35 本結ぶと 12.69m のひもになります。それぞれのひもの 10% を使って 1 つの結び目を作るとき，1 本のひもの長さは □ m です。
(学習院中)

解き方

1 本のひもの長さを ① とすると，結び目 1 つの長さは ⓪.1 となる。1 つの結び目を作るとひもは，⓪.1×2＝⓪.2 ずつ短くなり，35 本結ぶと結び目は，35−1＝34(個) できるので，ひも全体の長さは，①×35−⓪.2×34＝㉘.2 となる。これが 12.69m と等しくなるので，求めるひもの長さ ① は，12.69÷28.2＝0.45(m)

答 0.45

チャレンジ！入試問題

解答は，別冊 p.88

問題 ① ある池のまわりに木を植えるのに，5m 間隔と 3m 間隔では，木の本数が 20 本違います。この池のまわりの長さは何 m ですか。
(國学院大久我山中) **A**

問題 ② 縦 10cm，横 30cm の長方形の紙がたくさんあります。これをのりで，縦，横に何枚かずつはり合わせて大きな長方形の紙を作りたいと思います。紙を折ったり，切ったりはしないことにします。また，のりしろは，全て 1cm 以上の幅にします。

(1) 縦に 2 枚，横に 2 枚，全部で 4 枚はり合わせて，できるだけ大きな長方形の紙を作りました。この紙の面積は何 cm² ですか。

(2) 何枚かの紙をはり合わせて，縦 18cm，横 330cm の長方形の紙を作りたいと思います。枚数が一番少ないのは何枚のときですか。

(3) (2)で作った紙で 2 枚以上重なっている部分の面積は何 cm² ですか。
(桜蔭中) **C**

塾技89 三角数 _{規則性}

三角数 ご石などを**正三角形の形状に並べたとき**，その**総数**を三角数という。三角数は，**1から始まる連続した整数の和**となる。

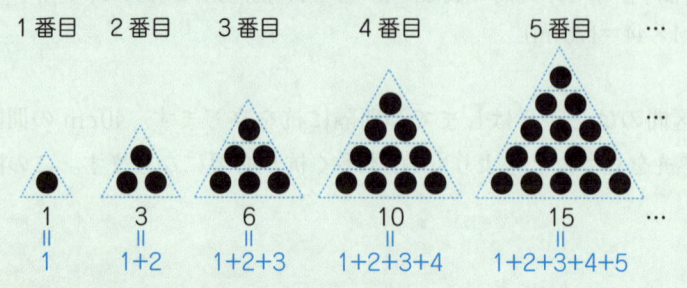

```
   1番目  2番目  3番目  4番目    5番目   …
    ●      ●      ●      ●        ●
          ● ●    ● ● ●   ● ● ●   ● ● ●    …
                          ● ● ● ●  ● ● ● ●
                                   ● ● ● ● ●
    1      3      6     10         15      …
    ‖      ‖      ‖      ‖         ‖
    1    1+2   1+2+3  1+2+3+4  1+2+3+4+5
```

塾技89 ① n 番目の三角数 $=(1+n)\times n\div 2$

塾技89 ② よく利用する三角数
　(1) $1+2+3+\cdots +9=45$　　(2) $1+2+3+\cdots +10=55$

数の並びと三角数 三角数が現れる数の並びの代表的なパターンは2つある。

[パターン1]
1段目				1
2段目			2	3
3段目		4	5	6
4段目	7	8	9	10
⋮	⋮			

→ 三角数！

[パターン2]
	1列目	2列目	3列目	4列目	…
1行目	1	2	4	7	
2行目	3	5	8		
3行目	6	9			
4行目	10				
⋮	⋮				

→ 三角数！

例1 上の[パターン1]の数の並びで，10段目の1番右にある数を求めなさい。

答 求める数は10番目の三角数となるので，**②**(2)より，55とわかる。

例2 上の[パターン2]の数の並びで，6行目の2列目にある数を求めなさい。

答 7行目の1列目の数は7番目の三角数となるので，$(1+7)\times 7\div 2=28$ とわかる。よって，6行目の2列目は，$28-1=27$ と求められる。

塾技解説

三角数とは，要は**1番目の数が1，公差1の等差数列の和**のこと。つまり**①**の式は，**塾技85 ②**の式の1番目の数を1にしただけなんだ。入試では，問題文の中で直接"三角数"という言葉が出てくることもあれば，数列や上の[パターン]のような数の並びの中に，**実は三角数が出てくる**問題もあるので，ともにしっかり身につけよう。

入試問題で塾技をチェック！

問題 次の図のように，白と黒のご石を正三角形になるように並べていきます。このとき，次の問いに答えなさい。

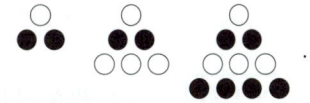

(1) 6番目の正三角形には，ご石が全部で何個ありますか。

(2) 1辺のご石の個数が9個のとき，この正三角形には白のご石が全部で何個ありますか。

(3) 正三角形を作る白のご石の個数が，黒のご石の個数より11個多いのは何番目の正三角形ですか。

1番目　2番目　3番目　…

(和洋九段女子中)

解き方

(1) 7番目の三角数となるので，塾技89 ① より，(1+7)×7÷2=28(個)　**答** 28個

(2) 1辺のご石の個数が9個となるのは，9−1=8(番目)の正三角形である。正三角形の1番下の辺の色は，偶数番目は白となるので，8番目の正三角形の1番下の辺には白のご石が9個並ぶ。よって，白のご石は全部で，1+3+5+7+9=25(個)　**答** 25個

(3) 白のご石の方が黒のご石より多くなることより，正三角形の1番下の辺のご石は白で，(2)より偶数番目の正三角形とわかる。偶数番目の正三角形の白と黒のご石の差を考えると，2番目は，4−2=2(個)，4番目は，9−6=3(個)，6番目は，16−12=4(個)と，差が1個ずつ増えていく。よって，差が11個となるのは，20番目と求められる。　**答** 20番目

チャレンジ！入試問題

解答は，別冊 p.89

問題① 図のように，ある規則にしたがって，第1段，第2段，…の順に数が並んでいます。次の各問いに答えなさい。

(1) 第11段の中央の数は何ですか。

(2) 70は第何段の左から何番目ですか。

(共立女子中) A

第1段	1
第2段	2　3
第3段	6　5　4
第4段	7　8　9　10
第5段	15　14　13　12　11
第6段	16　17　…
⋮	

問題② ○を図のように正三角形の形に並べたときの○の総数 1, 3, 6, 10, …を三角数といいます。

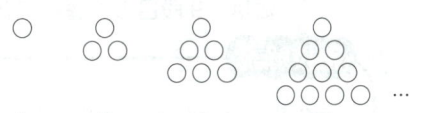

(1) 50番目の三角数はいくつですか。

(2) 1番目から7番目までの三角数の和はいくつですか。必要であれば，右の図を参考にして考えて下さい。

(3) 1番目から30番目までの三角数の和はいくつですか。

(栄東中) B

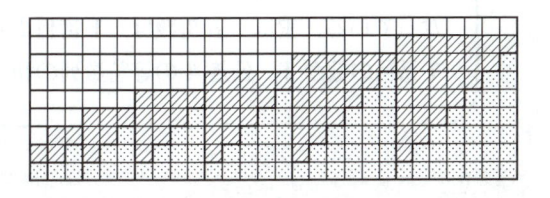

1　3　6　10 …

185

塾技 90 四角数 規則性

平方数 同じ整数を **2回かけて**（平方する，2乗するという）**できる整数を平方数**という。例えば，9は3を2回かけてできる数なので，3の平方数という。

四角数 ご石などを**正方形の形状に並べたとき，その総数を四角数**という。四角数は**平方数**であり，**1から始まる連続した奇数の和**となる。

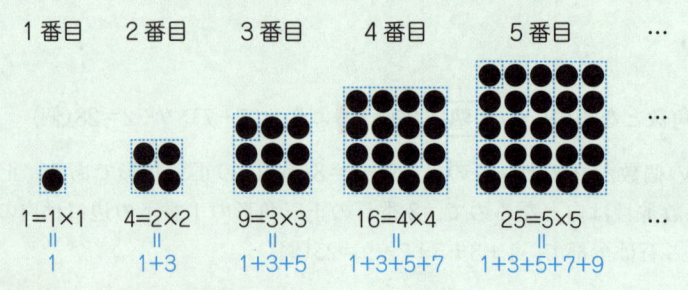

```
 1番目   2番目   3番目    4番目       5番目       …

  ●    ●●    ●●●    ●●●●    ●●●●●
       ●●    ●●●    ●●●●    ●●●●●
             ●●●    ●●●●    ●●●●●
                    ●●●●    ●●●●●
                            ●●●●●

 1=1×1  4=2×2  9=3×3  16=4×4    25=5×5     …
   ‖      ‖      ‖       ‖         ‖
   1    1+3   1+3+5  1+3+5+7   1+3+5+7+9
```

塾技90 ① n 番目の四角数 $= n \times n$

塾技90 ② 三角数と四角数の関係 ⇨ 三角数のとなりどうしの和＝四角数

三角数　1　3　6　10　15　21　28 …
　和　　　1　4　9　16　25　36　49　　四角数！

数の並びと四角数 四角数が現れる数の並びの代表的なパターンは 2 つある。

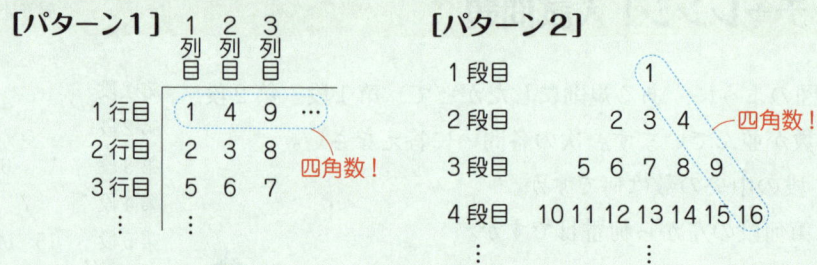

[パターン1]
	1列目	2列目	3列目
1行目	1	4	9 …
2行目	2	3	8
3行目	5	6	7
⋮			

四角数！

[パターン2]
1段目　　　　　　　　　　1
2段目　　　　　　　2　3　4　　四角数！
3段目　　　　　5　6　7　8　9
4段目　　10 11 12 13 14 15 16
　⋮

例 上の[パターン2]の数の並びで，10段目の1番左にある数は □ です。

答 9段目の1番右の数は9番目の四角数より，9×9＝81 となる。10段目の1番左の数は，9段目の1番右の数より1大きくなるので，□＝81+1＝82

塾技解説

三角数とは，1から始まる連続した整数の和，つまり**1番目の数が1，公差1の等差数列の和**だったよね。四角数はというと，**1番目の数が1，公差2の等差数列の和**となっている。実は，**五角数は，1番目の数が1，公差3の等差数列の和，六角数は，1番目の数が1，公差4の等差数列の和**となるんだ。何かおもしろいね！

入試問題で塾技をチェック！

問題 1 奇数の和 1＋3＋5＋7 は右の図を用いて 16 と求めることができます。この考え方を用いて 1 から 99 までの奇数の和を求めなさい。

（豊島岡女子学園中）

解き方

1 から始まる奇数列の和は四角数となる。99 は，(99＋1)÷2＝50（番目）の奇数なので，求める奇数列の和は，50 番目の四角数となり，塾技90 ① より，50×50＝2500

答 2500

問題 2 右の図のように，左下からある規則にしたがって，番号がついている正方形が並んでいます。また，左から○個，下から□個のところにある正方形を (○，□) と表します。例えば 8 番の正方形は (3，2) と表します。次の各問いに答えなさい。

(1) (6，3) は何番の正方形ですか。
(2) 111 番の正方形はどのように表せますか。

（共立女子中）

解き方

(1) 1 番下の正方形は四角数となっている。(6，1) は，6 番目の四角数なので，6×6＝36 とわかる。よって，(6，3) は，36－2＝34 と求められる。

答 34番

(2) (11，1)＝11×11＝121 で，121－111＝10 より，(11，11) と表せる。

答 (11，11)

チャレンジ！入試問題

解答は，別冊 p.90

問題 1 右の図のようなます目の中に，規則的に数字を入れていきます。数字の入れ方の規則性をよく見ながら，次の各問いに答えなさい。

(1) 5 行 4 列目にはどんな数が入りますか。
(2) 10 行 9 列目にはどんな数が入りますか。
(3) 165 は何行何列目のます目に入りますか。

（神奈川学園中）**A**

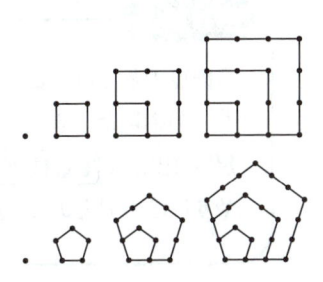

問題 2 ある数のご石が右の図のような正方形の形に並べられるときに，その数を四角数といいます。初めの 4 つの四角数は，1，4，9，16 です。10 番目の四角数は **ア** です。**イ** 番目の四角数は 576 です。また，ある数のご石が右の図のような正五角形の形に並べられるときに，その数を五角数といいます。初めの 4 つの五角数は，1，5，12，22 です。10 番目の五角数は **ウ** です。**エ** 番目の五角数は 425 です。

（桜蔭中）**B**

塾技 91 方陣算 （ほうじんざん） 規則性

方陣算 ご石などを**方陣**（戦争のときの兵士の配列を陣といい，正方形の陣を方陣という）に並べ，1辺の数など求める問題を**方陣算**という。方陣には**中がつまっているか空いているか**で右の2種類がある。

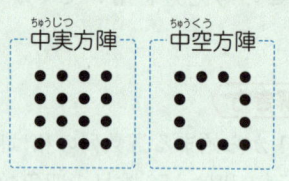

中実方陣　中空方陣

塾技91 ① 正N角形のまわりに並ぶご石の数＝（1辺のご石の数－1）×N

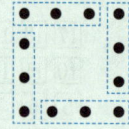

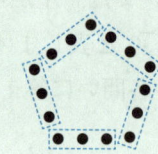

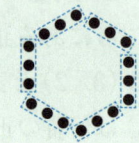

例
(1) 正四角形（方陣）　　(2) 正五角形　　(3) 正六角形

（4－1）×4＝12（個）　（4－1）×5＝15（個）　（4－1）×6＝18（個）

塾技91 ② 中空方陣の全ての個数は，全体を4つに区切って求めるか，全体を中実方陣と考えたものから中空部分を引くことにより求める。

例 1辺が6個の2列の中空方陣の全体のご石の数を求めなさい。

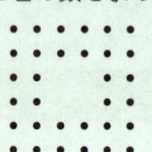

答 下の図のように4つに区切って考えると，
（2×4）×4＝32（個）

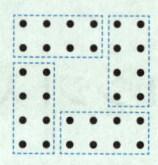

塾技91 ③ 方陣の縦・横を1列増やす（1辺の個数を1個増やす）ために必要な個数は，もとの方陣の1辺の数×2＋角の1個 となる。

縦・横1列増やす → 角の1個　もとの方陣の1辺の数と同じ

塾技解説

方陣算の基本は，ご石を**1辺の数より1個少ない個数で4つに区切ること**！ ②の**例**もこの応用だ。またよく問われるのは，列を増やしたときの個数。問題文に"余って不足"と出たら 塾技6 を思い出そう。③の応用として，外側のまわり全てを1列増やすには，もとの**1辺の数の4倍と角の4個分**のご石が必要となることも重要だぞ。

188

入試問題で塾技をチェック！

問題 Aさんが右の図のようにおはじきを正方形に並べています。（白色が新しく追加されたおはじき）このとき，次の問いに答えなさい。

1回目　2回目　3回目

(1) 5回目には全部でおはじきは何個必要ですか。
(2) 追加したおはじきが52個になるのは何回目でしょうか。
(3) Aさんがおはじきを並べていると，妹もいっしょにやりたいと言ってきたので何個かおはじきを渡しました。妹が正方形を作り始めて何回目かでおはじきが23個余っていましたが，次の正方形を作ろうとしたら5個足りなくなってしまいました。Aさんが妹に渡したおはじきは何個だったでしょうか。

(千葉日大一中)

解き方

(1) 1回目の正方形の1辺は2個，2回目は4個，3回目は6個となっているので，5回目の正方形の1辺は，$2 \times 5 = 10$（個）とわかる。よって，おはじきは全部で，$10 \times 10 = 100$（個）　**答** 100個

(2) 追加してできる正方形の1辺の数は，塾技91 **1**の式を利用して，$52 \div 4 + 1 = 13 + 1 = 14$（個）とわかる。よって，$14 \div 2 = 7$（回目）と求められる。　**答** 7回目

(3) 正方形の外側を1列増やす（1辺を2個増やす）ために妹が必要な個数は，$23 + 5 = 28$（個）とわかり，塾技91 塾技解説より，妹が作った正方形の1辺は，$(28 - 4) \div 4 = 6$（個）とわかる。よって，Aさんが妹に渡したおはじきは，$6 \times 6 + 23 = 59$（個）　**答** 59個

チャレンジ！入試問題

解答は，別冊 p.91

問題① おはじきを使い，1辺が4個の正方形を作ります。その外側に図のように何重にも正方形を作っていきます。

(1) 内側から3番目の正方形にはおはじきが何個必要ですか。
(2) 内側から5番目の正方形まで作るとするとおはじきは全部で何個必要ですか。

(埼玉栄中) Ⓐ

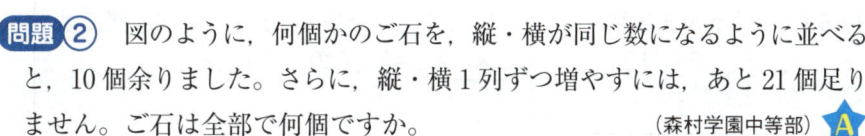

問題② 図のように，何個かのご石を，縦・横が同じ数になるように並べると，10個余りました。さらに，縦・横1列ずつ増やすには，あと21個足りません。ご石は全部で何個ですか。

(森村学園中等部) Ⓐ

問題③ 右の図のように，ご石を並べて，正三角形，正四角形（正方形），正五角形，……と全ての辺の長さが等しい図形を作ります。このとき，図形の辺の本数と1つの辺に並べるご石の個数が等しくなるようにします。
例えば，正三角形は辺が3本あるので，1つの辺に3つのご石を並べて正三角形を作ります。いま，ご石が200個あります。できるだけたくさん使って，1つの図形を作るとき，できる図形の1つの辺には何個のご石が並びますか。 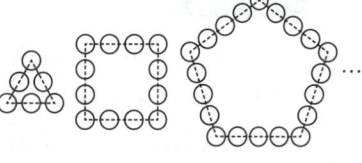

(豊島岡女子学園中) Ⓐ

塾技 92 パスカルの三角形　規則性

パスカルの三角形　右の図のように，最上段と各段の両はしの数が1で，それ以外はその位置の右上と左上の数の和となっている数の配置を**パスカルの三角形**という。パスカルの三角形は**左右対称**となる。

```
        1
       1 1
      1 2 1
     1 3 3 1
    1 4 6 4 1
   1 5 10 10 5 1
```
左右対称

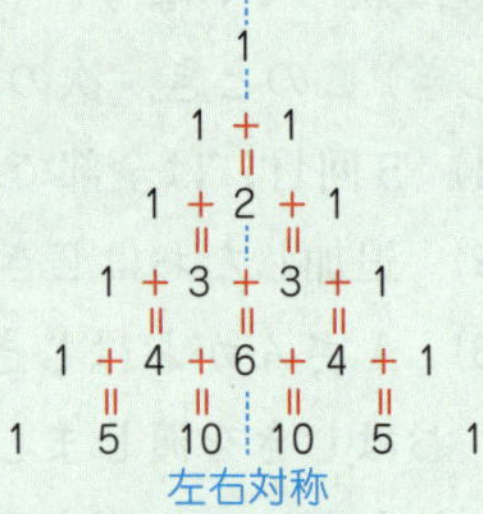

パスカルの三角形の性質　パスカルの三角形には以下のような**様々な性質**がある。

塾技92 ① 1から始まる連続した整数の数列が現れる。

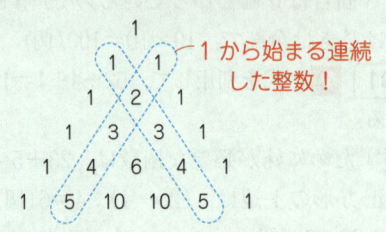

```
        1
       1 1       ← 1から始まる連続した整数！
      1 2 1
     1 3 3 1
    1 4 6 4 1
   1 5 10 10 5 1
```

塾技92 ② 三角数が現れる。

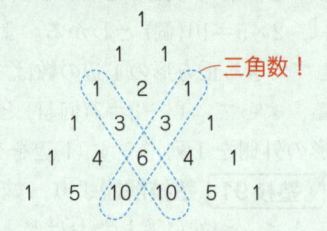

```
        1
       1 1
      1 2 1      ← 三角数！
     1 3 3 1
    1 4 6 4 1
   1 5 10 10 5 1
```

塾技92 ③ ななめの数の和はフィボナッチ数列となる。

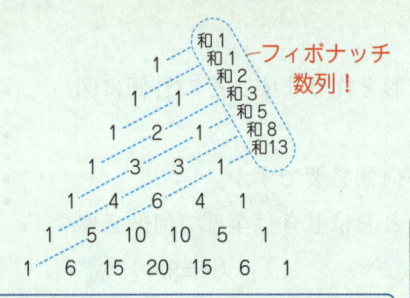

```
1              和1
 1             和1
1 1            和2
 2             和3
1 3            和5
 3 1           和8
1 4 6          和13
 4 4 1
1 5 10 10 5 1
1 6 15 20 15 6 1
```
フィボナッチ数列！

塾技85 フィボナッチ数列
1, 1, 2, 3, 5, 8, 13, …
　　‖　‖　‖　‖　‖
　1+1 1+2 2+3 3+5 5+8

塾技92 ④ 各段の和は2の累乗※となる。

1段目　和1　　　　　　　　　　1
2段目　和2　= 2^1　　　　 1 1
3段目　和4　= 2^2　　　 1 2 1
4段目　和8　= 2^3　　　1 3 3 1
5段目　和16 = 2^4　 1 4 6 4 1

2の累乗！

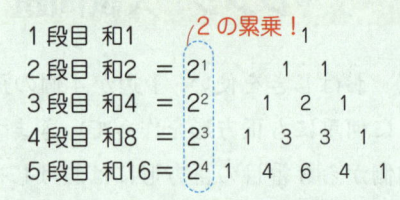

※累乗
同じものをいくつかかけ合わせたものを累乗といい，何回かけ合わせたかは，右かたに小さい数字（指数という）で表す。例えば，$2 \times 2 \times 2 = 2^3$（2の3乗）と表す。
（2を3回）

塾技解説

パスカルの三角形は**実に不思議な三角形**で，例えば**偶数と奇数を色でぬり分ける**ととてもきれいな模様ができる。入試でパスカルの三角形が出題されたら**基本的に書き出せば答えは出る**けど，「30段目の左から2番目の数を求めなさい」と問われたら**ちょっときつい**よね。そんなとき①を使えば29と**すぐわかる**んだ！

入試問題で塾技をチェック！

問題 図のように規則的に数が並んでいるとき，次の各問いに答えなさい。

(1) 5段目，6段目にある数の和をそれぞれ求めなさい。
(2) 数の和が1024になるのは何段目ですか。
(3) 12段目の左から2番目，3番目の数をそれぞれ求めなさい。

```
            1          …1段目
           1 1         …2段目
          1 2 1        …3段目
         1 3 3 1       …4段目
        1 4 6 4 1      …5段目
```
(千葉日大一中)

解き方

(1) 塾技92 ④ より，各段の和は2の累乗となる。2段目の和は2^1，3段目の和は2^2，4段目の和は2^3より，5段目の和は，$2^4=2×2×2×2=16$，6段目の和は，$2^5=2×2×2×2×2=32$

答 5段目：16，6段目：32

(2) 1024を素因数分解すると，$1024=2×2×2×2×2×2×2×2×2×2=2^{10}$ となる。よって，数の和が1024になるのは，10+1=11(段目)と求められる。

答 11段目

(3) 塾技92 ① より，左から2番目の数は1から始まる連続した整数となる。2段目の2番目は1，3段目の2番目は2，4段目の2番目は3より，12段目の2番目は，12−1=11 とわかる。一方，塾技92 ② より，左から3番目の数は三角数となる。各段の左から3番目の数は，3段目は1でこれは1番目の三角数，4段目は3でこれは2番目の三角数となっている。よって，12段目は，12−2=10(番目)の三角数とわかり，塾技89 ② (2)より，55と求められる。

答 12段目の左から2番目：11，12段目の左から3番目：55

チャレンジ！入試問題

解答は，別冊 p.92

問題① 右のような規則で並べた数の列があります。

(1) 8段目に並んでいる8つの数を左から順に書きなさい。
(2) 横に並んだ数の和が1024になるのは何段目ですか。
(3) E子さんは計算ミスをして6段目の左から3番目に正しくない数字を書きました。その結果，9段目の列の並びが，
1，8，27，53，67，55，28，8，1 となりました。
E子さんが6段目の左から3番目に書いた数字を求めなさい。

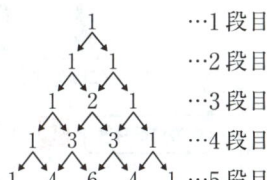

```
            1          …1段目
           1 1         …2段目
          1 2 1        …3段目
         1 3 3 1       …4段目
        1 4 6 4 1      …5段目
```

(神奈川学園中)

問題② ある規則にしたがって，右の図のように数を並べています。

(1) この数の並びの中で，初めて20という数字が出てくるのは何段目ですか。
(2) 2段目の数の和，3段目の数の和，4段目の数の和を求め，これらの和にはどんな関係があるか説明しなさい。
(3) 1段目から8段目までの数を全部足すといくつになりますか。
(4) 1段目の数，2段目の数と上から順に数を全部足していったときに初めて2000を超えるのは何段目ですか。

(1段目)　　　1
(2段目)　　1　1
(3段目)　　1　2　1
(4段目)　1　3　3　1
(5段目)　1　4　6　4　1
(6段目)1　5　10　10　5　1

(横浜中)

塾技 93 N進法　規則性

N進法　0から9までの10個の数字を使い，数が10ずつ束ねられるごとに位が1つ上がるような数の表し方を**10進法**という。数の表し方には他にも，0と1の2個の数字を使って数が2ずつ束ねられるごとに位が1つ上がる2進法などもある。一般に，**0からN-1までのN個の数字**を使い，**数がN束ねられるごとに位が1つ上がる**ような数の表し方をN進法という。

位取り　10進法の位取りが右から順に1の位，10（10^1）の位，100（10^2）の位，1000（10^3）の位，…，となっているのと同様に，例えば**5進法**では右から順に1の位，5^1の位，5^2の位，5^3の位，…，となっている。

塾技93 ① N進法で表された数（N進数）を10進数で表す方法
各位の数字と位取りをかけ合わせたものを合計する。

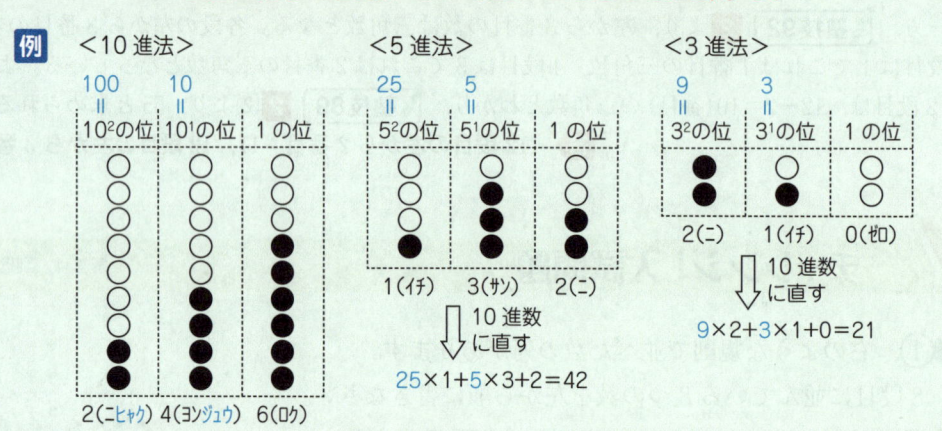

例

＜10進法＞　　　　＜5進法＞　　　　＜3進法＞

100＝10^2の位　10＝10^1の位　1の位　　25＝5^2の位　5＝5^1の位　1の位　　9＝3^2の位　3＝3^1の位　1の位

2（ニヒャク）4（ヨンジュウ）6（ロク）　　1（イチ）3（サン）2（ニ）　　2（ニ）1（イチ）0（ゼロ）

⇩10進数に直す　　　　⇩10進数に直す

$25×1+5×3+2=42$　　　$9×2+3×1+0=21$

塾技93 ② 10進数をN進数で表す方法
10進数をNで割っていき，余りと最後の商を逆から順に書く。

例　10進法で表された43を，3進法で表しなさい。

答　右の図のように43を3で割っていき，商を下に，余りを横に書く。最後の商の1から逆の順に余りを書く，1121となる。

```
3 ) 43
3 ) 14 …1
3 )  4 …2
     1 …1
```

塾技解説

私達が日常使っている数の表し方は**10進法**！10進法では各位ともに**9が最大の数字**になる。でも，例えば**2進法**では，各位ともに**1が最大の数字**となる。問題で，0と1の数字が並んでいる数列が出たら，真っ先に2進法を考えよう。読み方だけど，10進法以外は棒読みにする。例えば 答 の「1121」は，「イチ・イチ・ニ・イチ」と読むぞ。

入試問題で塾技をチェック！

問題 次の図のように，左から順に番号をつけた電球が横に並べてあります。この電球は，スイッチを入れると下の規則にしたがってつきます。下の□に適当な数を入れなさい。

　　　1番目　　2番目　　3番目　　4番目　……
　　　　○　　　○　　　○　　　○　　……

1秒後に，1番目だけがつく。2秒後に2番目だけがつく。
3秒後に，1番目と2番目の2つだけがつく。4秒後に，3番目だけがつく。
5秒後に，1番目と3番目の2つだけがつく。6秒後に，2番目と3番目の2つだけがつく。
7秒後に，1番目と2番目と3番目の3つだけがつく。
　　　　　⋮　　　　　　⋮

(1) 1番目から5番目まで全ての電球が最初につくのは □ 秒後です。

(2) 1分28秒後には，左から順に，ア 番目，イ 番目，ウ 番目の3つの電球だけがつきます。

(慶應中等部)

解き方

(1) 下の図のように位取りをすると，電球のつく番号の時間は2進数で表されることがわかる。
よって，求める時間は，$1+2^1+2^2+2^3+2^4=1+2+4+8+16=31$(秒後)

　　　1番目　　2番目　　3番目　　4番目　　5番目　……
　　　　①　　　②^1　　②^2　　②^3　　②^4　……

答 31

(2) 1分28秒＝88秒で，10進数の88を2進数で表すと，右の図より，1011000となり，1がついている位の番号の電球がつく。2進数で表した数字と○をつけた番号の位取りの方向が逆となることに注意し，ア＝4，イ＝5，ウ＝7

答 ア：4，イ：5，ウ：7

```
2)88
2)44 …0
2)22 …0
2)11 …0
2) 5 …1
2) 2 …1
   1 …0
```

チャレンジ！入試問題

解答は，別冊 p.93

問題① 図1のような図形があります。この図形の一部に斜線を入れて，数を次のように表すことにします。

　　1　　　2　　　3　　　4　　　5
　……　　　9　　　……　　　80

(1) 右の図形は何という数を表していますか。

(2) 300を表す図形を図1の図形に斜線を入れて作りなさい。

(西武学園文理中)

問題② 右の図のように，図で数を表すことにします。(1)，(2)の問いに答えなさい。

…1　…2　…3　…4
…5　…6　…9　…10

(1) [図] が表す数を求めなさい。　(2) 61を表す図を右にかきなさい。

(早稲田実業中等部)

塾技 94 樹形図の利用　場合の数

場合の数　あることがらが起こるとき，その**起こり方が何通りあるか求めること**を，**場合の数**を求めるという。

例　サイコロを1回投げるとき，6の約数が出る場合の数を求めなさい。

答　6の約数は，1, 2, 3, 6なので，求める場合の数は，4通りとなる。

場合の数の求め方　場合の数の求め方には，①**樹形図（枝分かれの図）の利用**　②**表の利用**　③**計算の利用**　などがある。このうち，次のような問題では樹形図を利用するとよい。

塾技94 ① 金額の組み合わせを考える問題では，最も金額の大きなものから小さなものへと樹形図をかく。

例　10円玉6枚と50円玉4枚と100円玉5枚を使って560円支払う方法は何通りありますか。ただし，使わない硬貨があってもよいものとします。

答
```
100円  50円  10円
      ┌ 1 ── 1
  5 ─┤
      └ 0 ── 6
      ┌ 3 ── 1
  4 ─┤
      └ 2 ── 6
  3 ── 4 ── 6      計5通り
```

塾技94 ② カードや物を一定の決まり（条件）で並べる問題

例　4つの球A, B, C, Dがあります。これを，A, B, C, Dの4つの箱にそれぞれ1つずつ入れます。球の番号と箱の番号が同じにならないように入れるとき，入れ方は何通りありますか。

答
```
 A   B   C   D         A   B   C   D         A   B   C   D
       ┌A─D─C                ┌A─D─B                ┌A─B─C
    B ─┤C─D─A            C ─┤ A─B              D ─┤ A─B
       └D─A─C                └D─B─A                └B─A
                                                  C─┤ A─B
                                                     └B─A
                                                              計9通り
```

塾技94 ③ 同じカードや物が2つ以上ある中から取り出す問題

⇨「入試問題で塾技をチェック！」**問題 ②** を参照

塾技解説

場合の数の多くの問題は**樹形図さえしっかりかければ解ける**けど，1つの方針として，**計算で求めることができるときは計算で，表を利用できるときは表で，それ以外の問題では樹形図をかいて求める**といい。ちなみに，②の例のように，n番目にnがこない並び方のことを**かくらん順列**（完全順列）といい，難関中学ではよく出題されるぞ。

入試問題で塾技をチェック！

問題 1 40円，60円，80円切手を使って，送料240円の荷物を送ります。切手をちょうど240円分使うとき，次の問いに答えなさい。

(1) 40円切手を必ず使うことにすると，切手の使い方は何通りありますか。

(2) どの切手を使ってもよいことにすると，切手の使い方は何通りありますか。 （明治学院中）

解き方

(1) 塾技94 ① より，80円，60円，40円切手の順にそれぞれの枚数の樹形図をかくと，240円の作り方は右の図のようになる。図より，40円切手を必ず使うのは，5通りとわかる。　**答 5通り**

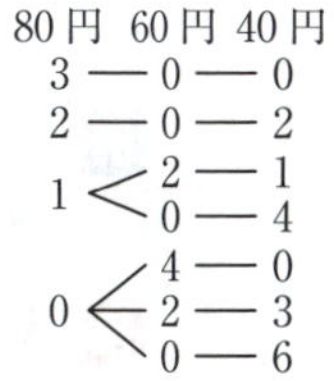

(2) (1)の樹形図より，7通り　**答 7通り**

```
80円 60円 40円
3 ─ 0 ─ 0
2 ─ 0 ─ 2
1 < 2 ─ 1
    0 ─ 4
    4 ─ 0
0 < 2 ─ 3
    0 ─ 6
```

問題 2 みかんが3個，りんごが3個，メロンが1個，柿が2個あります。この中から同時に3個取り出すとき，取り出し方は何通りありますか。ただし，同じ種類のくだものを取ってもよいこととします。

（早稲田実業中等部）

解き方

みかんをみ，りんごをり，メロンをメ，柿をかとして樹形図をかいて考える。

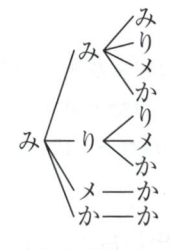

答 15通り

チャレンジ！入試問題

解答は，別冊 p.94

問題① 1円玉，5円玉，10円玉，50円玉がたくさんあります。これらの硬貨を何枚か用いて87円にする方法は何通りありますか。ただし，どの硬貨も1枚は使うものとします。

（東京農大一高中等部）Ⓐ

問題② 下の5つの枠全部に○か×を1つずつ，次の規則にしたがって書き込みます。

規則1. ○が×より多い。

規則2. 3つ以上同じものは続かない。

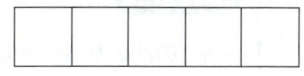

このとき，異なる書き方は何通りありますか。

（早稲田実業中等部）Ⓑ

問題③ 5匹のやぎA，B，C，D，Eがいて，図のようなそれぞれのための小屋があります。あるとき，5つの小屋にやぎが1匹ずつ入っていましたが，自分の小屋にいたのは5匹のうち1匹だけでした。5匹のやぎの，このような小屋への入り方は全部で何通りですか。

（武蔵中）Ⓑ

塾技 95 表の利用　場合の数

> **表の利用**　樹形図よりも**表を用いることで上手く整理**でき，場合の数が求めやすくなる問題として以下のような問題がある。

塾技95 ① 1つのサイコロを2回投げたり，異なる2個のサイコロを同時に投げたりする問題

例　大小2つのサイコロを同時に投げるとき，出る目の数の和が3の倍数となるのは全部で何通りありますか。

答　縦と横，6×6の表を書き，縦と横の数の和を考える。右の表の○をつけたところが3の倍数となるので，全部で12通りとわかる。

	(大)					
(小)	1	2	3	4	5	6
1	2	③	4	5	⑥	7
2	③	4	5	⑥	7	8
3	4	5	⑥	7	8	⑨
4	5	⑥	7	8	⑨	10
5	⑥	7	8	⑨	10	11
6	7	8	⑨	10	11	⑫

塾技95 ② 2人がカードを出し合ったり，箱からカードを順に2回取り出したりする問題

例　A君は1，2，3，4，5，6の数字が書かれた6枚のカードをもっています。B君は1，3，5，7，9の数字が書かれた5枚のカードをもっています。2人が1枚ずつカードを出し合ったとき，2人のカードの数の積が10以下となるのは全部で何通りありますか。

答　右のように，A君とB君の出し合ったカードの積の表を書いて考える。表の○をつけたところが積が10以下となるので，全部で13通りとわかる。

	A君					
B君	1	2	3	4	5	6
1	①	②	③	④	⑤	⑥
3	③	⑥	⑨	12	15	18
5	⑤	⑩	15	20	25	30
7	⑦	14	21	28	35	42
9	⑨	18	27	36	45	54

塾技95 ③ 2人がゲームやじゃんけんを行い，勝ち，負けを考える問題や，総当たり戦（リーグ戦）の勝ち，負けを考える問題

⇒「入試問題で塾技をチェック！」を参照

> **塾技解説**
>
> 場合の数の基本は樹形図。でも表で整理できる問題では表を利用した方がとっても楽！ **表を利用するとよい問題の見きわめは，「2人が〜」や「2枚の〜」といった表現**を目安にするといい。ちなみに，**高校野球の試合**などのことは，③のリーグ戦に対して**トーナメント戦**といって，**全試合数**は，**（参加チーム数－1）**で求めることができるぞ！

入試問題で塾技をチェック!

問題 A〜Fの6つのサッカーチームが，総当たりの試合を行った。引き分けの試合はなく，勝ち数で順位をつけたところ，次の4つのことがわかった。

ア． BとEが同じ勝ち数で1位であった。　　**イ．** Fは単独で3位であった。
ウ． CはEに勝った。　　　　　　　　　　**エ．** CはAに負けて，単独4位であった。

(1) A〜Fの6チームでの試合数は全部で何試合ですか。
(2) ①C対D，②A対Dの2つの対戦で，勝ったのはどちらのチームですか。　　(城北中)

解き方

(1) 各チームはそれぞれ5試合ずつ試合を行う(表3)。ただし，例えばAがBと試合する場合とBがAと試合する場合とは同じなので，全部で，5×6÷2＝15(試合)　　**答** 15試合

(2) **ウ**の条件から，1位のBとEは5勝はしない。一方，BとEが3勝だとすると，残り4チームの勝ち数の合計は，15－3×2＝9(勝)で，4チームのうち少なくとも1チームは3勝以上となるので，BとEは4勝1敗とわかる。**ウ**と**エ**よりCとEの勝敗を表1に書き入れる。すると，BはE以外に勝つことがわかるので，表2にBの勝敗を書き入れる。ここで，BとE以外の残り4チームの勝ち数の合計は，15－4×2＝7(勝)で，**イ**よりFは3勝，**エ**よりCは2勝となり，AとDの勝ち数の合計は，7－(3＋2)＝2(勝)より，A，Dはともに1勝ずつとわかる。これらを表3に書き入れる。

答 ①C　②D

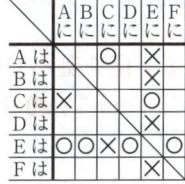

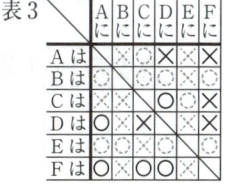

チャレンジ! 入試問題

解答は，別冊 p.95

問題① 図のように，①〜⑥の数字が円周上に並んでいます。いま①の場所からスタートし，さいころをふって出た目の数が3の倍数のときは時計回りに2つ進み，それ以外の場合は反時計回りに1つ進むゲームをします。このとき，次の問いに答えなさい。

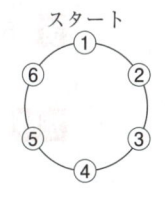

(1) さいころを2回投げて⑤の場所にくるとき，さいころの目の出方は何通りありますか。
(2) さいころを4回投げて⑥の場所にくるとき，さいころの目の出方は何通りありますか。

(法政大中)

問題② 箱の中に1から7までの数字が書かれたカードが1枚ずつ入っています。この箱の中からカードを1枚ずつ順に取り出し，取り出したカードに書かれた数の和が3の倍数になったときに終了することにします。もし1枚目が3の倍数ならば，そこで終了です。ただし，取り出したカードはもとにもどさないものとします。

(1) 2枚取り出して終了するようなカードの取り出し方は何通りありますか。
(2) 3枚取り出して終了するようなカードの取り出し方は何通りありますか。

(神戸女学院中学部)

塾技 96 順 列　場合の数

和の法則　同時には起こらない2つのことがらA, BがあIり, Aがa通り, Bがb通り起こるとき, **AまたはBが起こる**のは, $a+b$（通り）となる。

積の法則　2つのことがらA, Bがあり, Aがa通り, **そのおのおのについて**Bがb通り起こるとき, **AとBがともに起こる**のは, $a \times b$（通り）となる。

例　A町, B町, C町があり, A-B間には2本, B-C間には3本, A-C間には1本の道が通っています。A町からC町へ行く道の選び方は合わせて何通りですか。

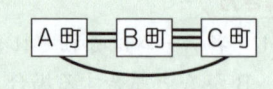

答　A町からB町を通ってC町へ行く場合, A町からB町まで2通り, そのおのおのについてC町まで3通りあるので, 積の法則より, 2×3=6（通り）となる。一方, 直接C町へ行く方法も1通りあるので, 和の法則より全部で, 6+1=7（通り）

順列　異なるいくつかのものからあるものを**選んで順に並べる**とき, その並べ方の総数を**順列**といい, 次の方法により**計算で求める**ことができる。

塾技96　異なるn個のものから異なるr個を選んで並べる順列
　　　　　　　$\underbrace{n \times (n-1) \times (n-2) \times \cdots \times (n-r+1)}_{r個の積}$　通り

例　A, B, C, D, Eの5人がいます。5人の中から, 委員長, 副委員長, 書記の3人を選ぶ選び方は何通りありますか。

答　5人の中から3人選び, 委員長, 副委員長, 書記の順に並べる順列と考え,
　　　$5 \times (5-1) \times (5-2) = 5 \times 4 \times 3 = 60$（通り）

別解　樹形図より, 委員長の選び方が5通り, そのおのおのについて副委員長の選び方が4通り, そのおのおのについて書記の選び方が3通りあるので, 積の法則より,
　　　$5 \times 4 \times 3 = 60$（通り）

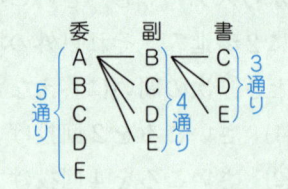

塾技解説

順列のポイントは, **選んだあとに並べる**ということ。例えば, A, B, Cの3人から2人を選んで一列に並べる場合, A, Bの順に並べるのとB, Aの順に並べるのでは同じ**2人でも並べ方は違う**よね。順列の式が成り立つ理由だけど, **別解**で示したように樹形図の**枝が規則的に1つずつ減りながら枝分かれ**していくことから説明できるぞ。

入試問題で塾技をチェック！

問題 1 6人の中から委員長，副委員長，書記の3役をそれぞれ1人ずつ決めます。ただし，副委員長と書記は1人で両方やってもよいものとします。このとき，3役の決め方は何通りありますか。
(日本大二中)

解き方
6人の中から3役を1人ずつ決める決め方は，6人の中から3人を選んで並べる順列なので，
　　6×(6−1)×(6−2)=6×5×4=120(通り)
一方，副委員長と書記を1人が両方やる場合，6人の中から2人を選んで並べる順列となるので，
　　6×(6−1)=6×5=30(通り)
よって，3役の決め方は，和の法則より，120+30=150(通り)

答 150通り

問題 2 右の図のように円を5つの部分に区切った図形を色分けするとき，異なる4色を使ってぬるぬり方は□通りです。ただし，となり合った部分には異なる色をぬり，4色を全て使うものとします。
(芝中)

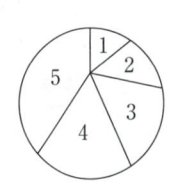

解き方
5つの部分を4色でぬるため，2か所は同じ色となることがわかる。となり合った部分には異なる色をぬるので，同じ色の2か所はとなり合うことはない。同じ色の2か所の選び方は，(1, 3)，(1, 4)，(2, 4)，(2, 5)，(3, 5)の5通りある。一方，1と3の部分を合わせて1つの部分と考えると，色のぬり方は，1と3および2，4，5の4つの部分に4色をぬる順列と考えることができるので，4×3×2×1=24(通り)ある。よって，積の法則より，□=24×5=120(通り)

答 120

チャレンジ！入試問題

解答は，別冊 p.96

問題① 国語A，国語B，算数，理科，社会の5冊の本を並べます。次のような並べ方は何通りありますか。
(1) 全ての並べ方
(2) 国語Aと国語Bがとなり合う並べ方
(3) 国語Aと国語Bがとなり合わない並べ方

(昭和学院秀英中) A

問題② 箱の中に6枚のカード[1]，[2]，[3]，[4]，[5]，[6]があります。箱の中からカードを1枚ずつ引いていき，取り出したカードを左から順に並べていく作業をおこないます。[5]が出るかまたは4枚のカードを並べたところでこの作業を終えるとき，次の問いに答えなさい。
(1) このようなカードの並べ方は，全部で何通りありますか。
(2) このようなカードの並べ方のうち，[1]を含む並べ方は全部で何通りありますか。

(聖光学院中) B

塾技 97 組み合わせ 〔場合の数〕

組み合わせ 異なるいくつかのものから何個かを**選ぶ選び方の総数**を**組み合わせ**といい，次の方法により**計算で求める**ことができる。

塾技97 異なる n 個の中から，異なる r 個を取り出す組み合わせ

$$= \frac{n個からr個を選んで並べる順列}{選んだr個の並べ方} = \frac{n \times (n-1) \times (n-2) \times \cdots \times (n-r+1)}{r \times (r-1) \times \cdots \times 2 \times 1} \text{(通り)}$$

例1 A，B，C，D，E の5人の中から3人を選んでグループを作ります。全部で何通りのグループができますか。

答 5人の中から3人を選んで並べる順列は，5×4×3（通り）で，選んだ3人の並べ方は，3×2×1（通り）あるので，全部で，$\dfrac{5 \times \overset{2}{4} \times \overset{1}{3}}{\underset{1}{3} \times \underset{1}{2} \times 1} = 10$（通り）

例2 A，B，C，D，E，F の6チームでサッカーの総当たり戦を行います。どのチームもほかのチームと1回ずつ試合をするとき，全部で何試合ありますか。

答 右の図のようにチームを6つの点と考えると，6つの点から2つの点を選び，選んだ2点を結んでできる直線の数だけ試合があるので，全部で，$\dfrac{\overset{3}{6} \times 5}{\underset{1}{2} \times 1} = 15$（試合）

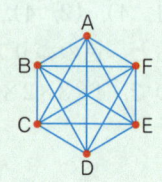

例3 右の図は，4本の平行線に別の3本の平行線が交わったものです。図の中に平行四辺形は何個ありますか。

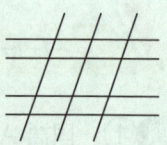

答 4本から2本を選ぶ選び方は，$\dfrac{\overset{2}{4} \times 3}{\underset{1}{2} \times 1} = 6$（通り）あり，3本から2本を選ぶ選び方は，$\dfrac{3 \times \overset{1}{2}}{\underset{1}{2} \times 1} = 3$（通り）あるので，平行四辺形は，6×3=18（個）ある。

塾技解説

組み合わせは**順列と違い選ぶだけ**なので，順列の式をそのまま使うと同じものを何回かだぶって数えてしまう。だから取り出したものの並べ方の数（だぶった数）で割るんだ。組み合わせでよく使う技として，**少ない方を考える**というものがある。例3で，3本から2本を選ぶとき，**選ばない1本**を考えればすぐに3通りとわかるよね。

入試問題で塾技をチェック！

問題 ボールが3個と箱が5個あります。次の(1)，(2)のような条件で，箱にボールを入れるとき，それぞれの場合の入れ方は全部で何通りありますか。ただし，1つの箱にボールは3個まで入れることができるものとします。また，ボールはかならず，いずれかの箱に入れるものとします。

(1) ボールは，色や形が全て同じで，おたがいに区別できません。箱も，色や形が全て同じで，おたがいに区別できません。

(2) ボールは，(1)と同じように区別できません。箱には，おたがいに区別できるように，右のように，A，B，C，D，Eと名前を書いておきます。　　(渋谷教育学園幕張中)

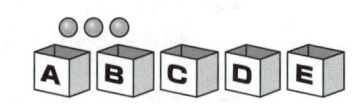

解き方

(1) ボールも箱も区別がつかないので，3個を1つの箱に入れる場合と，2個と1個を2つの箱に入れる場合と，1個ずつ3つの箱に入れる場合の3通りある。　　**答 3通り**

(2) 箱の区別があるので，3個を1つの箱に入れる場合，AからEの5通りある。2個と1個を2つの箱に入れる場合，入れる2つの箱の選び方が，$\frac{5×4}{2×1}=10$(通り)あり，2個と1個をそれぞれ選んだ2つの箱のどちらに入れるかにより入れ方が2通りあるので，$10×2=20$(通り)ある。1個ずつ3つの箱に入れる場合，ボールを入れない2つの箱の選び方と同じ10通りある。
以上より，入れ方は全部で，$5+20+10=35$(通り)　　**答 35通り**

チャレンジ！入試問題

解答は，別冊 p.97

問題① お父さん，お母さんと4人の子供が遊園地に行き，3人乗りのコーヒーカップに3人だけで乗ることにしました。次の問いに答えなさい。

(1) 1台のコーヒーカップに，子供だけで乗る乗り方は何通りありますか。

(2) 1台のコーヒーカップに，お父さんかお母さんのどちらかと子供がいっしょに乗る乗り方は何通りありますか。　　(立教池袋中)

問題② 図のように直線 m 上に3つの点，直線 n 上に4つの点があります。この7つの点から，3つの点を選んでそれらを頂点とする三角形を作ります。このとき，三角形は全部で何個できますか。　　(本郷中)

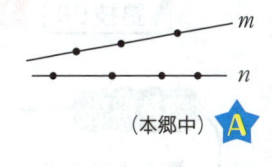

問題③ 赤，青，黄，緑のボールが1つずつあります。これらを1番から4番まで番号のついた4つの箱に入れてかたづけます。どの箱も4個のボールを入れることができ，1つもボールが入らない箱があってもかまいません。

(1) ボールの入れ方は全部で何通りありますか。

(2) ボールを3つと1つに分け，2つの箱に入れる入れ方は何通りありますか。

(3) ボールを2つずつに分け，2つの箱に入れる入れ方は何通りありますか。　　(海城中)

塾技 98 整数の並び 場合の数

数を並べて整数を作る問題の頻出パターン

[パターン1] 0を含まない異なる数字を並べて整数を作る問題

塾技98 ① 一番上の位から順に数を並べていく順列の問題として解く。

例 ①, ②, ③, ④の4枚のカードから3枚取り出して3けたの整数を作ると、何通りの整数ができますか。

答 4枚のカードから3枚選んで並べる順列となるので、4×3×2＝24（通り）

[パターン2] 0を含む異なる数字を並べて整数を作る問題

塾技98 ② 一番上の位は0にならないことに注意して積の法則を利用。

例 ⓪, ①, ②, ③の4枚のカードから3枚取り出して3けたの整数を作ると、何通りの整数ができますか。

答
百の位　　　　十の位　　　　一の位
　3　　×　　　3　　×　　　2　　＝18（通り）
（0以外の3通り）（百の位で使った数以外の3通り）（百の位と十の位で使った数以外の2通り）

[パターン3] 3の倍数または9の倍数を作る問題

塾技98 ③ 各位の数の和が3の倍数または9の倍数になる組を作り、それぞれの組の数の並べ方を考える。

例 ①, ②, ③, ④, ⑤の5枚のカードから3枚取り出して3けたの整数を作るとき、3の倍数は何通り作れますか。

答 和が3の倍数となる数の組は、(1, 2, 3)，(1, 3, 5)，(2, 3, 4)，(3, 4, 5) の4組で、各組の並べ方は、3×2×1＝6（通り）より、全部で、6×4＝24（通り）

[パターン4] 偶数や奇数、5の倍数や10の倍数を作る問題

塾技98 ④ まず一の位の数を決めてから残りの位の数を決めていく。

⇨「入試問題で塾技をチェック！」を参照

塾技解説

数を並べる問題で**最も出題が多いのは3の倍数を作る問題**。選んだ数の組に**0を含む**場合や**同じ数を含む**場合など、入試問題を通してここでしっかり身につけよう。他にも4の倍数や6の倍数などの出題もあるので、塾技80もあわせて確認しよう。**同じ数のカードを並べる**問題では、塾技94 ③の樹形図を利用することも忘れるな！

入試問題で塾技をチェック！

問題 ⓪，①，②，③，④の5枚のカードから3枚とって3けたの整数を作るとき，全部で☐個作れます。そのうち，偶数は☐個です。 （昭和学院秀英中）

解き方

3けたの整数を作る場合，塾技98 ②より，百の位に0は使えないことに注意して考える。

$$\underset{(0以外の4通り)}{4} \times \underset{\binom{百の位で使った}{数以外の4通り}}{4} \times \underset{\binom{百の位と十の位で使っ}{た数以外の3通り}}{3} =48(個)$$

次に，偶数となるのは一の位の数が0または2，4となる場合で，塾技98 ④より，まず一の位を決定してから残りの位を決めていく。

(i) 一の位が0の場合

$$\underset{(0の1通り)}{1} \times \underset{(0以外の4通り)}{4} \times \underset{\binom{0と百の位で使っ}{た数以外の3通り}}{3} =12(個)$$

(ii) 一の位が2または4の場合

$$\underset{\binom{2または4の}{2通り}}{2} \times \underset{\binom{一の位で使った数}{と0以外の3通り}}{3} \times \underset{\binom{一の位と百の位で使}{った数以外の3通り}}{3} =18(個)$$

(i)，(ii)より，偶数は，12＋18＝30(個)できる。

答 48，30

チャレンジ！入試問題

解答は，別冊 p.98

問題① ①，②，③，④の4枚のカードのうち，3枚のカードを並べて3けたの数を作ります。作ることのできる数のうち，6の倍数になるのは全部で☐個あります。 （洛南中） A

問題② 0，1，2，2，3，4，5の数字の書かれたカードがそれぞれ1枚ずつあります。これらを3枚並べて3けたの数を作ります。このとき，3で割り切れる数はいくつ作れますか。 （海城中） B

問題③ 0，1，2，3，4の数字が書いてある5枚のカードがあります。この中から3枚取り出して，1列に並べて3けたの整数を作ります。このとき，次の問いに答えなさい。

(1) 全部で何通りの整数ができますか。
(2) 5の倍数は何通りできますか。
(3) 3の倍数であり，6の倍数であり，9の倍数でもある整数は何通りできますか。

（東邦大附東邦中） B

塾技 99 道順　場合の数

道順の問題 ある地点から**まわり道をしないで最短で行く方法**を考える問題や、**立体図形上の点の移動の方法**を考える問題では以下の塾技を利用する。

塾技99 ① **和の法則より、ある点までの行き方は1つ手前の点までの行き方の和となることを利用し、交差点ごとに行き方を書き込んでいく。**

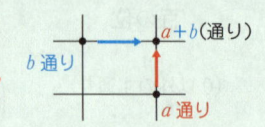

例1 右の図のように直角に交わる道があります。A地点から遠まわりをしないでB地点までに行く行き方は全部で何通りですか。

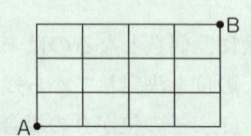

答 A地点から遠まわりしないで進むため、右または上にしか進めない。まず全て右と全て上の1を書き込み、交差点ごとに1つ手前の数の和を書き込んでいくと右の図のようになる。図より、35通りとわかる。

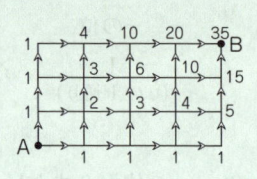

例2 右の図は立方体2個を合わせたものです。A地点から遠まわりをしないでB地点まで辺にそって行く行き方は何通りありますか。

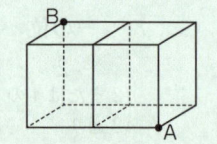

答 各頂点に2つの辺から合流するときは2つの数の和、3つの辺から合流するときは3つの数の和を書き込んでいくと右の図のようになる。図より、12通りとわかる。

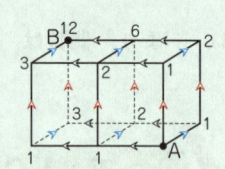

塾技99 ② **通る辺の合計から進む方向を選ぶ組み合わせの問題として求める。**

例 例1で、AからBまで行くには上へ3回、右へ4回の合計7つの辺を通るので、7つの辺から上へ行く3回を選んで、$\dfrac{7\times6\times5}{3\times2\times1}=35$（通り）

塾技解説

道順の問題には、ある道を**必ず通らなければいけない**問題や、途中で**行き止まりがある**問題などいろいろな問題があるけど、**ポイント**は、**和の法則を利用**しそれぞれの**交差点までの行き方を書き込んでいく**ことだ。②は、目的地までの道がたくさんあり、数を書き込むと**200通りをこえてしまう！** なんてときに利用すると**時間短縮**ができるぞ。

入試問題で塾技をチェック！

問題 1 右の図のように格子状の道があります。A 地点から C 地点を通って，B 地点に行く最短経路は □ 通りあります。

(明治学院中)

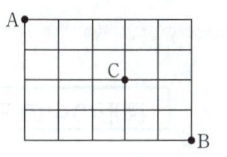

解き方

右の図より，A 地点から C 地点までの最短経路は 10 通りあり，そのおのおのについて C 地点から B 地点までの最短経路が 6 通りあるので，求める最短経路は，積の法則より，10×6＝60(通り)

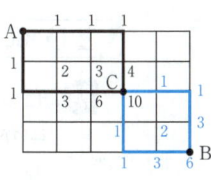

答 60

問題 2 右の図のように直角に交わる道があり，×の道は通行止めです。A 地点から B 地点まで遠回りせずに行く方法は全部で □ 通りあります。

(千葉日大一中)

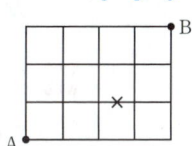

解き方

右の図のように点 C，点 D，点 E をとると，C から E へ行く道は通行止めなので，E へ行く方法は D を通って行く 1 通りしかない。図より，求める方法は全部で，26 通りとわかる。

答 26

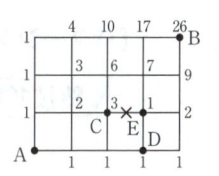

チャレンジ！入試問題

解答は，別冊 p.99

問題 ① 次の問いに答えなさい。

(1) 右の図 1 で，A から B への道順は何通りありますか。ただし，進み方は，右方向，下方向，右下方向とします。

(2) 右の図 2 で，P と Q いずれも通らないような，A から B への道順は何通りありますか。ただし，進み方は，右方向，下方向，右下方向とします。

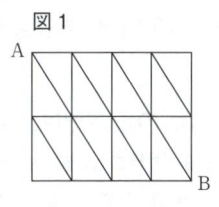

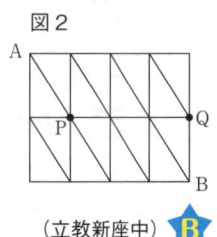

(立教新座中)

問題 ② 図のような立方体 ABCD－EFGH があります。この立方体の辺上を動く点 P は 1 回の移動でとなりのどの頂点にも移動することができます。例えば，2 回の移動では A→B→A，A→B→C などがあります。初めに点 P が頂点 A にあるとき，次の問いに答えなさい。

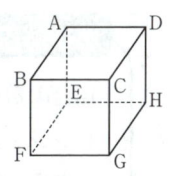

(1) 3 回の移動で，点 P が頂点 G にあるように移動する方法は何通りありますか。
(2) 4 回の移動で，点 P が頂点 A にあるように移動する方法は何通りありますか。
(3) 5 回の移動で，点 P が頂点 G にあるように移動する方法は何通りありますか。

(青雲中)

塾技 100 図形と場合の数　場合の数

図形の中の三角形の個数を求める問題の頻出パターン

[パターン1] 点を結んでできる三角形の個数を求める問題

塾技100 ① 同じ直線上の3点をのぞく3点の組み合わせを考える。

例 右の図のように、三角形の辺上に9個の点があります。これらの中から3個の点を結んで三角形を作るとき、全部で何個の三角形が作れますか。

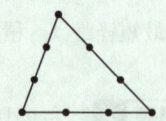

答 9個の点から3個の点を選ぶ選び方は、**塾技97**より、$\dfrac{9\times8\times7}{3\times2\times1}=84$（通り）
このうち、同じ辺上にある4点から3点を選ぶ場合の4通り（選ばない1点を選ぶ選び方と同じ）は三角形ができないので、三角形は、$84-4\times3=72$（個）作れる。

[パターン2] 与えられた図の中の三角形の個数を求める問題

塾技100 ② 辺の長さや向きで場合分けして数え上げる。

⇒「入試問題で塾技をチェック！」を参照

長方形（正方形を含む）の中にある正方形の個数を求める問題

塾技100 ③ 1辺の長さが同じ正方形の個数は、縦の辺の選び方と横の辺の選び方の積に等しいことを利用する。

例 右の図は、1辺が1cmの正方形をはり合わせたものです。この中に、正方形は全部で何個ありますか。

答 1辺が1cmの正方形は、$4\times5=20$（個）。1辺が2cmの正方形は、2cmを縦の辺から選ぶ選び方が3通り、横の辺から選ぶ選び方が4通りあるので、$3\times4=12$（個）。1辺が3cmの正方形は、3cmを縦の辺から選ぶ選び方が2通り、横の辺から選ぶ選び方が3通りより、$2\times3=6$（個）。同様に、1辺が4cmの正方形は、$1\times2=2$（個）あるので、全部で、$20+12+6+2=40$（個）

塾技解説

場合の数の最後は図形の個数を求める問題だ。**正方形の個数を求める問題**には、「チャレンジ！入試問題」**問題①**のように、等間隔に並んだ点から**4点を選んでできる正方形の個数**を考える問題もある。このときも③の技が使えるけど、注意が必要なのは**ななめ向きの正方形もある**ということ。ななめ方向を数え忘れないようにしよう！

入試問題で塾技をチェック！

問題 正三角形 ABC の 3 つの辺をそれぞれ 5 等分する点をとり，それらを正三角形 ABC の辺に平行な線で結んで，右の図のような図形を作ります。この図形の中に現れる正三角形は，正三角形 ABC を含めて全部で □ 個あります。

（灘中）

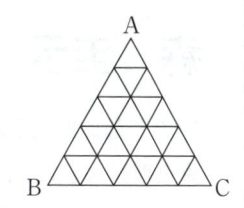

解き方

一番小さい正三角形の 1 辺の長さを 1 とし，1 辺の長さと正三角形の向きで場合分けする。

(ⅰ) 1 辺が 1 の場合
　上向きの三角形は，1＋2＋3＋4＋5＝15(個)，下向きの三角形は，1＋2＋3＋4＝10(個)

(ⅱ) 1 辺が 2 の場合
　上向きの三角形は，1＋2＋3＋4＝10(個)，下向きの三角形は，1＋2＝3(個)

(ⅲ) 1 辺が 3 の場合は，上向きの三角形のみ，1＋2＋3＝6(個)

(ⅳ) 1 辺が 4 の場合は，上向きの三角形のみ，1＋2＝3(個)

(ⅴ) 1 辺が 5 の場合は，上向きの三角形のみ，1 個

(ⅰ)〜(ⅴ)より，全部で，15＋10＋10＋3＋6＋3＋1＝48(個)

答 48

チャレンジ！入試問題

解答は，別冊 p.100

問題① 図 1 のように等間隔に縦 5 個，横 5 個に並んだ合計 25 個の点があります。これらの点から 4 個を選び，それらを頂点とする正方形を作ります。このとき，次の(1)，(2)の問いに答えなさい。

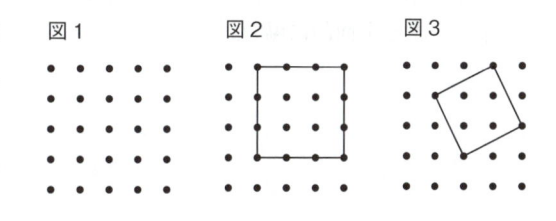

(1) 図 2 のように，各辺が縦，横の向きになっている正方形は全部で何個できますか。

(2) 図 3 のように，各辺が縦，横の向きになっていない正方形は全部で何個できますか。

（浅野中） A

問題② 右の図のように，縦，横 1cm おきに 9 個の点を並べて，1 から 9 までの番号をつけました。いま，1 から 9 までの整数が 1 つずつ書かれた 9 枚のカードから 3 枚のカードを取り出し，そのカードに書かれた整数と同じ番号の点を直線で結びます。このとき，次の各問いに答えなさい。

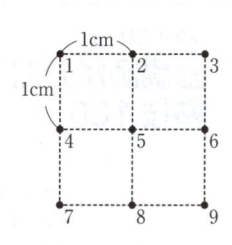

(1) 三角形は全部でいくつ作れますか。

(2) 形も大きさも同じ三角形は 1 種類と考えると，全部で何種類の三角形ができますか。また，それらの三角形の面積の和は何 cm^2 ですか。

（明治大付明治中） B

著者紹介

森　圭示（もり　けいじ）

1969年静岡県生まれ。
東京理科大学大学院修了後，大手進学塾市進学院で長年にわたり中学受験クラスを指導。
そのわかりやすい授業で，数多くの生徒を開成中，桜蔭中をはじめとした難関中学の合格に
導く。現在は，首都圏難関高校の合格率ですば抜けた実績を誇るZ会進学教室で指導する傍ら，
高校入試数学研究所を独自に立ち上げ，数学力をつけるための情報発信も行っている。
著書に『塾講師が公開！中学入試 理科 塾技100』『塾で教える高校入試 数学 塾技100』『塾
で教える高校入試 理科 塾技80』（文英堂）がある。

HP名　「塾講師が公開！中学入試 算数 塾技100」
URL　https://www.nyushi-sugaku.com/jukuwaza_sansu.html

▶上記ホームページにて，「塾講師が公開！中学入試 算数 塾技100」の紙面の都合上，掲載しきれなかった入試問題を**「算数塾技100 補充問題」**として無料で公開中！

姉妹サイト　「塾講師が公開！わかる中学 数学」（https://www.nyushi-sugaku.com/）
　　　　　　「塾講師が公開！高校入試 理科 塾技80」（https://www.nyushi-sugaku.com/jukuwaza_rika.html）

◆ 執筆協力　森　美恵
DTP業務・データ処理・Microsoft社 Wordソフトサポート業務の経験を生かし，夫である著者の
原稿作成を全面的に協力。

□ DTP　　　　株式会社シーキューブ
□ 図版作成　株式会社シーキューブ

シグマベスト
**塾講師が公開！中学入試　算数
塾技100**

本書の内容を無断で複写（コピー）・複製・転載することを禁じます。また，私的使用であっても，第三者に依頼して電子的に複製すること（スキャンやデジタル化等）は，著作権法上，認められていません。

© 森圭示　2013　　Printed in Japan

著　者　森圭示
発行者　益井英郎
印刷所　株式会社天理時報社
発行所　株式会社文英堂
　〒601-8121　京都市南区上鳥羽大物町28
　〒162-0832　東京都新宿区岩戸町17
　（代表）03-3269-4231

●落丁・乱丁はおとりかえします。

塾講師が公開！中学入試

塾技100 算数
別冊解答

- ●「チャレンジ！入試問題」の問題文を載せています。
- ●本冊の「入試問題で塾技をチェック！」と同等の解答です。
- ●「別冊解答」単独で持ち運んで使用することができます。

文英堂

塾技 1 チャレンジ！入試問題 の解答 (本冊 p.9)

問題 次の計算をしなさい。

(1) $6.28×1.4-2.4×3.14+6.28×0.3$ （筑波大附中） Ⓐ

(2) $3×4×5×6×7-2×3×4×5×6+5×6×7$ （豊島岡女子学園中） Ⓐ

(3) $256×29-91×32+24×13-13×11$ （学習院中） Ⓑ

(4) $25×2630+125×215+375×49$ （ラ・サール中） Ⓑ

(5) $2×4×3.14+6×1.57×8-0.785×16×3$ （城北中） Ⓑ

(6) $22.36×4+2.236×11.5+2.236÷0.5-0.2236×35$ （攻玉社中） Ⓒ

解き方

(1) $6.28×1.4-2.4×3.14+6.28×0.3$
$=3.14×2×1.4-2.4×3.14+3.14×2×0.3$
$=3.14×2.8-3.14×2.4+3.14×0.6$
$=3.14×(2.8-2.4+0.6)$
$=3.14×1=\mathbf{3.14}$ 答

(2) $3×4×5×6×7-2×3×4×5×6+5×6×7$
$=30×3×4×7-30×2×3×4+30×7$
$=30×84-30×24+30×7$
$=30×(84-24+7)$
$=30×67=\mathbf{2010}$ 答

(3) $256×29-91×32+24×13-13×11$
$=32×8×29-91×32+13×24-13×11$
$=32×232-32×91+13×24-13×11$
$=32×(232-91)+13×(24-11)$
$=32×141+13×13$
$=4512+169=\mathbf{4681}$ 答

(4) $25×2630+125×215+375×49$
$=25×5×526+125×215+125×3×49$
$=125×526+125×215+125×147$
$=125×(526+215+147)$
$=125×888$
$=125×8×111$ 　$888=8×111$
$=1000×111=\mathbf{111000}$ 答

(5) $2×4×3.14+6×1.57×8-0.785×16×3$
$=2×4×3.14+3×2×1.57×8-0.785×4×4×3$ 　$6=3×2,\ 16=4×4$
$=3.14×8+3.14×24-3.14×12$
$=3.14×(8+24-12)$
$=3.14×20=\mathbf{62.8}$ 答

(6) $22.36×4+2.236×11.5+2.236÷0.5-0.2236×35$
$=22.36×4+2.236×11.5+2.236×2-0.2236×35$ 　$2.236÷0.5=2.236÷\frac{1}{2}=2.236×2$
$=2.236×10×4+2.236×11.5+2.236×2-2.236×0.1×35$ 　$22.36=2.236×10,\ 0.2236=2.236×0.1$
$=2.236×40+2.236×11.5+2.236×2-2.236×3.5$
$=2.236×(40+11.5+2-3.5)$
$=2.236×50=\mathbf{111.8}$ 答

塾技 ② チャレンジ！入試問題 の解答 (本冊 p.11)

問題 次の □ にあてはまる数を求めなさい。

(1) $1\dfrac{1}{5}\times(\square-1.75)\div 2\dfrac{1}{3}+\dfrac{1}{4}=0.55$ （開成中）[B]

(2) $\left(6.3-2\dfrac{1}{4}\right)\div(1+0.875\div\square)=3$ （ラ・サール中）[B]

(3) $\left\{14+\left(2\times\square-\dfrac{3}{4}\right)\div\dfrac{3}{7}\right\}\times 0.8=21$ （芝中）[B]

(4) $3-\left\{4-(\square-2)\times\dfrac{1}{2}\right\}\times\dfrac{2}{3}=1\dfrac{1}{3}$ （明治大付明治中）[B]

(5) $\left(3\dfrac{3}{4}-\square\times 0.125\right)\div 2\dfrac{1}{2}-\dfrac{27}{55}=\dfrac{19}{22}$ （桜蔭中）[B]

(6) $2\div 0.3125\times\left(\square-\dfrac{19}{21}\right)\div 0.05=5\dfrac{5}{7}\div 0.625$ （慶應普通部）[C]

解き方

(1) $1\dfrac{1}{5}\times(\square-1.75)\div 2\dfrac{1}{3}+\dfrac{1}{4}=0.55$

$\dfrac{6}{5}\times\left(\square-1\dfrac{3}{4}\right)\div\dfrac{7}{3}=\dfrac{55}{100}-\dfrac{1}{4}$

$\dfrac{6}{5}\times\left(\square-1\dfrac{3}{4}\right)=\dfrac{3}{10}\times\dfrac{7}{3}$

$\square-\dfrac{7}{4}=\dfrac{7}{10}\div\dfrac{6}{5}$

$\square=\dfrac{7}{12}+\dfrac{7}{4}=2\dfrac{1}{3}$ 【答】

(2) $\left(6.3-2\dfrac{1}{4}\right)\div(1+0.875\div\square)=3$

$\dfrac{81}{20}\div\left(1+\dfrac{7}{8}\div\square\right)=3$

$1+\dfrac{7}{8}\div\square=\dfrac{81}{20}\div 3$

$\dfrac{7}{8}\div\square=\dfrac{27}{20}-1$

$\square=\dfrac{7}{8}\div\dfrac{7}{20}=2\dfrac{1}{2}$ 【答】

(3) $\left\{14+\left(2\times\square-\dfrac{3}{4}\right)\div\dfrac{3}{7}\right\}\times 0.8=21$

$14+\left(2\times\square-\dfrac{3}{4}\right)\div\dfrac{3}{7}=21\div\dfrac{4}{5}$

$\left(2\times\square-\dfrac{3}{4}\right)\div\dfrac{3}{7}=\dfrac{105}{4}-14$

$\left(2\times\square-\dfrac{3}{4}\right)=\dfrac{49}{4}\times\dfrac{3}{7}$

$2\times\square=\dfrac{21}{4}+\dfrac{3}{4}$

$\square=6\div 2=3$ 【答】

(4) $3-\left\{4-(\square-2)\times\dfrac{1}{2}\right\}\times\dfrac{2}{3}=1\dfrac{1}{3}$

$\left\{4-(\square-2)\times\dfrac{1}{2}\right\}\times\dfrac{2}{3}=3-1\dfrac{1}{3}$

$4-(\square-2)\times\dfrac{1}{2}=\dfrac{5}{3}\div\dfrac{2}{3}$

$(\square-2)\times\dfrac{1}{2}=4-\dfrac{5}{2}$

$\square-2=\dfrac{3}{2}\div\dfrac{1}{2}$

$\square=3+2=5$ 【答】

(5) $\left(3\dfrac{3}{4}-\square\times 0.125\right)\div 2\dfrac{1}{2}-\dfrac{27}{55}=\dfrac{19}{22}$

$\left(\dfrac{15}{4}-\square\times\dfrac{1}{8}\right)\div\dfrac{5}{2}=\dfrac{19}{22}+\dfrac{27}{55}$

$\dfrac{15}{4}-\square\times\dfrac{1}{8}=\dfrac{149}{110}\times\dfrac{5}{2}$

$\square\times\dfrac{1}{8}=\dfrac{15}{4}-\dfrac{149}{44}$

$\square=\dfrac{4}{11}\div\dfrac{1}{8}=2\dfrac{10}{11}$ 【答】

(6) $2\div\boxed{0.3125}\times\left(\square-\dfrac{19}{21}\right)\div 0.05=5\dfrac{5}{7}\div 0.625$

$2\div\boxed{(0.625\div 2)}\times\left(\square-\dfrac{19}{21}\right)\div\dfrac{1}{20}=\dfrac{40}{7}\div\dfrac{5}{8}$

$2\div\left(\dfrac{5}{8}\times\dfrac{1}{2}\right)\times\left(\square-\dfrac{19}{21}\right)=\dfrac{40}{7}\div\dfrac{5}{8}\times\dfrac{1}{20}$

$\dfrac{32}{5}\times\left(\square-\dfrac{19}{21}\right)=\dfrac{16}{35}$

$\square-\dfrac{19}{21}=\dfrac{16}{35}\div\dfrac{32}{5}$

$\square=\dfrac{1}{14}+\dfrac{19}{21}=\dfrac{41}{42}$ 【答】

塾技 3 チャレンジ！入試問題 の解答（本冊 p.13）

問題 ① □の"あ～か"は，それぞれ 1～9 までのいずれかの数を表しています。□をうめなさい。

$$\frac{2}{15}=\frac{1}{あ}-\frac{1}{い} \qquad \frac{2}{35}=\frac{1}{う}-\frac{1}{え} \qquad \frac{2}{63}=\frac{1}{お}-\frac{1}{か} \text{ となるので，}$$

$$\frac{2}{3}+\frac{2}{15}+\frac{2}{35}+\frac{2}{63}+\frac{2}{99}+\frac{2}{143}+\frac{2}{195}=\boxed{} \text{ です。}$$

（芝中）Ⓐ

解き方

塾技 3 の ③ より，あ と い は積が 15 で差が 2 となる 2 つの数となるので，あ＝3，い＝5 とそれぞれ求められる。同様に，う＝5，え＝7，お＝7，か＝9 と求められる。

答 あ：3，い：5，う：5，え：7，お：7，か：9

$$\frac{2}{3}+\frac{2}{15}+\frac{2}{35}+\frac{2}{63}+\frac{2}{99}+\frac{2}{143}+\frac{2}{195}$$

$$=\left(\frac{1}{1}-\frac{1}{3}\right)+\left(\frac{1}{3}-\frac{1}{5}\right)+\left(\frac{1}{5}-\frac{1}{7}\right)+\left(\frac{1}{7}-\frac{1}{9}\right)+\left(\frac{1}{9}-\frac{1}{11}\right)+\left(\frac{1}{11}-\frac{1}{13}\right)+\left(\frac{1}{13}-\frac{1}{15}\right)$$

$$=\frac{1}{1}-\frac{1}{15}=\frac{14}{15}$$

答 $\dfrac{14}{15}$

問題 ② 59 個の分数 $\dfrac{1}{60}, \dfrac{2}{60}, \dfrac{3}{60}, \cdots\cdots, \dfrac{58}{60}, \dfrac{59}{60}$ について，次の問いに答えなさい。

(1) 約分できない分数は何個ありますか。
(2) 約分できない分数を全て加えると，いくつになりますか。

（立教新座中）Ⓑ

解き方

(1) 60＝2×2×3×5 より，分子が 2 の倍数，3 の倍数，5 の倍数のとき約分できる。1 から 59 まで数字を並べて書き，まず 2 の倍数を消し，次に 3 の倍数，5 の倍数と消していけばよい。

```
 1  2  3  4  5  6  7  8  9 10 11 12 13 14 15
16 17 18 19 20 21 22 23 24 25 26 27 28 29 30
31 32 33 34 35 36 37 38 39 40 41 42 43 44 45
46 47 48 49 50 51 52 53 54 55 56 57 58 59
```

残った数の個数を数えて，求める分数は，16 個

答 16 個

(2) 分子の 1 番小さい数と 1 番大きい数の和は，1＋59＝60 となり，2 番目に小さい数と 2 番目に大きい数の和も 60 となる。以下同様に，2 個ずつ加えていくと，60 の組が，16÷2＝8（組）できるので，分子の和は，60×8＝480

求める分数の和＝$\dfrac{480}{60}$＝8

答 8

塾技 ④ チャレンジ！入試問題 の解答（本冊 p.15）

問題 ① 2，3，4のような3つの連続する整数があります。3つの数の和が42のとき，一番小さい数はいくつですか。
(国士舘中) A

解き方

3つの連続する整数のうち，一番小さい数を①として線分図をかいて考える。

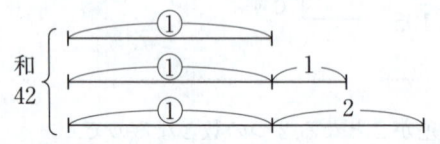

```
     ┌ ①
和 42 ┤ ① 1
     └ ① 2
```

①3個分（①×3＝③）が，42－1－2＝39にあたる。求める数は①1個分なので，
　一番小さい数＝39÷3＝13

答 13

問題 ② 150枚のカードをA君，B君，C君の3人で分けたところ，B君はA君の $\frac{3}{5}$ より12枚多く，C君はB君の $\frac{5}{6}$ より2枚多くなりました。C君はカードを何枚持っていますか。
(早稲田実業中等部) B

解き方

A君をもとにする量と考え，A君がもらうカードを5と6の最小公倍数㉚とおき線分図をかく。

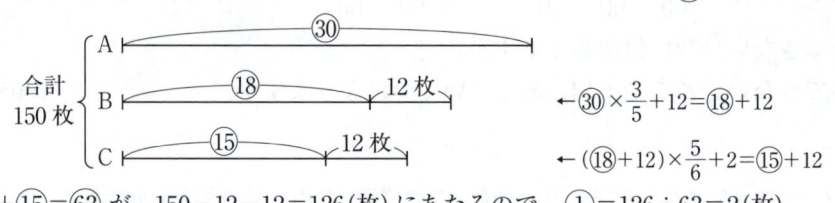

```
        A ├──── ㉚ ────┤
合計150枚 ┤ B ├─ ⑱ ─┤12枚    ← ㉚×3/5＋12＝⑱＋12
        C ├─⑮─┤12枚        ← (⑱＋12)×5/6＋2＝⑮＋12
```

㉚＋⑱＋⑮＝㊿㊂ が，150－12－12＝126（枚）にあたるので，①＝126÷63＝2（枚）
　C君のカード＝2×15＋12＝42（枚）

答 42枚

問題 ③ おはじきを3人で分けました。A君は全体の $\frac{1}{2}$，B君は全体の $\frac{1}{6}$ と3個を取りました。すると，C君のおはじきはB君より2個多くなりました。C君のおはじきは何個ですか。
(慶應普通部) B

解き方

おはじき全体の個数を，2と6の最小公倍数⑥と考えて線分図をかく。

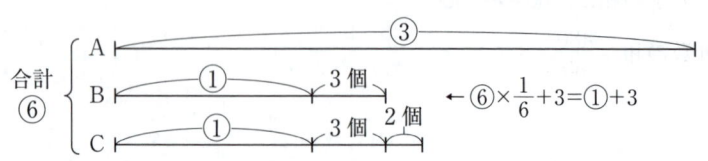

```
        A ├──── ③ ────┤
合計⑥ ┤ B ├① ┤3個
        C ├① ┤3個 2個      ← ⑥×1/6＋3＝①＋3
```

線分図より，⑥－(③＋①＋①)＝①が，3＋3＋2＝8（個）にあたることがわかる。
求めるC君のおはじきは，①＋3個＋2個より，
　C君のおはじき＝8＋3＋2＝13（個）

答 13個

塾技 5 チャレンジ！入試問題 の解答（本冊 p.17）

問題 ① カラー写真を毎分 6 枚，白黒写真を毎分 15 枚印刷することができるプリンターがあります。予定の枚数をカラー写真で印刷し始めましたが，途中でプリンターの調子が悪くなり，10 分間止まってしまいました。残りを白黒写真で印刷したところ，予定の枚数を全てカラー写真にするよりも 2 分 42 秒多く時間がかかってしまいました。白黒写真を何枚印刷しましたか。
（世田谷学園中）Ⓑ

解き方

カラー写真は 1 分（60 秒）で 6 枚印刷できるので，1 枚に 60÷6＝10（秒）かかる。同様に，白黒写真は，1 枚 60÷15＝4（秒）かかる。途中で 10 分（600 秒）止まっていたにもかかわらず，2 分 42 秒（162 秒）多くかかっただけですんだということは，止まっていた 10 分間を入れなければ，全てカラー印刷するより，600－162＝438（秒）速かったことになる。印刷した白黒写真を □ 枚として，図表で整理する。

			□枚	
全てカラー	10……10	10……10		
カラーと白黒	10……10	4……4	438 秒速い	
1 枚あたりの差	0 秒……0 秒	6 秒……6 秒	全体の差 438 秒	

1 枚あたりの差の 6 秒が集まり，438 秒の差となったので，□＝438÷6＝73（枚）

答 73 枚

問題 ② 1 個 100 円のりんごと 1 個 60 円のみかんがたくさん売られています。豊子さんが，りんごとみかんを何個かずつ買うと，合計金額が 1240 円となりました。また花子さんが，りんごとみかんの個数を豊子さんと逆にして買うと，合計金額が 1000 円となりました。このとき，豊子さんが買ったみかんは何個ですか。
（豊島岡女子学園中）Ⓒ

解き方

豊子さんの合計金額の方が花子さんより高いことから，豊子さんの方が多くりんごを買ったことがわかる。豊子さんと花子さんが買ったりんごの個数の差を □ 個として，図表で整理する。

			□個	
豊子	りんご	100……100	100……100	合計 1240 円
	みかん	60……60		
花子	りんご	100……100		合計 1000 円
	みかん	60……60	60……60	
1 個あたりの差	0 円……0 円	40 円……40 円	全体の差 240 円	

りんごとみかん 1 個あたりの差の 40 円が集まり，豊子さんと花子さんの合計金額の差の 240 円となったので，図表の □ 個は，240÷40＝6（個）とわかる。よって，豊子さんの合計金額のうち，りんご 6 個分をのぞいた代金の合計は，1240－100×6＝640（円）となるので，

豊子さんが買ったみかん＝640÷（100＋60）＝4（個）

答 4 個

塾技 6 チャレンジ！入試問題 の解答 (本冊 p.19)

問題 ① 生徒の宿泊で，1室の定員を5人ずつにすると全部の部屋を使っても4人分足りなくなり，1室の定員を6人ずつにすると5人の部屋が1室でき，1室が余ります。このときの生徒の人数を求めなさい。 (浅野中) Ⓑ

解き方

	□部屋			
5人ずつ	5 ……… 5	5	部屋が4人分不足 → 人が4人余っている
6人ずつ	6 ……… 6	5	部屋が1室余る → 人が6人足りない
1部屋あたりの差	1人 ……… 1人	0人	全体の差 4+6=10(人)

最後の1部屋では差はつかないため，全体の差の10人は，1部屋あたり5人ずつのときと6人ずつのときの差の1人が，(□-1)部屋分集まってできたものである。よって，
　　□-1=10÷1=10　　□=10+1=11(部屋)
　生徒の人数=5×11+4=59(人)

答 59人

問題 ② 何人かの中学生と何人かの小学生に鉛筆を配ることにしました。中学生に2本ずつ，小学生に4本ずつ配ると36本余ります。中学生に3本ずつ，小学生に6本ずつ配ると3本足りません。また，中学生は小学生より3人多くいます。

(1) 小学生の人数は何人ですか。
(2) 鉛筆の本数は何本ですか。 (桐朋中) Ⓒ

解き方

(1)

		□人		3人	
(配り方A)	中学生	2 ……… 2	2 2 2	36本余り
	小学生	4 ……… 4		
(配り方B)	中学生	3 ……… 3	3 3 3	3本不足
	小学生	6 ……… 6		
それぞれの差		3本 ……… 3本	1本 1本 1本	全体の差 36+3=39(本)

まず，配り方Aと配り方Bで3人の中学生によってできた差である1+1+1=3(本)を全体の差から引いて，39-3=36(本)。この36本の差は，中学生1人と小学生1人を1組と考えたとき，配り方Aと配り方Bによってできる1組あたりの差が集まってできたものである。配り方Aと配り方Bの1組あたりの差は，(3+6)-(2+4)=3(本)。よって，
　　□=36÷3=12(人)

答 12人

(2) 配り方Aで考えると，求める鉛筆の本数は，
　　(2+4)×12+2×3+36=114(本)

答 114本

塾技 7 チャレンジ！入試問題 の解答 (本冊 p.21)

問題 ① 1個150円のりんごと1個130円のかきを合わせて12個買いました。260円のかごに入れたらちょうど2000円になりました。このとき，りんごはかきより ☐ 個多く買いました。
（慶應中等部）Ⓐ

解き方

	12個		
実際	150……150 130……130	2000－260＝1740(円)
全てかきと仮定	130……130 130……130	130×12＝1560(円)
1個あたりの差	20円…20円 0円……0円	全体の差 1740－1560＝180(円)

りんごは，180÷20＝9(個) 買ったことがわかるので，かきは3個となり，その差は6個となる。

答 6

問題 ② 太郎君と花子さんはじゃんけん遊びをしました。初め2人は右の図の点Oにいます。じゃんけんに勝つと右に2目盛り，負けると左に1目盛り進みます。あいこは回数に入れないものとします。

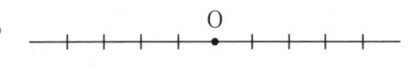

(1) 2人でじゃんけんを9回したところ，太郎君は右へ3目盛りのところにいました。花子さんはどちらの方向へ何目盛りのところにいますか。

(2) 何回かじゃんけんをしたところ，花子さんは点Oより左へ3目盛り，太郎君は花子さんより右に18目盛りのところにいました。太郎君は何勝何敗ですか。 （世田谷学園中）Ⓑ

解き方

(1) 花子さんの勝ち負けの回数がわかればよいので，まずは太郎君の勝ち負けの回数を考える。もし9回全て太郎君が勝ったと仮定すると，太郎君は右へ，2×9＝18(目盛り)のところにいるはずである。しかしこれは実際よりも右へ，18－3＝15(目盛り)多い。ここで，太郎君は1回負けると右へ2目盛り進めないだけでなく，左へ1目盛り進むため，1回勝ったときよりも左へ，2＋1＝3(目盛り)進むことになる。よって，太郎君の負けた回数は，15÷3＝5(回)とわかり，逆に花子さんは，5回勝って4回負けたことがわかる。
以上より，花子さんは右へ，2×5－1×4＝6(目盛り)のところにいる。 **答** 右へ6目盛り

(2) まずはじゃんけんをした回数を求める。1回のじゃんけんで，一方は右へ2目盛り，もう一方は左へ1目盛り進むため，2人合わせて右へ，2－1＝1(目盛り)進むことになる。ここで，何回かじゃんけんをした後，2人合わせて右へ何目盛り進んだかを考えると，太郎君は点Oより右へ，18－3＝15(目盛り)のところにいるので，2人合わせて右へ，15－3＝12(目盛り)進んだことになる。よって，じゃんけんの回数は，12÷1＝12(回)とわかる。
(1)と同様に，もし12回全て太郎君が勝ったと仮定すると，太郎君は右へ，2×12＝24(目盛り)のところにいるはずであるが，これは実際よりも，24－15＝9(目盛り)多い。よって，太郎君の負けた回数は，9÷3＝3(回)とわかるので，勝敗は9勝3敗と求められる。 **答** 9勝3敗

塾技 8 チャレンジ！入試問題 の解答（本冊 p.23）

問題 ① 1個の値段が40円，50円，77円の品物を合わせて11個買ったところ，代金が601円になりました。50円の品物は何個買いましたか。
（早稲田実業中等部）

解き方

まず77円の品物の個数を考える。40円と50円の品物の代金の合計は一の位が必ず0となるが，3種類の品物の代金の合計の一の位は1となっているため，77円の品物の代金の一の位は1となることがわかり，77×3＝231 より 77円の品物の個数は3個と求められる。よって，40円と50円の品物は合わせて，11－3＝8(個)，40円と50円の品物の代金の合計は，601－77×3＝370(円) とわかる。

	8個	
実際	40……40　50……50	370 円
全て40円と仮定	40……40　40……40	40×8＝320(円)
1個あたりの差	0円……0円　10円……10円	全体の差 370－320＝50(円)

1個あたりの差の10円が，50円の品物の個数分だけ集まり50円の差となったので，
　　50円の品物の個数＝50÷10＝5(個)

答　5個

問題 ② 1箱6本入りの色鉛筆と，1箱12本入りの色鉛筆と，1箱24本入りの色鉛筆があります。いま，箱は全部で40箱，色鉛筆は全部で390本あって，6本入りの箱の個数は24本入りの箱の個数の5倍です。6本入りの色鉛筆は何箱ありますか。
（四天王寺中改）

解き方

6本入りの箱は24本入りの箱の個数の5倍と数量の関係がわかっているので，塾技8 ①より，2量を平均化することで新たな色鉛筆の箱を作り，12本入りの色鉛筆の箱とで通常の2量のつるかめ算を行えばよい。
6本入りの箱と24本入りの箱を平均化すると，(6×5＋24×1)÷(5＋1)＝9(本) 入りの箱となる。

	40箱	
実際	12……12　9……9	390 本
全て12本入りと仮定	12……12　12……12	12×40＝480(本)
1箱あたりの差	0本……0本　3本……3本	全体の差 480－390＝90(本)

1箱あたりの差の3本が，9本入りの色鉛筆の箱の個数分だけ集まって90本の差となったので，
　　9本入りの色鉛筆＝90÷3＝30(箱)

以上より，6本入りの箱と24本入りの箱の個数の合計は30箱とわかる。6本入りの箱の個数は24本入りの箱の個数の5倍より，線分図をかいて箱の個数を考える。

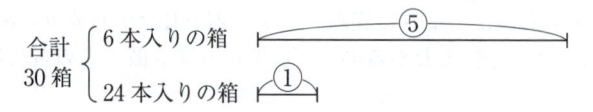

合計30箱 ｛ 6本入りの箱 ⑤ / 24本入りの箱 ① ｝

線分図より，求める6本入りの箱の個数は，30÷6×5＝25(箱)

答　25箱

塾技 9 チャレンジ！入試問題 の解答（本冊 p.25）

問題 ① 一郎君は千円札1枚を持って八百屋に果物を買いに出かけました。この八百屋ではリンゴ1個の値段はミカン4個の値段より5円安いです。リンゴ6個とミカン5個を買ったらおつりは15円でした。リンゴ1個の値段は何円ですか。 （関東学院中）A

解き方

リンゴ1個の値段を□，ミカン1個の値段を○とする。リンゴ1個はミカン4個より5円安いので，

　　□＝（○4個－5）円　…①

また，リンゴ6個とミカン5個の値段は，1000－15＝985（円）より，

　　□□□□□□○○○○○＝985円　…②

塾技 9 ❷より，②の□を，①を用いて○を使った式におきかえて，

□＝○4個－5　□＝○4個－5　□＝○4個－5　□＝○4個－5　□＝○4個－5　□＝○4個－5　○○○○○＝985円　…③

③より，○29個－30＝985（円）とわかるので，○29個分は，985＋30＝1015（円）

よって，○1個分は，1015÷29＝35（円）となる。求めるリンゴ1個の値段は，①より，

　　□＝35×4－5＝135（円）

答 135円

問題 ② ある果物屋で，みかん1つ，りんご2つ，なし3つを買うと合計の値段は660円で，みかん3つ，りんご2つ，なし1つを買うと合計の値段は540円でした。みかん2つ，りんご1つを買うと合計の値段は□円です。 （芝中）B

解き方

みかん1つの値段を○，りんご1つの値段を△，なし1つの値段を□とする。

　　○△△□□□＝660円　…①
　　○○○△△　□＝540円　…②
　和　（○＋△＋□）×4＝1200円　…③

上の図表のように，①と②の式を加えると，みかんとりんごとなしの個数はどれも4つずつになる。

③より，みかんとりんごとなし1つずつの値段の合計は，

　　○＋△＋□＝1200÷4＝300（円）　…④

②と④の差を考えて，

　　○○○△△□＝540円
　　　○　△□＝300円
　差　○○　△　　＝240円

よって，みかん2つ（○○）とりんご1つ（△）を買うと，値段は240円と求められる。

答 240

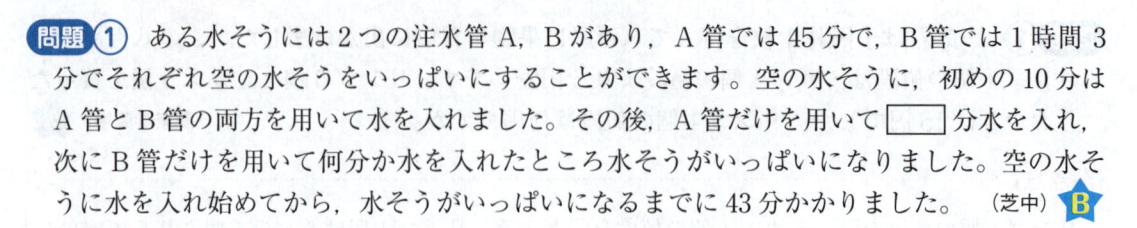

塾技 10 チャレンジ！入試問題 の解答 (本冊 p.27)

問題 1 ある水そうには2つの注水管 A，B があり，A 管では 45 分で，B 管では 1 時間 3 分でそれぞれ空の水そうをいっぱいにすることができます。空の水そうに，初めの 10 分は A 管と B 管の両方を用いて水を入れました。その後，A 管だけを用いて □ 分水を入れ，次に B 管だけを用いて何分か水を入れたところ水そうがいっぱいになりました。空の水そうに水を入れ始めてから，水そうがいっぱいになるまでに 43 分かかりました。 (芝中)

解き方

水そうの容積を，45 と 63 の最小公倍数 ㉛⑤ とおくと，A 管からは 1 分間で ㉛⑤÷45＝⑦，B 管からは 1 分間で ㉛⑤÷63＝⑤ の水をそれぞれ入れることができる。初めの 10 分で，A 管と B 管の両方を用いて入れた水の量は，(⑦＋⑤)×10＝⑫⓪ となるので，残り ㉛⑤－⑫⓪＝⑲⑤ の水を，43－10＝33（分）で A 管と B 管を別々に用いて入れたことになる。2 種類の注水管 A，B があり，その使用時間の合計はわかっているので， 塾技 7 のつるかめ算を利用する。

	33分		計
実際	⑦……⑦	⑤……⑤	⑲⑤
全てB管と仮定	⑤……⑤	⑤……⑤	⑤×33＝⑯⑤
1分あたりの差	②……②	⓪……⓪	全体の差 ㉚

図表より，A 管を用いた時間は，㉚÷②＝15（分）と求められる。 **答 15**

問題 2 ある仕事を完成させるのに，A 君が 1 人ですると 150 分，B 君が 1 人ですると 60 分，C 君が 1 人ですると 100 分かかります。この仕事を最初は 3 人で始めましたが，途中で A 君が抜けて，その 10 分後に B 君も抜けて，さらにその 30 分後に C 君が仕事を完成させました。最初から最後まで 3 人全員でした場合に比べて，完成までに必要な時間は □ 分長くなりました。 (灘中)

解き方

仕事全体の量を，150，60，100 の最小公倍数 ㉚⓪ とおく。A と B と C がそれぞれ 1 分間あたりにできる仕事の量は，A は ㉚⓪÷150＝②，B は ㉚⓪÷60＝⑤，C は ㉚⓪÷100＝③ となる。ここで，A が抜けてからの仕事の量を考える。A が抜けてから B は 10 分，C は，10＋30＝40（分）仕事をしたことになるので，A が抜けてから B と C がした仕事量の合計は，
　⑤×10＋③×40＝⑰⓪
よって，最初に 3 人でした仕事量は，㉚⓪－⑰⓪＝⑬⓪ となる。このときにかかる時間を求めると，
　⑬⓪÷(②＋⑤＋③)＝13（分）
つまり，13＋40＝53（分）で仕事を終えたことになる。一方，最初から最後まで 3 人で仕事をした場合，
　㉚⓪÷(②＋⑤＋③)＝30（分）
で仕事は終わるはずなので，完成までに，53－30＝23（分）長くなったことがわかる。 **答 23**

塾技 11 チャレンジ！入試問題 の解答（本冊 p.29）

問題 ① 水そうに水が入っています。この水そうに毎分24Lずつ水を入れながら，同じ太さの排水管を何本か使って排水します。排水管を2本使用したときは49分30秒で水がなくなりました。排水管を3本使用したときは11分で水がなくなりました。排水管1本で1分間に排水する水の量は何Lですか。
（早稲田中）Ⓑ

解き方

排水管1本が1分で排水する水の量を①とすると，2本で49分30秒間では，①×2×49.5＝㊿(99)の水を，3本で11分間では，①×3×11＝㉝の水をそれぞれ排水する。

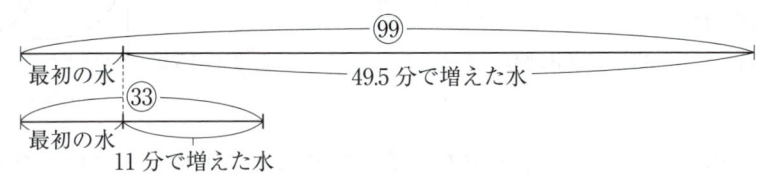

```
           ㊿(99)
 ┌──────────────────┐
 最初の水  49.5分で増えた水

      ㉝
 ┌────────┐
 最初の水 11分で増えた水
```

2つの線分図の差を考えると，38.5分で㊋(66)の水が増えたことがわかる。一方，この水そうには毎分24Lずつ水が入ることより，38.5分で入った水は，24×38.5＝924(L)となる。よって，①にあたる量は，924÷㊋(66)＝14(L)と求められる。　**答 14L**

問題 ② ある量の水が入った水そうに，水道から一定の割合で水を入れると同時にポンプを使って水をくみ出します。水そうを空にするには，6台のポンプでは65分かかり，8台のポンプでは45分かかります。使用する全てのポンプは同じ割合で水をくみ出すとします。
(1) 9台のポンプで水そうを空にするには何分かかりますか。
(2) 25分以内に水そうを空にするには，最も少ない場合で何台のポンプが必要ですか。
（明治大付明治中）Ⓑ

解き方

(1) ポンプ1台が1分でくみ出すことができる水の量を①とする。2つの線分図の差を考えると，20分で水道から入る水の量は，㉚とわかるので，1分では①.5の水が入る。

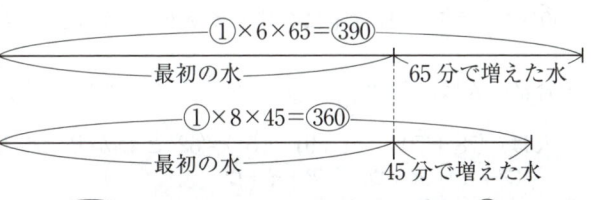

```
            ①×6×65＝㊚(390)
  ┌────────────────────┐
    最初の水     65分で増えた水
           ①×8×45＝㊱(360)
  ┌────────────────────┐
    最初の水    45分で増えた水
```

よって，最初の水の量は，㊚(390)－①.5×65＝㉒(292.5)となる。ポンプ9台では1分で⑨の水をくみ出すが，1分で①.5の水が増えるので，実際には1分で，⑨－①.5＝⑦.5の水をくみ出す。よって，空にするには，㉒(292.5)÷⑦.5＝39(分)かかる。　**答 39分**

(2) 25分で水道からは，①.5×25＝㊲(37.5)の水が入るので，最初の水を加え，ポンプは25分以内に，㉒(292.5)＋㊲(37.5)＝㉝(330)の水をくみ出すことになる。1分あたり，㉝(330)÷25＝⑬.2の水をくみ出す必要があるので，最も少ない場合で14台のポンプが必要となる。　**答 14台**

塾技 12 チャレンジ！入試問題 の解答（本冊 p.31）

問題 ① 1から2011までの整数の中で，6でも8でも割り切れない整数は □ 個あります。

（渋谷教育学園渋谷中）

解き方

求める個数は，2011個から6または8の少なくとも一方で割り切れる整数の個数を引いた，ベン図の**ア**の部分となる。1から2011までに，6の倍数は，2011÷6＝335 余り1 より335個。8の倍数は，2011÷8＝251 余り3 より251個。24の倍数は，2011÷24＝83 余り19 より83個。
よって，**ア**の部分は，
　2011－（335＋251－83）＝1508（個）

答 **1508**

問題 ② K中学の1年生がA検定とB検定を受けました。A検定に合格した人は全体の $\frac{6}{7}$，B検定に合格した人は全体の $\frac{10}{13}$，両方とも不合格だった人は全体の $\frac{5}{91}$，両方とも合格した人は186人でした。

(1) 1年生は全部で何人ですか。

(2) さらに，C検定を受けました。C検定に合格した人は全体の $\frac{7}{13}$ でした。A検定，B検定，C検定の3つとも合格した人の数は，A検定，B検定の2つだけに合格した人の数の2倍で，3つとも不合格だった人は9人でした。A検定，B検定，C検定の3つのうち，どれか2つだけに合格した人は全部で何人ですか。

（海城中）

解き方

(1) 1年生全体の人数を，7と13と91の最小公倍数 ㉛ とおくと，A検定に合格した人は，㉛×$\frac{6}{7}$＝㊲，B検定に合格した人は，㉛×$\frac{10}{13}$＝㊸，両方とも不合格の人は，㉛×$\frac{5}{91}$＝⑤ となる。ベン図より，両方とも合格した人は，㊲＋㊸－（㉛－⑤）＝㉒ とわかり，これが186人にあたるので，①は186÷62＝3（人）。1年生の人数は ㉛ より，
　1年生全体＝㉛＝3×91＝273（人）

答 **273人**

(2) (1)より，A検定合格は，3×78＝234（人），B検定合格は，3×70＝210（人），A検定とB検定の少なくとも1つに合格した人は，3×(91－5)＝258（人）となる。
一方，C検定に合格した人は，273×$\frac{7}{13}$＝147（人）。右のベン図で，**ア**と**イ**の和は186人で，**ア**は**イ**の2倍より，**イ**は186÷3＝62（人），**ア**は124人。また，**オ**（C検定のみ合格）は，273－9－258＝6（人）となり，**ウ**と**エ**の和は，147－6－124＝17（人）となる。求める人数は，**イ**＋**ウ**＋**エ**より，62＋17＝79（人）

答 **79人**

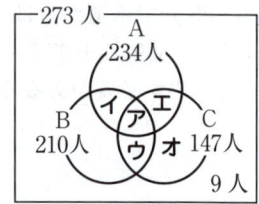

塾技 13 チャレンジ！入試問題 の解答（本冊 p.33）

問題 ① 2つのグループAとBがあり，グループAは男子が20人で女子は16人，グループBは男女合わせて30人です。全員にテストを行った結果，グループAの男子の平均点は68点，グループBの男子の平均点は71点，グループB全体の平均点は70点でした。また2つのグループを合わせた男子全体の平均点は69点でした。

(1) グループBの男子は何人ですか。
(2) グループBの女子の平均点は何点ですか。

(早稲田中) B

解き方

(1) 2つのグループの男子全体の平均点に着目して面積図をかく。 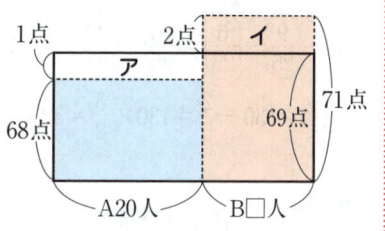
右の図で，アとイの部分の面積は等しいので，
□＝1×20÷2＝10(人)　　**答** 10人

(2) グループBの全体の合計点は，70×30＝2100(点)。一方，グループBの男子の合計点は，71×10＝710(点)となるので，グループBの女子の合計点は，2100－710＝1390(点)。よって，グループBの女子の平均点は，1390÷(30－10)＝69.5(点)　　**答** 69.5点

問題 ② ある中学校の1年生の人数は64人で，A組，B組はそれぞれ22人，C組は20人です。100点満点の数学の試験を行ったところ，各組の平均点は整数でした。学年の平均点は82点で，A組の平均点は学年の平均点よりも1点高く，C組の平均点はA組の平均点よりも4点低くなりました。また，A組とC組は全員が受験しましたが，B組は何人かの生徒が欠席しました。次の問いに答えなさい。

(1) B組の欠席した生徒は何人ですか。　(2) B組の平均点は何点ですか。　(立教新座中) C

解き方

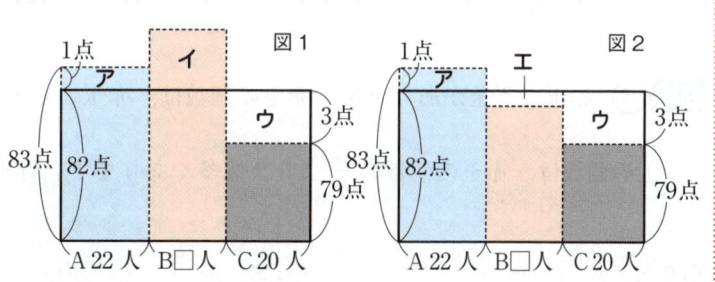

(1) B組の受験者平均が，学年平均より高い場合（図1）と低い場合（図2）が考えられる。
図1の場合，ア＋イ＝ウ となる。一方，図2の場合，ア＝エ＋ウ となる。
ここで，アの面積は，1×22＝22，ウの面積は，3×20＝60 より，図2は成り立たない。よって，図1の場合を考えると，ア＋イ＝ウ より，イの面積は，60－22＝38 とわかる。よって，B組の受験者数□人は，38の約数のうちB組の人数の22人より小さい数である1人，2人，19人のいずれかとなる。1人のとき，イの縦の長さは，38÷1＝38 となり，平均点が100点をこえてしまう。2人のときも同様なので，条件を満たすのは19人となる。
よって，欠席者は，22－19＝3(人) と求められる。　　**答** 3人

(2) (1)より，B組の平均点は，82＋38÷19＝84(点)　　**答** 84点

塾技 14 チャレンジ！入試問題 の解答（本冊 p.35）

問題 ① ある商品を何個か仕入れました。初日は全体の 36% が売れ，2 日目は残りの $\frac{3}{8}$ が売れたので，商品は 130 個残りました。仕入れた商品は何個ですか。

(桐朋中) A

解き方

仕入れ全体の個数を ① とすると，$36\% = \frac{36}{100} = \frac{9}{25}$ より，初日は全体の $\left(\frac{9}{25}\right)$ が売れたことになる。
2 日目は残りの $\frac{3}{8}$ が売れたので，$\left(①-\left(\frac{9}{25}\right)\right) \times \frac{3}{8} = \left(\frac{6}{25}\right)$ が売れたことがわかる。残った商品は，
$① - \left(\frac{9}{25}\right) - \left(\frac{6}{25}\right) = \left(\frac{10}{25}\right) = \left(\frac{2}{5}\right)$ で，これが 130 個にあたるので，塾技 14 ② より，
$① = 130 \div \frac{2}{5} = 130 \times \frac{5}{2} = 325$（個）

答 325 個

問題 ② A 君は本を読むことにしました。1 日目に 24 ページ読み，2 日目は残りの $\frac{2}{5}$ を読み，3 日目には，2 日目までに読み終わった残りの $\frac{3}{4}$ を読みました。すると 12 ページ残りました。この本は何ページですか。

(ラ・サール中) B

解き方

最後に残った 12 ページは，2 日目までに読み終わった残りの，$1 - \frac{3}{4} = \frac{1}{4}$ にあたる。よって，
2 日目までに読み終わった残りは，塾技 14 ② より，$12 \div \frac{1}{4} = 12 \times \frac{4}{1} = 48$（ページ）とわかる。
一方，48 ページは，1 日目の残りの $1 - \frac{2}{5} = \frac{3}{5}$ にあたるので，1 日目の残りのページは，
$48 \div \frac{3}{5} = 48 \times \frac{5}{3} = 80$（ページ）。以上よりこの本は，$24 + 80 = 104$（ページ）

答 104 ページ

問題 ③ 赤玉と青玉があります。赤玉の個数は，赤玉と青玉の個数の合計の $\frac{5}{8}$ より 7 個多く，青玉の個数は，赤玉の個数の $\frac{3}{7}$ より 2 個多くあります。青玉は何個ありますか。

(早稲田実業中等部) B

解き方

塾技 14 ① より，赤玉と青玉の個数の合計を，8 と 7 の最小公倍数 ㊽ とすると，赤玉の個数は，$㊽ \times \frac{5}{8} + 7$ 個 $= ㉟ + 7$ 個，青玉の個数は，$(㉟ + 7\text{個}) \times \frac{3}{7} + 2$ 個 $= ⑮ + 5$ 個となる。
線分図より，$㊽ - ㉟ - ⑮ = ⑥$ が
$7 + 5 = 12$（個）にあたるので，
$⑮ = 12 \div 6 \times 15 = 30$（個）
よって青玉は，$30 + 5 = 35$（個）　**答** 35 個

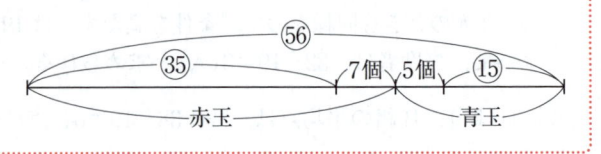

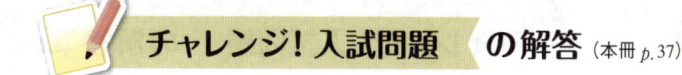

塾技 15 チャレンジ！入試問題 の解答（本冊 p.37）

問題① ある商品の売上個数は，6月・7月の2ヶ月続けて前の月の売上個数の5%増しになりました。6月の売上個数が420個のとき，7月の売上個数は5月の売上個数より☐個多いことになります。
（青山学院中等部）A

解き方

5月の売上個数の5%増し，すなわち105(%)＝1.05(倍) が，6月の売上個数の420個にあたるので，5月の売上個数は，420÷1.05＝400(個)。一方，7月の売上個数は6月の売上個数の1.05倍より，420×1.05＝441(個)。よって，7月は5月より，441－400＝41(個) 多い。

答 41

問題② あるダムの今年の貯水量は昨年と比べると17.5%減り，おととしと比べると34%減りました。昨年の貯水量はおととしと比べると何%減りましたか。
（早稲田中）B

解き方

17.5%減は，100－17.5＝82.5(%)＝0.825(倍)，34%減は，100－34＝66(%)＝0.66(倍)。今年の貯水量を①とおくと，昨年の0.825倍が①にあたるので，昨年の貯水量は，①÷0.825＝$\frac{40}{33}$ となる。同様に，おととしの0.66倍が①にあたるので，おととしの貯水量は，①÷0.66＝$\frac{50}{33}$ となる。よって昨年は，おととしの $\frac{40}{33}$÷$\frac{50}{33}$＝$\frac{4}{5}$＝0.8(倍) となるので，1－0.8＝0.2(倍)，すなわち20%減ったことがわかる。

答 20%減

問題③ ある遊園地で，昨日と今日の2日間，ジェットコースターと観覧車に乗った人数を調べました。今日の人数はジェットコースターに乗った人が昨日より6%減り，観覧車に乗った人が昨日より8%増え，両方合わせると昨日より2人多い552人でした。

(1) もしも今日，ジェットコースターに乗った人が，観覧車と同じく昨日より8%増えたとしたら，今日のジェットコースターと観覧車に乗った人は合わせて何人になりますか。

(2) 今日実際にジェットコースターに乗った人は何人ですか。
（東邦大附東邦中）B

解き方

(1) 昨日のジェットコースターと観覧車に乗った人数の合計は，552－2＝550(人)。もしも今日，ジェットコースターと観覧車に乗った人数が両方とも8%増えたとすると，合計人数も8%増え，100＋8＝108(%)＝1.08(倍) となる。よって，求める人数は，550×1.08＝594(人)

答 594人

(2) 今日実際にジェットコースターに乗った人は，昨日より6%減り，観覧車に乗った人と合わせて552人なので，(1)との差は，594－552＝42(人)。一方，8%増加した場合と6%減少した場合との差は，8＋6＝14(%) で，昨日ジェットコースターに乗った人の14%が42人にあたるので，昨日ジェットコースターに乗った人数は，42÷0.14＝300(人) とわかる。今日は昨日の6%減，すなわち，100－6＝94(%)＝0.94(倍) より，

今日実際にジェットコースターに乗った人数＝300×0.94＝282(人)

答 282人

塾技 16 チャレンジ！入試問題 の解答（本冊 p.39）

問題① Aさんは1個の仕入れ値が3000円の商品を150個仕入れた。仕入れ値の6割の利益を見込んで定価をつけて売ったところ，50個しか売れなかった。そこで，残りの商品を定価の2割引きにして売ることにした。Aさんが損をしないためには，少なくともあと何個商品を売る必要がありますか。
（慶應湘南藤沢中等部）Ⓐ

解き方
仕入れ値の合計は，$3000 \times 150 = 450000$（円）より，損をしないためには売り上げの合計をそれ以上にする必要がある。定価は1個あたり，$3000 \times (1+0.6) = 4800$（円）で，定価で50個売れたので，定価で売った売り上げの合計は，$4800 \times 50 = 240000$（円）。よって，損をしないためには，あと，$450000 - 240000 = 210000$（円）以上の売り上げが必要となる。ここで，定価の2割引きの値段は，$4800 \times (1-0.2) = 3840$（円）となり，$210000 \div 3840 = 54$ 余り 2640 となるので，少なくともあと $54 + 1 = 55$（個）売る必要がある。　**答 55個**

問題② ある品物を定価の1割5分引きで売ると300円得をします。また定価の2割引きで売ると100円得をします。このとき，この品物の原価は□円です。
（学習院中）Ⓑ

解き方
定価を⑩⑩とおくと，定価の1割5分引きで売ったときの売り値は，⑩⑩×(1−0.15)=㊄ となる。一方，定価の2割引きで売ったときの売り値は，⑩⑩×(1−0.2)=⑳ となる。塾技16 ②(1)より，この差の⑤が利益の差の200円にあたるので，定価は，200÷5×100=4000（円）とわかる。ここで，定価の2割引きの売り値⑳は，200÷5×80=3200（円）となり，このときの利益が100円となるので，原価＝売り値−利益 より，原価は，3200−100=3100（円）　**答 3100**

問題③ 仕入れ値が1個300円の品物を60個仕入れ，仕入れ値の□％増しの定価をつけました。この品物を，60個のうち10個は定価の3割引で，20個は定価の2割引で，25個は定価のままで売り，5個は売れ残りました。その結果4320円の利益となりました。
（芝中）Ⓑ

解き方
仕入れ値の合計は，$300 \times 60 = 18000$（円）で，利益は4320円より，売り上げの合計は，
　売り上げの合計＝仕入れ値の合計＋利益の合計＝$18000 + 4320 = 22320$（円）
この品物1個あたりの定価を⑩⑩とすると，10個は，⑩⑩×(1−0.3)=㊀ で，20個は，⑩⑩×(1−0.2)=⑳ で，25個は⑩⑩で売ったことになる。このときの売り上げの合計は，
　㊀×10+⑳×20+⑩⑩×25=㊃㊇⑩⑩
これが22320円にあたるので，この品物の定価は，$22320 \div 4800 \times 100 = 465$（円）とわかる。よって，予定していた1個あたりの利益は，$465 - 300 = 165$（円）。この165円が，仕入れ値の何％にあたるかを求めればよいので，$165 \div 300 \times 100 = 55$（％）　**答 55**

塾技 17 チャレンジ！入試問題 の解答（本冊 p.41）

問題① 5％の食塩水360gに □ gの食塩を加えると、10％の食塩水になります。□ にあてはまる数を求めなさい。 （市川中）

解き方

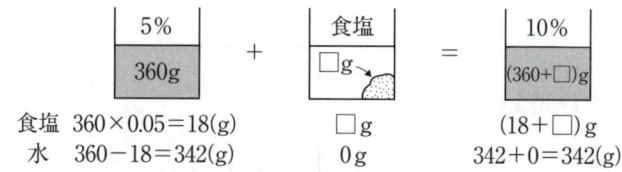

	5% 360g	＋	食塩 □g	＝	10% (360+□)g
食塩	360×0.05＝18(g)		□g		(18+□)g
水	360－18＝342(g)		0g		342＋0＝342(g)

図より、10％の食塩水に含まれる水の量は342gとわかる。10％の食塩水の量を⑩とすると、食塩は⑩、水は⑩－⑩＝⑨と表すことができる。⑨が342gにあたるので、⑩は、342÷90×100＝380(g)。よって、求める食塩の量は、380－360＝20(g)

答 20

問題② 容器Aには15％の濃さの食塩水100gが、容器Bには3％の濃さの食塩水200gが入っています。このとき、次の問いに答えなさい。

(1) 容器Aから10g、容器Bから10gの食塩水を同時に取り出しました。その後、容器Aから取り出した10gの食塩水を容器Bに、容器Bから取り出した10gの食塩水を容器Aに入れました。このとき容器Bの食塩水に含まれる食塩の量は何gですか。

(2) 次に容器Aの食塩水に水を100g加えました。容器Aの食塩水の濃さは何％になりましたか。

(3) 次に容器Aの食塩水に含まれる食塩の量が容器Bの食塩水に含まれる食塩の量の2倍になるようにしたいと思います。どちらの容器からどちらの容器に食塩水を何g移したらよいですか。 （桜蔭中）

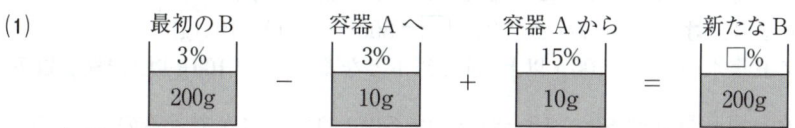

解き方

(1)

	最初のB 3% 200g	－	容器Aへ 3% 10g	＋	容器Aから 15% 10g	＝	新たなB □% 200g
食塩	200×0.03＝6(g)		10×0.03＝0.3(g)		10×0.15＝1.5(g)		6－0.3＋1.5＝7.2(g)

答 7.2g

(2)

	最初のA 15% 100g	－	容器Bへ 15% 10g	＋	容器Bから 3% 10g	＋	水 100g	＝	新たなA □% 200g
食塩	100×0.15＝15(g)		10×0.15＝1.5(g)		10×0.03＝0.3(g)		0g		15－1.5＋0.3＝13.8(g)

図より、求める濃度は、13.8÷200×100＝6.9(％)

答 6.9％

(3) 食塩は、容器AとB合わせて、7.2＋13.8＝21(g)ある。容器Aの食塩の量は、容器Bの食塩の量の2倍になるので、21÷(1＋2)×2＝14(g)となればよい。よって、容器Bから、14－13.8＝0.2(g)分の食塩が含まれる食塩水を容器Aに移せばよいので、

$$200 \times \frac{0.2}{7.2} = 200 \times \frac{2}{72} = \frac{50}{9} = 5\frac{5}{9}(g)$$

答 容器Bから容器Aに $5\frac{5}{9}$ g 移す

塾技 18 チャレンジ！入試問題 の解答（本冊 p.43）

問題 ① 5%の食塩水250gに，8%の食塩水を混ぜて，6.8%の食塩水を作りました。できた食塩水は何gですか。
(駒場東邦中) A

解き方

右の図で，アとイの面積は等しくなるので，
□ = 250 × 1.8 ÷ 1.2 = 375 (g)
よって，できた食塩水は，250 + 375 = 625 (g)

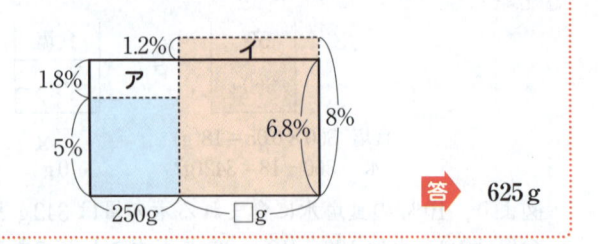

答 625 g

問題 ② 濃度がそれぞれ3%，5%，8%の食塩水があります。これらの食塩水を2種類以上混ぜて，6%の食塩水300gを作ります。ただし，初めの3種類の食塩水は6%の食塩水を作るには十分な量があるものとします。

(1) この操作に必要な8%の食塩水の量は，何g以上何g以下になりますか。
(2) 濃度がそれぞれ5%と8%の食塩水を同じ量混ぜるとき，何gずつ混ぜることになりますか。
(海城中) C

解き方

(1) 8%の食塩水の量は，3%と8%の食塩水を混ぜるときに最大となり，5%と8%の食塩水を混ぜるときに最小となる。まず，3%と8%の食塩水を混ぜて6%の食塩水を作る場合を考える。
図1で，アとイの面積は等しくなるので，ア+ウ と イ+ウ の面積も等しくなる。
ア+ウ = 300 × 3 = 900 より，イ+ウ も 900 となり，□ = 900 ÷ (2+3) = 180 (g)
次に5%と8%の食塩水を混ぜて6%の食塩水を作る場合を考える。
図2で，エとオの面積は等しくなるので，エ+カ と オ+カ の面積も等しくなる。
エ+カ = 300 × 1 = 300 より，オ+カ も 300 となり，□ = 300 ÷ (2+1) = 100 (g)
よって，必要な8%の食塩水の量は，100g以上180g以下となる。**答** 100 g 以上 180 g 以下

(2) 5%と8%の食塩水を同じ量混ぜると，(5+8)÷2 = 6.5 (%)の食塩水ができるので，6.5%の食塩水と3%の食塩水を混ぜて6%の食塩水を作ると考える。

図3で，(1)と同様に考えると，□ = 300 × 3 ÷ (0.5+3) = 900 ÷ $\frac{7}{2}$ = $\frac{1800}{7}$ (g)

よって，$\frac{1800}{7}$ ÷ 2 = $\frac{900}{7}$ = $128\frac{4}{7}$ (g) ずつ混ぜればよい。 **答** $128\frac{4}{7}$ g

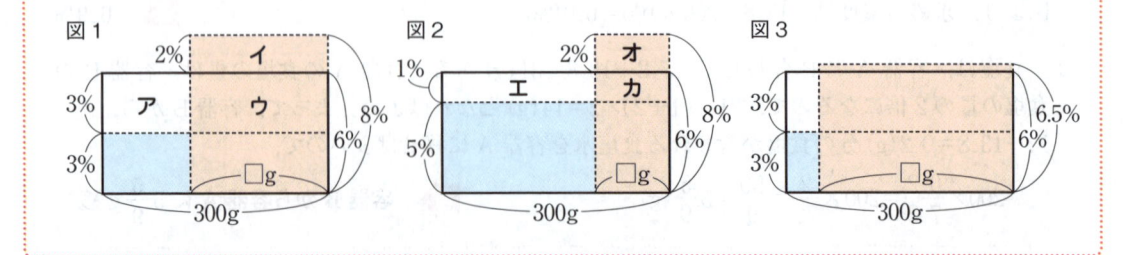

塾技 19 チャレンジ！入試問題 の解答 (本冊 p.45)

問題 最初が平らな道, 中間が山道, 最後が平らな道である全長 10km の徒歩コースがあります。このとき次の問いに答えなさい。

(1) このコースを, 平らな道は毎時 6km, 山道は毎時 4km で進むとあわせて 1 時間 52 分かかります。コース中間の山道は何 km ですか。

(2) 最初(1)の速さで進み, ある地点からその後ずっと速さを(1)の半分にして進むと, 2 時間 10 分かかります。ただし, 速さを変える地点は平らな道の上とします。速さを変える地点は, コースの出発地点から何 km のところですか。 (桜蔭中)

解き方

(1) 塾技19 ③ より, つるかめ算の利用を考える。

	1 時間 52 分 = $1\frac{52}{60}$ 時間	
実際	6 …… 6　4 …… 4　6 …… 6	10km
全て毎時 6km と仮定	6 …… 6　6 …… 6　6 …… 6	$6 \times \frac{112}{60} = 11.2$(km)
1 時間あたりの差	0km … 0km 2km … 2km 0km … 0km	全体の差 1.2km

上の図より, 時速 4km で進んだ時間は, $1.2 \div 2 = 0.6$(時間)とわかる。よって,
コース中間の山道 $= 4 \times 0.6 = 2.4$(km)　　**答** **2.4km**

(2) 速さを変える地点は平らな道より, 道の最初(図1)または最後(図2)の 2 通りの場合がある。

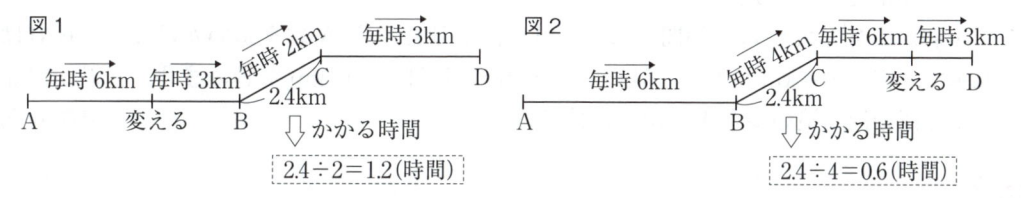

図1: A — 毎時6km — 変える — 毎時3km — B — 毎時2km, 2.4km — C — 毎時3km — D　かかる時間 $2.4 \div 2 = 1.2$(時間)

図2: A — 毎時6km — B — 毎時4km, 2.4km — C — 変える — 毎時6km — 毎時3km — D　かかる時間 $2.4 \div 4 = 0.6$(時間)

AB 間と CD 間の道のりの合計は, $10 - 2.4 = 7.6$(km)。AB 間と CD 間にかかる時間の合計は, 図1の場合, $2\frac{10}{60} - 1.2 = \frac{13}{6} - \frac{6}{5} = \frac{29}{30}$(時間)。図2の場合, $2\frac{10}{60} - 0.6 = \frac{13}{6} - \frac{3}{5} = \frac{47}{30}$(時間)。

ここで, もし $\frac{29}{30}$ 時間を全て毎時 6km で進んだとしても, $6 \times \frac{29}{30} = 5.8$(km) しか進めず, 7.6km になることはありえない。よって, 問題条件を満たすのは図2の場合とわかる。BC 間を除いた AB 間および CD 間についてつるかめ算を考える。

	$\frac{47}{30}$(時間)	
実際	6 …… 6　3 …… 3	7.6km
全て毎時 6km と仮定	6 …… 6　6 …… 6	$6 \times \frac{47}{30} = 9.4$(km)
1 時間あたりの差	0km …… 0km 3km …… 3km	$9.4 - 7.6 = 1.8$(km)

上の図より, 毎時 3km で進んだ時間は, $1.8 \div 3 = 0.6$(時間)とわかる。よって, 毎時 3km で進んだ道のりは, $3 \times 0.6 = 1.8$(km) となるので, 速さを変える地点は出発点から,
$10 - 1.8 = 8.2$(km)　　**答** **8.2km**

塾技 20 チャレンジ！入試問題 の解答 (本冊 p.47)

問題 ① あき子さんと兄が家から同じ道をポストに向かってそれぞれ一定の速さで歩いています。8時にあき子さんはポストまで357mの地点にいて，兄の63m前方にいました。兄は8時3分にあき子さんを追い越し，8時5分にポストに着いて，すぐに同じ道を引き返しました。兄があき子さんと出会うのはポストから □ mの地点です。　（青山学院中等部）Ⓑ

解き方

兄の速さとあき子さんの速さ，および2人の間の距離がわかればよい。兄は8時にポストまで，$357+63=420$（m）のところにいる。5分後にポストに着いたので，兄の分速は，$420\div 5=84$（m）とわかる。また，兄は8時3分に63m前方にいたあき子さんを追い越したことより，2人の分速の差は，$63\div 3=21$（m）。よって，あき子さんの分速は，$84-21=63$（m）とわかる。

ここで，8時3分から8時5分の2分間についた2人の間の距離を考えると，2人の距離は1分間で21m離れることより，$21\times 2=42$（m）とわかる。兄があき子さんと出会うのは，塾技20 ①より，

$$42\div(84+63)=\frac{42}{147}=\frac{2}{7}\text{（分後）}$$

よって，兄があき子さんと出会うのは，ポストから，$84\times\frac{2}{7}=24$（m）

答　24

問題 ② 次の問いに答えなさい。

(1) A君は，初めの3kmは時速4kmで，それ以降は時速3kmで歩き続けます。2時間後には何km進みますか。

(2) A君が出発してから2時間後に，B君が同じ地点からA君を追いかけます。B君は自転車で，初めの4kmは時速15kmで，それ以降は時速12kmで進みます。B君が出発してから何分後に追いつきますか。分数で答えなさい。　（麻布中）Ⓑ

解き方

(1) A君が初めの3km進むのにかかる時間は，$3\div 4=\frac{3}{4}$（時間）。よって，時速3kmで歩いた時間は，$2-\frac{3}{4}=\frac{5}{4}$（時間）とわかるので，求める距離は，

$$3+3\times\frac{5}{4}=\frac{27}{4}=6\frac{3}{4}\text{（km）}$$

答　$6\frac{3}{4}$ km

(2) B君が時速12kmになったときのA君との間の距離を考える。B君が初めの4km進むのにかかる時間は，$4\div 15=\frac{4}{15}$（時間）。この間にA君は，$3\times\frac{4}{15}=\frac{4}{5}$（km）進むので，2人の間の距離は，$6\frac{3}{4}+\frac{4}{5}-4=\frac{71}{20}$（km）

よって，B君が4km進んでからA君に追いつくまでにかかる時間は，塾技20 ②より，

$$\frac{71}{20}\div(12-3)=\frac{71}{180}\text{（時間）}$$

以上より，求める時間は，$\frac{4}{15}+\frac{71}{180}=\frac{119}{180}$（時間）$=60\times\frac{119}{180}$（分）$=39\frac{2}{3}$（分）

答　$39\frac{2}{3}$ 分後

塾技 21 チャレンジ！入試問題 の解答 (本冊 p.49)

問題 ① 1周1500mのコースを，AさんとBさんは右回り，Cさんは左回りに一定の速さで回り続けています。AさんはBさんに20分ごとに追い抜かれ，Cさんと12分ごとに出会います。このとき，BさんとCさんは □分□秒ごとに出会います。

（女子学院中）

解き方

AさんはBさんに20分ごとに追い抜かれることより，2人の分速の差は，
　　Bさんの分速－Aさんの分速＝1500÷20＝75(m)　…①
一方，AさんはCさんと12分ごとに出会うことより，2人の分速の和は，
　　Aさんの分速＋Cさんの分速＝1500÷12＝125(m)　…②
①と②を加えると，
　　(Bさんの分速－Aさんの分速)＋(Aさんの分速＋Cさんの分速)＝75＋125
　　　　　　　Bさんの分速＋Cさんの分速＝200(m)
よって，BさんとCさんは，1500÷200＝7.5(分)＝7分30秒 ごとに出会う。

答 7, 30

問題 ② A君，B君，C君の3人が池のまわりの道を1周します。3人とも同じ場所から同時に出発し，A君は毎分80m，B君は毎分60mで同じ向きに歩き，C君だけ反対向きに一定の速さで歩きました。C君は出発してから20分後にまずA君とすれ違い，それからさらに4分後にB君とすれ違いました。このとき，次の(1)，(2)の問いに答えなさい。

(1) C君の歩く速さは，毎分何mですか。
(2) 池のまわりの道は，1周何mですか。

（浅野中）

解き方

(1) 右の図のように，池を直線状にして考える。A君とB君の分速の差は，80－60＝20(m)より，2人は20分後には，20×20＝400(m)離れるため，図1の**ア**の距離は，400mとわかる。
400m離れていたB君とC君は，図2のように，4分後に出会うので，2人の分速の和は，
　　B君の分速＋C君の分速＝400÷4＝100(m)
よって，C君の分速は，100－60＝40(m)

答 毎分40m

(2) A君とC君は20分後に出会うので，
　　池1周＝(80＋40)×20＝2400(m)

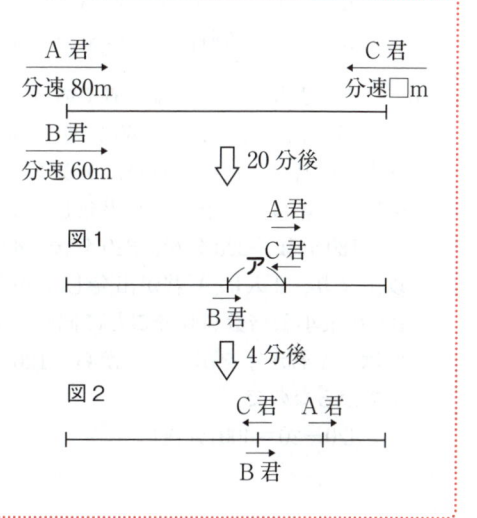

答 2400m

塾技 22 チャレンジ!入試問題 の解答 (本冊 p.51)

問題 2400m離れた家と学校をA君，B君の2人がそれぞれ一定の速さで往復します。まずA君が家を出発し，20分遅れてB君が出発したら，学校と家のちょうど真ん中の地点で2人は初めてすれ違いました。右のグラフはA君，B君2人の家からの距離とA君が家を出発してからの時間の関係を表したものです。次の問いに答えなさい。

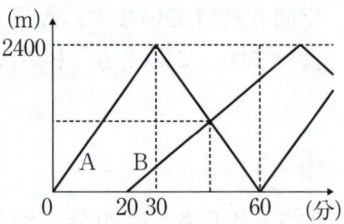

(1) A君の速さは分速何mですか。
(2) A君，B君が2回目に出会うのは，B君が出発してから何分何秒後ですか。
(3) A君，B君が2回目に同時に家に着くのは，B君が家を出てから何分後ですか。

(攻玉社中)

解き方

(1) グラフより，A君は30分で2400m進んでいるので，A君の分速は，
2400÷30＝80(m)

答 分速80m

(2) A君とB君は，学校と家のちょうど真ん中の地点ですれ違うので，右の図の**ア**は，1200mとわかり，
イ＝30＋(60－30)÷2＝45(分)
B君は，1200mを，45－20＝25(分)で進んでいるので，B君の分速は，1200÷25＝48(m)とわかる。また，
ウ＝**イ**＋25＝70(分)より，**エ**＝80×(70－60)＝800(m)。
よって，**オ**＝2400－800＝1600(m)となるので， 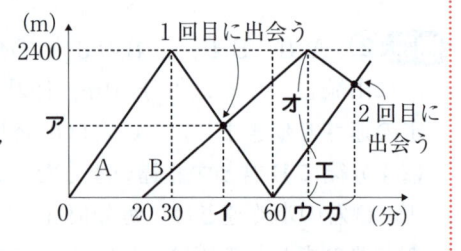
塾技20 ① より，**カ**は，
カ＝1600÷(80＋48)＝12.5(分)＝12分30秒
以上より，求める時間は，**ウ**＋**カ**－20＝62分30秒

答 62分30秒後

(3) グラフより，A君が家に着くのは，A君が家を出てから60分ごととわかるので，
60分後，120分後，180分後，240分後，……
一方，B君が一往復するのにかかる時間は，(**ウ**－20)×2＝100(分)となるので，B君が初めて家に着くのは，A君が家を出発してから120分後となり，その後，100分ごとに家に着くので，
120分後，220分後，320分後，420分後，……
以上より，2人はA君が出発してから120分後に初めて同時に家に着き，その後は，60と100の最小公倍数300分ごとに同時に家に着くことになる。よって，2回目に同時に家に着くのは，A君が家を出発してから，120＋300＝420(分後)とわかる。求める時間は，B君が家を出てからなので，
420－20＝400(分後)

答 400分後

塾技 23 チャレンジ！入試問題 の解答（本冊 p.53）

問題 ① 長針，短針のついた時計について，次のア～カにあてはまる数を求めなさい。
7時から8時の間で，長針と短針の間の角の大きさが60°となる時刻は，1回目が，
7時 ア 分 イ $\frac{ウ}{11}$ 秒で，2回目が，7時 エ 分 オ $\frac{カ}{11}$ 秒です。

（海城中）Ⓐ

解き方

図1より，7時のとき長針と短針は，30×7＝210（度）離れている。よって，1回目に60°となるのは，長針が短針に，210－60＝150（度）追いついたときなので，

$$150 \div (6-0.5) = 27\frac{3}{11} (分)$$

$\frac{3}{11}$（分）＝$60 \times \frac{3}{11}$（秒）＝$16\frac{4}{11}$（秒）より，7時27分16$\frac{4}{11}$秒

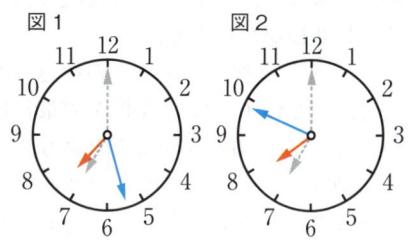

一方，2回目に60°となるのは，長針が短針に210度追いついてからさらに60度引き離したときなので，$(210+60) \div (6-0.5) = 49\frac{1}{11}$（分）　$\frac{1}{11}$（分）＝$60 \times \frac{1}{11}$（秒）＝$5\frac{5}{11}$（秒）より，7時49分5$\frac{5}{11}$秒

答 ア：27，イ：16，ウ：4，エ：49，オ：5，カ：5

問題 ② 今，時計の長針と短針がちょうど12時を指しています。次の問いに答えなさい。
(1) 長針と短針が初めて垂直になるのは何時何分か求めなさい。
(2) 再び12時になるまでに，長針と短針が垂直になる回数を求めなさい。
(3) 2回目に垂直になってから8回目に垂直になるまでに何時間何分かかるか求めなさい。

（学習院中）Ⓑ

解き方

(1) 初めて垂直になるのは，長針が短針を90度引き離したときなので，

$$90 \div (6-0.5) = 90 \div \frac{11}{2} = \frac{180}{11} = 16\frac{4}{11} (分)$$

答 12時16$\frac{4}{11}$分

(2) 2回目に垂直となるのは，(1)の時間から何分後かを考える。(1)の状態からさらに長針が短針を90度引き離すと，長針と短針は一直線（180度）となるので，2回目に垂直となるのは，(1)の状態から180度引き離したときとなり，$180 \div (6-0.5) = 180 \div \frac{11}{2} = \frac{360}{11} = 32\frac{8}{11}$（分後）

よって，12時16$\frac{4}{11}$分に初めて垂直となってから，32$\frac{8}{11}$分ごとに垂直となるので，

$$\left(60 \times 12 - 16\frac{4}{11}\right) \div 32\frac{8}{11} = \frac{7740}{11} \times \frac{11}{360} = \frac{774}{36} = 21.5$$

以上より，最初の1回目を入れて，21＋1＝22（回）と求められる。

答 22回

(3) (2)より，32$\frac{8}{11}$分ごとに垂直となるので，

$$32\frac{8}{11} \times (8-2) = \frac{2160}{11} = 196\frac{4}{11} (分) = 3時間16\frac{4}{11}分$$

答 3時間16$\frac{4}{11}$分

23

塾技 24 チャレンジ！入試問題 の解答（本冊 p.55）

問題 ① 長さ400mの列車Aと，長さ240mの列車Bがある。列車Aと列車Bが出会ってから離れるまでに8秒，列車Aが列車Bに追いついてから追い越すまでに16秒かかった。列車Aの速さは時速何kmですか。
（慶應湘南藤沢中等部）

解き方

図1のように，列車Aの最後尾と列車Bの最後尾が出会うまでに8秒かかることより，

　列車Aの秒速＋列車Bの秒速＝(400＋240)÷8＝80(m)

一方，図2のように，列車Aの最後尾が列車Bの先頭に追いつくまでに16秒かかることより，

　列車Aの秒速－列車Bの秒速＝(400＋240)÷16＝40(m)

図3より，列車Bの秒速は，(80－40)÷2＝20(m)となり，列車Aの秒速は，20＋40＝60(m)とわかる。以上より，

　列車Aの時速＝60×3.6＝216(km)

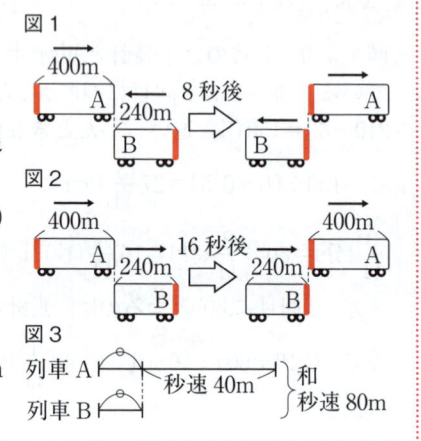

答 時速216km

問題 ② 長さ3609mのトンネルの何mか先に長さ306mの鉄橋があります。いま，長さ81mの電車の先頭がトンネルに入ってから，鉄橋を渡り始めるまでに4分40秒かかりました。また，電車の先頭がトンネルを出たときから，電車が完全に鉄橋を渡り終えるまでに1分41秒かかりました。次の問いに答えなさい。

(1) この電車の速さは，時速何kmか求めなさい。
(2) トンネルの出口から鉄橋までの距離は何mか求めなさい。
（城北中）

解き方

(1) 右の図のように，電車の先頭が進んだ時間と距離を考える。図1と図2で，

　時間の差＝4分40秒－1分41秒
　　　　　＝2分59秒＝$2\frac{59}{60}$(分)

一方，図1と図2で電車の先頭が進んだ距離の差は，**ア**の部分が等しいので，

　距離の差＝3609＋**ア**－(**ア**＋306＋81)
　　　　　＝3609－(306＋81)＝3222(m)

よって，この電車の分速は，$3222÷2\frac{59}{60}=3222×\frac{60}{179}=18×60=1080$(m)

以上より，この電車の時速は，1080×60÷1000＝64.8(km)

答 時速64.8km

(2) 図1で，この電車は4分40秒間に，$1080×4\frac{40}{60}=1080×\frac{14}{3}=5040$(m)進むので，

　ア＝5040－3609＝1431(m)

答 1431m

塾技 25 チャレンジ！入試問題 の解答（本冊 p.57）

問題 1 ある船の静水での速さは毎時 20km です。この船で，川下の A 地から 54km 離れた川上の B 地まで上るのに 3 時間かかりました。静水での船の速さを 1.4 倍にすると，B 地から A 地へ下るのに ア 時間 イ 分かかります。

（明治大付明治中）

解き方

上りの時速は，54÷3＝18(km) より，この川の流れの時速は，20－18＝2(km) とわかる。
静水での船の速さを 1.4 倍にすると，静水での船の時速は，20×1.4＝28(km) となるので，下りの時速は，28＋2＝30(km) となる。よって，B 地から A 地へ下るのにかかる時間は，
　54÷30＝1.8(時間)
0.8 時間は，60×0.8＝48(分) より，1 時間 48 分かかる。

答 ア：1，イ：48

問題 2 21km 離れた川の A 地点と B 地点を船で往復しました。A から B へ上るときには 2 時間 6 分かかり，B から A へ下るときには，川の流れが上りのときより 1 時間あたり 1.4km 速くなっていたので，1 時間 15 分ですみました。次の問いに答えなさい。（式や考え方も書きなさい）

(1) 水の流れがないとき，この船の速さは時速何 km ですか。
(2) B から A へ下るときの川の流れが，もし上りのときより 1 時間あたり 0.4km 遅くなっていたとすると，下りにはどのくらいの時間がかかりますか。

（武蔵中）

解き方

(1) 2 時間 6 分＝$2\frac{6}{60}$(時間)＝$2\frac{1}{10}$(時間)，1 時間 15 分＝$1\frac{15}{60}$(時間)＝$1\frac{1}{4}$(時間) より，

　上りの時速＝21÷$2\frac{1}{10}$＝10(km)

　下りの時速＝21÷$1\frac{1}{4}$＝16.8(km)

右の図より，上りのときの流れの時速は，
　(16.8－1.4－10)÷2＝2.7(km)
よって，求める静水時の時速は，
　10＋2.7＝12.7(km)

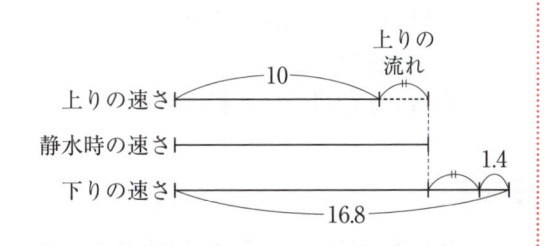

答 時速 12.7km

(2) (1)より，上りの川の流れは時速 2.7km なので，
下りの流れの時速は，2.7－0.4＝2.3(km)
右の図より，下りの時速は，
　10＋2.7＋2.3＝15(km)
よって，下りにかかる時間は，
　21÷15＝1.4(時間)
0.4 時間は，60×0.4＝24(分) より，
1 時間 24 分かかる。

答 1 時間 24 分

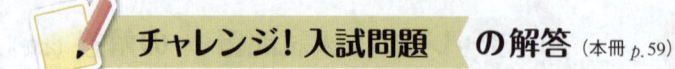

塾技 26 チャレンジ！入試問題 の解答（本冊 p.59）

問題① 右の図の3つの円(あ)，(い)，(う)はどれも円周が60cmで，円の交点であるB，Cを結ぶ線は円(あ)の直径になっています。また，3つの円の交点Aは円(あ)の直径BCの下側にある半円の周の真ん中の点になっています。いま，点Aから3点P，Q，Rが同時に時計回りで，それぞれ円(あ)，(い)，(う)の周上を点Pが毎秒3cm，点Qが毎秒2cm，点Rが毎秒5cmで動き始めました。

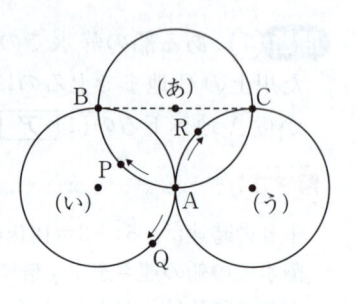

(1) 3点P，Q，Rが点Aで初めて出会うのは何秒後ですか。
(2) 2点P，Rが点Cで2回目に出会うのは何秒後ですか。

（豊島岡女子学園中）

解き方

(1) 点P，Q，Rはそれぞれ，60÷3=20(秒)，60÷2=30(秒)，60÷5=12(秒)ごとに点Aを通過するので，塾技26 ② より，20と30と12の最小公倍数の60秒後に点Aで初めて出会う。

答 60秒後

(2) 点Pは点Cを，45÷3=15(秒後)に初めて通過し，その後は20秒ごとに通過する。一方，点Rは点Cを，15÷5=3(秒後)に初めて通過し，その後は12秒ごとに通過する。よって，点Pは点Cを，15，35，…秒後に，点Rは点Cを，3，15，27，…秒後に通過するので，2回目に点Cで出会うのは，塾技26 ③ より，15+(2-1)×60=75(秒後)

答 75秒後

問題② 右の図のような長方形ABCDがあります。点P，Qはそれぞれ頂点A，Cを同時に出発し，長方形の辺上を，点PはA→D→Cの方向へ毎秒4cmの速さで進み，点QはC→B→Aの方向へ毎秒5cmの速さで進みます。

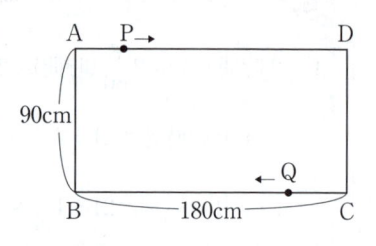

(1) 直線PQが辺ABと初めて平行になるのは出発してから□秒後です。
(2) 直線PQが辺ADと初めて平行になるのは出発してから□秒後です。

（芝中）

解き方

(1) 直線PQが辺ABと初めて平行になるのは，右の図のように，点Pの進んだ距離APと点Qの進んだ距離CQの和がBCの長さと等しくなるときである。よって，
180÷(4+5)=20(秒後)

答 20

(2) 直線PQが辺ADと初めて平行になるのは，右の図のように，点Pの進んだ距離AD+DPと，点Qの進んだ距離CB+BQとの和が，ADとBCとABの和と等しくなるときである。よって，
(180×2+90)÷(4+5)=50(秒後)

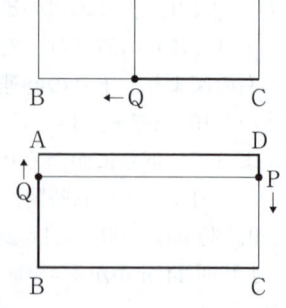

答 50

塾技 27 チャレンジ！入試問題 の解答（本冊 p.61）

問題 1 右の図は，長方形 ABCD の点 C が点 A に重なるように折り，さらに点 B が直線 AE に重なるように折ったものである。角㋐，角㋑はそれぞれ何度ですか。　（女子学院中）

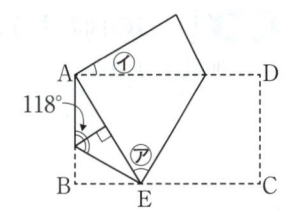

解き方

右の図のように，折り返したときに重なる角をそれぞれ●，○とする。

塾技 27 ２(1)より，
　●＋90＝118（度）　●＝118－90＝28（度）　…①

また，一直線は 180 度より，
　●＋●＋○＋○＝180（度）

よって，●＋○＝180÷2＝90（度）　…②

①，②より，○＝90－●＝90－28＝62（度）

一方，塾技 27 １(1)より，平行線のさっ角は等しいので，
　角㋒＝●＋●＝28＋28＝56（度）

角㋑＋角㋒＝90（度）より，角㋑＝90－56＝34（度）

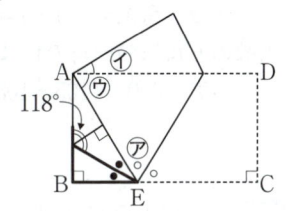

答 角㋐＝62 度，角㋑＝34 度

問題 2 右の図で，四角形 ABCD は正方形，曲線は円の一部，三角形 CED は二等辺三角形である。角㋐，角㋑，角㋒，角㋓はそれぞれ何度ですか。　（女子学院中）

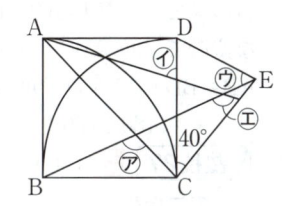

解き方

右の図で，三角形 CBE は二等辺三角形となるので，
　●＝｛180－(90＋40)｝÷2＝25（度）

三角形の内角の和は 180 度より，角㋐＝180－45－●＝110（度）

ここで，弧 AC と弧 DB の交点を F とすると，三角形 FBC は正三角形となるので，角㋔＝90－60＝30（度）

三角形 BAF は二等辺三角形となるので，
　角㋕＝(180－30)÷2＝75（度）

塾技 27 １(1)より，平行線のさっ角は等しいので，角㋑＝角㋕＝75（度）

また，三角形 CDE は二等辺三角形となるので，
　角㋒＋●＝(180－40)÷2＝70（度）　　角㋒＝70－●＝70－25＝45（度）

一方，角㋖＝60－●＝60－25＝35（度）となり，塾技 27 ２(1)より，
　角㋓＝角㋕＋(角㋔＋角㋖)＝75＋(30＋35)＝140（度）

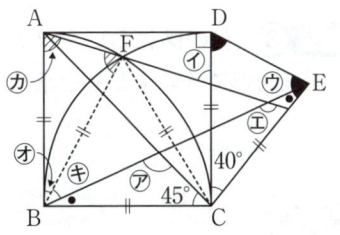

答 角㋐＝110 度，角㋑＝75 度，角㋒＝45 度，角㋓＝140 度

27

塾技 28 チャレンジ！入試問題 の解答 (本冊 p.63)

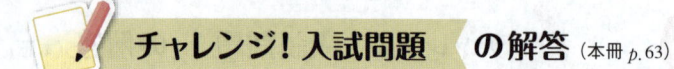

問題 ① 右の図のように正五角形と正三角形を重ねました。アの角の大きさは何度ですか。
(早稲田中)

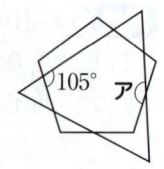

解き方

右の図で，正三角形の1つの内角は60度より，角**イ**＝60(度)
また，正五角形の内角の和は，180×(5−2)＝540(度)より，
　　角**ウ**＝角**エ**＝540÷5＝108(度)
太線の五角形の内角の和は540度となるので，
　　角**ア**＝540−(105＋108＋108＋60)＝159(度)

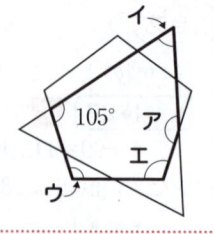

答 159 度

問題 ② 右の図は1辺の長さが等しい正六角形と正方形です。点Aは正六角形の対称の中心です。角xの大きさは□度です。
(関東学院中)

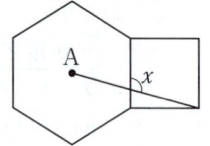

解き方

右の図で，三角形 ABC は，AB＝BC＝AC の正三角形※となるので，角 ABC は 60 度となる。一方，三角形 ABD は，AB＝BD の二等辺三角形となるので，
　　●＝{180−(60＋90)}÷2＝15(度)
塾技27 ②(1)より，角x＝●＋90＝105(度)

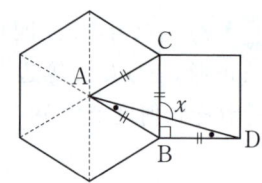

答 105

※**正三角形**
正六角形の問題では，正六角形を正三角形6つに分けるという技をよく使う！

問題 ③ 右の図において l と m は平行で，五角形 ABCDE は正五角形です。x と y を求めなさい。
(ラ・サール中)

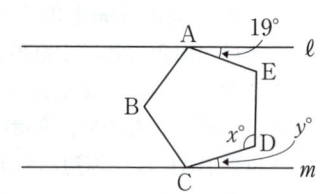

解き方

正五角形の内角の和は，180×(5−2)＝540(度)より，x＝540÷5＝108(度)
一方，右の図のように，点 E と点 D を通り，それぞれ l と m に平行な直線を引くと，**塾技27** ①(1)より，平行線のさっ角は等しいので，
　　角**ア**＝角**イ**＝108−19＝89(度)
また，一直線は180度より，角**ウ**＝180−角**イ**＝180−89＝91(度)
平行線のさっ角は等しいので，
　　y＝108−91＝17(度)

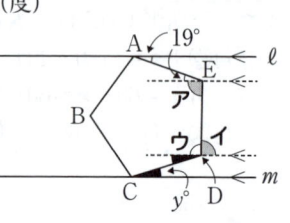

答 x＝108, y＝17

塾技 29 チャレンジ！入試問題 の解答（本冊 p.65）

問題①
右の図において，点 O は円の中心で，三角形 ABC の頂点 A は円周上にあり，辺 BC は円の直径です。**ア**の角の大きさを求めなさい。
（清風中）

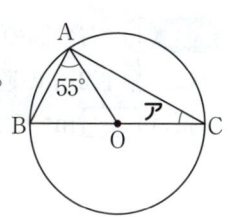

解き方
右の図のように，弧 AB に対する中心角**イ**を考える。
三角形 OAB は二等辺三角形となるので，
イ ＝ 180 − 55 × 2 ＝ 70（度）
塾技29 より，**ア** ＝ **イ** ÷ 2 ＝ 70 ÷ 2 ＝ 35（度）

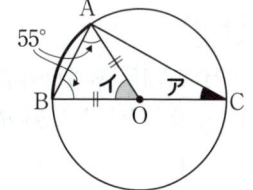

答 35 度

問題②
右の図のような円があり，点 O はこの円の中心です。このとき，**ア**の角の大きさは何度ですか。
（早稲田中）

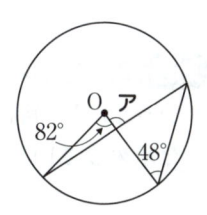

解き方
右の図のように，弧 AB に対する円周角**イ**を考える。
弧 AB に対する中心角は 82 度なので，塾技29 より，
イ ＝ 82 ÷ 2 ＝ 41（度）
塾技27 ②(1)より，**ア** ＝ **イ** ＋ 48 ＝ 41 ＋ 48 ＝ 89（度）

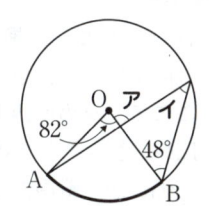

答 89 度

問題③
右の図のように，円を利用して正十角形をかきました。**ア**の角度は ◻ 度で，**イ**の角度は ◻ 度です。
（奈良学園中）

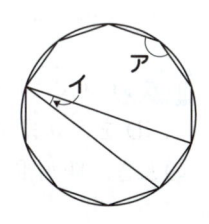

解き方
正十角形の内角の和は，塾技28 ① より，180 ×（10 − 2）＝ 1440（度）
よって，**ア** ＝ 1440 ÷ 10 ＝ 144（度）
一方，右の図のように，**イ**を円周角にもつ弧 AB および，弧 AB に対する中心角**ウ**を考える。中心角は弧の長さに比例するので，**ウ**は，360°に円周全体に対する弧 AB の割合をかければよい。よって，

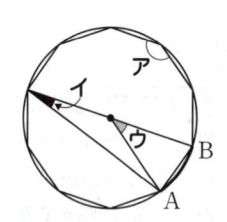

ウ ＝ 360 × $\frac{1}{10}$ ＝ 36（度）

塾技29 より，**イ** ＝ **ウ** ÷ 2 ＝ 36 ÷ 2 ＝ 18（度）

答 144, 18

塾技 30 チャレンジ！入試問題 の解答 (本冊 p.67)

問題 ① 右の図のように，平行四辺形の形をした花だん ABCD に，幅 1.2m の道を作りました。道の部分を除いた花だんの面積は □ m² です。　　　　　（青山学院中等部）Ⓑ

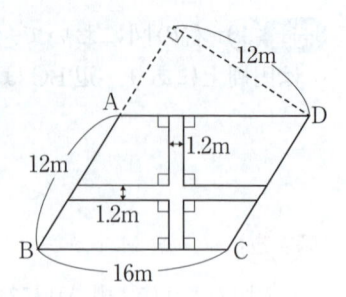

解き方

平行四辺形 ABCD の面積は，AB を底辺と考えると，$12×12=144(m^2)$
BC を底辺としたときの高さは，$144÷16=9(m)$。 塾技30 ④ より，
道をはしによせて考えると，花だんの面積は右の斜線部分となるので，
　　$(16-1.2)×(9-1.2)=115.44(m^2)$　　**答** 115.44

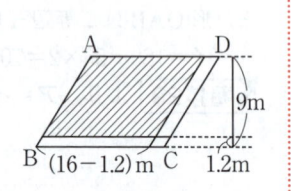

問題 ② 右の図は面積が 127cm² の長方形 ABCD です。辺 BE の長さが 6cm で，斜線部分の三角形の面積が 50cm² のとき，辺 DF の長さを求めなさい。　　　　　（京都女子中）Ⓑ

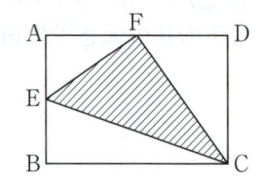

解き方

右の図のように補助線を引き，四角形 FEGC を考える。四角形 FEGC の面積は，長方形 ABCD の半分となり，$127÷2=63.5(cm^2)$
ここで，求める辺 DF は辺 CG と等しく，辺 CG は三角形 EGC の高さを EB と考えたときの底辺となる。一方，三角形 EGC の面積は，四角形 FEGC から斜線部分の三角形を引いて，$63.5-50=13.5(cm^2)$
$CG×EB÷2=13.5$ より，$DF=CG=13.5×2÷6=4.5(cm)$　**答** 4.5cm

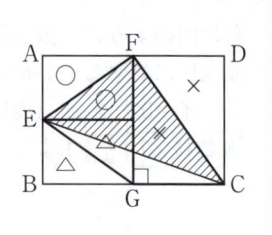

問題 ③ 右の図のように，1辺 8cm の正方形の辺上に点 A，B，C，D をとります。㋐cm＋㋑cm＝5cm，㋒cm＋㋓cm＝3cm のとき，四角形 ABCD の面積は □ cm² です。　（灘中）Ⓒ

解き方

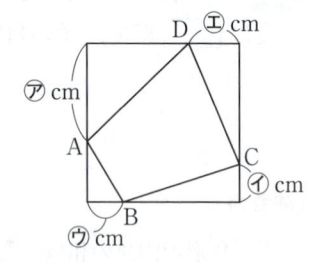

塾技30 ③ より，四角形 ABCD を 4 つの三角形と長方形に分けて考える。㋐＋㋑＝5(cm) より，右の図の斜線部分の長方形の縦の長さは，$8-5=3(cm)$，㋒＋㋓＝3(cm) より，横の長さは，$8-3=5(cm)$ となる。正方形から斜線の長方形をのぞいた部分の面積は，
　　○＋○＋△＋△＋□＋□＋×＋×＝$8×8-3×5=49(cm^2)$
よって，○＋△＋□＋×＝$49÷2=24.5(cm^2)$ となり，求める面積は，
　　$15+24.5=39.5(cm^2)$　　**答** 39.5

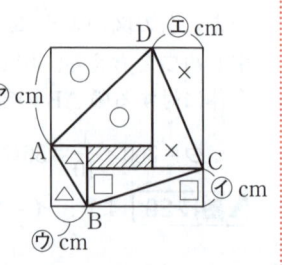

塾技31 チャレンジ！入試問題 の解答（本冊 p.69）

問題① 右の図のように，円の内部に1辺8cmの正方形がぴったりと入っています。かげのついた部分の面積を求めなさい。ただし，円周率は3.14とします。 （立教新座中）Ⓐ

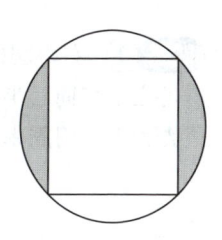

解き方

塾技31 ②より，円の 半径×半径 の値は，8×8÷2＝32 とわかるので，
　円の面積＝32×3.14＝100.48（cm²）
かげのついた部分の面積は，円の面積から正方形の面積を引いたものの半分となるので，
　（100.48－64）÷2＝18.24（cm²）

答 18.24cm²

問題② 右の図は1辺が1cmの正方形16個と，同じ大きさの円4個からできています。斜線部分の面積は何cm²ですか。ただし，円周率は3.14とします。 （ラ・サール中）Ⓑ

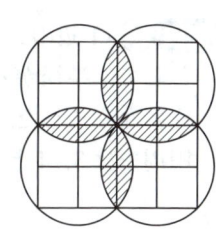

解き方

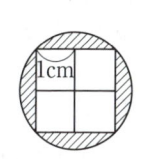

斜線部分の一部を移動して考えると，求める面積は，右の図の斜線部分の面積の2倍となる。塾技31 ②より，右の図の円の 半径×半径 の値は，2×2÷2＝2 となり，円の面積は，2×3.14＝6.28（cm²）となるので，右の図の斜線部分の面積は，6.28－2×2＝2.28（cm²）とわかる。以上より，求める面積は，2.28×2＝4.56（cm²）

答 4.56cm²

問題③ 右の図で，正方形EFGHの面積が25cm²のとき，小さい円の半径は□cm，正方形ABCDの面積は□cm²，正方形IJKLの面積は□cm²です。 （女子学院中）Ⓑ

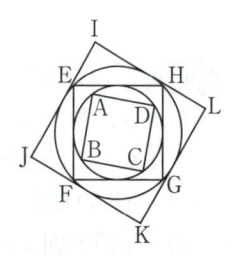

解き方

小さい円の直径は，正方形EFGHの1辺と等しい。正方形EFGHの面積は25cm²で，25＝5×5 より，正方形EFGHの1辺は5cmとわかる。よって，小さい円の半径は，5÷2＝2.5（cm）と求められる。
次に，正方形ABCDの面積は，塾技31 ①より，
　正方形ABCD＝2.5×2.5×2＝12.5（cm²）
最後に，右の図のように正方形EFGHを大きい円の中で回転させると，正方形IJKLの面積は正方形EFGHの面積の2倍となることがわかるので，
　正方形IJKL＝25×2＝50（cm²）

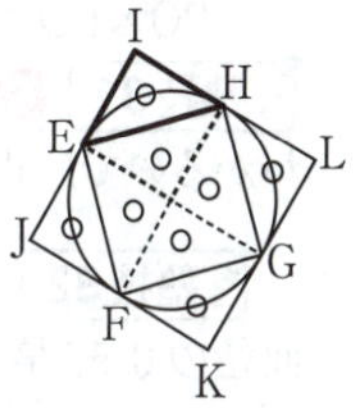

答 2.5，12.5，50

塾技 32 チャレンジ！入試問題 の解答 (本冊 p.71)

問題 ① 右の図は，1辺の長さが4cmの正五角形の外側に，各頂点を中心として同じ半径の円をかいたものです。斜線部分の面積を求めなさい。ただし，円周率は3.14とします。
(海城中) A

解き方

塾技28 ① より，正五角形の内角の和は，$180×(5-2)=540$(度) となるので，斜線部分の5つのおうぎ形の中心角の和は，$360×5-540=1260$(度)。よって，求める面積は，

$$2×2×3.14×\frac{1260}{360}=2×2×\frac{7}{2}×3.14=14×3.14=43.96 (cm^2)$$

答 $43.96 cm^2$

問題 ② 1辺の長さが6cmの正方形があります。それぞれの頂点を中心として，半径が6cmの円の一部を正方形の内側にかくと，右の図のようになりました。このとき，色のついた部分の周の長さは何cmですか。円周率は3.14とします。
(豊島岡女子学園中) B

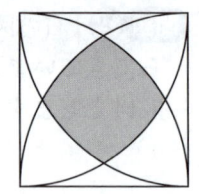

解き方

右の図のように各点をとり補助線を引くと，求める周の長さは，弧EFの4倍となる。ここで，三角形ABFは正三角形より，角ABF=60度　よって，角FBC=90-60=30(度)。同様に，三角形EBCは正三角形より，角EBC=60度。よって，角アは，60-30=30(度) となる。以上より，

$$12×3.14×\frac{30}{360}×4 = 12×\frac{1}{12}×4×3.14 = 4×3.14 = 12.56 (cm)$$

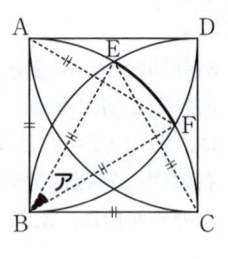

答 $12.56 cm$

問題 ③ 右の図のように，正方形ABCDがちょうどおさまるように円をかき，さらにその円がちょうどおさまるように正方形PQRSをかきました。このとき，正方形PQRSの面積は800cm^2です。
(1) ABの長さを求めなさい。
(2) 半円で囲まれた斜線部分の面積を求めなさい。円周率は3.14とします。
(慶應普通部) B

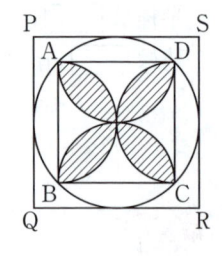

解き方

(1) 円の直径と正方形PQRSの1辺は等しいので，円の半径を□cmとすると，
PQ×PQ=(□×2)×(□×2)=800　□×□×4=800　□×□=800÷4=200

塾技31 ② より，円に内接する正方形ABCDの面積は，半径×半径 の2倍となることがわかるので，正方形ABCDの面積は，$200×2=400 (cm^2)$。よって，AB=20(cm)　**答** $20 cm$

(2) 塾技32 ③ より，葉っぱ形1つ分の面積は，1辺がABの半分となる10cmの正方形の面積の0.57倍となるので，求める面積は，$10×10×0.57×4=228 (cm^2)$　**答** $228 cm^2$

塾技 33 チャレンジ！入試問題 の解答（本冊 p.73）

問題 1 右の図のように，1辺が4cmの正方形6個と，その中に円があります。斜線部分の面積を求めなさい。ただし，円周率は3.14とします。　（駒場東邦中）

解き方

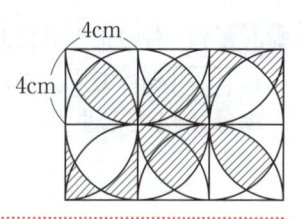

右の図のように等積移動すると，求める斜線部分の面積は，半径が4cmで中心角が90度のおうぎ形2つ分と葉っぱ形2つ分の面積の和と等しくなる。よって，$4×4×3.14×\frac{90}{360}×2+4×4×0.57×2$
$=8×3.14+18.24=43.36(cm^2)$

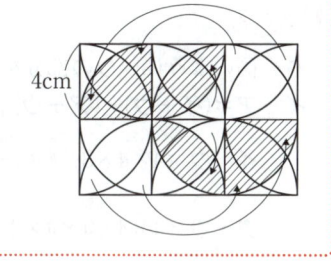

答 $43.36 cm^2$

問題 2 右の図のように，点A，B，Cを中心とする半径1cmの3つの円が，たがいに他の2つの円の中心を通るように交わっています。このとき，色のついた部分の面積の合計は何cm^2ですか。ただし，円周率は3.14とします。　（豊島岡女子学園中）

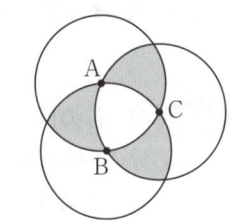

解き方

右の図のように等積移動すると，半径1cmのおうぎ形3つ分の面積と等しくなる。一方，三角形ABCは1辺1cmの正三角形となるので，角BACは60度とわかる。よって，おうぎ形1つ分の中心角は，180÷3＝60(度)

求める面積＝$1×1×3.14×\frac{60}{360}×3=1.57(cm^2)$

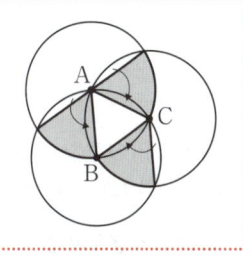

答 $1.57 cm^2$

問題 3 右の図は，1辺の長さが4cmの正方形ABCDで，正方形の対角線が交わった点Oを中心とし，対角線を直径とする大きな円と，辺AB，BC，CD，DAのそれぞれ真ん中の点P，Q，R，Sを中心とし，正方形の1辺を直径とする4つの小さな円を組み合わせた図です。円周率を3.14として，次の問いに答えなさい。

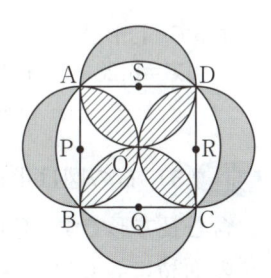

(1) 大きな円の面積を求めなさい。
(2) 斜線の部分とかげの部分の面積の和を求めなさい。（清風中）

解き方

(1) 塾技31 2 より，大きな円の 半径×半径 の値は，4×4÷2＝8 とわかる。よって，大きな円の面積＝8×3.14＝25.12(cm^2)

答 $25.12 cm^2$

(2) 斜線1つ分の面積は， 塾技32 3 より，1辺2cmの正方形の面積の0.57倍と等しい。
一方，かげ1つ分の面積は， 塾技33 ヒポクラテスの三日月(2)より，三角形OADと等しい。
よって，$2×2×0.57×4+4×2÷2×4=9.12+16=25.12$

答 $25.12 cm^2$

塾技 34 チャレンジ！入試問題 の解答 (本冊 p.75)

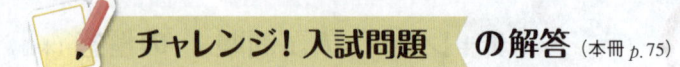

問題 ① 右の正方形において、**イ**の部分から**ア**の部分を引いた面積は □ cm² です。ただし、図の曲線は全て円の一部であり、円周率は3.14とします。 （明治大付明治中）A

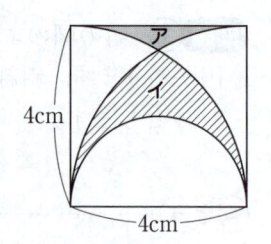

解き方
右の図のように、**ウ**の部分を考えると、塾技34 ② より、
イ−**ア**＝(**イ**+**ウ**)−(**ア**+**ウ**) が成り立つ。

$$イ+ウ = 4×4×3.14×\frac{90}{360} - 2×2×3.14×\frac{180}{360} = 6.28 (cm^2)$$

$$ア+ウ = 4×4 - 4×4×3.14×\frac{90}{360} = 3.44 (cm^2)$$

よって、**イ**−**ア**＝6.28−3.44＝2.84 (cm²)　**答** 2.84

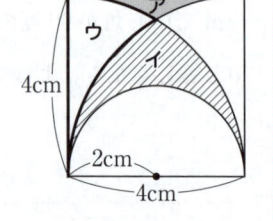

問題 ② 右の図のように、台形と円が重なっています。図の①と③の部分の面積の和と②の部分の面積が等しいとき、**ア**の長さを求めなさい。ただし、円周率は3.14とします。（城北中）A

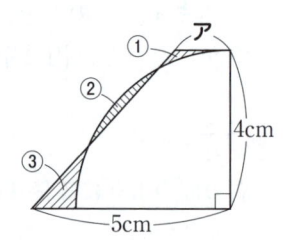

解き方
台形と円の重なった部分を④とする。塾技34 ① より、
①+③=② ならば、①+③+④=②+④ が成り立つので、台形の面積はおうぎ形の面積と等しく、$4×4×3.14×\frac{90}{360}=12.56 (cm^2)$ とわかる。
よって、台形の 上底+下底 の値は、12.56×2÷4=6.28 (cm) となるので、
ア＝6.28−5＝1.28 (cm)　**答** 1.28cm

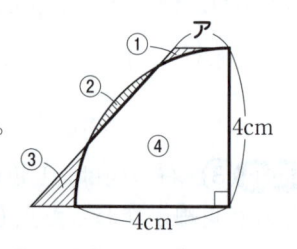

問題 ③ 右の図は半径8cmの2つの円と、それらの直径を2辺に含む長方形です。色のついた部分について、**ア**と**イ**の面積の和が**ウ**の面積に等しいとき、辺ADの長さを求めなさい。ただし、円周率は3.14とします。（慶應中等部）B

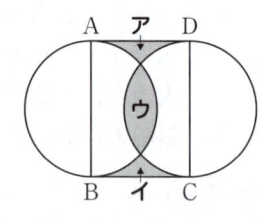

解き方
右の図のように**エ**の部分を考えると、塾技34 ① より、**ア**+**イ**=**ウ** ならば、**ア**+**イ**+**エ**=**ウ**+**エ** が成り立つ。ここで、長方形ABCDは、**ア**と**イ**と**エ**の部分とDCを直径とする半円とに分けることができるので、長方形ABCDの面積は、半円2つ分の面積と等しくなる。よって、
AD=8×8×3.14÷2×2÷16=12.56 (cm)　**答** 12.56cm

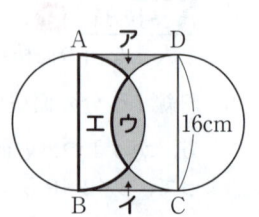

塾技 35 チャレンジ！入試問題 の解答 (本冊 p.77)

問題 ① 右の図のように半径2cmの円が6個あります。となり合う円は全てぴったりとくっついているとします。まわりにひもをたるまないようにかけました。円周率を3.14として，このひもの長さを求めなさい。 （桜蔭中）A

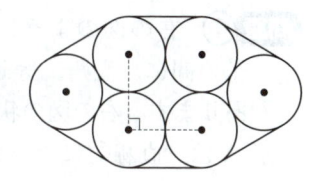

解き方

ひもを6つの直線部分と曲線部分とに分けて考える。塾技35 ①より，曲線部分の和は半径2cmの円の円周と一致するので，
$4 \times 6 + 4 \times 3.14 = 24 + 12.56 = 36.56$ (cm)

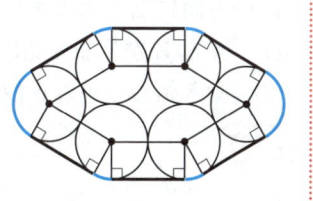

答 36.56cm

問題 ② 右の図のような建物のかどに，長さ9mのロープで犬がつながれています。この犬が動ける範囲の面積は何 m^2 ですか。ただし，円周率は3.14とします。 （武蔵中）A

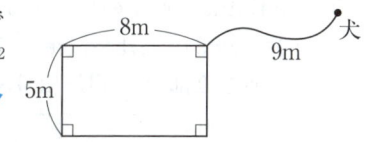

解き方

犬が動ける範囲は右の図のかげの部分となるので，求める面積は，

$9 \times 9 \times 3.14 \times \dfrac{270}{360} + 4 \times 4 \times 3.14 \times \dfrac{90}{360} + 1 \times 1 \times 3.14 \times \dfrac{90}{360}$

$= \left(\dfrac{243}{4} + 4 + \dfrac{1}{4} \right) \times 3.14 = 65 \times 3.14 = 204.1 (m^2)$

答 204.1 m^2

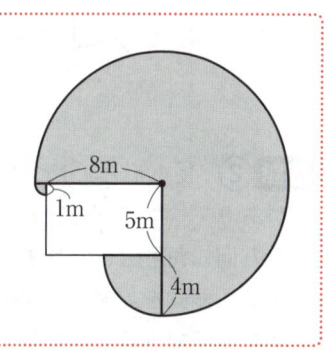

問題 ③ 1辺の長さが3mの正三角形を底面とする三角柱の建物があります。図のAに6mのロープで羊をつなぎます。羊が建物の外で動くことができる部分の面積は建物の底面の面積より何 m^2 広いですか。ただし，円周率は3.14とします。 （早稲田中）B

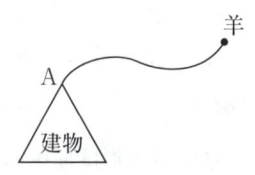

解き方

羊が動ける範囲は右の図のかげの部分となる。ここで，図のように各頂点をとると，三角形ABCとかげの部分に含まれる三角形DBCとは合同となるので，求める面積は，かげの部分からその分を差し引いた残りの部分となり，半径6m，中心角300度のおうぎ形と，半径3m，中心角60度のおうぎ形2つ分との和になる。よって，

$6 \times 6 \times 3.14 \times \dfrac{300}{360} + 3 \times 3 \times 3.14 \times \dfrac{60}{360} \times 2$

$= (30 + 3) \times 3.14 = 33 \times 3.14 = 103.62 (m^2)$

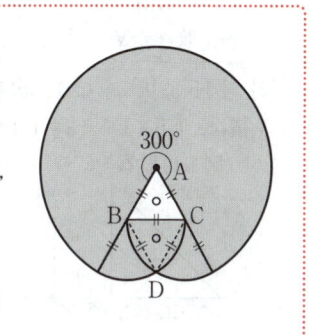

答 103.62 m^2

35

塾技 36 チャレンジ！入試問題 の解答 (本冊 p.79)

問題① 右の図のように9cm離れた平行線⑦と①の間に，直角二等辺三角形Aと正方形Bがあります。右の図の状態から直角二等辺三角形Aは，直線⑦にそって毎秒1cm，正方形Bは直線①にそって毎秒3cmの速さで同時に矢印の方向に動き始めました。

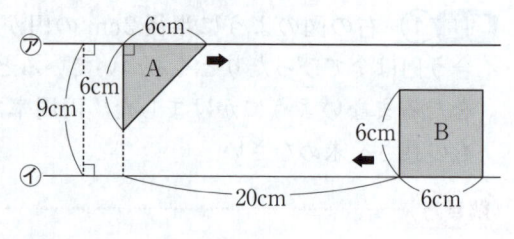

(1) AとBが重なり始めるのは動き始めてから何秒後ですか。
(2) 動き始めてから6秒後の重なり部分の面積は何cm²ですか。

(日本大二中) B

解き方

(1) 2つの図形上の点で水平な直線上にある最も近い点どうしは，下の図1の点Pと点Qである。
塾技36 ②より，PとQの出会い算を考え，(20−3)÷(1+3)=4.25(秒後) **答 4.25秒後**

(2) 6秒後は，図1の状態から，6−4.25=1.75(秒後)の図2となり，重なり部分は台形となる。
PQ=(1+3)×1.75=7(cm)，TU=PU=7−6=1(cm)，RS=3cm，RU=3−1=2(cm)より，
重なり部分=(TU+RS)×RU÷2=(1+3)×2÷2=4(cm²) **答 4cm²**

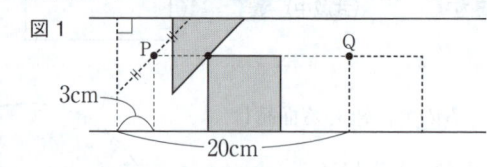

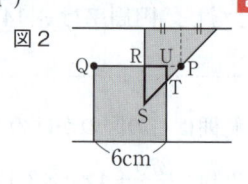

問題② 長方形と，1つの角が45度の直角三角形があり，図のように長方形を直線に沿って矢印の方向に毎秒1cmの速さで移動させます。グラフは，移動を始めてからの時間と，2つの図形が重なってできる部分の面積の関係を途中まで表したものです。

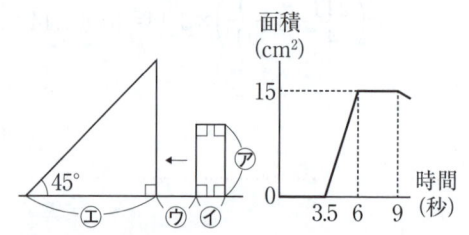

(1) ⑦は □ cm，①は □ cm，⑦は □ cm，①は □ cm です。
(2) 10.5秒後の重なる部分の図形の面積は □ cm² です。

(女子学院中) B

解き方

(1) 長方形は毎秒1cmの速さで移動するので，図1と図2より⑦は3.5cm，図2と図3より①は，6−3.5=2.5(cm)。一方，図3より⑦は，15÷2.5=6(cm)，図3と図4の間で長方形は3cm進むため，①は，3+2.5+6=11.5(cm) **答 ⑦6，①2.5，⑦3.5，①11.5**

(2) 図5より，重なり部分は五角形とわかる。⑦は，1×(10.5−9)=1.5(cm)で，重なっていない面積は，1.5×1.5÷2=1.125(cm²)より，求める面積は，15−1.125=13.875(cm²) **答 13.875**

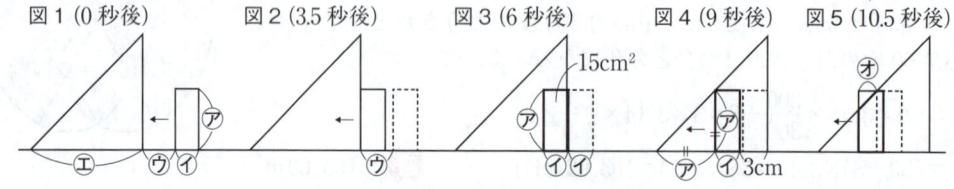

塾技 37 チャレンジ!入試問題 の解答 (本冊 p.81)

問題 ① 右の図は1辺の長さが8cmの正方形ABCDで、CE=6cm、BE=10cmです。三角形BCEを頂点Bを中心にして、反時計回りに60度回転したとき、辺CEの通過した部分の面積を求めなさい。ただし、円周率は3.14とします。

(巣鴨中)

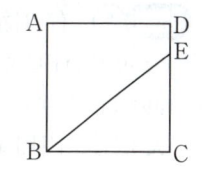

解き方

求める面積は図1の斜線部分となる。
図2のように等積移動して考えると、

$$10 \times 10 \times 3.14 \times \frac{60}{360} - 8 \times 8 \times 3.14 \times \frac{60}{360}$$
$$= 6 \times 3.14 = 18.84 \, (\text{cm}^2)$$

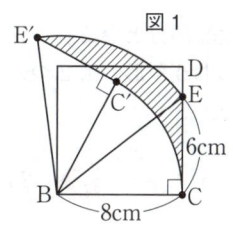

答 18.84 cm²

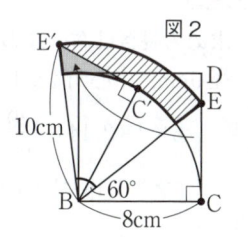

問題 ② 次の問いに答えなさい。

(1) 3辺の長さが3cm、4cm、5cmの直角三角形を2つつないだ図1のような三角形の板ABCを、点Aのまわりに時計と反対回りに90°回転します。このとき、三角形の板ABCが通過する部分を斜線を引いて示しなさい。りんかくもはっきりえがきなさい。ただし、通過する部分には最初と最後の位置にある三角形の板ABCの部分も含みます。

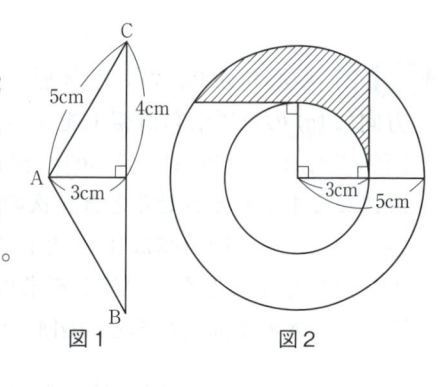

(2) 図2の斜線を引いた部分の面積を求めなさい。

(3) (1)で示した部分の面積を求めなさい。ただし、円周率は3.14とします。

(東大寺学園中)

解き方

(1) **答** 下図3

(2) 右の図のように等積移動して考えると、

$$5 \times 5 \times 3.14 \times \frac{90}{360} - 3 \times 3 \times 3.14 \times \frac{90}{360}$$
$$= (25 - 9) \times \frac{1}{4} \times 3.14 = 4 \times 3.14 = 12.56 \, (\text{cm}^2)$$

答 12.56 cm²

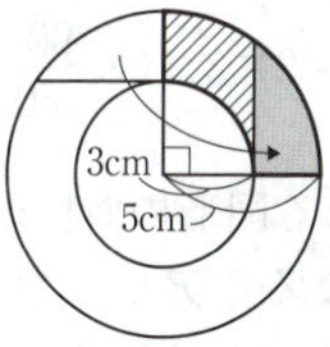

(3) 求める図3の面積は、図4より、図2の面積を2倍したものから重なり部分である太線部分の面積を引き、かげをつけた部分の面積を加えたものとなることがわかる。

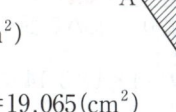

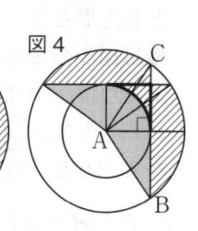

太線部分の面積 $= 3 \times 3 - 3 \times 3 \times 3.14 \times \frac{90}{360} = 1.935 \, (\text{cm}^2)$

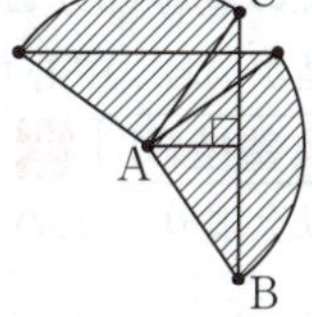

かげの部分の面積 $= 3 \times 4 \div 2 \times 2 + 3 \times 3 \times 3.14 \times \frac{90}{360} = 19.065 \, (\text{cm}^2)$

求める面積 $= 12.56 \times 2 - 1.935 + 19.065 = 42.25 \, (\text{cm}^2)$

答 42.25 cm²

塾技 38 チャレンジ！入試問題 の解答 (本冊 p.83)

問題 ① 右の図のように，1辺の長さが6cmの正三角形ABCが，直線の上をすべらないように1回転します。点Bが動く道のりは何cmですか。ただし，円周率は3.14とします。　(市川中)

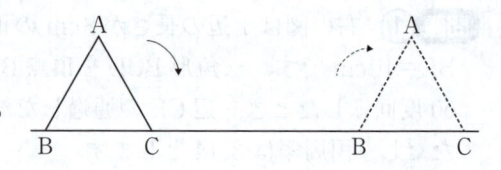

解き方

求める長さは右の図の太線部分となる。これは，半径6cm，中心角120度のおうぎ形の弧2つ分なので，

$6 \times 2 \times 3.14 \times \dfrac{120}{360} \times 2$
$= 8 \times 3.14 = 25.12$ (cm)

答 25.12cm

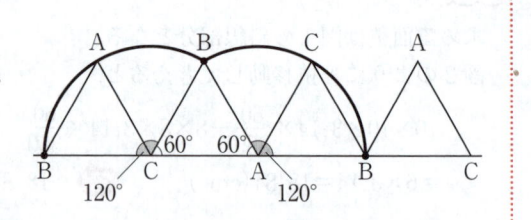

問題 ② 中心角が90°のおうぎ形を，図の矢印の方向に(a)の位置から直線上をすべらないように回転させます。辺AOがこの直線と2度目に垂直になるまで回転させるとき，次の問いに答えなさい。ただし，円周率は3.14とします。

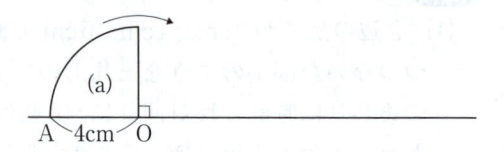

(1) 点Oが通ったあとの長さを求めなさい。

(2) おうぎ形が通ったあとの図形の面積を式を書いて求めなさい。　(早稲田高等学院中)

解き方

(1) おうぎ形のもう1つの点をBとすると，求める長さは図1の太線部分となる。曲線部分は半径4cm，中心角90度のおうぎ形の弧となり，塾技38 ② より直線部分もおうぎ形の弧の長さと等しくなるので，

$4 \times 2 \times 3.14 \times \dfrac{90}{360} \times 2 = 4 \times 3.14 = 12.56$ (cm)

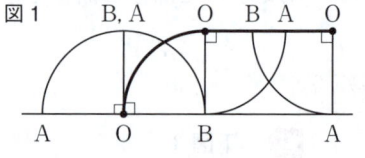

答 12.56cm

(2) 求める図形の面積は図2のかげの部分となる。**ア**は，半径4cm，中心角90度のおうぎ形で，**イ**と**エ**を合わせると長方形となる。長方形の縦は4cm，横は図1の太線の直線部分と等しい。また**ウ**は，半径がAB，中心角90度のおうぎ形で，塾技31 ① より，AB×ABの値は1辺4cmの正方形の面積の2倍と等しくなる（図3）。以上より，求める面積は，

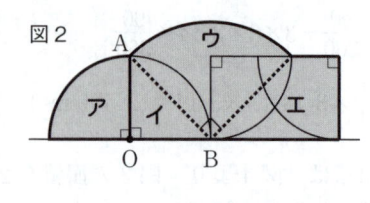

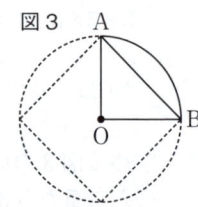

ア＋(**イ**＋**エ**)＋**ウ**＝ $4 \times 4 \times 3.14 \times \dfrac{90}{360} + 4 \times 4 \times 2 \times 3.14 \times \dfrac{90}{360} + 16 \times 2 \times 3.14 \times \dfrac{90}{360}$

　　　　　　　　＝ $(4 + 8 + 8) \times 3.14 = 62.8$ (cm²)

答 62.8cm²

塾技 39 チャレンジ！入試問題 の解答（本冊 p.85）

問題 1 右の図のように，1辺6cmの正方形の外側を1辺6cmの正三角形がすべることなく1周するとき，頂点Pが動いた長さを求めなさい。ただし，円周率は3.14とします。　（城北中）A

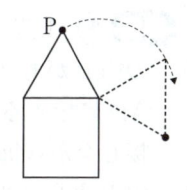

解き方

求める長さは右の図の黒と赤と青の太線部分の和となる。これは，半径が6cm，中心角が，360−(60+90)=210(度)のおうぎ形の弧3つ分と等しいので，頂点Pが動いた長さは，

$$6 \times 2 \times 3.14 \times \frac{210}{360} \times 3 = 21 \times 3.14 = 65.94 \text{(cm)}$$

答 65.94cm

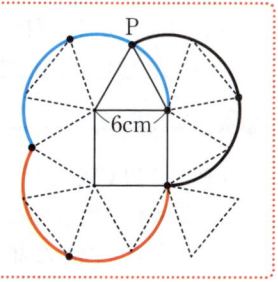

問題 2 右の図のように，正方形のまわりを半径42cm，中心角45°のおうぎ形がすべることなくアの位置から矢印の方向に転がります。おうぎ形の半径が正方形の辺に初めて重なったときイの位置となりました。円周率を $\frac{22}{7}$ として，次の問いに答えなさい。

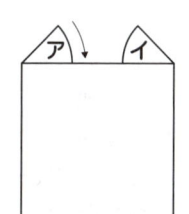

(1) 正方形の1辺の長さは何cmですか。

(2) おうぎ形がアの位置からイの位置まで動きました。おうぎ形が通ったあとにできた図形の面積は何cm²ですか。

(3) おうぎ形がアの位置から正方形を一回りし再びアの位置にもどってきました。おうぎ形が通ったあとの図形の外周と内周の長さの和は何cmですか。　（早稲田中）C

解き方

(1) 右の図1の太線部分は，塾技38 2 より，転がるおうぎ形の弧の長さと等しいので，求める正方形の1辺の長さは，

$$42 \times 2 + 42 \times 2 \times \frac{22}{7} \times \frac{45}{360} = 84 + 33 = 117 \text{(cm)}$$

答 117cm

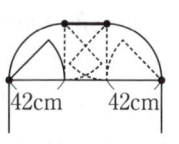

(2) 図1より，半径42cm，中心角90度のおうぎ形2つ分の面積と長方形の面積の和とわかるので，

$$42 \times 42 \times \frac{22}{7} \times \frac{90}{360} \times 2 + 42 \times 33 = 2772 + 1386 = 4158 \text{(cm}^2)$$

答 4158cm²

(3) 外周は図2の太線部分，内周は正方形のまわりと等しくなる。赤の太線部分の中心角は図3より，90−60=30(度)で，青の太線部分の中心角は，30+120=150(度)となるので，

(赤2本分＋黒1本分＋青1本分)×4＋内周

$$= \left(42 \times 2 \times \frac{22}{7} \times \frac{30}{360} \times 2 + 33 + 42 \times 2 \times \frac{22}{7} \times \frac{150}{360}\right) \times 4 + 468$$

$$= 187 \times 4 + 468 = 1216 \text{(cm)}$$

答 1216cm

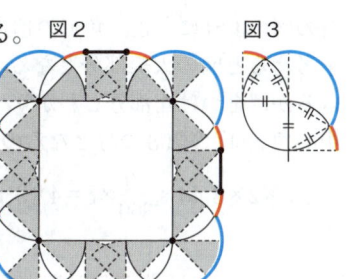

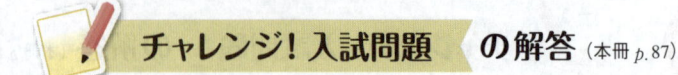

塾技 40 チャレンジ！入試問題 の解答 (本冊 p.87)

問題 ① 1辺の長さが8cmの正方形ABCDの内側に，半径1cmの円Pがあります。この円Pは，最初，右の図のように2辺AB，ADに接する位置にあります。この円Pが正方形ABCDの辺に接しながら毎秒1cmの速さで矢印の方向に移動します。

円Pが最初の位置から移動するとき，この円が通過してできる図形の面積が33.71cm²になるのは，移動し始めてから何秒後ですか。ただし，円周率は3.14とします。　(浅野中) Ⓑ

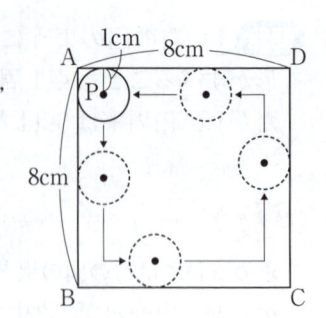

解き方

円Pが2辺CB，CDに接する位置まで動くときに円が通過してできる図形の面積を考えると，右の図1の太線で囲まれた部分となる。太線で囲んだ部分の面積は，塾技40 ③ (2)を利用し，

$5 \times 2 + 2 \times 7 + 1 \times 1 \times 3.14 - (2 \times 2 - 1 \times 1 \times 3.14) \div 4$
$= 26.925 \text{ (cm}^2\text{)}$

よって，面積が33.71cm²になるのは，円Pが辺CD上にあるときと考えられ，図2の太線で囲まれた部分の面積の合計が33.71cm²となればよい。図2のかげをつけた幅一定部分の面積は，33.71cm²にかどのすきま2つ分を加えたものから半円2つ分を引いて，

$33.71 + (2 \times 2 - 1 \times 1 \times 3.14) \div 4 \times 2 - 1 \times 1 \times 3.14 = 31 \text{ (cm}^2\text{)}$

塾技39 ② (2)より，中心線の長さの和は，31÷2=15.5(cm)とわかるので，求める時間は，

15.5÷1=15.5(秒後)　　**答 15.5秒後**

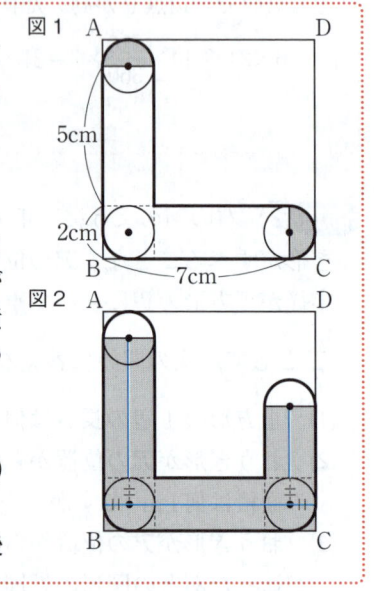

問題 ② 1辺の長さが9cmの正方形の内側に，1辺の長さが3cmの正三角形が右の図のように置いてあります。この正三角形が正方形の内側をすべらずに転がり，一回りしてもとの位置にもどりました。正方形の内部で正三角形が通過しない部分の図形を考えるとき，そのまわりの長さを求めなさい。ただし，円周率は3.14とします。

(海城中) Ⓑ

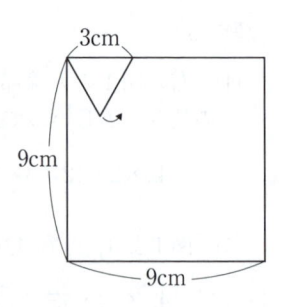

解き方

右の図のように，正三角形の頂点の1つをPとし，頂点Pが動いたあとを考えると図の太線部分となる。正三角形が通過しない部分は，中にできるかげをつけた部分とわかり，この図形のまわりの長さは，半径3cm，中心角30度の弧8つ分となるので，

$3 \times 2 \times 3.14 \times \dfrac{30}{360} \times 8 = 4 \times 3.14 = 12.56 \text{ (cm)}$

答 12.56cm

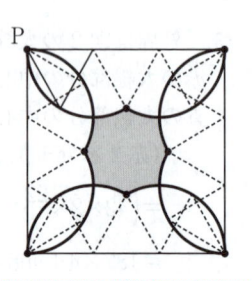

塾技 41 チャレンジ！入試問題 の解答（本冊 p.89）

問題 ① 右の図のように，直方体の一部を切り取った形をした容器が水平な地面に置かれています。ここに，毎分 2 リットルの割合で水を入れました。このとき，次の問いに答えなさい。

(1) AB の線まで水面がくるのは水を入れ始めて何時間何分何秒後ですか。

(2) 水面が正方形になるのは水を何リットル入れたときですか。

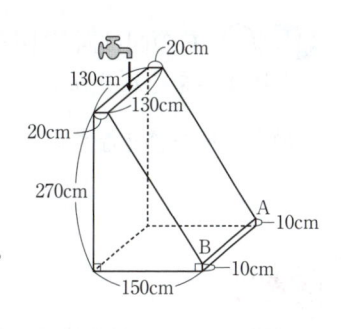

（日本大二中）

解き方

(1) 水が，130×150×10＝195000（cm³）＝195（L）入ったときなので，195÷2＝97.5（分後）
97.5 分＝1 時間 37.5 分＝1 時間 37 分 30 秒

答 1 時間 37 分 30 秒後

(2) 右の図のように，水面が正方形になるのは，水面の縦と横の長さがともに 130cm となるときである。水面の横の長さは，AB の線より，270－10＝260（cm）上がると，150－20＝130（cm）短くなる。よって，AB の線から水面が 1cm 上がるごとに横の長さは，130÷260＝0.5（cm）ずつ短くなることがわかるので，水面が正方形となるのは，AB の線より，(150－130)÷0.5＝40（cm）上まで水が入ったときである。AB の線より上の部分の水の体積は，底面が台形で，高さが 130cm の柱体と考えると，
(130＋150)×40÷2×130＝728000（cm³）＝728（L）
以上より，求める水の量は，195＋728＝923（L）

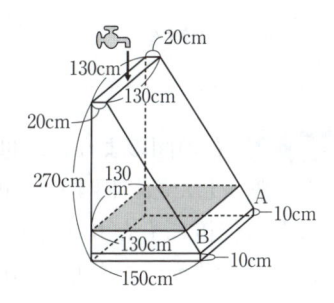

答 923 L

問題 ② 右の図は，いくつかの直方体を組み合わせて作った立体です。

(1) この立体の表面積を求めなさい。

(2) この立体の体積を求めなさい。

（神戸女学院中学部）

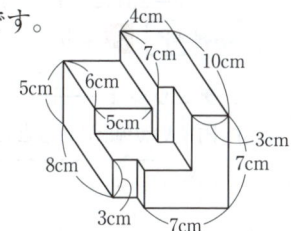

解き方

(1) 各面を下の図 1，図 2，図 3 のように等積移動して考えればよい。それぞれ反対側の面も考え，
表面積＝{7×10＋(7×9－2×5)＋(10×9－2×2)}×2＝418（cm²）
　　　　　図1　　　図2　　　　　図3

答 418 cm²

(2) 下の図 4 のように，それぞれかげをつけた部分を底面とする角柱に分けて考えればよい。
体積＝6×5×5＋(4×6－2×2－1×1)×3＋(10×4－3×1)×7
　　　＝150＋57＋259＝466（cm³）

答 466 cm³

図1　　図2　　図3　　図4

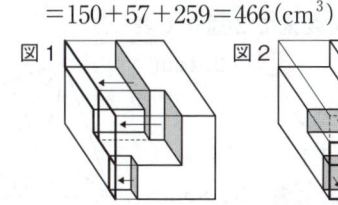

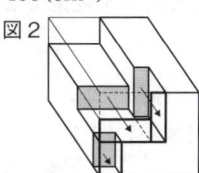

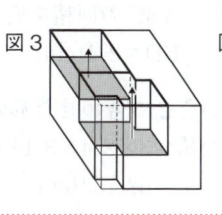

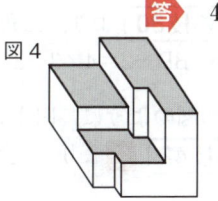

塾技 42 チャレンジ！入試問題 の解答 (本冊 p.91)

問題 1　右の図は同じ半径3cmの円を底面とし、同じ高さ4cmの円柱と円すいをそれぞれ上から半分に切り、くっつけたものです。この立体の表面積を答えなさい。ただし、円周率は $\frac{22}{7}$ として計算しなさい。

(京都女子中)

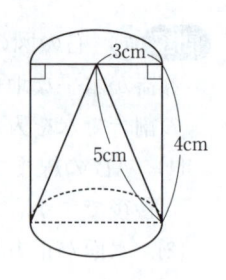

解き方

円すいの半分の側面積は 塾技42 2 を用いればよいので、

$$\underbrace{3\times3\times\frac{22}{7}\div2\times2}_{\text{半円柱の底面}}+\underbrace{3\times2\times\frac{22}{7}\div2\times4+3\times4\div2\times2}_{\text{半円柱の側面}}+\underbrace{3\times3\times\frac{22}{7}\div2}_{\text{半円すいの底面}}+\underbrace{5\times3\times\frac{22}{7}\div2}_{\text{半円すいの側面}}$$

$=(9+12+4.5+7.5)\times\frac{22}{7}+12=\frac{810}{7}=115\frac{5}{7}$ (cm^2)

答 $115\frac{5}{7}$ cm^2

問題 2　右の図のように、母線の長さが40cmの円すいを平面の上で転がしたら、円すいの底面がちょうど4回転したとき初めてもとの位置にもどりました。このとき、この円すいの表面積は何cm^{2}ですか。ただし、円周率は3.14とします。　(浅野中)

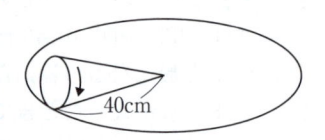

解き方

母線を半径とする円の円周の長さは、40×2×3.14=251.2(cm)で、これが円すいの底面の円周の4倍の長さと等しくなるので、この円すいの半径は、

半径=251.2÷4÷3.14÷2=10(cm)　←40÷4=10(cm)と求めることもできる。(下のチェック！参照)

塾技42 2 より、表面積=40×10×3.14+10×10×3.14=1570(cm^2)

答 1570cm^2

チェック！
円すいが転がりもとの位置にもどるとき、底面の半径×回転数＝母線の長さ が成り立つ。

問題 3　右の図は3辺の長さが3cm、4cm、5cmの直角三角形ABCです。
(1) BDの長さは何cmですか。
(2) ACを軸としてこの図形を一回転させたときにできる立体の表面積は何cm^{2}ですか。小数第二位を四捨五入して答えなさい。

(世田谷学園中)

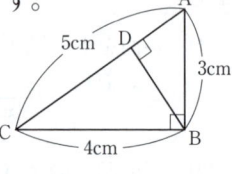

解き方

(1) 塾技30 より、三角形ABCの面積を底辺と高さを変えて2通りで表し、
5×BD÷2=4×3÷2　　BD=2.4(cm)　　**答** 2.4cm

(2) 右の図のように、円すいを2つ合わせた形の立体ができる。
塾技42 2 より、表面積=3×2.4×3.14+4×2.4×3.14
=52.752(cm^2)　　**答** 52.8cm^2

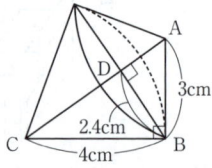

塾技 43 チャレンジ！入試問題 の解答 (本冊 p.93)

問題 1 下の図1のさいころの展開図の中で，正しいものはア～エのうち □ です。ただし，さいころの向かい合う面の目の和は7です。　(帝塚山中) A

解き方

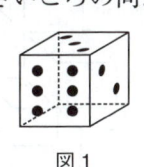

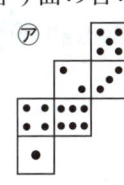

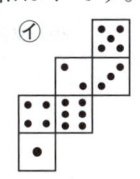

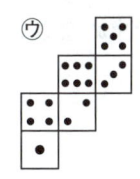

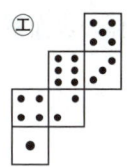

塾技43 3 (2)より，アとイにおいて， ・ と ・. の面は平行となることがわかるが，その和は7とならないので，アとイは正しくない。ウとエにおいて， ・. と ∷ の面の向きに注目すると，図1に対応するのは，ウとわかる。　**答** ウ

問題 2 ある直方体の1つの面には「P」という文字が，3つの面には対角線が1本ずつかかれています。図1，図2はこの直方体の展開図を2通りにかいたものです。辺 AB の長さは14cm です。

(1) 3本の対角線を，図2に手がきでかき込みなさい。
(2) 図1の展開図の周 (太線) の長さから長方形 ABCD の周の長さを引くと24cm です。また，図2の展開図の周 (太線) の長さから図1の展開図の周の長さを引くと10cm です。この直方体の体積は □ cm³ です。　(青山学院中等部) B

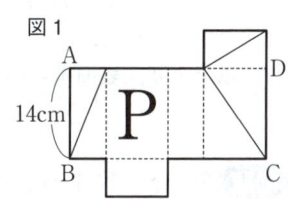

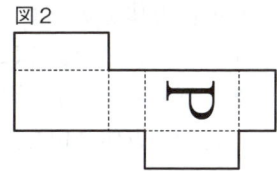

解き方

(1) 図1の展開図から，頂点 A と D，B と C がそれぞれ重なることがわかる。それ以外の頂点を，直方体の見取図で考える。図3のように各頂点に記号をつけ，図1，図2との対応を考えると，それぞれ図4，図5のようになる。図4より，3本の対角線は，EB，EG，GC とわかるので，それらを図5にかき入れればよい。　**答**

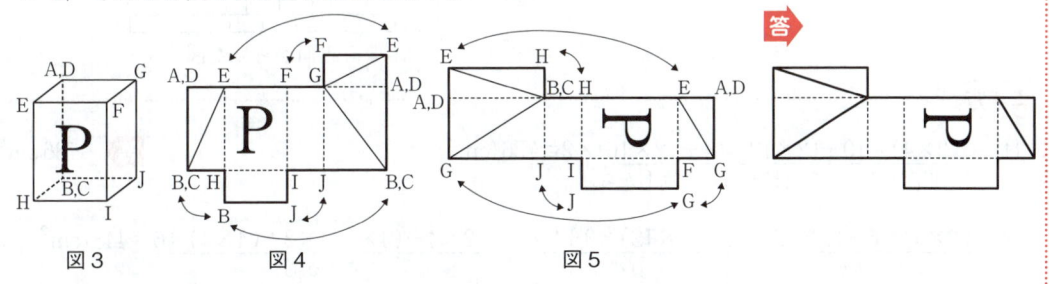

図3　図4　図5

(2) 図1の展開図の周の長さから長方形 ABCD の周の長さを引くと24cm より，(1)の図4で，
HB+IJ+FG+ED=24(cm)　　HB=IJ=FG=ED=24÷4=6(cm)
一方，図2の展開図の周の長さから図1の展開図の周の長さを引くと10cm より，
EH+GJ−(EF+CJ)=10(cm)　　EF+CJ=28−10=18(cm)　　EF=CJ=18÷2=9(cm)
よって，この直方体の体積は，6×9×14=756(cm³)　**答** 756

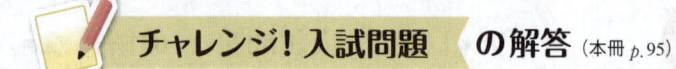

塾技 44 チャレンジ！入試問題 の解答 (本冊 p.95)

問題 1 右の図のような直方体を組み合わせて作った立体があります。
(1) この立体の体積を求めなさい。
(2) この立体の表面積を求めなさい。 (神戸女学院中学部) Ⓐ

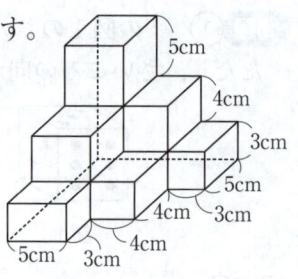

解き方

(1) 各段をそれぞれ角柱と考えて，底面積×高さ で体積を求めればよい。

$$5\times5\times5 + (9\times9 - 4\times4)\times4 + (12\times12 - 3\times4 - 7\times3)\times3 = 718(cm^3)$$
　　一番上の段　　　真ん中の段　　　　　一番下の段

答 718 cm³

(2) 前から見て，$5\times5 + 4\times5 + 4\times4 + 3\times5 + 3\times4 + 3\times3 = 97(cm^2)$
右から見て，$5\times5 + 4\times5 + 4\times4 + 3\times5 + 3\times4 + 3\times3 = 97(cm^2)$
上から見て，$5\times5 + 5\times4 + 4\times5 + 5\times3 + 4\times4 + 3\times5 = 111(cm^2)$
以上より，表面積 $= (97+97+111)\times2 = 610(cm^2)$

答 610 cm²

問題 2 下の図1のような，縦12cm，横4cm，高さ2cm の直方体が10個あります。これらの直方体を次のように積み上げた立体の表面積を求めなさい。
(1) 下の図2のように，下から4個，3個，2個，1個と積み上げた立体の表面積
(2) 下の図3のように，(1)の積み上げ方で，一番下の段の両はしの直方体2個と下から3段目の直方体2個を，横向きに置きなおした立体の表面積 (立教新座中) Ⓑ

図1　図2 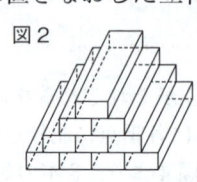　図3

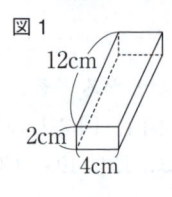

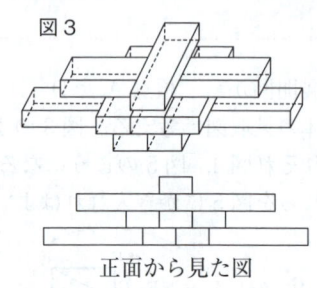

正面から見た図

解き方

(1) $\{(2\times4)\times10 + (2\times12)\times4 + 12\times16\}\times2 = 736(cm^2)$
　　正面から　　　　真横から　　　　真上から

答 736 cm²

(2) $(2\times4)\times6 + (2\times12)\times4 + (2\times12)\times3 + 2\times4 + 12\times4 + (4\times10)\times2 + (4\times4)\times6 = 448(cm^2)$
　　正面から　　　　　　　　　　真横から　　　　　　　　　　　　真上から

また，正面・真横・真上から見たときに見えない部分が右の図の色がついていない部分であり，その面積の合計は，
$(4\times6\times2 + 4\times4\times2)\times2 = 160(cm^2)$

以上より，求める表面積は，
$448\times2 + 160 = 1056(cm^2)$

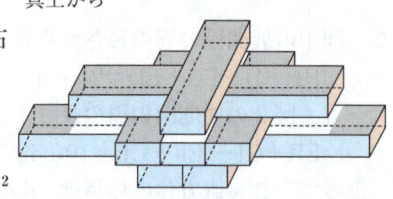

答 1056 cm²

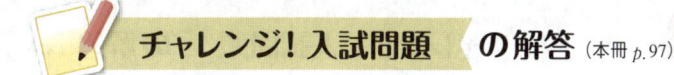

塾技 45 チャレンジ！入試問題 の解答 (本冊 p.97)

問題 ① 右の図は，同じ大きさの立方体を積み重ねた立体を，正面，真上，左横から見た図を表しています。このとき，次の各問いに答えなさい。

(1) 積み重ねてある立方体の数は何個ですか。
(2) 立方体の1辺の長さが2cmのとき，この立体の表面積は何 cm² ですか。　　　（渋谷教育学園幕張中）Ⓐ

正面から見た図　　真上から見た図

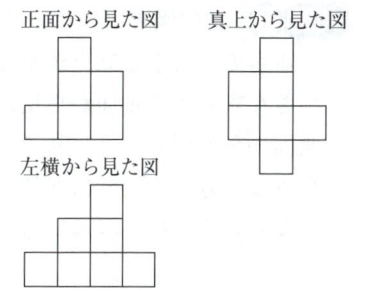

左横から見た図

解き方

(1) 塾技45 ① より，真上から見た図に立方体の数を書き入れると右の図のようになる。図より，求める個数は，
1+1+1+2+3+1+2＝11（個）　　　**答** 11個

(2) 与えられた投影図より，正面から見たときの面の数は6個，真上から見ると7個，左横から見ると7個となるので，塾技44 ① より，表面の正方形の数は，(7+6+7)×2＝40（個）とわかる。よって，
表面積＝2×2×40＝160（cm²）　　　**答** 160cm²

```
1→    1
2→  1 2
3→  1 3 2
1→    1
    ↑ ↑ ↑
    1 3 2
```

問題 ② 1辺の長さが5cmの立方体の積み木を何個か積んで立体を作りました。この立体は，前から見ても左から見ても図1のように見え，真上から見ると図2のように見えました。この立体に使われた積み木の個数は最も少なくて □ 個，最も多くて □ 個です。　（灘中）Ⓑ

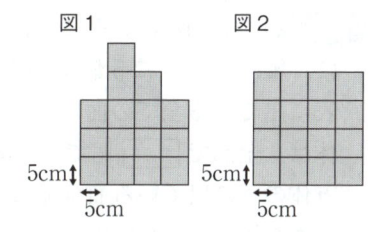

図1　　図2

解き方

最も少ない場合は，塾技45 ② より，まず真上から見た図に正面および真横から見た図が同じ個数のものを書き入れる（図1）。次にそれ以外のところを1にする（図2）。最後に最少になっていない部分をチェックする（図3は1つの例で他の場合も考えられる）。図3より，最も少ない個数は27個とわかる。一方，図4より最も多い個数は53個とわかる。　**答** 27，53

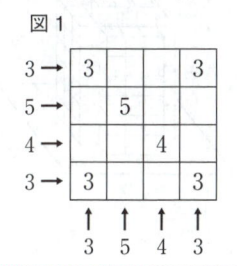

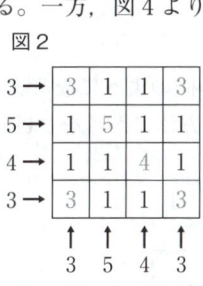

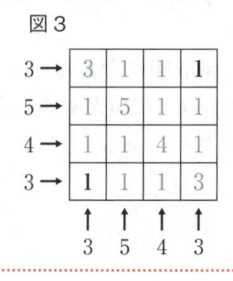

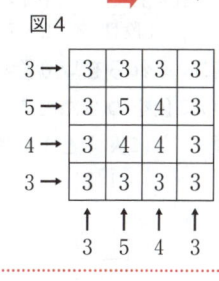

図1
```
3→  3     3
5→    5
4→      4
3→  3     3
    ↑ ↑ ↑ ↑
    3 5 4 3
```

図2
```
3→ 3 1 1 3
5→ 1 5 1 1
4→ 1 1 4 1
3→ 3 1 1 3
   ↑ ↑ ↑ ↑
   3 5 4 3
```

図3
```
3→ 3 1 1 1
5→ 1 5 1 1
4→ 1 1 4 1
3→ 1 1 1 3
   ↑ ↑ ↑ ↑
   3 5 4 3
```

図4
```
3→ 3 3 3 3
5→ 3 5 4 3
4→ 3 4 4 3
3→ 3 3 3 3
   ↑ ↑ ↑ ↑
   3 5 4 3
```

塾技 46 チャレンジ！入試問題 の解答 (本冊 p.99)

問題 ① 右の図のように，小さな立方体を，縦，横，高さに8個ずつ並べて，大きな立方体を作りました。この立方体から，斜線部の小さな立方体を正面から反対側の面までつらぬいて抜き取った後，側面からも同じように抜き取りました。2つの方向から抜き取った小さな立方体の合計は何個ですか。ただし，この大きな立方体は小さな立方体を抜き取ってもくずれないものとします。

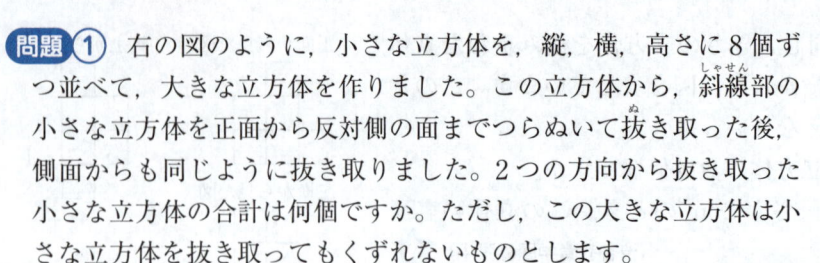

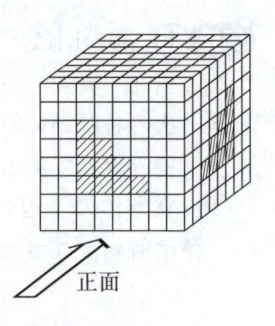

（東邦大附東邦中）Ⓐ

解き方

上から3段目，4段目，5段目，6段目の各段ごとに正面と側面からくり抜いた図を考える。

3段目　4段目　5段目　6段目

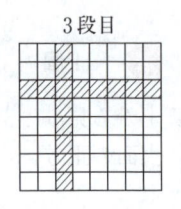

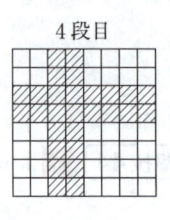

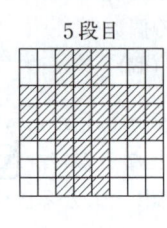

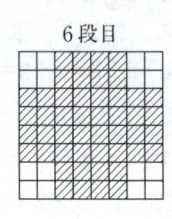

図より，15＋28＋39＋48＝130（個）

答 130個

問題 ② 右の図のように，1辺の長さが5cmの立方体を，机の上に，縦，横ともに5個ずつ7段積み上げて，直方体を作りました。表に出ている全ての面に色をぬると，2面以上に色がぬられた立方体は，全部で □ 個です。そして，それらを取り除き，残った立方体の表に出ている面全てに，さらに色をぬりました。そこから，2面以上に色がぬられた立方体を全部取り除きました。今，残っている立方体の数は □ 個です。

（女子学院中）Ⓑ

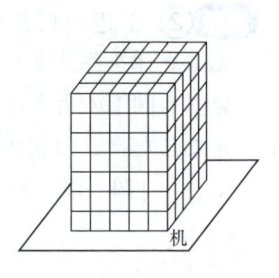

解き方

各段ごとに分けて考えると，2面以上に色がぬられた立方体は，

(5×5－3×3) ＋ 4×6 ＝ 40（個）
　1段目　　　　2～7段目

次に，それらを取り除いた見取図を考えると，右の図のようになる。さらに色をぬったとき，2面以上に色がぬられた立方体にかげをつけ，各段ごとに表すと下の図のようになる。

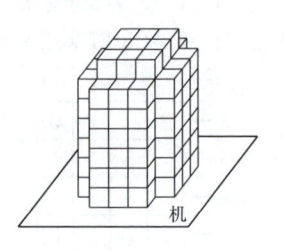

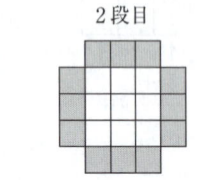

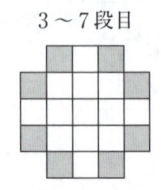

1段目　2段目　3～7段目

図より，残っている立方体の数は，1＋9＋13×5＝75（個）

答 40，75

塾技 47 チャレンジ！入試問題 の解答 （本冊 p.101）

問題 1 1辺の長さが20cmの立方体から，底面が正方形の四角柱をくり抜いて，下の図のような立体㋐を作ります。立体㋐から，さらに同じように円柱を後ろまでくり抜いて，下の図のような立体㋑を作ります。

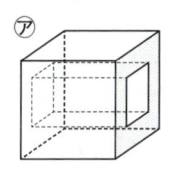

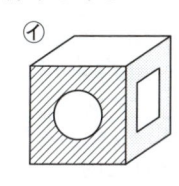

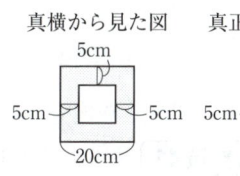

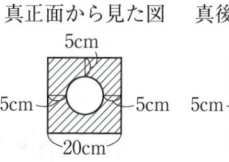

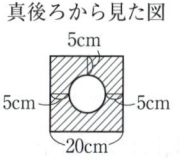

円周率を3.14とすると，立体㋑の体積は □ cm³，立体㋑の全ての面の面積を足すと □ cm² です。　　　　　　　　　　　　　　　　　　　　　　　　　　　　（女子学院中）

解き方

くり抜いた体積 ＝ $\underbrace{10 \times 10 \times 20}_{四角柱} + \underbrace{5 \times 5 \times 3.14 \times 20}_{円柱} - \underbrace{5 \times 5 \times 3.14 \times 10}_{重なり部分} = 2785 \,(\mathrm{cm}^3)$

㋑の体積 ＝ $20 \times 20 \times 20 - 2785 = 5215 \,(\mathrm{cm}^3)$

㋑の表面積は，㋑の外側に出ている面の面積と内側の面の面積との和になり，内側の面の面積は，右の図のくり抜いた立体の，かげをつけた部分と青い部分との和になる。以上より，㋑の表面積は，

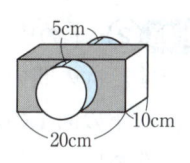

$\underbrace{20 \times 20 \times 6 - 10 \times 10 \times 2 - 5 \times 5 \times 3.14 \times 2}_{㋑の外側に出ている部分} + \underbrace{10 \times 20 \times 4 - 5 \times 5 \times 3.14 \times 2}_{かげをつけた部分} + \underbrace{10 \times 3.14 \times (5+5)}_{青い部分}$

$= 2043 + 643 + 314 = 3000 \,(\mathrm{cm}^2)$

答　5215，3000

問題 2 次の各問いに答えなさい。

(1) 右の図の1辺が4cmの立方体について，長方形ABCDから向かい合う面までを垂直にくり抜いてできる図形の体積はいくらですか。

(2) (1)でできた図形について，さらに長方形EFGHからもとの立方体の向かい合う面までを垂直にくり抜いてできる図形の体積はいくらですか。　　　　　　　　　　（ラ・サール中）

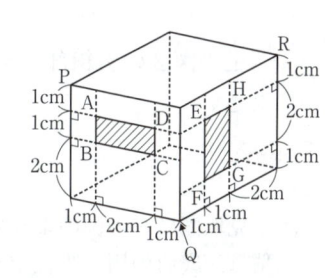

解き方

(1) $\underbrace{4 \times 4 \times 4}_{立方体} - \underbrace{1 \times 2 \times 4}_{くり抜いた立体} = 56 \,(\mathrm{cm}^3)$

答　56 cm³

(2) 1辺4cmの立方体の体積は，$4 \times 4 \times 4 = 64 \,(\mathrm{cm}^3)$で，**塾技47 2**より，1辺1cmの立方体が64個積み重ねられてできたものと考え，各段ごとに正面と真横からくり抜いた図を考える。
右の図より，くり抜いた後に残る立体の体積は，

$\underbrace{1 \times 1 \times 1 \times 16 \times 2}_{1, 4段目} + \underbrace{1 \times 1 \times 1 \times 6}_{2段目} + \underbrace{1 \times 1 \times 1 \times 12}_{3段目} = 50 \,(\mathrm{cm}^3)$

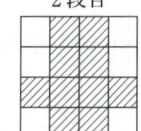

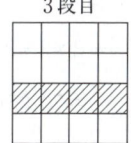

答　50 cm³

塾技 48 チャレンジ！入試問題 の解答（本冊 p.103）

問題① 直線 ℓ を軸として，右の図形を1回転させてできる立体の表面積を求めなさい。ただし，円周率は3.14とします。（早稲田実業中等部）

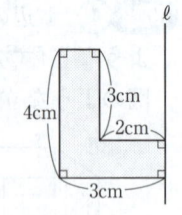

解き方

見取図は右の図のようになる。塾技41より，くり抜かれた内側の円柱の底面を上に移動させると，求める表面積は外側の大きな円柱の表面積と内側の円柱の側面積との和になるので，

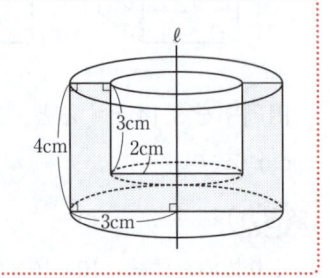

$3×3×3.14×2+3×2×3.14×4+2×2×3.14×3$
$=(18+24+12)×3.14$
$=169.56 (cm^2)$

答 $169.56 cm^2$

問題② 下の図1のように，ABの長さが3cm，ADの長さが6cmの長方形ABCDがあります。次の問いに答えなさい。ただし，円周率は3.14とします。

(1) 下の図1の斜線部分を，辺ABを軸として1回転させたときにできる立体の体積を求めなさい。

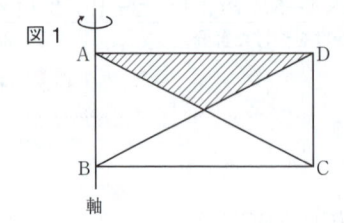

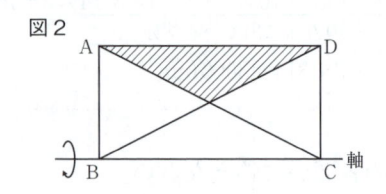

(2) 上の図2の斜線部分を，辺BCを軸として1回転させたときにできる立体の体積を求めなさい。（市川中）

解き方

(1) 見取図は右の図のようになる。求める立体の体積は，底面の円の半径が6cmで高さ3cmの円すいから，底面の円の半径が3cmで高さ1.5cmの円すい2つ分の体積を引いて，

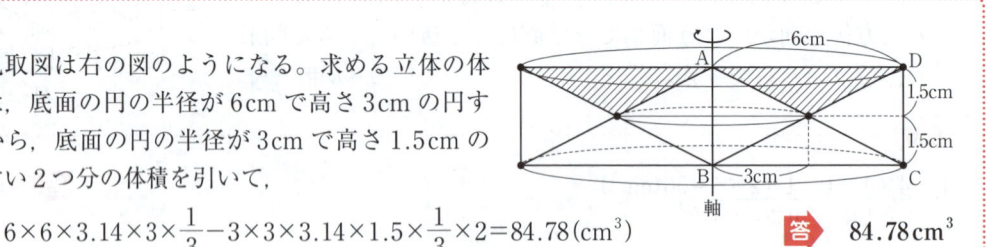

$6×6×3.14×3×\dfrac{1}{3}-3×3×3.14×1.5×\dfrac{1}{3}×2=84.78 (cm^3)$

答 $84.78 cm^3$

(2) 見取図は右の図のようになる。求める立体の体積は，全体の円柱から中にできる円すい台2つ分の体積を引けばよいので，

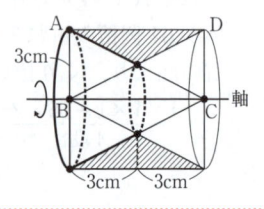

$3×3×3.14×6-\left(3×3×3.14×6×\dfrac{1}{3}-1.5×1.5×3.14×3×\dfrac{1}{3}\right)×2$
$=70.65 (cm^3)$

答 $70.65 cm^3$

塾技 49 チャレンジ！入試問題 の解答（本冊 p.105）

問題 ① 右の図の立方体において，点 P, Q はそれぞれ辺 AB, AD の真ん中の点です。この立方体を 3 つの点 P, Q, G を通る平面で切断し，切り口の一部として辺 PQ をかきました。残りの切り口の辺を右の展開図に入れなさい。 （駒場東邦中）

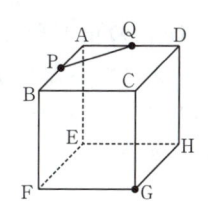

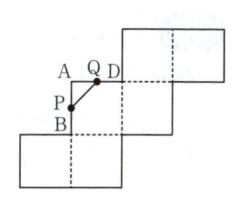

解き方

塾技 49 を利用して切り口を作図すると，下の図のように切り口は五角形 PRGSQ となる。

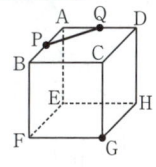

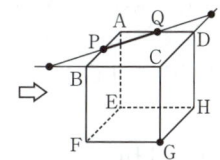

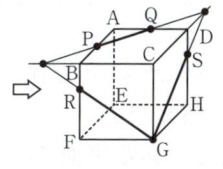

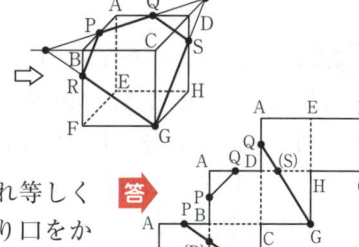

切り口の辺の長さについて，PR と QS，RG と SG はそれぞれ等しくなる。塾技 43 より，展開図の頂点を決定して残りの切り口をかき入れると，右の図のようになる。

問題 ② 1 辺の長さが 6cm の立方体があります。この立方体をある平面で切るとき，次の各問いに答えなさい。

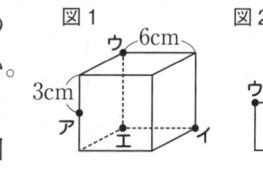

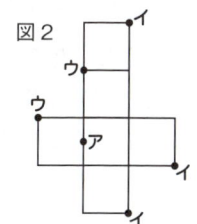

(1) 図 1 のように，3 点 ア，イ，ウ を通る平面で切りました。その切り口の図形の辺を全て右の図 2 の展開図に記入しなさい。

(2) (1)の平面で分けられた 2 つの立体のうち，点 エ を含む立体について切り口を除く側面と底面の面積の和を求めなさい。

(3) この立方体を 1 つの平面で切ったとき，切り口の図形は，辺の数が最も多いとき，辺の数はいくつになりますか。 （東邦大附東邦中）

解き方

(1) 下の図のように切り口は，(等脚)台形 アオイウ となる。

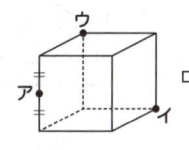

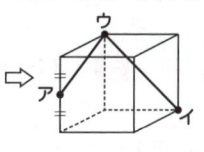

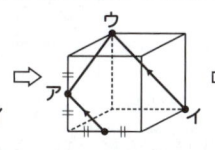

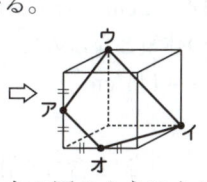

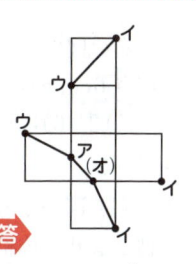

図 2 に辺 アオ，辺 オイ，辺 イウ，辺 ウア をかき込むと右の図のようになる。 **答**

(2) 図 3，図 4 より，求める面積は図 4 のかげをつけた部分で，

$6 \times 6 \times \dfrac{1}{2} + 3 \times 3 \times \dfrac{1}{2} + (3+6) \times 6 \times \dfrac{1}{2} \times 2$
$= 76.5 (cm^2)$ **答** $76.5 cm^2$

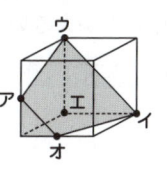

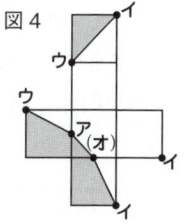

(3) 切り口の図形が 6 角形となるときである。 **答** 6 つ

塾技 50　チャレンジ！入試問題　の解答（本冊 p.107）

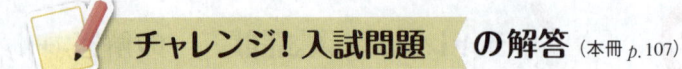

問題 ①　底面が1辺4cmの正方形で，高さが12cmの直方体の容器があります。水を入れて容器をかたむけたら，水がこぼれて水面は右の図のようになりました。水は何cm³残っていましたか。ただし，容器の厚さは考えないものとします。

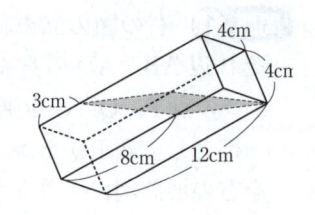

（慶應普通部）

解き方

塾技50 ②より，水の体積は，$4×4×(3+12)÷2=120(\text{cm}^3)$

答 120cm³

問題 ②　図1のような1辺の長さが6cmの立方体 ABCD-EFGH があります。このとき，次の問いに答えなさい。

(1) 図2は，立方体 ABCD-EFGH をある平面で1回だけ切ってできる立体を，正面，真上，真横から見た図です。この立体の体積を求めなさい。

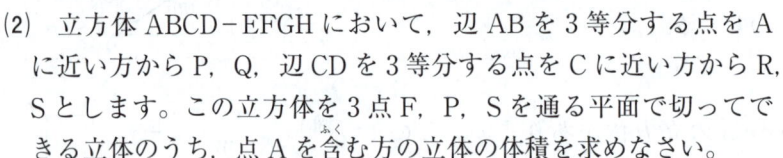

(2) 立方体 ABCD-EFGH において，辺 AB を3等分する点を A に近い方から P，Q，辺 CD を3等分する点を C に近い方から R，S とします。この立方体を3点 F，P，S を通る平面で切ってできる立体のうち，点 A を含む方の立体の体積を求めなさい。

(3) (2)で体積を求めた立体を，さらに3点 D，E，S を通る平面で切ってできる立体のうち，大きい方の立体の体積を求めなさい。

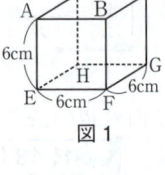

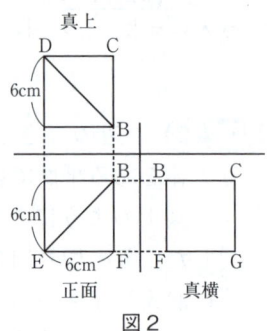

（聖光学院中）

解き方

(1) できた立体は，右の図のように立方体から頂点 A を含む三角すいを切り取ったものとなるので，求める立体の体積は，

$6×6×6-6×6÷2×6×\dfrac{1}{3}=180(\text{cm}^3)$

答 180cm³

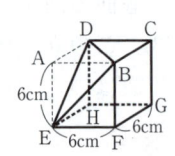

(2) 右の図で，AP=DS=2cm となり，求める体積は台形 AEFP を底面とする高さ6cmの四角柱の体積となるので，

$(2+6)×6÷2×6=144(\text{cm}^3)$

答 144cm³

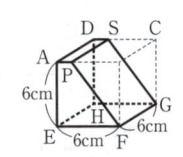

(3) 右の図のように，頂点 A を含む立体は三角形 ADE を底面とする切頭三角柱となり，体積は 塾技50 ③(1)より，$6×6÷2×(6+2+2)÷3=60(\text{cm}^3)$。よって，A を含まない方の立体の体積は，$144-60=84(\text{cm}^3)$ となるので，A を含まない立体の方が大きい。

答 84cm³

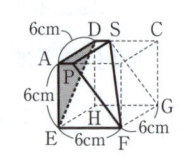

塾技 51 チャレンジ！入試問題 の解答 (本冊 p.109)

問題 ① 右の図のような1辺20cmの正方形の紙から，▨▨部分を切り取り，それで四角すいを作ります。次の問いに答えなさい。 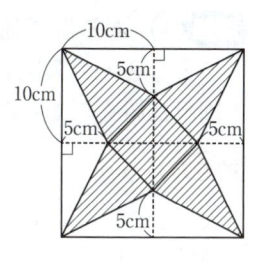
(1) 側面の1つの三角形の面積は何cm²ですか。
(2) この四角すいと同じ底面と高さの四角柱の体積は何cm³ですか。
(同志社女子中) A

解き方
(1) $10×10-(5×5÷2+5×10÷2+10×5÷2)=37.5(cm^2)$
  答 37.5cm²
(2) 塾技51 ② より，この四角すいの高さは10cmとわかるので，
  四角柱の体積 $=10×10÷2×10=500(cm^3)$
  答 500cm³

問題 ② 次の問いに答えなさい。
(1) 図1は1辺が6cmの正方形で，E，Fはそれぞれ辺AB，ADの真ん中の点です。辺CE，CF，EFで折って三角すいを作るとき，
  ① この三角すいの体積を求めなさい。
  ② 三角形CEFを底面にするとき，この三角すいの高さを求めなさい。
(2) 図2は1辺が6cmの立方体でO，P，Q，Rはそれぞれ辺GH，HI，IJ，JGの真ん中の点です。この立方体から，4つの三角すいG-KOR，H-LPO，I-MQP，J-NRQを切り取ったとき，残りの立体の体積および表面積を求めなさい。
(清風南海中) B

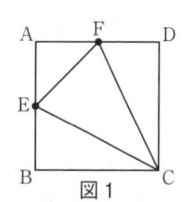

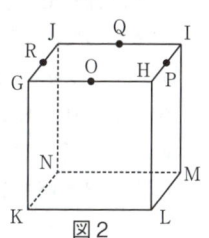

解き方
(1) ① 塾技51 ① より，求める三角すいの体積は，三角形AEFを底面とし高さをCAとする三角すいC-AEFの体積と等しくなるので，
  $3×3÷2×6×\frac{1}{3}=9(cm^3)$
  答 9cm³

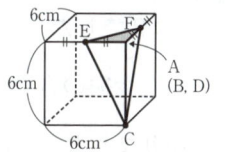

② 求める高さは，①の三角すいを三角形CEFを底面と考えた三角すいA-CEFの高さと等しい。三角形CEFの面積は，
  三角形CEF$=6×6-(3×6÷2+6×3÷2+3×3÷2)=13.5(cm^2)$
  求める高さを□cmとすると，$13.5×□×\frac{1}{3}=9$ □$=2(cm)$
  答 2cm 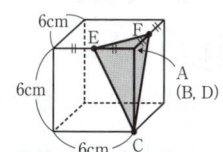

(2) (1)①より切り取った三角すい1つあたりの体積は9cm³とわかるので，求める体積は，$6×6×6-9×4=180(cm^3)$ となる。一方，表面積は，
  $\underset{\text{正方形OPQR}}{6×6÷2} + \underset{\text{三角形KOR 4つ分}}{13.5×4} + \underset{\text{三角形OKL 4つ分}}{6×6÷2×4} + \underset{\text{正方形KLMN}}{6×6} = 180(cm^2)$ 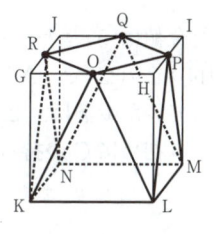
  答 体積180cm³，表面積180cm²

51

塾技 52　チャレンジ！入試問題 の解答（本冊 p.111）

問題 ①　ある遊園地で、子ども 1 人の入園料は大人 1 人の入園料の 70％ です。大人 2 人と子ども 3 人で入園したところ、入園料の合計は 9430 円でした。この遊園地の大人 1 人の入園料はいくらですか。
（桐朋中）Ⓐ

解き方

大人と子供の入園料の比は、100：70＝10：7 となる。大人の入園料を⑩とすると、子どもの入園料は⑦と表すことができるので、大人 2 人と子ども 3 人では、⑩×2＋⑦×3＝㊶ となる。これが、9430 円にあたるので、①は、9430÷41＝230（円）とわかり、大人 1 人の入園料は、
　　大人 1 人の入園料＝⑩＝230×10＝2300（円）

答　2300 円

問題 ②　50 人以上 70 人以下のあるグループを A、B の 2 つのグループに分けました。A、B の人数の比は、16：11 でした。B から A に何人か移動すると、A の人数は B の人数のちょうど 2 倍になりました。このとき、B から A に移動したのは何人ですか。
（豊島岡女子学園中）Ⓑ

解き方

A グループの人数を⑯とおくと、B グループの人数は、⑪と表すことができ、A と B のグループは合わせて、⑯＋⑪＝㉗ となる。A と B の合計人数は、50 人以上 70 人以下の 27 の倍数となるので、27×2＝54（人）とわかる。よって、移動前の A グループの人数は、16×2＝32（人）、B グループの人数は、11×2＝22（人）となる。一方、移動後の A の人数は B の人数の 2 倍となることより、移動後の B の人数を □1 とおくと、A の人数は □2 となり、□1＋□2＝□3 が 54 人にあたるので、移動後の B の人数は、54÷3＝18（人）とわかる。以上より、B から A に移動したのは、22－18＝4（人）

答　4 人

問題 ③　A、B、C の 3 人がそれぞれお金を持っていました。A と B が持っていた金額の比は 3：2 でした。A と B の 2 人が C に同じ金額のお金を渡したところ、C は A と B が持っていた金額の合計の $\frac{1}{4}$ を受け取ったことになり、C は B の 2 倍に、A は C より 150 円少なくなりました。C は、初めにいくら持っていましたか。
（慶應普通部）Ⓑ

解き方

A が持っていた金額を、3 と 2 と 4 の公倍数㉔とすると、B は⑯持っていたことになる。C が受け取った金額は、（㉔＋⑯）×$\frac{1}{4}$＝⑩ で、A と B は同じ金額を渡したことにより、渡した金額は⑤とわかる。受け渡し後の金額は A が、㉔－⑤＝⑲、B が、⑯－⑤＝⑪、C が、⑪×2＝㉒ で、A は C より 150 円少ないので、㉒－⑲＝③ が 150 円とわかる。初めに C が持っていた金額は、㉒－⑩＝⑫ となることより、
　　初めに C が持っていた金額＝⑫＝150÷3×12＝600（円）

答　600 円

52

塾技 53　チャレンジ！入試問題 の解答（本冊 p.113）

問題① エド君は4つの品物 A，B，C，D を買いました。A と B と C を合わせると49個，C と D を合わせると12個，A と B の個数の比は3：5，A と C の個数の比は5：3でした。エド君は D を何個買いましたか。

（江戸川学園取手中）

解き方

右の図より，A と B と C の品物の個数の比は，
A：B：C＝15：25：9 とわかり，49個を比例配分し，
　C の個数＝49÷(15＋25＋9)×9＝9(個)
よって，エド君は D を，12－9＝3(個) 買った。

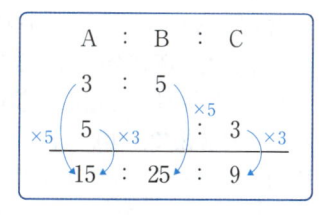

答　3個

```
     A  :  B  :  C
     3  :  5
              ×5
  ×5  5  ×3  :  3  ×3
     15 :  25 :  9
```

問題② 10円玉，50円玉，100円玉があわせて52枚あります。10円玉，50円玉，100円玉のそれぞれの合計の金額の比が3：10：15のとき，100円玉の枚数は □ 枚です。

（明治大付明治中）

解き方

10円玉と50円玉と100円玉の1枚あたりの金額の比は，10：50：100＝1：5：10 となる。一方，合計の金額の比が3：10：15 より，それぞれの枚数の比は，
　(3÷1)：(10÷5)：(15÷10)＝3：2：1.5＝6：4：3
52枚を比例配分すると，100円玉の枚数は，52÷(6＋4＋3)×3＝12(枚)

答　12

問題③ 長さ6mのさおを A，B，C の3本に切って，池の中の同じ地点に順番に立てました。A，B，C の水面より上に出ている部分の長さはそれぞれの長さの $\frac{2}{3}$，$\frac{3}{5}$，$\frac{1}{2}$ になっていました。このとき，次の問いに答えなさい。

(1) A の長さは池の深さの何倍であるか求めなさい。
(2) A の長さは B の長さの何倍であるか求めなさい。
(3) B の長さを求めなさい。

（学習院中）

解き方

(1) A の長さを③とすると，水面より上に出ている部分の長さは②と表すことができるので，水面より下の部分，すなわち池の深さは①となり，A の長さは池の深さの3倍とわかる。

答　3倍

(2) 右の図のように，水面から下の部分の比の項の大きさをそろえると，A の長さは6，B の長さは5と表すことができる。よって，A の長さは B の長さの，
　6÷5＝1.2(倍)

答　1.2倍

(3) (2)の図より，A：B：C＝6：5：4 とわかるので，6m を比例配分して，B の長さは，6÷(6＋5＋4)×5＝2(m)

答　2m

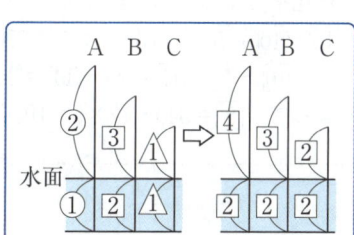

塾技 54 チャレンジ！入試問題 の解答 （本冊 p.115）

問題① A君とB君の所持金の比は7：9でしたが，B君がA君に180円を渡したところ，2人の所持金の比は5：3となりました。A君の初めの所持金は□円です。

（明治大付明治中）Ⓐ

解き方

A君とB君との2人の間のやりとりなので，やりとりの前後で2人の所持金の和は変わらない。塾技54 ① より，和に注目して連比を考える。右の図で，A君はやりとりの前後で，⑩−⑦＝③ 増えているので，③ が180円とわかる。初めのA君の所持金は ⑦ より，
　　□＝⑦＝180÷3×7＝420（円）

答 420

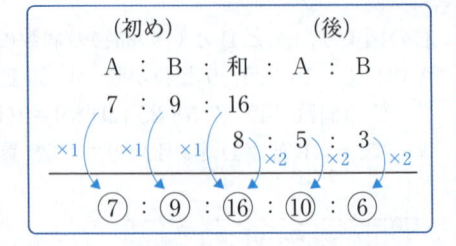

	（初め）			（後）	
A	：	B	：和 ：	A ： B
7	：	9	：16	
				8 ： 5 ： 3
⑦	：	⑨	：⑯ ：	⑩ ： ⑥

問題② あめの入った箱が2箱あります。まず，両方の箱に20個ずつあめを加えたら，箱の中のあめの個数の比は5：3になりました。続けて，両方の箱に50個ずつあめを加えたら，箱の中のあめの個数の比は10：7になりました。次の問いに答えなさい。

(1) 初めに入っていたあめの数は，それぞれ何個でしたか。

(2) その後さらに，両方の箱に同じ個数ずつあめを加えて，箱の中のあめの個数の比を5：4にするには，何個ずつ加えればよいでしょうか。

（立教新座中）Ⓑ

解き方

(1) 両方の箱に20個ずつあめを加えてできた箱を A，B とする。A，B にそれぞれ50個ずつあめを加える前後に注目すると 塾技54 ② より，加える前と後であめの個数の差は変わらない。

右の図で，箱Aは，⑳−⑮＝⑤ 増加しており，これが50個にあたるので，50個加える前の個数は，
　箱A＝⑮＝50÷5×15＝150（個）
　箱B＝⑨＝50÷5×9＝90（個）
よって，求めるあめの個数はそれぞれ，
150−20＝130（個），90−20＝70（個）とわかる。

答 130個，70個

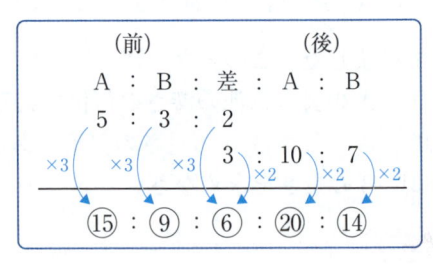

	（前）			（後）	
A	：	B	：差 ：	A ： B
5	：	3	：2	
				3 ： 10 ： 7
⑮	：	⑨	：⑥ ：	⑳ ： ⑭

(2) 10：7の2つの箱をそれぞれC，Dとし，同じ個数のあめを加える前後で，あめの個数の差について連比を考える。右の図より，加えるあめの個数は，15−10＝5 とわかる。ここで(1)より，
　10＋7＝17＝⑳＋⑭＝34＝340（個）
よって，5＝340÷17×5＝100（個）

答 100個

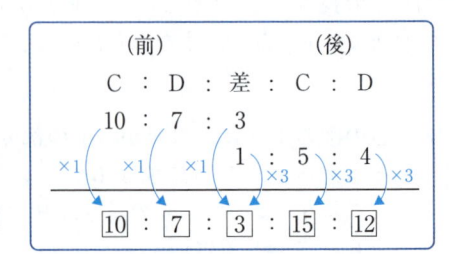

	（前）			（後）	
C	：	D	：差 ：	C ： D
10	：	7	：3	
				1 ： 5 ： 4
10	：	7	：3 ：	15 ： 12

塾技 55 チャレンジ！入試問題 の解答 (本冊 p.117)

問題 ① ある分数があります。その分子に4を加えたら $\frac{1}{2}$ になりました。また，もとの分数の分子と分母にそれぞれ3を加えたら $\frac{2}{5}$ になりました。もとの分数は $\frac{\square}{\square}$ です。

(慶應中等部) Ⓑ

解き方

ある分数の分子に4を加えたときの分子と分母の比は 1:2，分子と分母にそれぞれ3を加えたときの分子と分母の比は 2:5 となる。2つの比のうち，一方の比の大きさをそろえて，

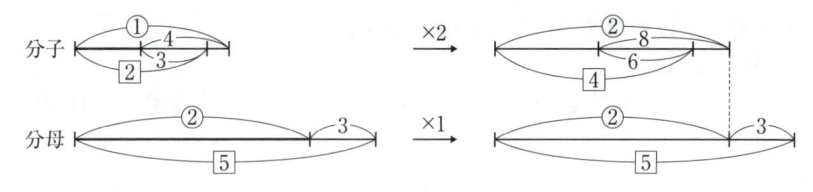

右側の線分図より，⑤－④＝① が，3＋2＝5 とわかるので，
　もとの分数の分子＝②－3＝5×2－3＝7
　もとの分数の分母＝⑤－3＝5×5－3＝22

答 7，22

問題 ② 製品Aと製品Bがあり，個数の比は 8:7 です。また，それぞれの不良品の個数の比は 5:4 で，不良品でないものの個数の比は 9:8 です。次の問いに答えなさい。
(1) 製品Aについて，不良品と不良品でないものの個数の比を求めなさい。
(2) 製品Aの個数が100個以上150個以下であるとき，製品Bの不良品の個数を求めなさい。

(暁星中) Ⓒ

解き方

(1) 製品AおよびBの合計の個数についての比の大きさをそろえて考える。

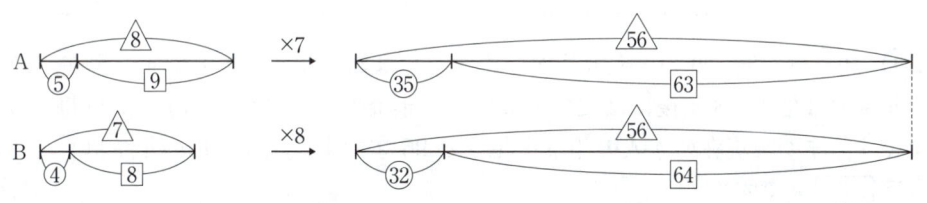

右側の線分図より，㉟＋63 と，32＋64 が等しいことがわかるので，①が③と等しいことがわかる。よって，製品Aの不良品と不良品でないものの個数の比は，
　不良品：不良品でないもの＝⑤：⑨＝⑤：③×9＝⑤：㉗

答 5:27

(2) (1)より製品Aの個数は，5＋27＝32 の倍数とわかり，100個以上150個以下の32の倍数となるので，32×4＝128(個) とわかる。製品Aの不良品の個数は，128÷(5＋27)×5＝20(個) より，
　製品Bの不良品の個数＝20×$\frac{4}{5}$＝16(個)

答 16個

塾技 56 チャレンジ！入試問題 の解答（本冊 p.119）

問題 1　今から9年前おじの年令は兄の年令の2.5倍でした。また、今から6年後おじの年令は兄の年令の$1\frac{2}{3}$倍になります。現在のおじと兄の年令を求めなさい。（大阪星光学院中）A

解き方

9年前のおじと兄の年令の比は5：2，6年後は5：3となる。塾技56 ① より，2人の年令の差に注目して連比を考える。右の図より，おじの年令は，⑮－⑩＝⑤増えており，これが，9＋6＝15（年）分にあたるので，9年前のおじと兄の年令はそれぞれ，15÷5×10＝30（才），15÷5×4＝12（才）となる。
よって，現在おじは39才，兄は21才と求められる。

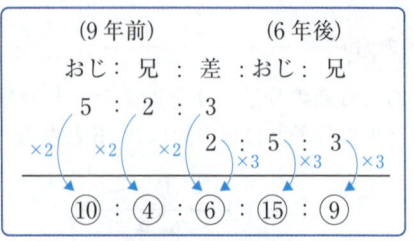

（9年前）			（6年後）	
おじ：兄	：差	：おじ：兄		
5：2	：3			
		2：5：3		
⑩：④	：⑥	：⑮：⑨		

答 おじ39才，兄21才

問題 2　現在，父は40才，母は38才，3人の子供はそれぞれ7才，3才，1才です。父と母の年令の和が，3人の子供の年令の和の2倍になるのは何年後ですか。（國学院大久我山中）A

解き方

現在父と母の年令の和は78才，3人の子供の年令の和は11才となる。和が2倍となるまでに父と母は2人で②，子供は3人で③の年をとると考え，塾技56 ② を利用する。

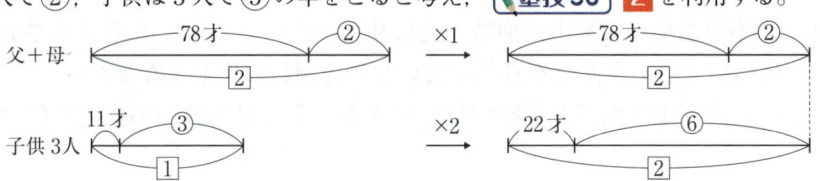

父＋母　　78才　②　　×1　　78才　②
　　　　　　②　　　　　　　　　②

子供3人　11才　③　　×2　　22才　⑥
　　　　　　①　　　　　　　　　②

上の右側の線分図より，⑥－②＝④ が，78－22＝56（才）とわかる。父と母は2人合わせて②の年をとり，②＝56÷4×2＝28（才）より，求める年は，28÷2＝14（年後）

答 14年後

問題 3　父，母，兄，妹の4人家族がいます。兄は妹より4才年上です。現在，母の年令は兄の年令の3倍で，8年後には父の年令は妹の年令の3倍になります。父は母より□才年上です。また，現在の4人の年令を足すと96才です。現在，母の年令は□才，妹の年令は□才です。（愛光中）B

解き方

塾技56 ③ より，現在の妹の年令を①として表で整理する。8年後の父と母の年令の差を考え，父は母より，（③＋24）－（③＋20）＝4（才）年上とわかる。一方，現在の父は，③＋24－8＝③＋16（才）で，現在の4人の年令を全て足すと，
（③＋16）＋（③＋12）＋（①＋4）＋①＝⑧＋32（才）

	父	母	兄	妹
現在		③＋12	①＋4	①
8年後	③＋24	③＋20	①＋12	①＋8

これが96才と等しくなるため，⑧が，96－32＝64（才）とわかり，現在の妹は，64÷8＝8（才），現在の母は，8×3＋12＝36（才）とそれぞれ求められる。

答 4，36，8

塾技 57 チャレンジ！入試問題 の解答（本冊 p.121）

問題 A，B，C，Dの4人である仕事をすると，仕上げるのに30時間かかります。この仕事を仕上げる時間について次のア，イ，ウがわかっています。

　ア．Aが1人ですると，B，C，Dが3人でするときの5倍の時間がかかる。

　イ．A，Bが2人ですると，C，Dが2人でするときの1.25倍の時間がかかる。

　ウ．Cが1人ですると，Dが1人でするときの1.5倍の時間がかかる。

(1) Aが1人でこの仕事を仕上げるのに何時間かかりますか。

(2) Bが1人でこの仕事を仕上げるのに何時間かかりますか。

(3) Cが1人でこの仕事を始めましたが，途中からDが加わり，Cが始めてから63時間で仕上げました。C，Dが2人で仕事をしたのは何時間ですか。　　　　　　（桐朋中）

解き方

(1) ある決まった量の仕事を仕上げるとき，単位時間あたりの仕事量とかかる時間とは互いに反比例の関係となる。アより，Aがこの仕事を仕上げるのにかかる時間と，B，C，Dの3人がこの仕事を仕上げるのにかかる時間の比は5：1とわかるので，塾技57 より，Aが1時間にする仕事量とB，C，Dの3人が1時間にする仕事量の比は，その逆比の1：5とわかる。よって，Aが1時間にする仕事量を①とすると，仕事全体の量は，（①+⑤）×30＝⑱⓪ となり，Aが1人でこの仕事を仕上げるのに，⑱⓪÷①＝180（時間）かかる。　**答 180時間**

(2) イより，AとBの2人がこの仕事を仕上げるのにかかる時間と，CとDの2人がこの仕事を仕上げるのにかかる時間の比は，1.25：1＝5：4となるので，A，B2人とC，D2人の1時間あたりの仕事量の比は，その逆比の4：5となる。(1)より，A，B，C，D4人の1時間あたりの仕事量の合計は，①+⑤＝⑥で，⑥を4：5に比例配分すると，A，B2人の1時間あたりの仕事量は，⑥÷(4+5)×4＝$\frac{⑧}{3}$ とわかる。よって，B1人の1時間あたりの仕事量は，$\frac{⑧}{3}$－①＝$\frac{⑤}{3}$ となるので，B1人では，⑱⓪÷$\frac{⑤}{3}$＝108（時間）かかる。　**答 108時間**

(3) ウより，Cがこの仕事を仕上げるのにかかる時間と，Dがこの仕事を仕上げるのにかかる時間の比は，1.5：1＝3：2となり，C1人とD1人の1時間あたりの仕事量の比は，2：3とわかる。(2)より，C，D2人の1時間あたりの仕事量は，⑥－$\frac{⑧}{3}$＝$\frac{⑩}{3}$ となるので，$\frac{⑩}{3}$ を2：3に比例配分し，Cは1時間に，$\frac{⑩}{3}$÷(2+3)×2＝$\frac{④}{3}$，Dは1時間に，$\frac{⑩}{3}$÷(2+3)×3＝② の仕事をそれぞれ行う。Cは63時間で，$\frac{④}{3}$×63＝⑧④ の仕事をするので，Dがした仕事量は，⑱⓪－⑧④＝⑨⑥ とわかる。求める時間はDが仕事をした時間と等しいので，⑨⑥÷②＝48（時間）　**答 48時間**

塾技 58 チャレンジ！入試問題 の解答 (本冊 p.123)

問題① 太郎君がお父さんと100m走をしたところ，お父さんがゴールしたとき，太郎君はゴールの5m手前にいました。このとき，次の問いに答えなさい。
(1) 太郎君の走る速さとお父さんの走る速さの比を最も簡単な整数の比で表しなさい。
(2) お父さんの出発地点を何m後ろにすると同時にゴールしますか。　(東邦大附東邦中) Ⓐ

解き方
(1) 同じ時間で走る太郎君とお父さんの距離の比は，95：100＝19：20 となる。塾技58 ②より，速さの比は距離の比と等しくなるので，速さの比も 19：20 となる。　**答** 19：20

(2) 太郎君が100m走る間にお父さんは，$100 \div 19 \times 20 = \frac{2000}{19} = 105\frac{5}{19}$ (m) 走ることになる。よって，お父さんの出発地点を，$105\frac{5}{19} - 100 = 5\frac{5}{19}$ (m) 後ろにすればよい。　**答** $5\frac{5}{19}$ m

問題② A君は一定の速さでPQ間を一往復します。B君はA君がPQ間のちょうど半分の場所に来たときPを出発して一定の速さでQに向かい，Qに着くとすぐに2倍の速さでPにもどります。右の図は2人の進行を表すグラフです。
(1) **ア**の値は ☐ 分です。
(2) **イ**の値は ☐ 分です。　(芝中) Ⓑ

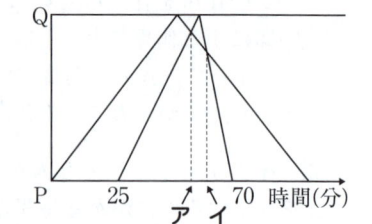

解き方
(1) B君が出発するのはA君が出発してから25分後なので，A君がPQ間をちょうど半分の場所に来るまでにかかる時間は25分，片道には50分かかることがわかる。一方，B君の往復の時間は，70－25＝45(分) で，行きと帰りの速さの比は1：2となる。塾技58 ③ より，B君の行きと帰りの時間の比は速さの比の逆比2：1となるので，B君は行きに，45÷3×2＝30(分)，帰りに，45－30＝15(分) かかることがわかる。よって，A君とB君の行きにかかる時間の比は，50：30＝5：3 となり，A君とB君の行きの速さの比は，3：5 とわかる。A君とB君の行きの速さをそれぞれ毎分③，毎分⑤とすると，A君がQに着いたときのB君との間の距離は，③×50－⑤×(50－25)＝㉕ となることにより，その後2人が出会うまでにかかる時間は，㉕÷(③＋⑤)＝$\frac{25}{8}$(分) となる。以上より，

ア ＝ $50 + \frac{25}{8} = 50 + 3\frac{1}{8} = 53\frac{1}{8}$ (分)　**答** $53\frac{1}{8}$

(2) A君がQに着くのが50分，B君がQに着くのが，25＋30＝55(分) なので，A君がQに着いてからB君がQに着くまでにかかる時間は，55－50＝5(分) とわかる。よって，B君がQに着いたときの2人の間の距離は，③×5＝⑮ となり，B君の帰りの分速は，⑤×2＝⑩ より，B君がA君に追いつくのにかかる時間は，⑮÷(⑩－③)＝$\frac{15}{7}$(分) となる。以上より，

イ ＝ $25 + 30 + \frac{15}{7} = 57\frac{1}{7}$ (分)　**答** $57\frac{1}{7}$

塾技 59 チャレンジ！入試問題 の解答 (本冊 p.125)

問題 ① 流れの速さが時速 3km である川の川上に A 地，川下に B 地があります。船 X は A 地から B 地へ向かい，船 Y は B 地から A 地へ向かい同時に出発しました。船 X は B 地に着いてすぐ A 地に向かったところ，船 X と船 Y は同時に A 地に着きました。グラフは，そのときの様子を表したものです。

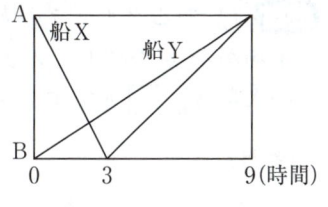

(1) 船 X と船 Y が最初に出会うのは，出発してから何時間何分後ですか。

(2) A 地と B 地の間の距離は何 km ですか。

(田園調布学園中等部)

解き方

(1) 船 X の下りにかかる時間と船 Y の上りにかかる時間の比は，3：9＝1：3 となるので，船 X の下りの速さと船 Y の上りの速さの比はその逆比 3：1 となる。船 X の下りの速さを③，船 Y の上りの速さを①とすると，AB 間の距離は，①×9＝⑨ となるので，求める時間は，
⑨÷（③＋①）＝2.25（時間）＝2 時間 15 分

答 2 時間 15 分後

(2) 船 X の下りと上りにかかる時間の比は，3：（9－3）＝1：2 より，船 X の下りと上りの速さの比は，②：① となる。すると，川の流れの速さは，（②－①）÷2＝⓪.⑤ となり，これが時速 3km にあたるので，上りの時速は，3×2＝6(km) とわかる。船 X は上りに 6 時間かかっているので，
AB 間の距離＝6×6＝36(km)

答 36 km

問題 ② J 子さんが 10 歩で歩く距離を，お母さんはいつも 8 歩で歩きます。

(1) J 子さんとお母さんが手をつないで横に並んで歩くとき，J 子さんが 115 歩進む間に，お母さんは何歩進みますか。

(2) J 子さんが家を出て 625 歩進んだとき，お母さんは家を出て，いつもと同じ歩幅で J 子さんの 1.5 倍の速さで追いかけました。お母さんが J 子さんに追いつくのは，家を出てから何歩進んだときですか。

(女子学院中)

解き方

(1) 同じ距離を歩くとき，J 子さんとお母さんの歩数の比は，10：8＝5：4 で，塾技 59 ① より，J 子さんとお母さんの歩幅の比は④：⑤ となる。J 子さんは 115 歩で，④×115＝④⑥⓪ 進むので，お母さんの歩数は，④⑥⓪÷⑤＝92（歩）

答 92 歩

(2) J 子さんは 625 歩で，④×625＝②⑤⓪⓪ 進むことになる。J 子さんとお母さんの速さの比は，1：1.5＝2：3 で，塾技 58 ② より，時間が一定のとき距離の比は速さの比と等しくなるため，J 子さんが ②⑤⓪⓪ 進んだあと，お母さんが J 子さんに追いつくまでに進んだ 2 人の距離の比も ②：③ となる。
右の線分図より，③－②＝① が ②⑤⓪⓪ にあたるので，お母さんが J 子さんに追いつくまでに進んだ距離は，②⑤⓪⓪×3＝⑦⑤⓪⓪ とわかる。求める歩数はお母さんの歩幅の ⑤ で割って，
⑦⑤⓪⓪÷⑤＝1500（歩）

答 1500 歩

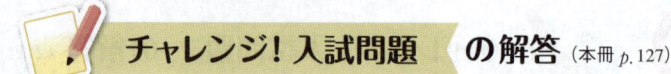

塾技 60 チャレンジ! 入試問題 の解答 (本冊 p.127)

問題 ①
あるグループの人数は8人で，算数のテストの平均は73.5点でした。この8人に平均が83点のグループを加えたところ，全体の平均が79点になりました。加えたグループの人数は □ 人です。　(青山学院中等部) Ⓐ

解き方

右のてんびん図で，全体の平均点と2つのグループの平均点との差の比は，5.5：4＝11：8 となるので，人数の比はその逆比の，⑧：⑪ となる。⑧ が8人にあたるので，

加えたグループの人数＝⑪＝11 (人)

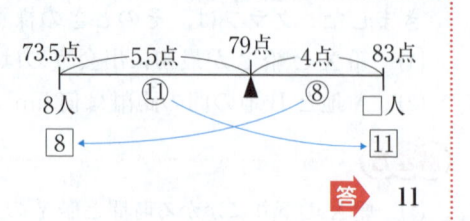

答 11

問題 ②
8%の食塩水Aと20%の食塩水Bをいくらかずつ混ぜて15%の食塩水を作ります。AとBの混ぜる量の差が80gであるとき，Aを □ g混ぜればよいです。　(芝中) Ⓐ

解き方

混ぜ合わせた食塩水AとBの量をそれぞれア，イとしててんびん図をかく。右の図で，⑦−⑤＝② が80gにあたるので，アは，80÷2×5＝200 (g)

答 200

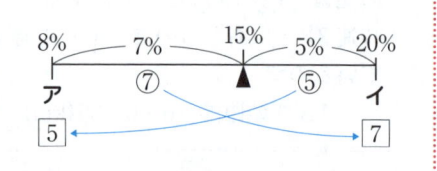

問題 ③
濃度8%の食塩水Aと濃度15%の食塩水Bを混ぜて，10%の食塩水を作ろうとしました。ところが，食塩水Bを予定より100g多く入れてしまったため，濃度10.8%の食塩水ができました。このとき，混ぜた食塩水Aの量は □ gです。　(明治大付明治中) Ⓑ

解き方

混ぜ合わせた食塩水Aの量をア，食塩水Bの予定の量をイ，食塩水Bの実際の量をウとする。

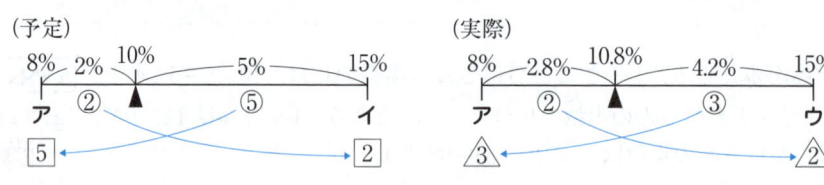

上の図で，アとイとウの比をそろえる。塾技53 より，連比を求めると右の図のようになり，⑩−⑥＝④ が100gにあたるので，混ぜた食塩水Aの量にあたる⑮は，

⑮＝100÷4×15＝375 (g)

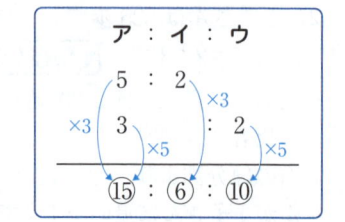

答 375

塾技 61 チャレンジ！入試問題 の解答（本冊 p.129）

問題 1 右の図のような3つの直方体を組み合わせた形の水のもれない容器に水が入っています。今，図のA面を底面として，水平においたところ，水の高さは底から50cmでした。この容器をB面を底面とするときの水の深さは □ cmです。
（芝中）

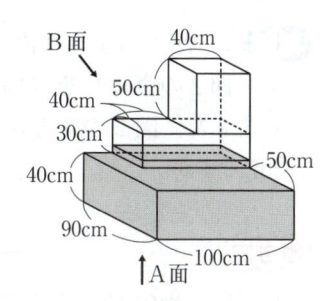

解き方

塾技61 ③ より，空どう部分の体積について考える。

空どう部分の体積＝$40×40×50＋40×80×20＝144000(cm^3)$

右の図のように，B面を下にしたときにできる空どう部分の直方体の高さを □ cm とすると， □ ＝$144000÷(40×100)＝36(cm)$

よって，求める水の深さは，$90－36＝54(cm)$

答 54

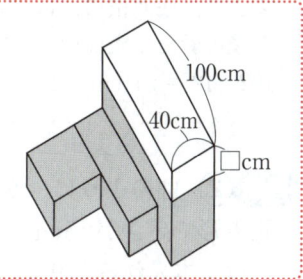

問題 2 右の図のような円柱の形をした容器A，B，Cがあります。3つの容器の深さは全て120cmで，底面の円の面積は，BがAの$\frac{4}{5}$倍，CがBの$\frac{3}{4}$倍です。Aの容器には84cmの深さまで水が入っていて，BとCは空になっています。

このとき，次の各問いに答えなさい。

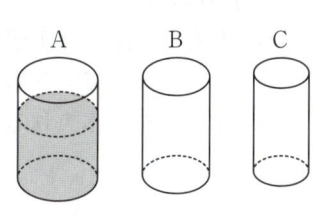

(1) Aに入っている全ての水をBに移すと，水の深さは何cmになりますか。

(2) Aに入っている全ての水をBとCに同じ量ずつ分けて入れると，BとCの水の深さの差は何cmになりますか。

(3) Aに入っている全ての水をBとCに分けて入れ，BとCの水の深さが同じになるようにすると，水の深さは何cmになりますか。
（星野学園中）

解き方

(1) AとBの底面積の比は5：4となるので，塾技61 ② より，水位の比は④：⑤となる。④が84cmにあたるので，Bの深さ⑤は，$84÷4×5＝105(cm)$

答 105cm

(2) BとCの底面積の比は4：3となるので，塾技61 ② より，水位の比は③：④となる。ここで，Bの深さは，(1)のときの半分となるので，③が，$105÷2＝52.5(cm)$にあたる。よって，BとCの水の深さの差は，④－③＝①＝$52.5÷3＝17.5(cm)$

答 17.5cm

(3) 各容器の底面積の比は，AとBが5：4，BとCが4：3なので，A：B：Cは5：4：3となる。ここでBとCの底面を1つにした容器Dを考えると，AとDの底面積の比は，5：(4＋3)＝5：7となるので，同じ量の水を入れたときの水位の比は⑦：⑤となる。⑦が84cmにあたるので容器Dすなわち容器BとCの水の深さは，$84÷7×5＝60(cm)$

答 60cm

塾技 62 チャレンジ！入試問題 の解答 (本冊 p.131)

問題① 図1のような直方体の容器に水が入っています。この中に図2の直方体を底面に垂直に立てると、水面が3cm上がりました。図2の直方体の底面は正方形です。1辺の長さは何cmですか。
（日本女子大附中） A

解き方

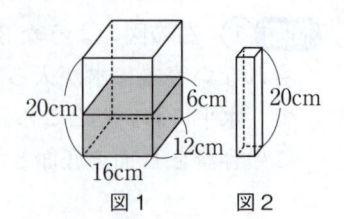

直方体を水の中に入れる前と後の水面の高さの比は、6：9＝2：3となるので、塾技62 ②(2)より、底面積の比は③：②となる。③が12×16＝192(cm²)にあたるので、直方体を入れた後の新たな底面積②は、192÷3×2＝128(cm²)とわかる。よって、入れた直方体の底面積は、192－128＝64(cm²)とわかるので、64＝8×8より、1辺は8cmと求められる。　**答　8cm**

問題② 図のように、水の入っている直方体の容器に、底面が正方形で高さが15cmの直方体のおもりを入れます。水面の高さは1本入れると9.6cm、2本入れると12cmになります。次の問いに答えなさい。

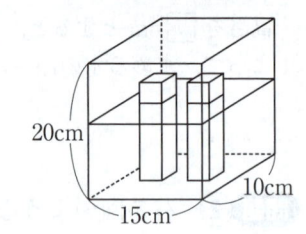

(1) おもりの底面の1辺の長さは何cmですか。
(2) 容器に入っている水の量は何cm³ですか。
(3) おもりを3本入れると水面の高さは何cmになりますか。
（早稲田中） B

解き方

(1) おもりを1本入れたときと2本入れたときの高さの比は、9.6：12＝96：120＝4：5となるので、塾技62 ②(2)より、底面積の比は⑤：④とわかり、おもり1本あたりの底面積は、⑤－④＝①とわかる。一方、おもりが何も入っていないときの底面積は、⑤＋①＝⑥で、これが10×15＝150(cm²)にあたるので、①は150÷6＝25(cm²)となり、25＝5×5より、おもりの底面の1辺の長さは5cmと求められる。　**答　5cm**

(2) おもりを2本入れたときの新たな底面積は、150－25×2＝100(cm²)で、高さは12cmより、
容器に入っている水の量＝100×12＝1200(cm³)　**答　1200cm³**

(3) おもりを3本入れたとき、ちょうど水位がおもりの高さ15cmになったとすると、容器に入っている水の体積は、(150－25×3)×15＝1125(cm³)ということになる。ところが、(2)より、実際にはさらに、1200－1125＝75(cm³)の水が入っているため、おもりを3本入れるとおもりは完全に水につかり、水位は15cmより高くなることがわかる。15cmより上の部分の水位は、75÷150＝0.5(cm)となるので、求める水面の高さは、15＋0.5＝15.5(cm)となる。　**答　15.5cm**

塾技 63　チャレンジ！入試問題　の解答 (本冊 p.133)

問題　右の図のような2枚の板で仕切られた容器があります。この容器がいっぱいになるまで水を注ぎます。下のグラフは，毎秒 $8cm^3$ で水を㋒の部分に注ぐとき，入れ始めてからの時間と㋑の部分の水面の高さの関係を表しています。

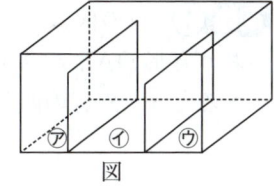

(1) ㋐と㋑と㋒の部分の底面積の比を最も簡単な整数の比で求めなさい。

(2) 次に，この容器をからにして，あらかじめ㋐の部分に $80cm^3$ の水を入れておきます。毎秒 $10cm^3$ で水を㋐の部分に注ぎ始め，その60秒後に毎秒 $10cm^3$ で水を㋑の部分にも注ぎ始めます。水を㋐の部分に注ぎ始めてから容器がいっぱいになるまで何分何秒かかりますか。

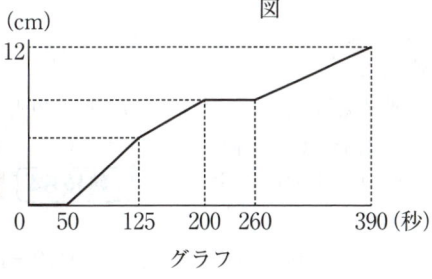

(3) (2)で，㋑の部分の水面の高さが $4cm$ になるのは，水を㋐の部分に注ぎ始めてから何分何秒後ですか。

(海城中)

解き方

(1) 水は右の図の①から⑤の順に入っていく。塾技63 ① より，㋑の部分と㋒の部分の底面積の比は，$75:50=3:2$ となり，㋐の部分と㋑と㋒を合わせた部分の底面積の比は，$60:(75+75+50)=60:200=3:10$ となる。ここで，㋐の部分の底面積を ③ とすると，㋑の部分の底面積は，$\boxed{10}÷(3+2)×3=\boxed{6}$，㋒の部分の底面積は，$\boxed{10}-\boxed{6}=\boxed{4}$ となるので，求める底面積の比は，$3:6:4$ となる。

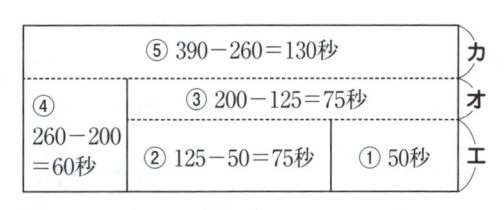

答　3：6：4

(2) 容器に入る水の体積は，$8×390=3120(cm^3)$ で，あらかじめ $80cm^3$ の水が入っていることから，残り $3120-80=3040(cm^3)$ の水を入れればよい。まず60秒で，$10×60=600(cm^3)$ の水が入り，その後は毎秒 $(10+10)=20(cm^3)$ の水を入れることになるため，求める時間は，
　　$60+(3040-600)÷20=182$（秒）$=3$ 分 2 秒

答　3分2秒

(3) (1)の図でエとオの長さの比は，塾技63 ② より，$(75+50):75=5:3$，エとオの和とカの長さの比は，$(60+75+75+50):130=2:1$ となる。容器の高さは $12cm$ なので，エとオの長さの和は，$12÷(2+1)×2=8(cm)$，エの長さは，$8÷(5+3)×5=5(cm)$ とわかる。一方，④の部分の体積は，$8×60=480(cm^3)$，②の部分の体積は，$8×75=600(cm^3)$ で，㋐の部分に水を注ぎ始めてから，$(480-80)÷10=40$（秒）で④の部分はいっぱいになり，初めに入れた60秒のうち残り20秒で $10×20=200(cm^3)$ の水が②の部分に入る。②の部分 $4cm$ ぶんの体積は，$600÷5×4=480(cm^3)$ より，求める時間は，$60+(480-200)÷(10+10)=74$（秒）$=1$ 分 14 秒

答　1分14秒

塾技 64 チャレンジ！入試問題 の解答（本冊 p.135）

問題 ① 右の図は，半径が10cmで，中心角が90°のおうぎ形OABです。おうぎ形OABのAからBまでの円周の部分を3等分する点をC, Dとするとき，斜線の四角形ABDCの面積は ☐ cm² です。
（明治大付明治中）

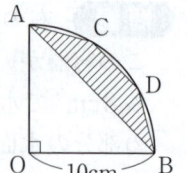

解き方

求める面積は，三角形AOCと三角形CODと三角形DOBの面積の和から，三角形AOBの面積を引けばよい。三角形DOBで，OBを底辺としたときの高さをDHとすると，塾技64 ① より，DH＝10÷2＝5(cm)となるので，

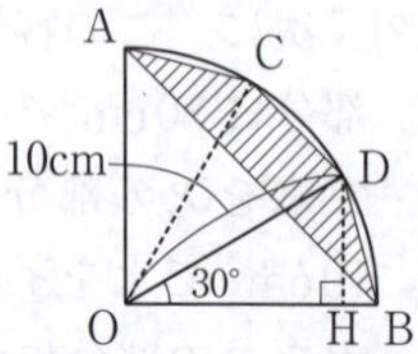

　　四角形ABDC＝(10×5÷2)×3－10×10÷2＝25(cm²)　**答 25**

問題 ② 右の図で，正方形の中の黒い部分アとイの面積はそれぞれ何cm²ですか。円周率を3.14として計算しなさい。
（桐朋中）

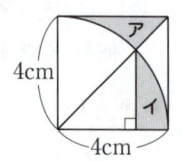

解き方

右の図のように各点をとると，アは，三角形ABDからおうぎ形ABEの面積を引いて，ア＝4×4÷2－4×4×3.14×$\frac{45}{360}$＝1.72(cm²)と求められる。一方，イは，おうぎ形EBCと三角形EBFの差となる。塾技64 ② より，FH＝4÷2＝2(cm)なので，イ＝4×4×3.14×$\frac{45}{360}$－4×2÷2＝2.28(cm²)

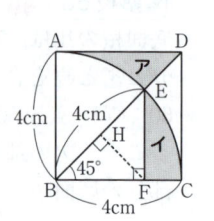

答　ア：1.72cm²，イ：2.28cm²

問題 ③ 右の図1のような三角形ABCの頂点A, Bを中心として，半径6cmの円をかきました。図2の斜線を引いた部分の面積は何cm²ですか。
（早稲田中）

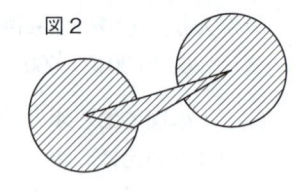

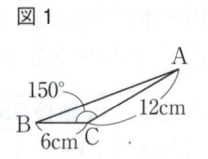

解き方

右の図のように，三角形ABCで，BCを底辺としたときの高さをAHとすると，塾技64 ① より，AH＝AC÷2＝12÷2＝6(cm)となるので，三角形ABCの面積は，6×6÷2＝18(cm²)とわかる。一方，三角形の内角の和は180°より，角Bと角Aの和は，180－150＝30(度)となるので，図2で円と三角形が重なった部分の2つのおうぎ形の中心角の和は30度とわかる。以上より，求める面積は，円2つ分と三角形の面積との和から重なり部分のおうぎ形を引き，

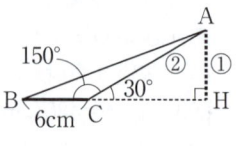

6×6×3.14×2＋18－6×6×3.14×$\frac{30}{360}$＝(72－3)×3.14＋18＝234.66(cm²)　**答 234.66cm²**

塾技 65 チャレンジ！入試問題 の解答（本冊 p.137）

問題 ① AC の長さが 24cm である三角形 ABC を，図のように面積の等しい 6 つの三角形に分けます。このとき，次の各問いに答えなさい。

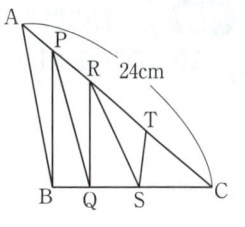

(1) AP：PC を最も簡単な整数の比で表しなさい。
(2) PR：RC を最も簡単な整数の比で表しなさい。
(3) RT の長さを求めなさい。

（獨協埼玉中）

解き方

(1) 塾技65 ② より，AP：PC＝三角形 BAP：三角形 BPC＝1：5 　　**答** 1：5

(2) 塾技65 ② より，PR：RC＝三角形 QPR：三角形 QRC＝1：3 　　**答** 1：3

(3) (1)より，PC＝$24 \times \dfrac{5}{1+5} = 20$ (cm)，(2)より，RC＝$20 \times \dfrac{3}{1+3} = 15$ (cm) とわかる。
RT：TC＝三角形 SRT：三角形 STC＝1：1 より，RT＝15÷2＝7.5 (cm) 　　**答** 7.5cm

問題 ② 右の図の三角形 ABC の面積は 3cm² です。辺については AB＝AD，BC＝BE，CA＝CF，ED＝DG が成り立っています。このとき，三角形 EFG の面積は何 cm² ですか。

（海城中）

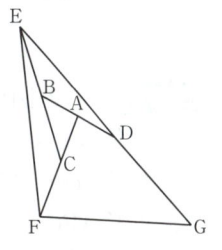

解き方

三角形 ABC の面積を①とすると，図 1～図 4 より，三角形 ABE，三角形 ADE，三角形 ACD，三角形 CDF もそれぞれ全て①とおける。また図 5 より，三角形 EFC は②となるので，三角形 EFD は，①×5＋②＝⑦ とわかり，図 6 より，三角形 DFG も⑦とわかる。以上より，三角形 EFG は⑭となり，①が 3cm² にあたるので，求める面積は，3×14＝42 (cm²)

答 42cm²

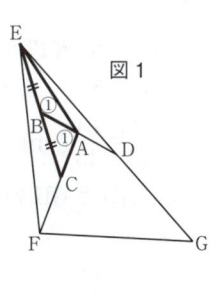

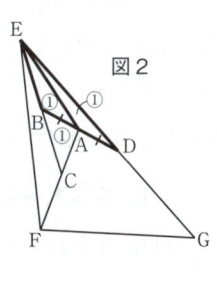

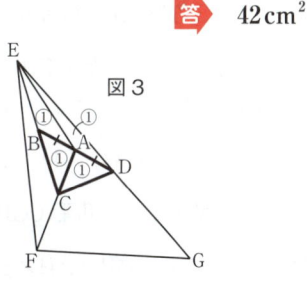

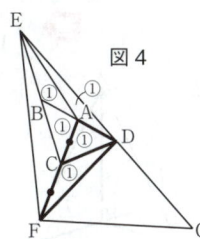

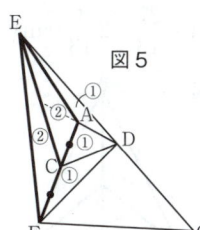

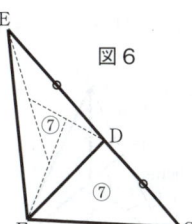

65

塾技 66 チャレンジ！入試問題 の解答（本冊 p.139）

問題 ① 右の図の三角形 ABC について，BE：EC＝3：1，AF：FC＝1：1 です。このとき，AD：DB＝ □ ： □ です。

（田園調布学園中等部）

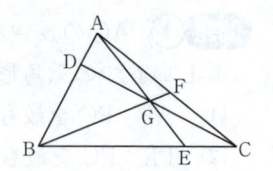

解き方

塾技66 を用いて考えればよい。図1より，三角形 ABG：三角形 ACG＝BE：EC＝3：1 とわかり，図2より，三角形 ABG：三角形 CBG＝AF：FC＝1：1＝3：3 とわかる。ここで，求める辺の比は，三角形 CAG と三角形 CBG の面積の比と等しくなるので，図3より，
　　AD：DB＝三角形 CAG：三角形 CBG＝1：3

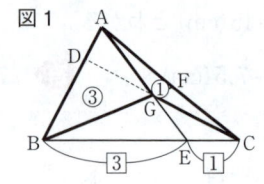

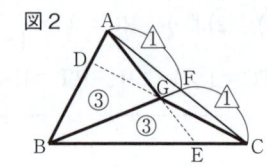

答 1，3

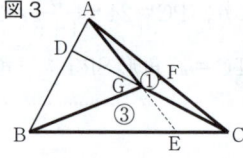

問題 ② 右の図の三角形 ABC は AB の長さと AC の長さが等しい二等辺三角形です。また，AH と BC は垂直で，AD の長さは 4cm，DE の長さは 3cm，EB の長さは 2cm，AH の長さは 8cm です。このとき，三角形 AFC の面積は三角形 ABC の面積の □ 倍です。また，FG の長さは □ cm です。

（灘中）

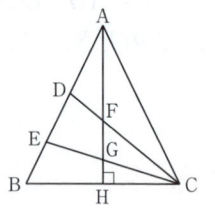

解き方

三角形 ABC は二等辺三角形なので，三角形 ABH と三角形 ACH は合同となり，BH＝CH となる。図1および図2より，三角形 AFC：三角形 ABC＝4：（4＋5＋4）＝4：13 となることがわかるので，三角形 AFC の面積は三角形 ABC の面積の $\frac{4}{13}$ 倍と求められる。

次に，図1で，三角形 CFH と三角形 BFH は高さの等しい三角形より，面積比は底辺の比と等しく，CH：BH＝1：1 となるので，三角形 CFH＝⑤÷2＝②.⑤ と表すことができる。よって，AF と FH の長さの比は，④：②.⑤＝8：5 とわかり，AF＝AH×$\frac{8}{8+5}$＝8×$\frac{8}{13}$＝$\frac{64}{13}$（cm）とわかる。同様に，図3で，三角形 CGH は，②÷2＝① と表すことができるので，AG と GH の長さの比は 7：1 となり，GH＝AH×$\frac{1}{7+1}$＝8×$\frac{1}{8}$＝1（cm）とわかる。

よって，FG＝AH－AF－GH＝8－$\frac{64}{13}$－1＝$\frac{27}{13}$＝2$\frac{1}{13}$（cm）

答 $\frac{4}{13}$，2$\frac{1}{13}$

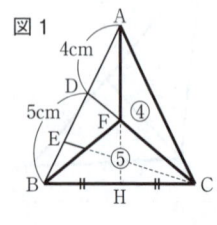

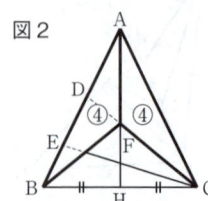

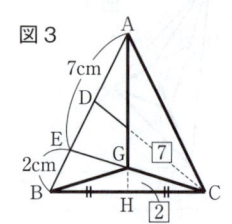

塾技 67 チャレンジ！入試問題 の解答（本冊 p.141）

問題 ① 右の図の三角形 ABC の面積は 100cm² です。点 D，E はそれぞれ辺 AB，AC 上の点で，直線 AD と直線 DB の長さの比は 2：3，直線 AE と直線 EC の長さの比は 3：2 です。点 F は辺 BC の真ん中の点です。点 P は直線 AF と直線 DE が交わってできる点です。

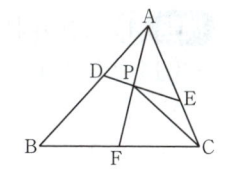

(1) 三角形 ADE の面積を求めなさい。
(2) 三角形 APC の面積を求めなさい。
(3) 四角形 PFCE の面積を求めなさい。

（フェリス女学院中）B

解き方

(1) 塾技67 より，三角形 ADE と三角形 ABC の面積比は，$(2×3):(5×5)=6:25$ となるので，三角形 ADE＝$100÷25×6＝24$（cm²）　**答 24cm²**

(2) 図1～図3 より，三角形 ADE と三角形 APC はともに⑤とわかるので，(1)より，24cm²　**答 24cm²**

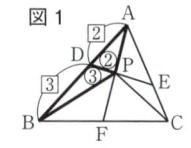

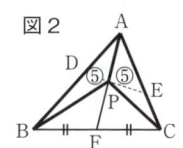

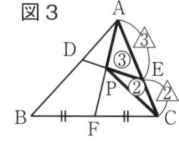

(3) (2)より，三角形 APE＝$24÷(3+2)×3＝14.4$（cm²）とわかる。三角形 AFC＝$100÷2＝50$（cm²）より，四角形 PFCE＝三角形 AFC－三角形 APE＝$50－14.4＝35.6$（cm²）　**答 35.6cm²**

問題 ② 右の図のように，正三角形 ABC のそれぞれの辺を 3 等分する点を D，E，F，G，H，I とし，A～I のうち，3 点を結んで三角形を作ります。

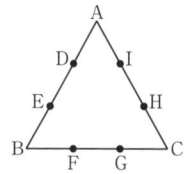

(1) 3 点 E，F，I を結んでできる三角形の面積は正三角形 ABC の面積の何倍ですか。

(2) 3 点を結んでできる三角形のうち，正三角形 ABC の面積の $\frac{1}{3}$ となるものは何通りありますか。

（豊島岡女子学園中）B

解き方

(1) 塾技67 より，三角形 AEI：三角形 ABC＝AE×AI：AB×AC＝$(2×1):(3×3)=2:9$ とわかる。同様に，三角形 BEF：三角形 ABC＝1：9，三角形 CFI：三角形 ABC＝4：9 とわかるので，三角形 ABC の面積を⑨とすると，三角形 AEI，三角形 BEF，三角形 CFI はそれぞれ②，①，④となり，三角形 EFI：三角形 ABC＝(⑨－②－①－④)：⑨＝2：9　**答 $\frac{2}{9}$ 倍**

(2) 正三角形 ABC の面積が⑨のとき，(1)および 図1，図2 より，三角形 EGI と三角形 DFH の面積はともに③となり，正三角形 ABC の $\frac{1}{3}$ 倍となる。他にも，正三角形 ABC の $\frac{1}{3}$ 倍となるのは，図3～図5 の 9 通りあるので，合計 11 通りと求められる。　**答 11 通り**

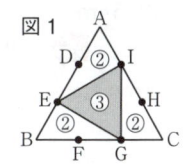

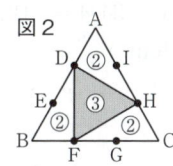

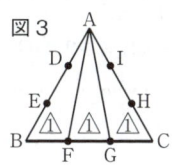

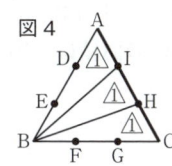

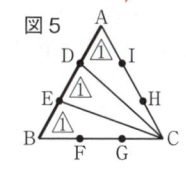

塾技 68 チャレンジ！入試問題 の解答（本冊 p.143）

問題① 右の図は，円と直角三角形を組み合わせたものです。円周率は3.14とします。
(1) x はいくつですか。
(2) 斜線部分の面積は何 cm^2 ですか。（三輪田学園中）Ⓐ

解き方

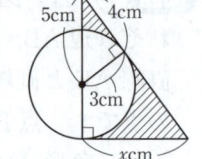

(1) 右の図のように各点をとると，直角三角形 ABC と直角三角形 ADO は2組の角がそれぞれ等しく相似となるので，塾技68 ① より，
   AB：AD＝BC：DO
   8：4＝x：3
   4×x＝24 ）内項の積＝外項の積（塾技52）
   x＝6(cm)

答 6

(2) 直角三角形 ABC の面積から半径3cmの半円の面積を引いて，
   6×8÷2－3×3×3.14÷2＝9.87(cm^2)

答 9.87 cm^2

問題② 右の図において，四角形 DEFG，四角形 GHCI はともに正方形で，角 AJD＝90°，GH＝2cm，FH＝5cm とします。
(1) AJ の長さは □ cm です。
(2) 三角形 ABC の面積は □ cm^2 です。（芝中）Ⓑ

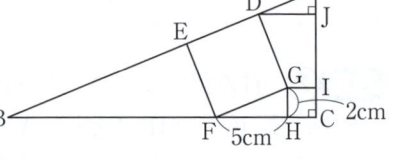

解き方

(1) G から DJ に引いた垂直な直線と DJ が交わる点を K とする。右の図で，角 GFH＝○，角 FGH＝● とすると，○＋●＝180－90＝90(度) となる。一方，角 DGK と角 FGH の和は90度となるので，角 DGK＝角 GFH＝○ となり，角 DGK と角 GDK の和も90度となるので，角 GDK＝角 FGH＝● となる。さらに，GF＝GD より，1つの辺の長さとその両はしの角が等しくなるので，三角形 GFH と三角形 DGK は合同となり，DK＝GH＝2cm とわかる。また，四角形 GHCI は正方形より，GI＝GH＝2cm，DJ＝DK＋KJ＝DK＋GI＝2＋2＝4(cm) となる。ここで，三角形 ADJ と三角形 GFH は相似なので，
   AJ：GH＝DJ：FH　AJ：2＝4：5　AJ×5＝8　AJ＝1.6cm

答 1.6

(2) JI＝KG＝5cm より，AC＝AJ＋JI＋IC＝1.6＋5＋2＝8.6(cm) とわかる。一方，三角形 ADJ と三角形 ABC は相似となるので，
   AJ：AC＝DJ：BC　1.6：8.6＝4：BC　1.6×BC＝34.4　BC＝21.5cm
以上より，三角形 ABC の面積は，21.5×8.6÷2＝92.45(cm^2)

答 92.45

塾技 69 チャレンジ！入試問題 の解答（本冊 p.145）

問題 ① 図のように，1辺が 10cm の正方形 ABCD の辺 AB 上に点 E を BE＝7cm，辺 DC 上に点 F を CF＝5cm となるようにとります。このとき，斜線部分の面積は ☐ cm² になります。

（桐光学園中）

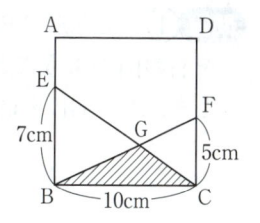

解き方

右の図で，三角形 EGB と三角形 CGF はちょうちょ型の相似となるので，BG：GF＝EB：FC＝7：5 とわかる。高さの等しい三角形の面積比は底辺の比と等しくなるので，三角形 GBC：三角形 FGC＝7：5 とわかり，

$$三角形 GBC ＝ 三角形 FBC \times \frac{7}{7+5} ＝ 10 \times 5 \times \frac{1}{2} \times \frac{7}{12}$$

$$＝ \frac{175}{12} ＝ 14\frac{7}{12} (cm^2)$$

答 $14\frac{7}{12}$

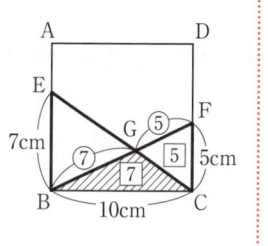

問題 ② 図のように2つの直角三角形があり，一部分が重なっています。次の問いに答えなさい。

(1) AB の長さは何 cm ですか。
(2) 斜線部分の面積は何 cm² ですか。

（西武学園文理中）

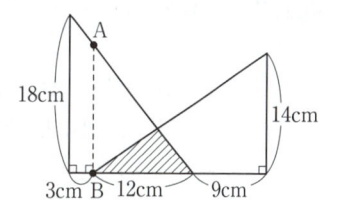

解き方

(1) 図1のように各点をとると，三角形 CAB と三角形 CDE は，ピラミッド型の相似となるので，対応する辺で比例式を作り，

　　AB：DE＝CB：CE
　　AB：18＝12：15
　　AB×15＝216　　AB＝216÷15＝14.4(cm)

答 14.4cm

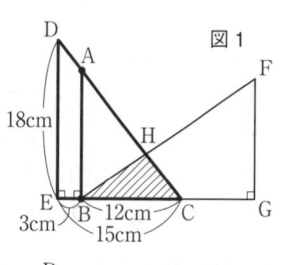

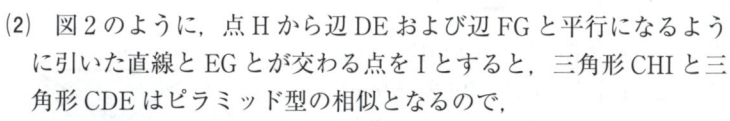

(2) 図2のように，点 H から辺 DE および辺 FG と平行になるように引いた直線と EG とが交わる点を I とすると，三角形 CHI と三角形 CDE はピラミッド型の相似となるので，

　　CI：HI＝CE：DE＝15：18＝5：6

同様に，図3で，三角形 BHI と三角形 BFG は相似となるので，

　　BI：HI＝BG：FG＝21：14＝3：2＝9：6

2つの比に共通な辺 HI の長さを ⑥ とすると，BI＝⑨，IC＝⑤ より，BC＝⑭ となり，これが 12cm にあたるので，

⑥＝$12 \div 14 \times 6 ＝ \frac{36}{7}$(cm) とわかる。

以上より，求める斜線部分の面積は，

$$12 \times \frac{36}{7} \times \frac{1}{2} ＝ \frac{216}{7} ＝ 30\frac{6}{7} (cm^2)$$

答 $30\frac{6}{7}$ cm²

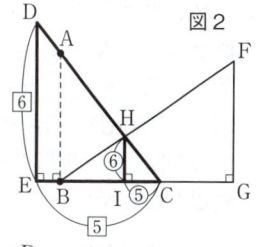

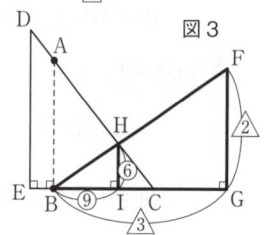

69

塾技 70 チャレンジ！入試問題 の解答 (本冊 p.147)

問題① 長方形 ABCD の辺 BC 上に点 E を，辺 CD 上に点 F を右の図のようにとります。AE と BF の交わる点を G とするとき，BG：GF を最も簡単な整数の比で答えなさい。

（明治大付中野中）

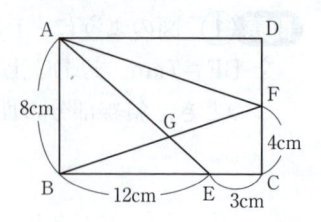

解き方

AE の延長線と DC の延長線との交点を H とすると，右の図で，三角形 BGA と三角形 FGH は相似で，BG：GF＝AB：FH となる。一方，三角形 BEA と三角形 CEH も相似となるので，AB：CH＝BE：EC＝12：3＝4：1 とわかり，AB＝④ とすると，CH＝①，FC＝② となる。したがって，
　　BG：GF＝AB：FH＝4：(2+1)＝4：3

答 4：3

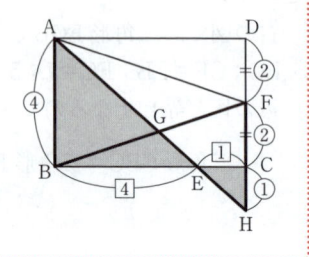

問題② 右の図のような平行四辺形があります。次の問いに答えなさい。
(1) AG：GF を最も簡単な整数の比で答えなさい。
(2) 平行四辺形 ABCD の面積が 70 cm² のとき，四角形 GECF の面積を求めなさい。

（早稲田実業中等部）

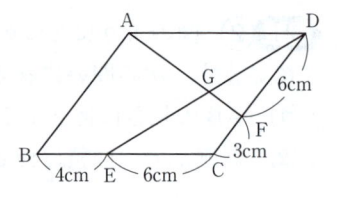

解き方

(1) 図1のように点 H をとると，三角形 BEH と三角形 CED は相似となり，BH：DC＝BE：EC＝2：3 とわかる。ここで，BH＝② とすると，DC＝③ となり，DF：FC＝6：3＝2：1 より，DF＝②，FC＝① となる。一方，三角形 AGH と三角形 FGD も相似となるので，
　　AG：GF＝AH：DF＝(3+2)：2＝5：2

答 5：2

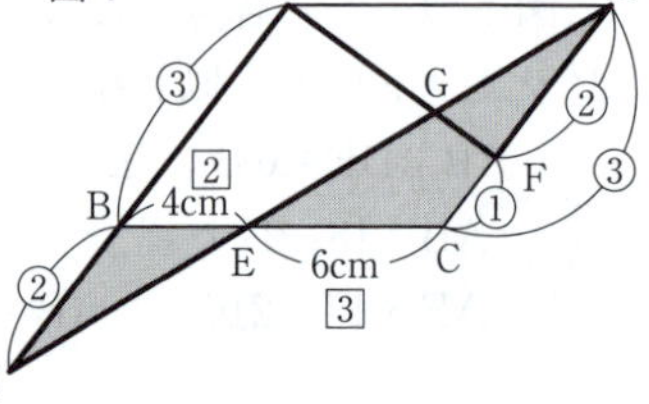

(2) 図2のように点 I をとると，三角形 AFD と三角形 IFC は相似となり，AD：CI＝DF：FC＝2：1 より，CI＝10÷2＝5(cm) とわかる。一方，三角形 AGD と三角形 IGE も相似となり，DG：GE＝AD：EI＝10：(6+5)＝10：11 とわかる。ここで，三角形 DBE と三角形 DEC は高さが等しい三角形より，面積比は底辺の比と等しく，BE：EC＝4：6＝2：3 となることがわかる。よって，三角形 DEC の面積は，

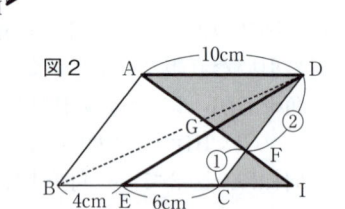

　　三角形 DEC＝三角形 DBC×$\frac{3}{2+3}$＝（平行四辺形 ABCD×$\frac{1}{2}$）×$\frac{3}{5}$＝70×$\frac{1}{2}$×$\frac{3}{5}$＝21(cm²)

塾技67 より，三角形 DGF：三角形 DEC＝(10×2)：{(10+11)×(2+1)}＝20：63 となるので，三角形 DGF＝21×$\frac{20}{63}$＝$\frac{20}{3}$(cm²) とわかる。以上より，求める四角形 GECF の面積は，

　　四角形 GECF＝三角形 DEC－三角形 DGF＝21－$\frac{20}{3}$＝$\frac{43}{3}$＝$14\frac{1}{3}$(cm²)

答 $14\frac{1}{3}$ cm²

塾技 71 チャレンジ!入試問題 の解答（本冊 p.149）

問題① 右の図のように、1辺の長さが 6cm の正方形 ABCD があり、点 P、点 Q はそれぞれ辺 BC、辺 CD の真ん中の点です。また、DP が AQ、AC と交わる点を R、S とします。あとの問いに答えなさい。
(1) DR：RS：SP を、最も簡単な整数の比で表しなさい。
(2) 四角形 CQRS の面積は何 cm^2 ですか。　　（東京都市大付中）

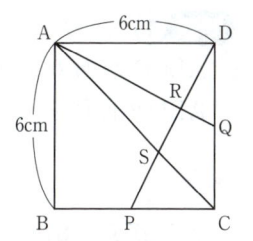

【解き方】

(1) 下の図1で、三角形 ASD と三角形 CSP は相似で、DS：SP＝AD：PC＝2：1 とわかる。一方、図2のように点 T をとると、三角形 AQD と三角形 TQC は合同となり、AD＝CT となる。また、三角形 ARD と三角形 TRP は相似で、DR：RP＝AD：PT＝2：(1+2)＝2：3 とわかる。線分図より、DR：RS：SP＝6：4：5 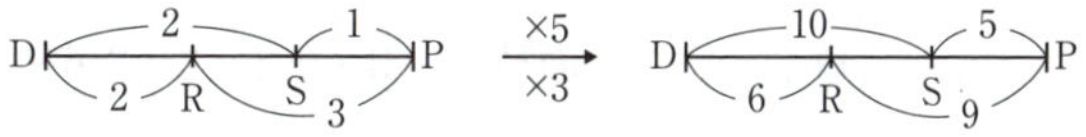
答　6：4：5

(2) 図3より、四角形 CQRS の面積は、三角形 DPC の面積の、$\dfrac{3+4}{3+3+4+5}=\dfrac{7}{15}$（倍）とわかるので、

四角形 CQRS
$=3\times 6\div 2\times \dfrac{7}{15}=\dfrac{21}{5}$
$=4.2(cm^2)$
答　$4.2cm^2$

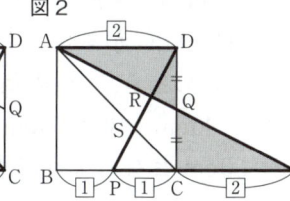

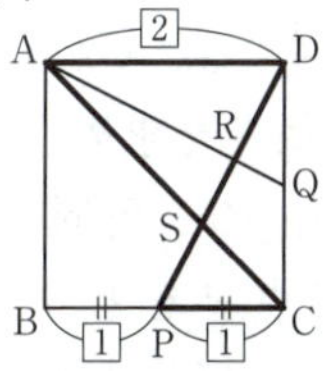

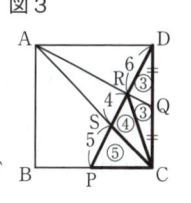

問題② 右の図の四角形 ABCD は AD と BC が平行な台形です。AD＝8cm、BC＝12cm、EF と AD は平行、GH と AD も平行です。BG：GI：ID を求めなさい。ただし、最も簡単な整数の比で答えなさい。　　（海城中）

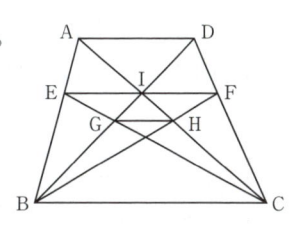

【解き方】

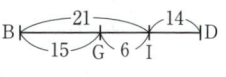

図1で、三角形 BIC と三角形 DIA は相似で、BI：ID＝BC：AD＝12：8＝3：2 とわかる。
一方、図2で、三角形 BEI と三角形 BAD は相似となるので、EI の長さは、
　EI：AD＝BI：BD　　EI：8＝3：(3+2)　　EI×5＝24　　EI＝24÷5＝4.8(cm)
図3で、三角形 BGC と三角形 IGE は相似で、BG：GI＝BC：EI＝12：4.8＝5：2
線分図より、BG：GI：ID＝15：6：14 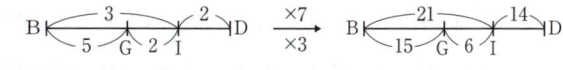
答　15：6：14

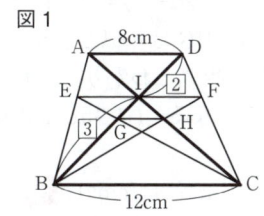

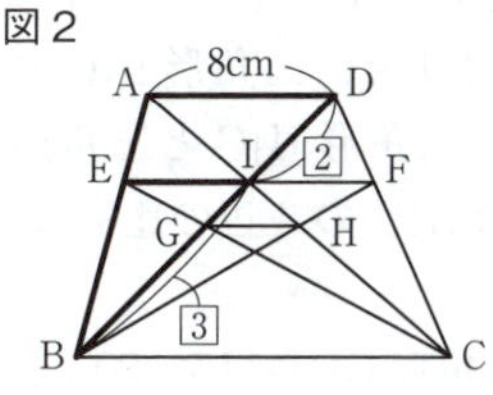

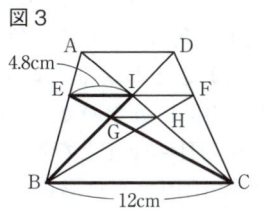

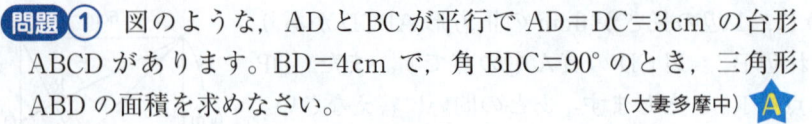

塾技 72 チャレンジ！入試問題 の解答（本冊 p.151）

問題① 図のような，AD と BC が平行で AD＝DC＝3cm の台形 ABCD があります。BD＝4cm で，角 BDC＝90° のとき，三角形 ABD の面積を求めなさい。
（大妻多摩中）

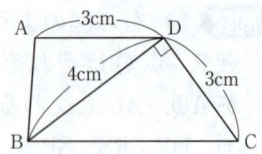

解き方

塾技72 ①(1)より，BC＝5cm とわかる。点 D から辺 BC に垂直に線を引き，BC との交点を E とすると，塾技72 ②より，三角形 DBC と三角形 EDC は相似となり，3辺の比はともに 3：4：5 となるので，

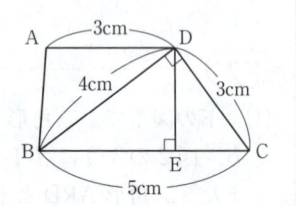

$$DB:DE＝5:3 \quad DE＝DB×\frac{3}{5}＝4×\frac{3}{5}＝2.4(cm)$$

よって，三角形 ABD の面積は，$3×2.4÷2＝3.6(cm^2)$

答 $3.6cm^2$

問題② 3辺の長さの比が 3：4：5 となっている三角形は，比の 3：4 の値に対応する2辺の間の角度が 90° である直角三角形になることが知られています。次の問いに答えなさい。

(1) 図1のような三角形 ABC があります。点 A から辺 BC に垂直に線を引き，BC との交点を点 D とします。このとき，DC の長さを求めなさい。

(2) AB＝30cm，AC＝40cm，BC＝50cm の三角形 ABC があります。辺 BC 上に，BP＝30cm となるように点 P をとります。この三角形 ABC を，点 P のまわりに 90 度，時計と反対方向に回転した三角形を EFG とします。そして，図2のように点 H，I，J をとります。このとき，IP の長さを求めなさい。

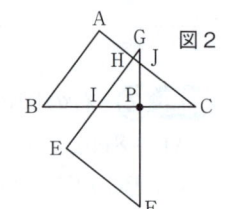

(3) 図2において，四角形 HIPJ の面積を求めなさい。

（渋谷教育学園渋谷中）

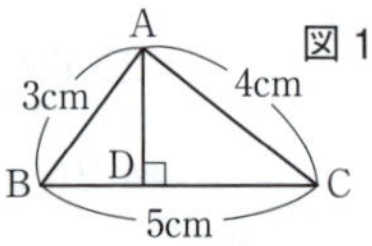

解き方

(1) 三角形 ABC の3辺の比は 3：4：5 より，角 A は 90 度となる。塾技72 ②より，三角形 ABC と三角形 DAC は相似となり，三角形 DAC の3辺の比も 3：4：5 となるので，

$$DC:AC＝4:5 \quad DC＝AC×\frac{4}{5}＝4×\frac{4}{5}＝3.2(cm)$$

答 3.2cm

(2) 図2で，AB：AC：BC＝30：40：50＝3：4：5 より，角 A は 90 度となる。一方，角 G＝角 C，角 GPI＝90 度 より，三角形 ABC と三角形 PIG は相似となり，三角形 PIG の3辺の比も 3：4：5 とわかる。IP：GP＝3：4 より，$IP＝GP×\frac{3}{4}＝CP×\frac{3}{4}＝(50-30)×\frac{3}{4}＝15(cm)$

答 15cm

(3) 三角形 PJC と三角形 PIG は合同で，JP＝IP＝15cm より，GJ＝20－15＝5(cm) とわかる。また，角 C＝角 G，角 CJP＝角 GJH より，三角形 PJC と三角形 HJG は相似となり，角 GHJ＝90 度 とわかる。よって，三角形 HJG と三角形 PIG は相似とわかり，三角形 PIG の3辺の比が 3：4：5 なので，三角形 HJG の3辺の比も 3：4：5 となる。GJ＝5cm より，GH＝4cm，HJ＝3cm となるので，

四角形 HIPJ＝三角形 GIP－三角形 GHJ＝$15×20÷2－3×4÷2＝144(cm^2)$

答 $144cm^2$

塾技 73 チャレンジ！入試問題 の解答（本冊 p.153）

問題 1 右の図は，1辺の長さが9cm の正方形 ABCD を AB=3cm となるように折ったものです。■の部分の面積が6cm² のとき，次の各問いに答えなさい。

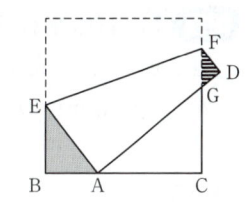

(1) AE の長さは何 cm ですか。　(2) CG の長さは何 cm ですか。

(3) ▤の部分の面積は何 cm² ですか。　（多摩大目黒中）

解き方

(1) 三角形 EBA の面積が6cm² より，EB=6÷3×2=4(cm) とわかる。折り返した図形をもとにもどすと，AE と EB の和は正方形の1辺の長さと等しくなるので，AE=9−4=5(cm)　**答 5cm**

(2) (1)より，三角形 ABE は3辺の比が3：4：5の直角三角形となり，塾技73 ②より，三角形 ABE と三角形 GCA は相似となるので，三角形 GCA の3辺の比も3：4：5となる。よって，

　CG：AC=3：4　　CG=AC×$\frac{3}{4}$=(9−3)×$\frac{3}{4}$=6×$\frac{3}{4}$=4.5(cm)　**答 4.5cm**

(3) AG：AC=5：4 より，AG=AC×$\frac{5}{4}$=6×$\frac{5}{4}$=7.5(cm)，GD=AD−AG=9−7.5=1.5(cm) となる。一方，塾技73 ②より，三角形 ABE と三角形 GDF は相似となるので，三角形 GDF の3辺の比も3：4：5となり，GD：FD=3：4 より，FD=GD×$\frac{4}{3}$=1.5×$\frac{4}{3}$=2(cm) とわかる。よって，▤部分の面積=1.5×2÷2=1.5(cm²)　**答 1.5cm²**

問題 2 図のように，AB=4cm，BC=7cm，CD=5cm，DA=4cm の台形 ABCD を，DE を折り目にして折り返したとき，点 A が辺 CD 上の点 H と重なりました。このとき，次の問いに答えなさい。

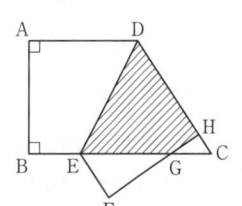

(1) GH の長さは何 cm ですか。

(2) 四角形 DEGH の面積は何 cm² ですか。　（法政大中）

解き方

(1) 右の図のように，点 D から辺 BC に垂直な線を引き，BC との交点を I とすると，DI=AB=4cm となるので，塾技72 ①より，IC=3cm とわかる。ここで，三角形 CDI と三角形 CGH は相似となるので，

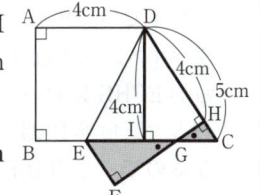

　GH：CH=4：3　　GH=CH×$\frac{4}{3}$=(5−4)×$\frac{4}{3}$=1$\frac{1}{3}$(cm)　**答 1$\frac{1}{3}$cm**

(2) (1)より，GH=1$\frac{1}{3}$cm となるので，FG=FH−GH=AB−GH=4−1$\frac{1}{3}$=$\frac{8}{3}$(cm) とわかる。一方，三角形 EGF と三角形 CGH は相似となるので，三角形 EGF の3辺の比は3：4：5となり，

　EF：FG=3：4　　EF=FG×$\frac{3}{4}$=$\frac{8}{3}$×$\frac{3}{4}$=2(cm)

求める面積は，台形 EFHD の面積から三角形 EFG の面積を引けばよいので，

　四角形 DEGH=(2+4)×4÷2−2×$\frac{8}{3}$÷2=$\frac{28}{3}$=9$\frac{1}{3}$(cm²)　**答 9$\frac{1}{3}$cm²**

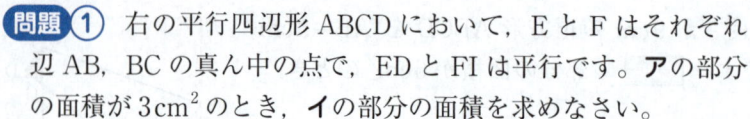

塾技 74 チャレンジ！入試問題 の解答（本冊 p.155）

問題① 右の平行四辺形 ABCD において，E と F はそれぞれ辺 AB，BC の真ん中の点で，ED と FI は平行です。アの部分の面積が 3cm² のとき，イの部分の面積を求めなさい。

（慶應湘南藤沢中等部）B

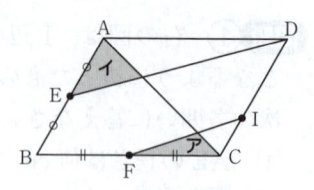

解き方

図1のように点 G，H をとると，三角形 CHF と三角形 AGD は相似なので，塾技74 ①より，面積比は，$(1×1):(2×2)=1:4$ とわかる。一方，図2で，三角形 AGE と三角形 CGD は相似なので，EG:GD＝AE:DC＝1:2 となり，三角形 AEG と三角形 AGD は高さの等しい三角形なので，面積比は底辺の比と等しく 1:2 とわかる。ここで，三角形 CHF の面積を①とすると，三角形 AGD＝④，三角形 AEG＝④÷2＝② となり，① が 3cm² となるので，**イの部分の面積＝②＝3×2＝6(cm²)**　答 **6cm²**

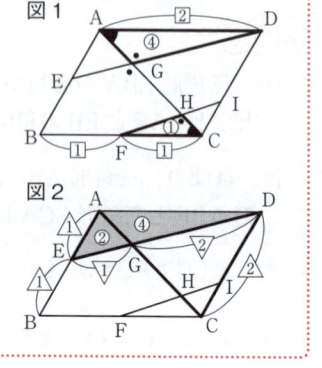

問題② 右の四角形 ABCD は台形で，EF は辺 BC に平行，AH は辺 DC に平行です。AD＝6cm，三角形 DGF と三角形 DBC の面積の比が 1:9 とします。このとき，次の問いに答えなさい。

(1) EF の長さは何 cm ですか。

(2) EH と BD の交点を I とすると，三角形 GIH と台形 ABCD の面積の比を最も簡単な整数の比で答えなさい。

（世田谷学園中）C

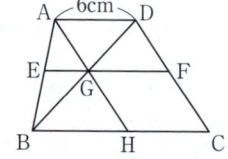

解き方

(1) 三角形 DGF と三角形 DBC は相似で，面積比が，$1:9=(1×1):(3×3)$ より，相似比は 1:3 とわかる。図1で，DF:DC＝1:3，DF:FC＝1:2 となり，DG:GB＝1:2 とわかる。また，三角形 BEG と三角形 BAD は相似で，EG:AD＝BG:BD＝2:3 より，EG＝4(cm) となり，四角形 AGFD は平行四辺形で，GF＝6cm となるので，EF＝4＋6＝10(cm)　答 **10cm**

(2) 図1で，三角形 AGD と三角形 HGB は相似となり，相似比は，DG:BG＝1:2 となるので，BH＝6×2＝12(cm) となる。よって，EG:BH＝4:12＝1:3 となり，塾技74 ②より，台形 EBHG において，対角線で4つに分けられた三角形の面積の大きさは，図2のようになる。一方，三角形 BEG：三角形 BAD＝$(2×2):(3×3)=4:9$ で，図2より，三角形 BEG＝④ となるので，三角形 BAD＝⑨ となる。また，図3より，三角形 BAD と三角形 DBC の面積比は，AD:BC＝6:(12+6)＝1:3 となるので，三角形 DBC＝㉗ となる。

以上より，三角形 GIH：台形 ABCD＝③:(⑨+㉗)＝3:36＝1:12　答 **1:12**

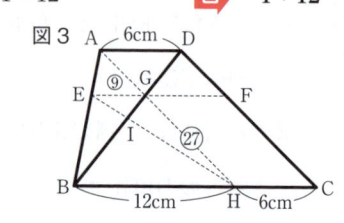

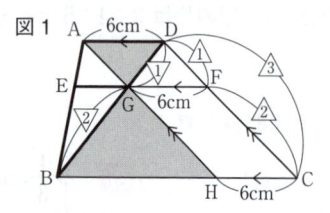

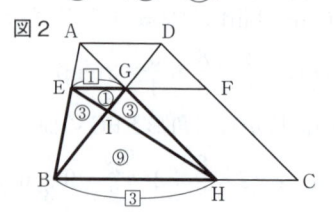

塾技 75 チャレンジ!入試問題 の解答（本冊 p.157）

問題 ①
右の図の斜線部分を，直線ℓのまわりに回転してできる立体の体積は □ cm³ になります。ただし，円周率は3.14とします。

（渋谷教育学園渋谷中）**A**

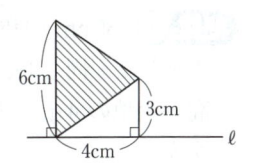

解き方

求める立体の体積は，右の図のかげの部分の体積となる。三角形OCDと三角形OABは相似で，CD：AB＝3：6＝1：2 より，OD：OB＝1：2，OD：DB＝1：1，OD＝BD＝4cm とわかる。一方，三角形OCDと三角形BCDは合同で，それぞれの回転体の体積は等しくなるので，□は，

$6 \times 6 \times 3.14 \times (4+4) \times \dfrac{1}{3} - \left(3 \times 3 \times 3.14 \times 4 \times \dfrac{1}{3}\right) \times 2 = 226.08 \text{(cm}^3)$ **答 226.08**

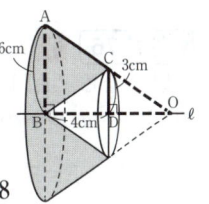

問題 ②
下の図の四角すいは，底面ABCDが正方形で，OA，OB，OC，ODの長さは全て等しくなっています。底面の対角線の交点をEとします。AB，OEの長さはどちらも10cmです。OEを4：1の比に分ける点をP，AEを4：1の比に分ける点をQ，CEを4：1の比に分ける点をRとします。底面と平行で，点Pを通る平面を㋐，三角形OBDを含む平面と平行で，点Q，点Rを通る平面をそれぞれ㋑，㋒とします。この四角すいを㋐，㋑，㋒の3つの平面で切っていくつかの立体に分けるとき，点Eを含む部分の体積は □ cm³ です。

（灘中）**C**

解き方

㋐の平面で切ったときの切り口を四角形FGHIとすると，図1で，もとの四角すいと四角すいO-FGHIは相似で，塾技75 より，体積比は，(5×5×5)：(4×4×4)＝125：64 とわかる。よって，もとの四角すいと，点Eを含む四角すい台の体積比は，125：(125－64)＝125：61 となる。同様に，㋑の平面で切ったときの切り口を三角形JKLとすると，図2で，三角すいO-ABDと三角すいJ-ALKの体積比は，(5×5×5)：(4×4×4)＝125：64，三角すいJ-ALKとかげの部分の三角すい台の体積比は，(4×4×4)：(4×4×4－3×3×3)＝64：37 とわかる。三角すいJ-ALKの体積を64とすると，かげの三角すい台の体積は37，三角すいO-ABDの体積は125，もとの四角すいの体積は，125×2＝250，図1の四角すい台の体積は，61×2＝122 となる。図3より，求める体積は，122－37×2＝48 とわかり，もとの四角すいの体積の $\dfrac{48}{250}$ 倍 とわかるので，□ ＝ $10 \times 10 \times 10 \times \dfrac{1}{3} \times \dfrac{48}{250} = 64 \text{(cm}^3)$ **答 64**

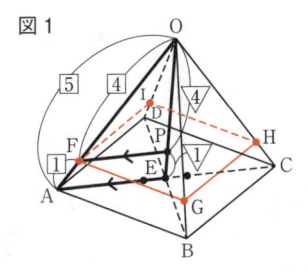

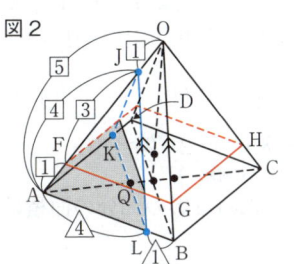

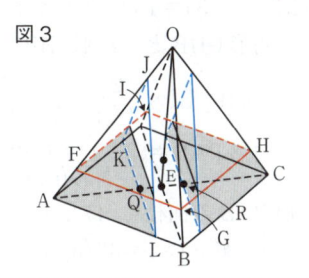

図1　図2　図3

塾技 76 チャレンジ！入試問題 の解答（本冊 p.159）

問題① 30cmの棒を地面に垂直に立てたところ、その影が40cmでできました。同じ時刻に、同じ場所で、図のような木では、地面より1m高い土地の4mのところまで影ができました。この木の高さは何mですか。
（昭和女子大附昭和中）Ⓐ

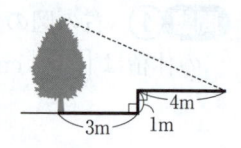

解き方

塾技76 **1** より、図1の三角形 ABC と図2の三角形 DEF は相似となる。図1より、AB：BC＝30：40＝3：4 となり、図2のDE と EF の長さの比も 3：4 となるので、DE の長さは、

　　DE：EF＝3：4　　DE＝EF×$\frac{3}{4}$＝7×$\frac{3}{4}$＝5.25（m）

よって、木の高さ DG は、5.25＋1＝6.25（m）　　**答 6.25m**

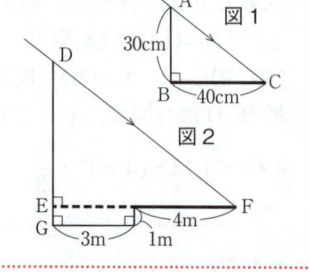

問題② 図1のように、平らな地面に3点 A, B, P があり、高さ3mの長方形の壁 ABCD と高さ9mの柱 PQ が、地面にまっすぐ立っている。これらを真上から見たものが図2である。柱の先端 Q の位置にある電灯で壁 ABCD を照らしたとき、地面にできる壁の影の面積は □ m² である。ただし、電灯の大きさや壁の厚さは考えないものとする。　（灘中）Ⓑ

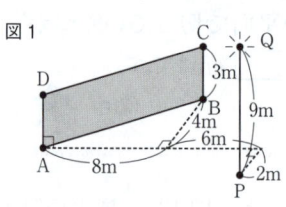

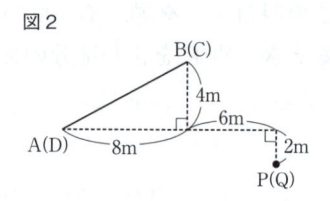

解き方

右の図3のように、点 D の影の先を E とし、真横から見た図を考える。三角形 EDA と三角形 EQP は相似で、EA と EP の長さの比は、

　　EA：EP＝DA：QP＝3：9＝1：3

次に、図4のように点 C の影の先を F とし、真上から見た図を考える。三角形 PAB と三角形 PEF は相似となり、EA：EP＝1：3 より、相似比は、

　　PA：PE＝(3－1)：3＝2：3

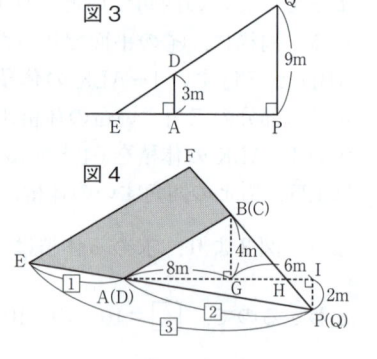

塾技74 **1** より、三角形 PAB と三角形 PEF の面積比は、(2×2)：(3×3)＝4：9 とわかる。ここで、点 G, H, I をとると、三角形 GHB と三角形 IHP は相似となり、GH：HI＝BG：IP＝4：2＝2：1 とわかる。

よって、GH＝GI×$\frac{2}{2+1}$＝6×$\frac{2}{3}$＝4（m）とわかり、三角形 PAB の面積は、

　　三角形 PAB＝$\underbrace{(8+4)×4÷2}_{三角形 BAH}$＋$\underbrace{(8+4)×2÷2}_{三角形 PAH}$＝36（m²）

三角形 PAB の面積を ④ とすると、求める影の部分の面積は、⑨－④＝⑤ となるので、

　　□＝36÷4×5＝45（m²）　　**答 45**

塾技 77 チャレンジ！入試問題 の解答（本冊 p.161）

問題① 図のような直方体において，頂点 A から面 AEFB，BFGC，CGHD を通って頂点 H に行く最短の経路と辺 BF との交点を P，辺 CG との交点を Q とします。このとき四角形 BPQC の面積を求めなさい。 （獨協中）

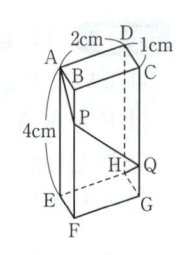

解き方

塾技77 ① より，最短経路は右の図の AH となる。三角形 APB と三角形 HPF は相似で，BP：PF＝AB：FH＝1：3 より，BP＝BF×$\frac{1}{1+3}$＝1(cm) とわかる。同様に，三角形 AQC と三角形 HQG は相似で，CQ：QG＝AC：GH＝3：1 より，CQ＝CG×$\frac{3}{3+1}$＝3(cm) とわかる。

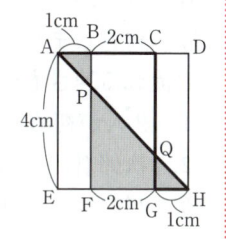

求める四角形 BPQC は台形となるので，
　四角形 BPQC＝(1＋3)×2÷2＝4(cm²)

答 4cm²

問題② 1辺が 20cm の正方形 ABCD があります。AB 上に BP＝12cm，BC 上に BQ＝16cm となるように点 P，Q をとります。点 P から点 Q に向かって光が出るとき次の問いに答えなさい。

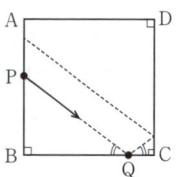

(1) 辺 BC で反射した光は，辺 CD の C から何 cm の所にあたりますか。
(2) 辺 CD で光が反射したあと，光は辺 AB にあたります。その位置は点 A から何 cm の所ですか。
(3) 光が点 P を離れてから辺 CD に2回目にあたるまでに光の動いた距離は何 cm ですか。なお，直角をはさむ2辺の長さが 3cm と 4cm であるとき，その直角三角形の残りの辺の長さは 5cm です。

（徳島文理中）

解き方

(1) 辺 BC で反射した光が辺 CD にあたる点を R とすると，三角形 PBQ と三角形 RCQ は相似となるので，PB：RC＝BQ：CQ　12：RC＝16：4　RC×16＝48　RC＝3(cm)
答 3cm

(2) 辺 CD で反射した光が辺 AB にあたる点を S とし，S から辺 CD に垂直に引いた直線と辺 CD との交点を T とする。三角形 QCR と三角形 STR は相似となるので，
　　RC：RT＝QC：ST　3：RT＝4：20　RT×4＝60　RT＝15(cm)
よって，求める長さは，AS＝DT＝20－(RC＋RT)＝20－(3＋15)＝2(cm)
答 2cm

(3) 光が辺 CD に2回目にあたる点を E とすると，反射経路は右の図のようになる。(1)より，PB：BQ＝RC：CQ＝3：4 とわかり，三角形 PBQ は3辺の比が 3：4：5 の直角三角形となる。右の図で，三角形 PBQ と三角形 PFE は相似となるので，三角形 PFE も3辺の比が 3：4：5 の直角三角形となり，FE：PE＝4：5 より， 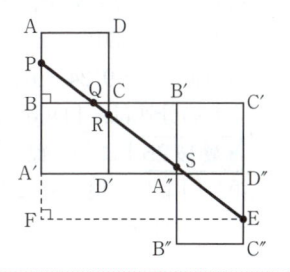
　　PE＝FE×$\frac{5}{4}$＝60×$\frac{5}{4}$＝75(cm)
答 75cm

塾技 78 チャレンジ！入試問題 の解答（本冊 p.163）

問題 14.4km 離れた A 地点から B 地点へ川が流れています。太郎君は A から B へ向かって，次郎君は B から A へ向かって，それぞれボートで 9 時に出発しました。9 時 15 分に 2 人は初めてすれ違い，その後太郎君は 9 時 24 分に B へ到着しました。しばらくして，次郎君が A へ到着したと同時に 2 人ともそれぞれの地点を折り返しました。その後 2 人は A と B の真ん中で再びすれ違い，同時に A，B へ到着しました。静水上の太郎君のボート，次郎君のボートはそれぞれ一定の速さで，川の流れる速さもつねに一定とします。このとき，次の問いに答えなさい。

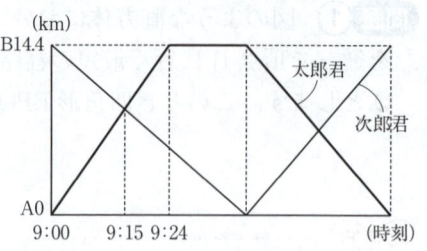

(1) 2 人が初めてすれ違ったのは A 地点から何 km 離れていますか。
(2) 次郎君が A 地点へ到着するのは何時何分ですか。
(3) 川の流れの速さは分速何 m ですか。

(城北中)

解き方

(1) 右の図のかげをつけた三角形は相似で，相似比は，15：9＝5：3 とわかる。 塾技78 (1)より，相似比の 5：3 を縦軸に移して考える。求める距離は⑤にあたり，14.4km を 5：3 に比例配分すればよいので，

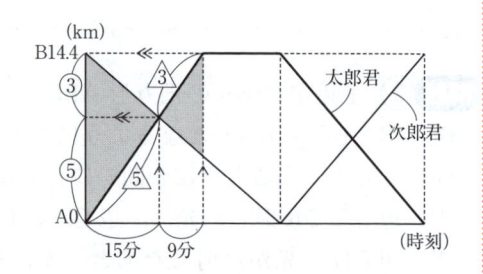

$$⑤ = 14.4 \times \frac{5}{5+3} = 9 \text{(km)}$$

答 9km

(2) 右の図のかげをつけた三角形は相似で，(1)より相似比は，5：3 とわかる。
次郎君が B 地点から A 地点までにかかる時間は ⑤ で，③ が，9:24－9:00＝24(分) となるので，⑤＝24÷3×5＝40(分) と求められる。よって，A 地点に到着する時刻は，9 時 40 分とわかる。

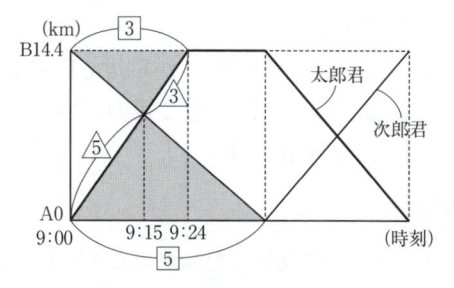

答 9 時 40 分

(3) 2 人が向かい合って川を進むとき，一方は川の流れの分だけ速く，もう一方は川の流れの分だけ遅くなるため，2 人の進む速さの和は 2 人の静水時の速さの和と常に等しくなる。よって，2 人が出発してからすれ違うまでにかかる時間と，2 人が折り返してから 2 回目にすれ違うまでにかかる時間は等しく，ともに 15 分とわかる。2 回目にすれ違うとき太郎君は川を上っており，15 分で，14.4÷2＝7.2(km)＝7200(m) 進むことになるので，太郎君の上りの分速は，7200÷15＝480(m) とわかる。一方，太郎君は，14.4km を，9:24－9:00＝24(分) で下るので，下りの分速は，14400÷24＝600(m) とわかる。
塾技25 より，線分図をかいて考える。 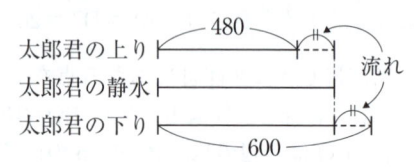
線分図より，川の流れの分速は，(600－480)÷2＝60(m)

答 分速 60m

塾技 79 チャレンジ！入試問題 の解答（本冊 p.165）

問題 ① 360 の約数は全部で ☐ 個あり，このうち，5 番目に大きい数は ☐ です。
（武蔵中）

解き方

360 を素因数分解すると，360 = $\underset{3個}{2×2×2} × \underset{2個}{3×3} × \underset{1個}{5}$

```
2 ) 360
2 ) 180
2 )  90
3 )  45
3 )  15
     5
```

塾技 79 ❷ より，約数の個数は，(3+1)×(2+1)×(1+1)=24(個)

一方，塾技 79 ❶ より，360 の約数を 2 つの積の形で表し，

$\begin{Bmatrix} 1 & 2 & 3 & 4 & 5 \\ × & × & × & × & × & \cdots \\ 360 & 180 & 120 & 90 & 72 \end{Bmatrix}$ より，5 番目に大きい約数は，72

答 24，72

問題 ② 6 の約数は 1，2，3，6 の 4 個あります。1 から 30 までの整数のうち，約数が 4 個ある整数は全部で ☐ 個あります。
（世田谷学園中）

解き方

塾技 79 ❷ より，約数が 4 個の整数は，○×△ または，□×□×□ (○，△，□ は全て素数) と表すことができる。求める整数は 1 から 30 までの整数なので，

○×△ は，2×3=6，2×5=10，2×7=14，2×11=22，2×13=26，3×5=15，3×7=21 の 7 個
□×□×□ は，2×2×2=8，3×3×3=27 の 2 個

以上より，求める約数が 4 個の整数の個数は，7+2=9(個)

答 9

問題 ③ A，B を整数とするとき，$[A，B]$ は，A の約数の個数と B の約数の個数の和を表します。例えば，6 の約数は，1，2，3，6 の 4 個，11 の約数は，1，11 の 2 個となるので，$[6，11]=6$ となります。このとき，次の各問いに答えなさい。

(1) $[12，30]$ を求めなさい。
(2) $[a，4]=8$ となる整数 a のうち，最も小さいものを求めなさい。（渋谷教育学園幕張中）

解き方

(1) 12 の約数 $\begin{Bmatrix} 1 & 2 & 3 \\ × & × & × \\ 12 & 6 & 4 \end{Bmatrix}$，30 の約数 $\begin{Bmatrix} 1 & 2 & 3 & 5 \\ × & × & × & × \\ 30 & 15 & 10 & 6 \end{Bmatrix}$ より，

$[12，30]=6+8=14$

答 14

(2) 4 の約数は，1，2，4 の 3 個となるので，$[a，4]=8$ より，a の約数の個数は，8−3=5(個) とわかる。塾技 79 ❷ より，約数の個数が 5 個となる整数は，○×○×○×○ (○ は素数) と表すことができる (○ が 4 個より，約数の個数は 4+1=5 個となる)。求める整数 a は，最も小さい整数なので，○=2 のときとわかる。よって，求める整数 a の値は，

$a=2×2×2×2=16$

答 $a=16$

79

塾技 80 チャレンジ！入試問題 の解答 (本冊 p.167)

問題① 1から100までの整数をかけ合わせた数を6で割ると最高で □ 回割り切れます。
(芝中) A

解き方

塾技80 ① を応用して考える。1から100までの整数をかけ合わせた数を素数のみで表すと，
$1×2×3×(2×2)×5×(2×3)×7×(2×2×2)×(3×3)×…×(3×3×11)×(2×2×5×5)$
$6=2×3$ より，6で1回割り切れるとき，2と3の組を1つもつことになる。1から100までに3の倍数は，$100÷3=33$ 余り1 より33個ある。$3×3=9$ より，9の倍数のところにもさらに3は1個ずつあり，$100÷9=11$ 余り1 より11個ある。同様に，$9×3=27$ より27の倍数のところにも，$27×3=81$ より81の倍数のところにもさらに3は1個ずつあり，$100÷27=3$ 余り19，$100÷81=1$ 余り19 より，全部で，$33+11+3+1=48$(個)ある。一方，2の倍数は，1から100までに，$100÷2=50$(個)あり，これだけで2の個数は3の個数より多くなるので，求める回数は48回とわかる。

答 48

問題② 各位の数の和が9の倍数になるとき，その数は9の倍数になります。例えば，『279』は，各位の数字の和が $2+7+9=18$ と9の倍数になるので，『279』は9の倍数であることがわかります。また，3けたの数『2AB』が9の倍数となるのは，AとBの数の組 (A, B) が (5, 2) や (8, 8) などのときです。次の問いに答えなさい。

(1) 6けたの数『32A6B4』が9の倍数となるAとBの数の組 (A, B) は何組ありますか。
(2) 6けたの数『57A76B』が36の倍数となるAとBの数の組 (A, B) を全て求めなさい。
(3) 6けたの数『8753AB』が72の倍数となるAとBの数の組 (A, B) を全て求めなさい。

(立教新座中) B

解き方

(1) 『32A6B4』が9の倍数となるには，$3+2+A+6+B+4=15+A+B$ が9の倍数となればよい。A，Bはともに0以上9以下の整数なので，AとBの和は，0以上18以下となる。よって，AとBの和が3または12となるときとわかり，(A, B)=(0, 3)，(1, 2)，(2, 1)，(3, 0)，(3, 9)，(4, 8)，(5, 7)，(6, 6)，(7, 5)，(8, 4)，(9, 3) の11組と求められる。 **答** 11組

(2) 36の倍数は4と9の公倍数なので，4の倍数かつ9の倍数となればよい。『57A76B』が4の倍数となるには， 塾技80 ②(2)より，下2けたの6Bが4の倍数となればよいので，Bは，0，4，8とわかる。一方，『57A76B』が9の倍数となるには，$5+7+A+7+6+B=25+A+B$ の値が9の倍数となればよいので，AとBの和は，2または11となる。以上より，$B=0$のとき$A=2$，$B=4$のとき$A=7$，$B=8$のとき$A=3$の3組と求められる。

答 (A, B)=(2, 0)，(7, 4)，(3, 8)

(3) 72の倍数は8と9の公倍数なので，8の倍数かつ9の倍数となればよい。『8753AB』が8の倍数となるには， 塾技80 塾技解説より，下3けたの3ABが8の倍数となればよい。一方，『8753AB』が9の倍数となるには，$8+7+5+3+A+B=23+A+B$ が9の倍数となればよいので，AとBの和が4または13となればよい。以上の条件を満たすAとBの組は2組あり，(A, B)=(0, 4)，(7, 6)と求められる。 **答** (A, B)=(0, 4)，(7, 6)

塾技 81 チャレンジ！入試問題 の解答 (本冊 p.169)

問題① 2けたの整数が2つあります。この2つの整数の最大公約数が12，最小公倍数が144であるとき，この2つの整数のうち大きい数は何ですか。　(公文国際学園中等部) Ⓐ

解き方

求める2つの整数をそれぞれ A, B とし，A, B をそれぞれ最大公約数の12で割った商を a, b (a, b は互いに素)とする。塾技81 ①より，$12{\overline{\smash{)}A\ B}\atopa\ b}$ と表せ，最小公倍数は，$12 \times a \times b$ で，これが144となるので，$a \times b$ の値は，$144 \div 12 = 12$ となる。これを満たす互いに素となる (a, b) の組は，$(1, 12)$，$(3, 4)$ があり，A, B は2けたの整数より，$(A, B) = (12 \times 3, 12 \times 4) = (36, 48)$ とわかる。求める整数は2つの整数のうち大きい整数なので，48と求められる。　**答** 48

問題② 1以上の2つの整数に対し，それぞれの数をそれらの最大公約数で割った商の和を計算することを考えます。例えば，18と12の最大公約数は6なので，$18 \div 6 + 12 \div 6 = 3 + 2 = 5$ となります。このことを $[18, 12] = 5$ と表すことにします。次の問いに答えなさい。

(1) $[\boxed{ア}, \boxed{イ}] = 8$ となるような整数 $\boxed{ア}$，$\boxed{イ}$ で，$\boxed{ア}$，$\boxed{イ}$ の和が16となるようなものを4つ答えなさい。
(2) $[12, \boxed{ウ}] = 8$ を満たす整数 $\boxed{ウ}$ を2つ答えなさい。
(3) $[30, \boxed{エ}] = 9$ を満たす整数 $\boxed{エ}$ を全て答えなさい。　(麻布中) Ⓒ

解き方

(1) **ア**と**イ**の和は16より，**ア**が**イ**より小さいときの(**ア**, **イ**)の組を考えると，$(1, 15)$，$(2, 14)$，$(3, 13)$，$(4, 12)$，$(5, 11)$，$(6, 10)$，$(7, 9)$ の6組ある。それぞれの組の最大公約数は，1，2，1，4，1，2，1で，このうち，$[$**ア**, **イ**$] = 8$ となる (**ア**, **イ**) の組を調べると，$(2, 14)$，$(6, 10)$ とわかる。**ア**が**イ**より大きいときもあるので，$(2, 14)$，$(6, 10)$，$(10, 6)$，$(14, 2)$ の合計4つある。　**答** (**ア**, **イ**) = $(2, 14)$，$(6, 10)$，$(10, 6)$，$(14, 2)$

(2) 12と**ウ**の最大公約数を A とし，12と**ウ**をそれぞれ A で割った商を a, b (a, b は互いに素)とすると，塾技81 ①より，$A{\overline{\smash{)}12\ ウ}\atopa\ b}$ と表せる。
$a + b = (12 \div A) + ($**ウ**$\div A) = [12, $**ウ**$] = 8$ より，和が8で互いに素となる (a, b) の組を考えると，$(1, 7)$，$(3, 5)$，$(5, 3)$，$(7, 1)$ の4組あるが，$a = 12 \div A$ より a は12の約数となるので，$a = 5$, 7 は適さない。以上より，$a = 1$, $b = 7$ のとき，$A = 12$, **ウ** $= 7 \times 12 = 84$，$a = 3$, $b = 5$ のとき，$A = 4$, **ウ** $= 5 \times 4 = 20$

　答 **ウ** $= 20$, 84

(3) 30と**エ**の最大公約数を B とし，30と**エ**をそれぞれ B で割った商を c, d (c, d は互いに素)とすると，塾技81 ①より，$B{\overline{\smash{)}30\ エ}\atopc\ d}$ と表せる。(2)と同様に考えると，$c + d = 9$ となり，和が9で互いに素となる (c, d) の組を考えると，$(1, 8)$，$(2, 7)$，$(4, 5)$，$(5, 4)$，$(7, 2)$，$(8, 1)$ の6組あるが，$c = 30 \div B$ より c は30の約数となり，$c = 4$, 7, 8 は適さない。以上より，$c = 1$, $d = 8$ のとき，$B = 30$, **エ** $= 8 \times 30 = 240$，$c = 2$, $d = 7$ のとき，$B = 15$, **エ** $= 7 \times 15 = 105$，$c = 5$, $d = 4$ のとき，$B = 6$, **エ** $= 4 \times 6 = 24$　**答** **エ** $= 24$, 105, 240

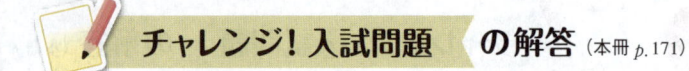

塾技 82 チャレンジ！入試問題 の解答 (本冊 p.171)

問題 ① 縦の長さが126cm，横の長さが84cmの長方形のタイルがあります。
(1) このタイルを敷きつめて正方形を作るとき，最低 ☐ 枚必要です。
(2) このタイルを余りを出さないように，最も大きい同じ大きさの正方形に切り分けたとき，正方形の1辺の長さは ☐ cm です。
(栄東中) Ⓐ

解き方
(1) 塾技82 ①より，正方形の1辺は，126cmと84cmの最小公倍数となる。よって，1辺＝2×3×7×3×2＝252(cm) となり，縦に，252÷126＝2(枚)，横に，252÷84＝3(枚) 必要なので，全部で，2×3＝6(枚)　**答 6**

```
2 ) 126  84
3 )  63  42
7 )  21  14
      3   2
```

(2) 塾技82 ①より，正方形の1辺は，126cmと84cmの最大公約数となる。よって，1辺＝2×3×7＝42(cm) と求められる。　**答 42**

問題 ② $4\frac{2}{3}$，$8\frac{3}{4}$，$8\frac{1}{6}$ のそれぞれに同じ分数をかけると，答えはどれも1より大きい整数になります。かける分数の中で，一番小さい分数を求めなさい。
(星野学園中) Ⓐ

解き方
求める分数を $\frac{△}{☐}$ とすると，$4\frac{2}{3}×\frac{△}{☐}=\frac{14}{3}×\frac{△}{☐}$，$8\frac{3}{4}×\frac{△}{☐}=\frac{35}{4}×\frac{△}{☐}$，$8\frac{1}{6}×\frac{△}{☐}=\frac{49}{6}×\frac{△}{☐}$ がそれぞれ整数となる最も小さい分数を求めればよい。塾技82 ②より，☐は，14と35と49の最大公約数7となり，△は，3と4と6の最小公倍数12となるので，求める分数は，$\frac{12}{7}=1\frac{5}{7}$　**答 $1\frac{5}{7}$**

問題 ③ 右の図のように，正方形のマスを縦に3個，横に5個並べて長方形を作ります。この長方形の1本の対角線は，斜線の7個のマスを通過します。次の各問いに答えなさい。 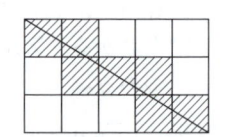
(1) 正方形のマスを縦に7個，横に11個並べた長方形を作るとき，この長方形の対角線は，何個のマスを通過しますか。
(2) 正方形のマスを縦に39個，横に51個並べた長方形を作るとき，この長方形の対角線は，何個のマスを通過しますか。
(渋谷教育学園幕張中) Ⓑ

解き方
(1) 正方形のマスを縦に3個，横に5個並べた長方形では，1本の対角線は，長方形の縦の辺と，5−1＝4(回)，横の辺と，3−1＝2(回) 交わり，全部で，4＋2＋1＝7(個) のマスを通過することがわかる。よって，縦に7個，横に11個並べた長方形では，縦の辺と，11−1＝10(回)，横の辺と，7−1＝6(回) 交わり，全部で，10＋6＋1＝17(個) のマスを通過する。　**答 17個**

(2) 39個と51個の最大公約数は3より，正方形のマスを縦に13個，横に17個並べて作った長方形を，縦・横3個ずつ並べた長方形に分けることができる。太線の長方形の対角線は，(17−1)＋(13−1)＋1＝29(個) のマスを通過するので，全部で，29×3＝87(個) のマスを通過する。　**答 87個**

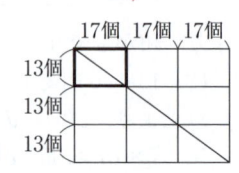

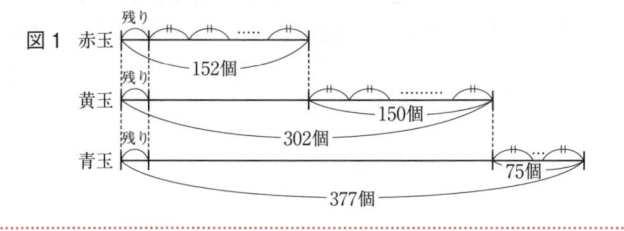

塾技 83 チャレンジ！入試問題 の解答 (本冊 p.173)

問題① ある400より大きい整数があります。その整数を23で割ると，商と余りとが等しくなりました。このような整数は全部で何個ありますか。 (西大和中) **A**

解き方

400より大きい整数を a とし，商と余りを b とする。塾技83 ①より，a を割る数の23と b を用いて表すと，$a = 23 \times b + b = (23+1) \times b = 24 \times b$ となる。b は0より大きく23より小さい整数となるので，a が400より大きくなるのは，$b = 17, 18, 19, 20, 21, 22$ の6個　**答 6個**

問題② 134を割っても，302を割っても，344を割っても8余る整数で最も小さい整数はいくつですか。 (共立女子二中) **A**

解き方

塾技83 ③より，$134-8=126$，$302-8=294$，$344-8=336$ の公約数のうち，余りの8より大きい最も小さい整数が求める整数となる。126と294と336の最大公約数は，$2 \times 3 \times 7 = 42$ となり，42の約数は，1, 2, 3, 6, 7, 14, 21, 42 となるので，求める整数は14とわかる。　**答 14**

```
2 ) 126  294  336
3 )  63  147  168
7 )  21   49   56
      3    7    8
```

問題③ 赤玉152個，黄玉302個，青玉377個があります。何人かの小学生に3色の玉を，同じ色は同じ個数ずつ全員に配ります。残りの玉ができるだけ少なくなるように配ると，残りの玉の個数はどの色も同じになります。ただし，小学生の人数は2人以上です。

(1) 考えられる小学生の人数を全て答えなさい。
(2) 残りの玉は，どの色も何個ずつですか。
(3) 1人の小学生がもらう3色の玉の個数の合計が55個のとき，小学生は何人いますか。

(桐朋中) **B**

解き方

(1) 残りの玉の個数はどれも同じなので，図1のように，何人かの小学生に配ったときの玉の残りを左側にそろえて線分図をかいて考える。黄玉と赤玉の差は，$302-152=150$（個），青玉と黄玉の差は，$377-302=75$（個）で，線分図より，それぞれ小学生の人数で割り切れることがわかる。よって，求める小学生の人数は，150と75の公約数のうち，2以上のものとなる。図2より，最大公約数は，$3 \times 5 \times 5 = 75$ とわかるので，3人，5人，15人，25人，75人と求められる。　**答 3人，5人，15人，25人，75人**

(2) $152 \div 3 = 50$ 余り2 より，2個　**答 2個**

(3) 配った玉の合計は，$152+302+377-2 \times 3 = 825$（個）より，$825 \div 55 = 15$（人）　**答 15人**

図1：赤玉152個，黄玉302個，青玉377個の線分図（残り，150個，75個）

図2：
```
3 ) 150  75
5 )  50  25
5 )  10   5
      2    1
```

塾技 84 チャレンジ！入試問題 の解答 (本冊 p.175)

問題 ① 3で割ると2余り，4で割ると2余り，5で割ると2余るような7の倍数の中で，小さい方から2番目の数を求めなさい。 (浅野中) B

解き方
塾技84 ① より，求める数は，3と4と5の最小公倍数60の倍数より2大きい数のうち，7の倍数で小さい方から2番目の数となる。60の倍数より2大きい数は，62，122，182，242，…，となり，このうち7の倍数となる最も小さい数は182とわかる。その後は，60と7の最小公倍数420ごとにあらわれるので，小さい方から2番目の数は，182＋420＝602

答 602

問題 ② 3で割ると1余り，5で割ると3余り，7で割ると5余る3けたの数の中で一番小さい数を求めなさい。 (筑波大附中) A

解き方
3−1＝2，5−3＝2，7−5＝2と，割る数と余りの差が同じ数になるので，塾技84 ② より，求める数は，3と5と7の最小公倍数の倍数より2小さい数とわかる。3と5と7の最小公倍数は105となり，求める数は3けたの数の中で一番小さい数なので，105−2＝103とわかる。

答 103

問題 ③ 4で割ると3余り，6で割ると1余るような数のうちで，200に最も近い整数を求めなさい。 (市川中) A

解き方
塾技84 ③ より，実際に調べ上げて条件を満たす数を1つさがす。
　4で割ると3余る数：3，⑦，11，…
　6で割ると1余る数：1，⑦，13，…
条件を満たす最も小さい数は7で，その後は，4と6の最小公倍数12ごとに現れるので，200に，最も近い数は，7＋12×16＝199

答 199

問題 ④ 4で割ると3余り，6で割ると1余り，9で割ると1余る整数の中で，小さい方から数えて5番目の数は ☐ です。 (明治大付明治中) B

解き方
6で割ると1余り，9で割ると1余る数は，塾技84 ① より，6と9の最小公倍数18の倍数より1大きい数となるので，19，37，…，とわかる。このうち4で割ると3余る最も小さい数は19となり，その後は，18と4の最小公倍数36ごとに現れるので，5番目に小さい数は，
　19＋36×4＝163

答 163

塾技 85 チャレンジ！入試問題 の解答（本冊 p.177）

問題 ① 右の図のように，正方形のカードを4等分した部分に1から順に整数を書いたものをたくさん作りました。正方形のカードの大きさは全て同じです。

1	2		5	6		9	10		13	14		17	18
4	3		8	7		12	11		16	15		20	19

1枚目　2枚目　3枚目　4枚目　5枚目　……

(1) 上の図の向きで，カードを1枚目から順に左から右に並べました。1枚のカードの上段の2つの数の和が，初めて120より大きくなるのは何枚目のカードですか。

(2) カードを1枚目から50枚目まで，このままの向きで順に重ねました。1枚目の数字1と重なっている1を含めて50個の数の合計を求めなさい。

（桜蔭中） **A**

解き方

(1) 上段の2つのカードの和は，3, 11, 19, 27, 35, …, と公差8の等差数列となる。
 (120−3)÷8＝14余り5より，120−5＝115が，14＋1＝15（枚目）のカードの和となるので，初めて120より大きくなるのは，16枚目となる。　**答 16枚目**

(2) 1枚目の数字1と重なっている数は，1, 5, 9, 13, 17, …, と公差4の等差数列となる。
 50枚目の数字は，塾技85 ① より，1＋4×(50−1)＝197となるので，1枚目から50枚目までの50個の数の合計は，塾技85 ② より，(1＋197)×50÷2＝4950　**答 4950**

問題 ② 次のように，規則正しく並んだ分数の列について，以下の問いに答えなさい。

$$\frac{1}{1},\ \frac{2}{4},\ \frac{3}{7},\ \frac{1}{10},\ \frac{2}{13},\ \frac{3}{16},\ \frac{1}{19},\ \frac{2}{22},\ \frac{3}{25},\ \frac{1}{28},\ \cdots\cdots$$

(1) 初めから数えて33番目の分数を求めなさい。

(2) $\frac{1}{333}$ より大きな分数は全部で何個ありますか。

（世田谷学園中） **C**

解き方

(1) 分子は，1, 2, 3と3個の数のくり返しで，分母は公差3の等差数列となっている。
 33番目の数の分子は，33÷3＝11となり余りは0なので，1, 2, 3の最後の数3とわかる。
 一方，分母は，塾技85 ① より，33番目の数＝1＋3×(33−1)＝97とわかる。　**答 $\frac{3}{97}$**

(2) $\frac{1}{333}＝\frac{2}{666}＝\frac{3}{999}$ より，分子が1のとき，分子が2のとき，分子が3のときにわけて考える。

(i) 分子が1のとき　　$\frac{1}{1},\ \frac{1}{10},\ \frac{1}{19},\ \frac{1}{28},\ \cdots\cdots,\ \frac{1}{□}＞\frac{1}{333}$
 分母は公差9の等差数列で，□は，(333−1)÷9＝36余り8より，36＋1＝37番目の数。

(ii) 分子が2のとき　　$\frac{2}{4},\ \frac{2}{13},\ \frac{2}{22},\ \frac{2}{31},\ \cdots\cdots,\ \frac{2}{□}＞\frac{2}{666}$
 分母は公差9の等差数列で，□は，(666−4)÷9＝73余り5より，73＋1＝74番目の数。

(iii) 分子が3のとき　　$\frac{3}{7},\ \frac{3}{16},\ \frac{3}{25},\ \frac{3}{34},\ \cdots\cdots,\ \frac{3}{□}＞\frac{3}{999}$
 分母は公差9の等差数列で，□は，(999−7)÷9＝110余り2より，110＋1＝111番目の数。

(i), (ii), (iii)より，求める分数は，37＋74＋111＝222（個）　**答 222個**

塾技 86 チャレンジ！入試問題 の解答（本冊 p.179）

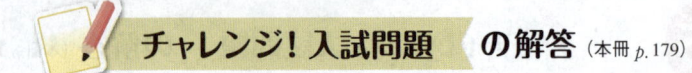

問題① 3を10回かけ合わせた数と，7を6回かけ合わせた数の積を求めると，一の位の数はどんな数になりますか。
（東邦大附東邦中） A

解き方

3を1回かけると一の位は3，2回かけると9，3回かけると7（9に3をかけたときの一の位を考えればよい），4回かけると1（7に3をかけたときの一の位を考えればよい。以下同じ），5回かけると3となるので，一の位は「3，9，7，1」の4個1組の周期となっている。

一方，7を1回かけると一の位は7，2回かけると9，3回かけると3，4回かけると1，5回かけると7より，一の位は「7，9，3，1」の4個1組の周期となっている。以上より，

　　3を10回かけた一の位：10÷4＝2（組）余り2　→　余り2より9
　　7を6回かけた一の位：6÷4＝1（組）余り2　→　余り2より9

よって，求める数の一の位は，9×9＝81より1と求められる。　**答　1**

問題② 1番目の数を1，2番目の数も1とし，3番目の数は1番目と2番目の数を足した数を3で割った余り2とします。4番目以降も，3番目の数の作り方と同様にして，直前の2つをたした数を3で割った余りとします。3で割り切れたときの余りは0として，次の問いに答えなさい。

(1) 2011番目の数を答えなさい。

(2) 1番目からn番目の数を順に全て足します。その和が初めて111105以上となるのはnがいくつのときか答えなさい。
（駒場東邦中） B

解き方

(1) 直前の2つの数の和と，3で割った余りをそれぞれ表にして考える。

番目	1	2	3	4	5	6	7	8	9	10	11	12	13	14	15	16	17	18	…
2つの和		1	2	3	2	2	4	3	1	1	2	3	2	2	4	3	1	1	…
余り	1	1	2	0	2	2	1	0	1	1	2	0	2	2	1	0	1	1	…

表より，3で割った余りは，「1，1，2，0，2，2，1，0」の8個1組の周期となっていることがわかる。よって2011までには，

　　2011÷8＝251（組）余り3

余り3より，求める数は8個の数字のうちの3番目の数2となる。　**答　2**

(2) 1組の数の和は，1＋1＋2＋0＋2＋2＋1＋0＝9となる。111105の中には，

　　111105÷9＝12345（組）

1組の8個の数字のうち最後の数は0なので，初めて和が111105となるのは1つ手前となり，

　　n＝8×12345－1＝98759　**答　n＝98759**

塾技 87 チャレンジ！入試問題 の解答 (本冊 p.181)

問題 ① ある年の1月20日が火曜日であるとき，この年の7月6日は何曜日ですか。ただし，この年はうるう年ではありません。
(市川中) A

解き方

1月20日から7月6日までに何日間あるかを考える。1月は，31−20+1=12(日間)，2月は28日，3月は31日，4月は30日，5月は31日，6月は30日，7月は6日間あるので，合計すると，
12+28+31+30+31+30+6=168(日間)
168÷7=24 より，余りは0となるので，求める曜日は火曜日から始まる7日1組の周期のうちの7日目，すなわち月曜日となる。

答 月曜日

問題 ② うるう年ではない年の日付を順に1日ずつ書いたカードが365枚重ねてあります。1枚目には1月1日，2枚目には1月2日，3枚目には1月3日，……，365枚目には12月31日と書いてあります。今，上から数えて偶数枚目のカードを取りのぞきます。このとき，残ったカードの一番上に書いてある日付は1月1日，2枚目は1月3日，……，28枚目は ア 月 イ 日です。次にこの残ったカードのうち，上から数えて奇数枚目のカードを取りのぞきます。このとき，残ったカードの上から ウ 枚目の日付は9月12日です。もし，1月1日が月曜日だったとすると，最後に残ったカードの上から69枚目に書かれている日は エ 曜日です。
(桜蔭中) C

解き方

365枚のカードを1日目から365日目までと考える。まず偶数枚目のカードを取りのぞくと，残るカードの日にちは，1日目，3日目，5日目，…，となり，1番目の数が1，公差2の等差数列となる。塾技85 ① より，28番目の日にちは，1+2×(28−1)=55 となるので，55日目の日付を求めればよい。1月は31日で，55−31=24 より，55日目の日付は2月24日とわかる。
次に，残ったカードの奇数枚目のカードを取りのぞくと，残るカードは，3日目，7日目，11日目，…，と1番目の数が3，公差4の等差数列となる。ここで，9月12日が何日目にあたるかを考える。
1月1日から9月12日までには，合計で，31+28+31+30+31+30+31+31+12=255(日間)あるので，9月12日は255日目とわかる。1枚目の数の3から255までには，公差である4が，(255−3)÷4=63(回) 増えているので，255は，63+1=64枚目の数とわかる。
最後に，このカードの69枚目は，塾技85 ① より，3+4×(69−1)=275(日間) となるので，275÷7=39余り2 より，余りの2は，1月1日の月曜日から始まる7日1組の周期のうちの2日目，すなわち火曜日と求められる。

答 ア：2，イ：24，ウ：64，エ：火

塾技 88 チャレンジ！入試問題 の解答（本冊 p.183）

問題① ある池のまわりに木を植えるのに，5m 間隔と 3m 間隔では，木の本数が 20 本違います。この池のまわりの長さは何 m ですか。 （國学院大久我山中）

解き方

5m と 3m の最小公倍数 15m のときを考える。5m 間隔のときの間の数は，15÷5＝3（個）となり，塾技88 ③ より，木の本数も間の数と同じ 3 本となる。同様に，3m 間隔のときの間の数は，15÷3＝5（個）となり，木の本数は 5 本となる。15m と考えたときの木の本数の差は 2 本となるが，実際にはその 10 倍の 20 本の差があるので，

　池のまわりの長さ＝15×10＝150（m）

答 150 m

問題② 縦 10cm，横 30cm の長方形の紙がたくさんあります。これをのりで，縦，横に何枚かずつはり合わせて大きな長方形の紙を作りたいと思います。紙を折ったり，切ったりはしないことにします。また，のりしろは，全て 1cm 以上の幅にします。

(1) 縦に 2 枚，横に 2 枚，全部で 4 枚はり合わせて，できるだけ大きな長方形の紙を作りました。この紙の面積は何 cm² ですか。

(2) 何枚かの紙をはり合わせて，縦 18cm，横 330cm の長方形の紙を作りたいと思います。枚数が一番少ないのは何枚のときですか。

(3) (2)で作った紙で 2 枚以上重なっている部分の面積は何 cm² ですか。 （桜蔭中）

解き方

(1) できるだけ大きな長方形の紙を作るには，のりしろをできるだけ短くすればよいので，のりしろを 1cm にすればよい。このとき，縦は，10×2−1＝19（cm），横は，30×2−1＝59（cm）となるので，求める面積は，19×59＝1121（cm²）

答 1121 cm²

(2) 縦 18cm より，縦は 2 枚でのりしろは 2cm とわかる。一方，横は，330÷30＝11 より，のりしろを考えると 12 枚以上となる。よって枚数が最も少ないのは，2×12＝24（枚）

答 24 枚

(3) (2)でできた長方形の縦は，もとの長方形 2 枚が 2cm ののりしろではり合わされている。一方，横は，もとの長方形 12 枚が，のりしろ 12−1＝11（個）ではり合わされている。のりしろ 11 個分の長さは，30×12−330＝30（cm）となる。

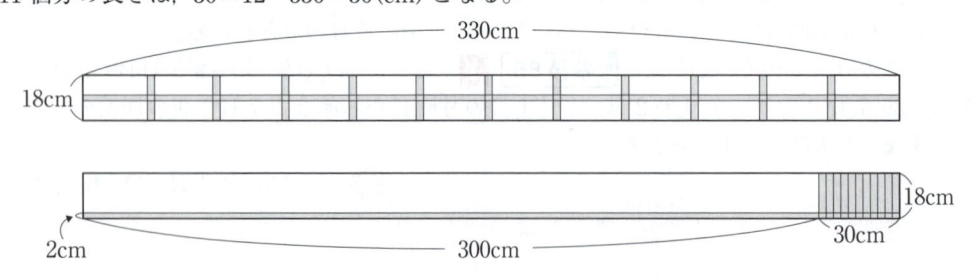

上の図のように，のりしろ分（かげの部分）をはしによせて考えると，求める面積はかげの面積と一致するので，2×300＋18×30＝1140（cm²）

答 1140 cm²

塾技89 チャレンジ！入試問題 の解答（本冊 p.185）

問題① 図のように，ある規則にしたがって，第1段，第2段，…の順に数が並んでいます。次の各問いに答えなさい。

(1) 第11段の中央の数は何ですか。
(2) 70は第何段の左から何番目ですか。

（共立女子中）Ⓐ

```
第1段              1
第2段             2  3
第3段           6  5  4
第4段         7  8  9  10
第5段      15 14 13 12 11
第6段    16 17 …
         ⋮
```

解き方

(1) 右の図の○で囲んだ数は三角数となる。第10段の1番右の数は10番目の三角数で，塾技89 ②(2)より，55とわかる。一方，第11段には11個の数が並んでおり，中央の数は右から6番目となるので，第11段の中央の数は，55+6＝61 　**答 61**

(2) (1)より，第11段の1番左の数は，55+11＝66 とわかる。70−66＝4 より，70は第12段の左から4番目の数と求められる。　**答 第12段の左から4番目**

```
第1段            ①
第2段           2  ③
第3段          ⑥  5  4
第4段        7  8  9  ⑩
第5段      ⑮ 14 13 12 11
       ⋮
```

問題② ○を図のように正三角形の形に並べたときの○の総数 1, 3, 6, 10, … を三角数といいます。

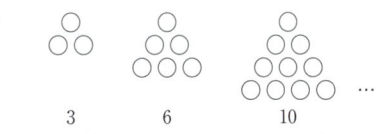

(1) 50番目の三角数はいくつですか。
(2) 1番目から7番目までの三角数の和はいくつですか。必要であれば，右の図を参考にして考えて下さい。 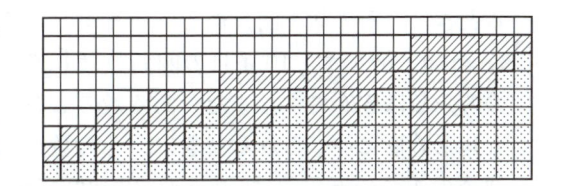
(3) 1番目から30番目までの三角数の和はいくつですか。

（栄東中）Ⓑ

解き方

(1) 塾技89 ①より，(1+50)×50÷2＝1275 　**答 1275**

(2) 例えば1番目から3番目までの三角数の和は，1+3+6＝10 となるが，これは右の図の太線で囲んだ長方形の中にある白いマスの個数と一致する。一方，白いマスの個数は，斜線のマスの個数および点のマスの個数と等しくなっているので，太線の長方形全体のマスの個数の $\frac{1}{3}$ となる。与えられた長方形の横に並んだマスの個数は，7番目の三角数と一致し，(1+7)×7÷2＝28(個)　また，縦の個数は，7+2＝9(個) となるので，求める和は，$9×28×\frac{1}{3}＝84$ 　**答 84**

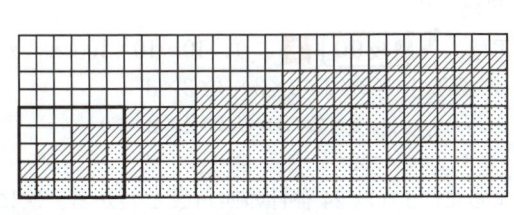

(3) 30番目の縦には，30+2＝32(個)，横には，(1+30)×30÷2＝465(個) のマスがそれぞれあるので，1番目から30番目までの三角数の和は，$32×465×\frac{1}{3}＝4960$ 　**答 4960**

塾技90 チャレンジ！入試問題 の解答（本冊 p.187）

問題① 右の図のようなます目の中に，規則的に数字を入れていきます。数字の入れ方の規則性をよく見ながら，次の各問いに答えなさい。

(1) 5行4列目にはどんな数が入りますか。
(2) 10行9列目にはどんな数が入りますか。
(3) 165は何行何列目のます目に入りますか。 （神奈川学園中）A

	1列目	2列目	3列目	4列目	5列目	…
1行目	1	4	5	16	・	
2行目	2	3	6	15	・	
3行目	9	8	7	14	・	
4行目	10	11	12	13	・	
5行目	・	・	・	・	・	

解き方

(1) 右の図より，22 **答** 22

(2) 9行1列目は9番目の四角数で，塾技90 ① より，
9×9=81 とわかる。よって，10行9列目は，81+9=90 **答** 90

(3) 13×13=169 より，13行1列目は169とわかる。よって，
165は，4つ右へさかのぼり，13行5列目となる。 **答** 13行5列目

	1列目	2列目	3列目	4列目	5列目	…
1行目	①	④	5	⑯	17	・
2行目	2	3	6	15	18	・
3行目	⑨	8	7	14	19	・
4行目	10	11	12	13	20	・
5行目	㉕	24	23	22	21	・

問題② ある数のご石が右の図のような正方形の形に並べられるときに，その数を四角数といいます。初めの4つの四角数は，1，4，9，16です。10番目の四角数は ア です。 イ 番目の四角数は576です。また，ある数のご石が右の図のような正五角形の形に並べられるときに，その数を五角数といいます。初めの4つの五角数は，1，5，12，22です。10番目の五角数は ウ です。 エ 番目の五角数は425です。 （桜蔭中）B

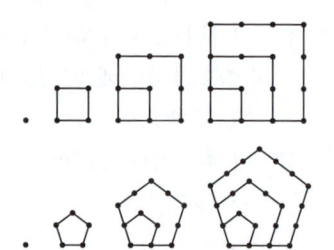

解き方

アは，塾技90 ① より，10×10=100 とわかる。イは，576を素因数分解して，
576=2×2×2×2×2×2×3×3
　　=(2×2×2×3)×(2×2×2×3)
　　=24×24

よって，576は24番目の四角数とわかる。次に，塾技90 塾技解説 より，五角数は，初めの数が1で公差3の等差数列の和となる。一方，初めの数が1で公差3の等差数列の10番目の数は，塾技85 ① より，1+3×(10−1)=28 となるので，ウは，塾技85 ② より，(1+28)×10÷2=145 と求められる。
さらに，11番目の五角数は，145+(28+3)=176，12番目の五角数は，176+(31+3)=210
と求めていくと，13番目=210+37=247，14番目=247+40=287，15番目=287+43=330，
16番目=330+46=376，17番目=376+49=425 となり，425は17番目の四角数とわかる。

```
2 )576
2 )288
2 )144
2 ) 72
2 ) 36
2 ) 18
3 )  9
     3
```

答 ア：100，イ：24，ウ：145，エ：17

塾技 91 チャレンジ！入試問題 の解答 (本冊 p.189)

問題① おはじきを使い，1辺が4個の正方形を作ります。その外側に図のように何重にも正方形を作っていきます。 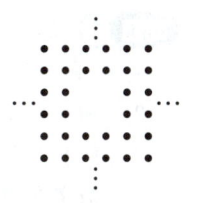
(1) 内側から3番目の正方形にはおはじきが何個必要ですか。
(2) 内側から5番目の正方形まで作るとするとおはじきは全部で何個必要ですか。
(埼玉栄中)

解き方
(1) 内側から1番目の正方形の1辺は4個，2番目は6個となっているので，3番目は8個とわかる。塾技91 ① より，3番目の正方形には，(8−1)×4＝28(個) 必要となる。　**答 28個**

(2) 内側から5番目の正方形の1辺は12個となる。塾技91 ② より，求めるおはじき全部の個数は，1辺が12個の中実方陣の個数から中空部分を引けばよいので，
　　12×12 − 2×2＝144−4＝140(個)
　　1辺12個　中空部分
　　の中実方陣　　**答 140個**

問題② 図のように，何個かのご石を，縦・横が同じ数になるように並べると，10個余りました。さらに，縦・横1列ずつ増やすには，あと21個足りません。ご石は全部で何個ですか。
(森村学園中等部)

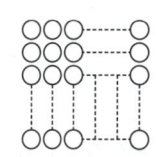

解き方
縦・横1列ずつ増やすために必要な個数は，10＋21＝31(個) とわかる。よって，列を増やす前の1辺には，塾技91 ③ より，(31−1)÷2＝15(個) 並んでいることがわかる。よって，ご石は全部で，15×15＋10＝225＋10＝235(個)　　**答 235個**

問題③ 右の図のように，ご石を並べて，正三角形，正四角形(正方形)，正五角形，……と全ての辺の長さが等しい図形を作ります。このとき，図形の辺の本数と1つの辺に並べるご石の個数が等しくなるようにします。 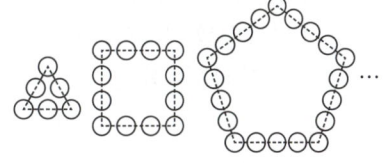
例えば，正三角形は辺が3本あるので，1つの辺に3つのご石を並べて正三角形を作ります。いま，ご石が200個あります。できるだけたくさん使って，1つの図形を作るとき，できる図形の1つの辺には何個のご石が並びますか。
(豊島岡女子学園中)

解き方
1辺に並ぶご石の数は正N角形ではN個となる。塾技90 ① より，正N角形を作るために必要なご石の数は，$(N−1)×N$(個) となるので，ご石の数が200を超えないできるだけ大きなNの値を求めればよい。
$N＝14$ のとき，$(14−1)×14＝182$(個)，$N＝15$ のとき，$(15−1)×15＝210$(個) となるので，条件を満たすNの値は14とわかり，1辺のご石の数は14個と求められる。　**答 14個**

塾技 92 チャレンジ！入試問題 の解答（本冊 p.191）

問題① 右のような規則で並べた数の列があります。
(1) 8段目に並んでいる8つの数を左から順に書きなさい。
(2) 横に並んだ数の和が1024になるのは何段目ですか。
(3) E子さんは計算ミスをして6段目の左から3番目に正しくない数字を書きました。その結果，9段目の列の並びが，
1, 8, 27, 53, 67, 55, 28, 8, 1 となりました。
E子さんが6段目の左から3番目に書いた数字を求めなさい。

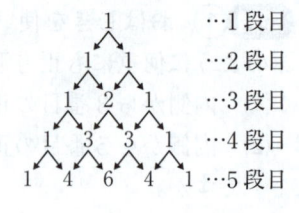

```
        1           …1段目
       1 1          …2段目
      1 2 1         …3段目
     1 3 3 1        …4段目
    1 4 6 4 1       …5段目
```

（神奈川学園中）

解き方

(1) 5段目以降の続きを書くと右の図のようになる。

```
1 4 6 4 1           …5段目
1 5 10 10 5 1       …6段目
1 6 15 20 15 6 1    …7段目
1 7 21 35 35 21 7 1 …8段目
```

答 1, 7, 21, 35, 35, 21, 7, 1

(2) $1024 = 2×2×2×2×2×2×2×2×2×2 = 2^{10}$
塾技92 ④ より，10+1=11（段目） **答** 11段目

(3) (1)の続きを考えると，9段目は，1, 8, 28, 56, 70, 56, 28, 8, 1 となるはずである。ところが，左から3番目の数が27と1小さくなっているので，6段目の左から3番目を，10-1=9 としたことがわかる。 **答** 9

問題② ある規則にしたがって，右の図のように数を並べています。
(1) この数の並びの中で，初めて20という数字が出てくるのは何段目ですか。
(2) 2段目の数の和，3段目の数の和，4段目の数の和を求め，これらの和にはどんな関係があるか説明しなさい。
(3) 1段目から8段目までの数を全部足すといくつになりますか。
(4) 1段目の数，2段目の数と上から順に数を全部足していったときに，初めて2000を超えるのは何段目ですか。

```
(1段目)        1
(2段目)       1 1
(3段目)      1 2 1
(4段目)     1 3 3 1
(5段目)    1 4 6 4 1
(6段目)  1 5 10 10 5 1
```

（横浜中）

解き方

(1) 10+10=20 より，7段目の真ん中に初めて20が出る。 **答** 7段目

(2) 塾技92 ④ より，
2段目の和=2，3段目の和=2^2=2×2=4，4段目の和=2^3=2×2×2=8
となり，1段増すごとに前の段の和の2倍となっている。
答 2段目の和2，3段目の和4，4段目の和8，1段増すごとに2倍となる。

(3) 1+2+4+8+16+32+64+128=255
　　　×2 ×2 ×2 ×2 ×2 ×2 ×2
答 255

(4) (3)の続きを考えると，次のようになる。
1+…+128 + 256 + 512 + 1024 = 2047
　　　8段目 9段目 10段目 11段目
よって，初めて2000を超えるのは11段目とわかる。 **答** 11段目

塾技 93 チャレンジ！入試問題 の解答（本冊 p.193）

問題① 図1のような図形があります。この図形の一部に斜線を入れて，数を次のように表すことにします。

1, 2, 3, 4, 5, ……, 9, ……, 80

(1) 右の図形は何という数を表していますか。
(2) 300を表す図形を図1の図形に斜線を入れて作りなさい。

（西武学園文理中）

解き方

(1) 斜線が表す数字は右の図のように2進法の位取りとなる。
　求める図形には，1の位と，2^4の位と，2^7の位に斜線があるので，
　　求める数＝$1+2^4+2^7$
　　　　　　＝$1+(2×2×2×2)+(2×2×2×2×2×2×2)$
　　　　　　＝$1+16+128=145$

答 145

(2) 300を2進数で表すと，右の図より，100101100となるので，1がついている位に斜線を入れればよい。このとき，2進数で表した数字と図形の位取りの方向が逆であることに注意して斜線を入れる。

問題② 右の図のように，図で数を表すことにします。(1)，(2)の問いに答えなさい。

…1, …2, …3, …4
…5, …6, …9, …10

(1) ○○○○○ が表す数を求めなさい。
(2) 61を表す図を右にかきなさい。

（早稲田実業中等部）

解き方

(1) ○が表す数は右の図のように3進法の位取りとなる。
　与えられた図は3進数の1211となり，**塾技93** １ より，10進数に直すと，
　　$3^3×1+3^2×2+3^1×1+1×1=27+18+3+1=49$

答 49

3^3の位　3^2の位　3^1の位　1の位
1(イチ) 2(ニ) 1(イチ) 1(イチ)

(2) 61を3進数で表すと，右の図より，2021となる。
　1のところには○が1個，2のところには○が2個入る。

3) 61
3) 20 …1
3) 6 …2
　　2 …0

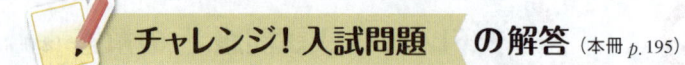

塾技 94 チャレンジ！入試問題 の解答（本冊 p.195）

問題① 1円玉，5円玉，10円玉，50円玉がたくさんあります。これらの硬貨を何枚か用いて87円にする方法は何通りありますか。ただし，どの硬貨も1枚は使うものとします。

（東京農大一高中等部）A

解き方

どの硬貨も1枚は使うので，50円玉を1枚使ったときの残りの金額である，87－50＝37(円)にする方法を考えればよい。塾技94 ①より，10円玉，5円玉，1円玉を使う枚数の順に樹形図をかくと右の図のようになる。樹形図より，求める方法は，9通りとわかる。

答 9通り

```
10円 5円 1円
 3 ── 1 ── 2
         3 ── 2
 2 ── 2 ── 7
         1 ── 12
         5 ── 2
         4 ── 7
 1 ── 3 ── 12
         2 ── 17
         1 ── 22
```

問題② 下の5つの枠全部に○か×を1つずつ，次の規則にしたがって書き込みます。
規則1．○が×より多い。
規則2．3つ以上同じものは続かない。
このとき，異なる書き方は何通りありますか。

（早稲田実業中等部）B

解き方

規則1より，×は1つまたは2つとわかる。規則2に注意して樹形図をかくと右の図のようになり，×が1つの場合は1通り，×が2つの場合は7通りとなるので，求める書き方は全部で，1＋7＝8(通り)

答 8通り

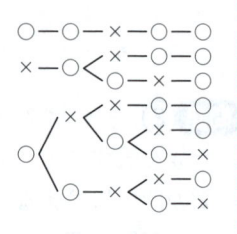

問題③ 5匹のやぎA，B，C，D，Eがいて，図のようなそれぞれのための小屋があります。あるとき，5つの小屋にやぎが1匹ずつ入っていましたが，自分の小屋にいたのは5匹のうち1匹だけでした。5匹のやぎの，このような小屋への入り方は全部で何通りですか。

（武蔵中）B

解き方

やぎAが自分の小屋に入っていたとき，他の4匹のやぎの小屋への入り方は右の樹形図より9通りとわかる。同様に，やぎBとCとDとEがそれぞれ自分の小屋に入るときも9通りずつあるので，求める小屋への入り方は，全部で，9×5＝45(通り)

答 45通り

```
小屋B 小屋C 小屋D 小屋E
       B ── E ── D
 C ── D ── E ── B
       E ── B ── D
       B ── E ── C
 D ── E ── B ── C
       E ── C ── B
       B ── C ── D
 E ── C ── B ── C
       D ── C ── B
```

94

塾技 95 チャレンジ！入試問題 の解答（本冊 p.197）

問題① 図のように，①〜⑥の数字が円周上に並んでいます。いま①の場所からスタートし，さいころをふって出た目の数が3の倍数のときは時計回りに2つ進み，それ以外の場合は反時計回りに1つ進むゲームをします。このとき，次の問いに答えなさい。

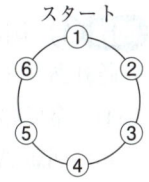

(1) さいころを2回投げて⑤の場所にくるとき，さいころの目の出方は何通りありますか。

(2) さいころを4回投げて⑥の場所にくるとき，さいころの目の出方は何通りありますか。

（法政大中）

解き方

(1) さいころを2回投げて⑤の場所となるのは，2回とも3の倍数の場合（表の●）または2回とも3の倍数以外の場合（表の○）なので，全部で，4＋16＝20（通り）　**答 20通り**

(2) (1)で，⑤の場所にこない残りの，36－20＝16（通り）は②の場所にくる。⑤の場所から⑥の場所にくる場合，さいころ4回のうち初めの2回は，(1)より20通りで，残りの2回は，1回は3の倍数，もう1回はそれ以外となればよいので，表の空らん部分の16通りとなる。一方，②の場所から⑥の場所にくるのは，初めの2回は16通りで，残りの2回は，2回とも3の倍数または2回とも3の倍数以外の20通りとなる。以上より，20×16＋16×20＝640（通り）　**答 640通り**

問題② 箱の中に1から7までの数字が書かれたカードが1枚ずつ入っています。この箱の中からカードを1枚ずつ順に取り出し，取り出したカードに書かれた数の和が3の倍数になったときに終了することにします。もし1枚目が3の倍数ならば，そこで終了です。ただし，取り出したカードはもとにもどさないものとします。

(1) 2枚取り出して終了するようなカードの取り出し方は何通りありますか。

(2) 3枚取り出して終了するようなカードの取り出し方は何通りありますか。

（神戸女学院中学部）

解き方

(1) 1枚目が3の倍数の場合を×とし，1枚目と2枚目のカードの数の和の表を書くと右のようになる。求める取り出し方は○をつけたところとなり，全部で12通りとなる。　**答 12通り**

(2) 樹形図より，30通り　**答 30通り**

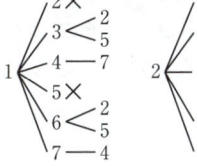

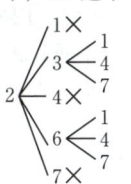

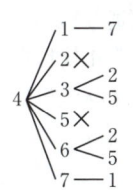

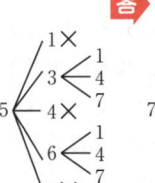

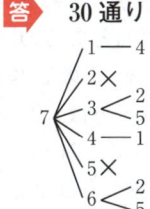

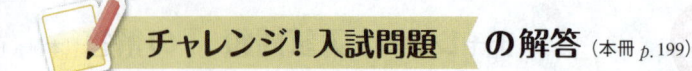

塾技 96 チャレンジ！入試問題 の解答（本冊 p.199）

問題① 国語 A，国語 B，算数，理科，社会の 5 冊の本を並べます。次のような並べ方は何通りありますか。
(1) 全ての並べ方
(2) 国語 A と国語 B がとなり合う並べ方
(3) 国語 A と国語 B がとなり合わない並べ方

(昭和学院秀英中) Ⓐ

解き方

(1) 5 冊の本を並べる順列となるので，5×4×3×2×1＝120（通り）　**答 120 通り**

(2) 国語 A と国語 B を 2 冊で 1 冊と考えると，並べ方は，4×3×2×1＝24（通り）となる。国語 A と国語 B の並べ方が 2 通りあるので，積の法則より，24×2＝48（通り）　**答 48 通り**

(3) 全ての並べ方からとなり合う場合の並べ方を引いて，120－48＝72（通り）　**答 72 通り**

問題② 箱の中に 6 枚のカード ①，②，③，④，⑤，⑥ があります。箱の中からカードを 1 枚ずつ引いていき，取り出したカードを左から順に並べていく作業をおこないます。⑤が出るかまたは 4 枚のカードを並べたところでこの作業を終えるとき，次の問いに答えなさい。
(1) このようなカードの並べ方は，全部で何通りありますか。
(2) このようなカードの並べ方のうち，①を含む並べ方は全部で何通りありますか。

(聖光学院中) Ⓑ

解き方

(1) 1 枚目に 5 が出る場合の並べ方は 1 通り。2 枚目に 5 が出る場合は，1 枚目は 1, 2, 3, 4, 6 の 5 通り。3 枚目に 5 が出る場合は，1 枚目と 2 枚目は，5 以外の残りの 5 枚の中から 2 枚並べる順列となり，5×4＝20（通り）。同様に，4 枚目に 5 が出る場合は，5×4×3＝60（通り）。1 枚も 5 が出ない場合は，1, 2, 3, 4, 6 の 5 枚の中から 4 枚並べる順列となり，5×4×3×2＝120（通り）。以上より，カードの並べ方は全部で，
　　1＋5＋20＋60＋120＝206（通り）　**答 206 通り**

(2) 1 枚目に 5 が出る場合，1 を含む並べ方はない。2 枚目に 5 が出る場合，1 の並べ方は 1 枚目が 1 の 1 通り。3 枚目に 5 が出る場合，1 の並べ方は 1 枚目または 2 枚目の 2 通りで，1 枚目が 1 のとき，2 枚目は，2, 3, 4, 6 の 4 通りある。2 枚目が 1 のときも同様に 4 通りとなるので，全部で，4×2＝8（通り）となる。4 枚目に 5 が出る場合，1 の並べ方は 1 枚目または 2 枚目または 3 枚目の 3 通りあり，そのおのおのについて残りの 2 枚の並べ方は，2, 3, 4, 6 の 4 枚のうち 2 枚を並べる順列となるので，4×3＝12（通り）ある。よって，12×3＝36（通り）となる。5 が 1 枚も出ない場合，1 の並べ方は 1 枚目から 4 枚目までの 4 通りあり，そのおのおのについて残りの 3 枚の並べ方は，2, 3, 4, 6 の 4 枚のうち 3 枚を並べる順列となるので，4×3×2＝24（通り）ある。よって，24×4＝96（通り）となる。
以上より，1 を含むカードの並べ方は全部で，
　　1＋8＋36＋96＝141（通り）　**答 141 通り**

塾技 97 チャレンジ！入試問題 の解答（本冊 p.201）

問題① お父さん，お母さんと4人の子供が遊園地に行き，3人乗りのコーヒーカップに3人だけで乗ることにしました。次の問いに答えなさい。
(1) 1台のコーヒーカップに，子供だけで乗る乗り方は何通りありますか。
(2) 1台のコーヒーカップに，お父さんかお母さんのどちらかと子供がいっしょに乗る乗り方は何通りありますか。　　　　　　　　　　　　　　　　　　　　　　　　（立教池袋中）A

解き方
(1) 4人の子供からコーヒーカップに乗らない1人を選ぶ選び方と同じ4通りある。　**答 4通り**

(2) コーヒーカップに乗る2人の子供の選び方は，$\frac{4\times 3}{2\times 1}=6$(通り)あり，そのおのおのについて，お父さんかお母さんのどちらかが乗るので，全部で，$6\times 2=12$(通り)　**答 12通り**

問題② 図のように直線 m 上に3つの点，直線 n 上に4つの点があります。この7つの点から，3つの点を選んでそれらを頂点とする三角形を作ります。このとき，三角形は全部で何個できますか。　　（本郷中）A

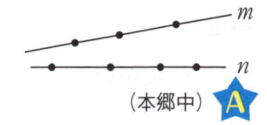

解き方
まず，m から1点，n から2点を選んで三角形を作る場合を考える。m から1点を選ぶ選び方は3通り，n から2点を選ぶ選び方は，$\frac{4\times 3}{2\times 1}=6$(通り) あるので，三角形は，$3\times 6=18$(個)できる。次に，$m$ から2点，n から1点を選んで三角形を作る場合を考える。m から2点を選ぶのは，選ばない1点の選び方と同じ3通り，n から1点を選ぶ選び方は4通りあるので，三角形は，$3\times 4=12$(個)できる。よって，三角形は全部で，$18+12=30$(個)　**答 30個**

問題③ 赤，青，黄，緑のボールが1つずつあります。これらを1番から4番まで番号のついた4つの箱に入れてかたづけます。どの箱も4個のボールを入れることができ，1つもボールが入らない箱があってもかまいません。
(1) ボールの入れ方は全部で何通りありますか。
(2) ボールを3つと1つに分け，2つの箱に入れる入れ方は何通りありますか。
(3) ボールを2つずつに分け，2つの箱に入れる入れ方は何通りありますか。　　（海城中）B

解き方
(1) 赤のボールを入れる箱の選び方は1番から4番の4通りあり，青，黄，緑のボールを入れる箱の選び方もそれぞれ全て4通りずつあるので，全部で，$4\times 4\times 4\times 4=256$(通り)　**答 256通り**

(2) ボールを3つと1つに分ける分け方は4通り，2つの箱の選び方は，$\frac{4\times 3}{2\times 1}=6$(通り)，分けたボールを2つの箱に入れる入れ方は2通りより，全部で，$4\times 6\times 2=48$(通り)　**答 48通り**

(3) ボールの分け方は，(赤青と黄緑)，(赤黄と青緑)，(赤緑と青黄)の3通り，箱の選び方は6通り，分けたボールを箱に入れる入れ方は2通りより，全部で，$3\times 6\times 2=36$(通り)　**答 36通り**

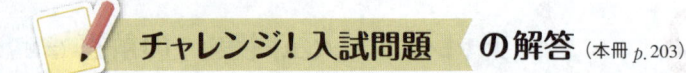

塾技 98　チャレンジ！入試問題 の解答 (本冊 p.203)

問題①　1, 2, 3, 4の4枚のカードのうち，3枚のカードを並べて3けたの数を作ります。作ることのできる数のうち，6の倍数になるのは全部で □ 個あります。
(洛南中) A

解き方
6の倍数となるには，3の倍数かつ2の倍数となればよい。各位の数の和が3の倍数となる3つの数の組は，(1, 2, 3)と(2, 3, 4)で，(1, 2, 3)の組からは，1×2×1=2(個)の偶数ができ，(2, 3, 4)の組からは，2×2×1=4(個)の偶数ができるので，□=2+4=6(個)
答　6

問題②　0, 1, 2, 2, 3, 4, 5の数字の書かれたカードがそれぞれ1枚ずつあります。これらを3枚並べて3けたの数を作ります。このとき，3で割り切れる数はいくつ作れますか。
(海城中) B

解き方
3の倍数がいくつ作れるか考えればよい。各位の数の和が3の倍数となる3つの数の組は，(0, 1, 2), (0, 1, 5), (0, 2, 4), (0, 4, 5), (1, 2, 3), (1, 3, 5), (2, 2, 5), (2, 3, 4), (3, 4, 5)の9組ある。それぞれの組から作れる3けたの数を考えると，0を含む組からは，2×2×1=4(個)，0を含まない異なる3つの数の組からは，3×2×1=6(個)，(2, 2, 5)の組からは，225, 252, 522の3個あるので，3の倍数は全部で，4×4+6×4+3=43(個)
答　43個

問題③　0, 1, 2, 3, 4の数字が書いてある5枚のカードがあります。この中から3枚取り出して，1列に並べて3けたの整数を作ります。このとき，次の問いに答えなさい。
(1) 全部で何通りの整数ができますか。
(2) 5の倍数は何通りできますか。
(3) 3の倍数であり，6の倍数であり，9の倍数でもある整数は何通りできますか。
(東邦大附東邦中) B

解き方
(1) 百の位の数は0以外の4通り，十の位の数は百の位で使った数以外の4通り，一の位の数は百の位と十の位で使った数以外の3通りより，全部で，4×4×3=48(通り)
答　48通り

(2) 0から4までの数字を使って5の倍数を作るには，一の位の数が0となればよい。一の位の数は0の1通り，百の位の数は0以外の4通り，十の位の数は0と百の位で使った数以外の3通りある。よって，5の倍数は全部で，1×4×3=12(通り)
答　12通り

(3) まず，場合の数が最も少ない9の倍数となる場合を考える。塾技80 3(2)より，各位の数の和が9の倍数となる3つの数の組を考えると，(2, 3, 4)の1組ある。9の倍数は必ず3の倍数となるので，(2, 3, 4)の組から作れる3けたの数は3の倍数でもある。さらに，6の倍数となるには，3の倍数かつ2の倍数となればよいので，(2, 3, 4)の組から作れる2の倍数が何通りあるかを考え，2×2×1=4(通り)
答　4通り

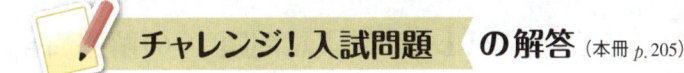

塾技 99 チャレンジ！入試問題 の解答（本冊 p.205）

問題 ① 次の問いに答えなさい。

(1) 右の図1で，AからBへの道順は何通りありますか。ただし，進み方は，右方向，下方向，右下方向とします。

(2) 右の図2で，PとQいずれも通らないような，AからBへの道順は何通りありますか。ただし，進み方は，右方向，下方向，右下方向とします。

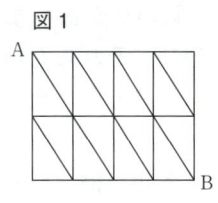

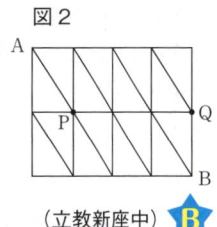

（立教新座中）

解き方

(1) 塾技99 ① より，和の法則を用いてそれぞれの交差点に行き方を書き込んでいく。右，下，右下の3方向から合流する交差点は3つの和となることに注意すると，右の図より，41通りとわかる。　**答　41通り**

(2) 右の図のように，PおよびQを交差点にもつ道は通らないので点線にして，それぞれの交差点に行き方を書き込んでいく。図より，14通りと求められる。　**答　14通り**

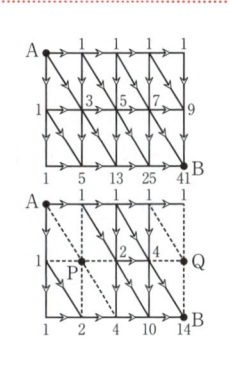

問題 ② 図のような立方体 ABCD-EFGH があります。この立方体の辺上を動く点Pは1回の移動でとなりのどの頂点にも移動することができます。例えば，2回の移動では A→B→A，A→B→C などがあります。初めに点Pが頂点Aにあるとき，次の問いに答えなさい。

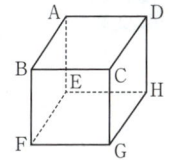

(1) 3回の移動で，点Pが頂点Gにあるように移動する方法は何通りありますか。
(2) 4回の移動で，点Pが頂点Aにあるように移動する方法は何通りありますか。
(3) 5回の移動で，点Pが頂点Gにあるように移動する方法は何通りありますか。

（青雲中）

解き方

(1) 点Pは，1回の移動で図1のように3か所の頂点へ移動でき，2回の移動で図2のように4か所の頂点へ移動できる。同様に，3回の移動では図3の4か所の頂点へ移動でき，図3より，頂点Gへの移動法は6通りとわかる。　**答　6通り**

(2) 4回の移動をかくと図4のようになり，頂点Aへの移動法は21通りとわかる。　**答　21通り**

(3) 5回の移動をかくと図5のようになり，頂点Gへの移動法は60通りとわかる。　**答　60通り**

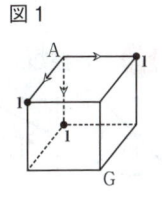

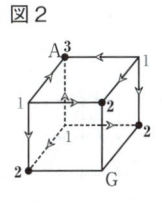

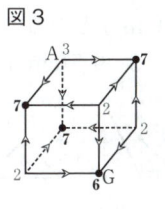

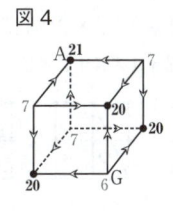

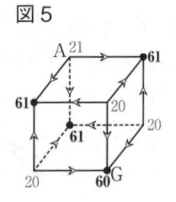

図1　図2　図3　図4　図5

塾技100 チャレンジ！入試問題 の解答 (本冊 p.207)

問題① 図1のように等間隔に縦5個，横5個に並んだ合計25個の点があります。これらの点から4個を選び，それらを頂点とする正方形を作ります。このとき，次の(1)，(2)の問いに答えなさい。

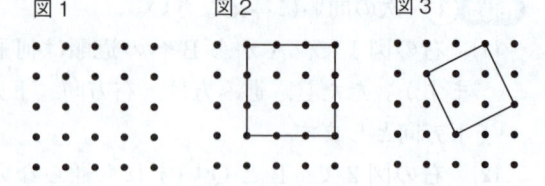

(1) 図2のように，各辺が縦，横の向きになっている正方形は全部で何個できますか。

(2) 図3のように，各辺が縦，横の向きになっていない正方形は全部で何個できますか。

(浅野中) Ⓐ

解き方

(1) 1番小さな正方形の1辺の長さを1とすると，塾技100 ③ より，1辺の長さが1の正方形の個数は，4×4＝16(個)，2の正方形は，3×3＝9(個)，3の正方形は，2×2＝4(個)，4の正方形は，1×1＝1(個) できるので，正方形は全部で，16＋9＋4＋1＝30(個)　**答 30個**

(2) 図4と合同な正方形が9個，図5と合同な正方形が8個，図6の正方形が2個，図7の正方形が1個の全部で，9＋8＋2＋1＝20(個)　**答 20個**

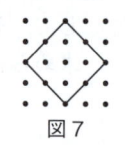

問題② 右の図のように，縦，横1cmおきに9個の点を並べて，1から9までの番号をつけました。いま，1から9までの整数が1つずつ書かれた9枚のカードから3枚のカードを取り出し，そのカードに書かれた整数と同じ番号の点を直線で結びます。このとき，次の各問いに答えなさい。

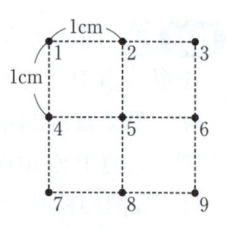

(1) 三角形は全部でいくつ作れますか。

(2) 形も大きさも同じ三角形は1種類と考えると，全部で何種類の三角形ができますか。また，それらの三角形の面積の和は何cm²ですか。

(明治大付明治中) Ⓑ

解き方

(1) 9個の点から3個を選ぶ組み合わせは，$\dfrac{9\times 8\times 7}{3\times 2\times 1}=84$(通り) ある。このうち3点が同じ直線上に並ぶのは，(1, 2, 3), (4, 5, 6), (7, 8, 9), (1, 4, 7), (2, 5, 8), (3, 6, 9), (1, 5, 9), (3, 5, 7) の8通りあるので，塾技100 ① より，84－8＝76(個)　**答 76個**

(2) 三角形は，下の8種類できる。面積は，
ア＝イ＝1×1÷2＝0.5(cm²)，ウ＝エ＝オ＝1×2÷2＝1(cm²)，カ＝キ＝2×2÷2＝2(cm²)，
ク＝2×2－1×1÷2－1×2÷2×2＝1.5(cm²) となるので，
面積の和＝0.5×2＋1×3＋2×2＋1.5＝9.5(cm²)　**答 8種類，9.5cm²**

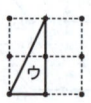

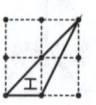

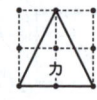

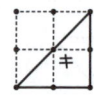

MEMO

MEMO

MEMO

MEMO

B